南海科学考察历史资料整编丛书

南海海洋化学

张元标　龙爱民　张　润　苗　莉　韩爱琴　等　著

科学出版社
北　京

内 容 简 介

本书以收集到的南海海洋化学历史科考资料为基础，系统介绍了南海北部、南海海盆及南海南部的部分区域在不同空间和时间尺度上的海水化学特征，建立了对南海海水化学的基础性认识，并且以年尺度对南海氮的输入输出通量进行了分析；在同位素海洋化学方面，获得了同位素在南海北部和中南部水体中较为全面的分布特征，基于同位素示踪探讨了相关的海洋生物地球化学过程；在海洋地球化学方面，分析了南海表层沉积物类型和粒度组成，以及沉积物中主量元素、微量元素、稀土元素的地球化学特征，探讨了其元素含量变化、存在形式、分布规律与相互作用，进而阐述了沉积物的物质来源和控制因素。

本书内容丰富、图文并茂，可为广大海洋化学科研工作者和高等院校相关专业师生开展南海海洋化学研究工作提供参考。

审图号：GS 京（2023）1875 号

图书在版编目（CIP）数据

南海海洋化学/张元标等著．—北京：科学出版社，2023.11

（南海科学考察历史资料整编丛书）

ISBN 978-7-03-073646-8

Ⅰ．①南…　Ⅱ．①张…　Ⅲ．①南海–海洋化学–研究　Ⅳ．① P722.7 ② P734

中国版本图书馆 CIP 数据核字（2022）第 201552 号

责任编辑：朱　瑾　习慧丽 / 责任校对：郑金红

责任印制：吴兆东 / 封面设计：无极书装

科学出版社 出版

北京东黄城根北街 16 号

邮政编码：100717

http://www.sciencep.com

涿州市般润文化传播有限公司印刷

科学出版社发行　各地新华书店经销

*

2023 年 11 月第　一　版　开本：787×1092　1/16

2024 年　9 月第二次印刷　印张：15

字数：356 000

定价：198.00 元

（如有印装质量问题，我社负责调换）

“南海科学考察历史资料整编丛书”
专家顾问委员会

“南海科学考察历史资料整编丛书”编委会

《南海海洋化学》著者名单

主要著者 张元标 龙爱民 张 润 苗 莉 韩爱琴

其他著者 蔡毅华 陈金民 杨伟锋 陈 敏 刘芳文 刘建国 曹 立

丛 书 序

南海及其岛礁构造复杂，环境独特，海洋现象丰富，是全球研究区域海洋学的天然实验室。南海是半封闭边缘海，既有宽阔的陆架海域，又有大尺度的深海盆，还有类大洋的动力环境和生态过程特征，形成了独特的低纬度热带海洋、深海特性和“准大洋”动力特征。南海及其邻近的西太平洋和印度洋“暖池”是影响我国气候系统的关键海域。南海地质构造复杂，岛礁众多，南海的形成与演变、沉积与古环境、岛礁的形成演变等是国际研究热点和难点问题。南海地处热带、亚热带海域，生态环境复杂多样，是世界上海洋生物多样性最高的海区之一。南海珊瑚礁、红树林、海草床等典型生态系统复杂的环境特性，以及长时间序列的季风环流驱动力与深海沉积记录等鲜明的区域特点和独特的演化规律，彰显了南海海洋科学研究的复杂性、特殊性及其全球意义，使得南海海洋学研究更有挑战性。因此，南海是地球动力学、全球变化等重大前沿科学研究的热点。

南海自然资源十分丰富，是巨大的资源宝库。南海拥有丰富的石油、天然气、可燃冰，以及铁、锰、铜、镍、钴、铅、锌、钛、锡等数十种金属和沸石、珊瑚贝壳灰岩等非金属矿产，是全球少有的海上油气富集区之一；南海还蕴藏着丰富的生物资源，有海洋生物 2850 多种，其中海洋鱼类 1500 多种，是全球海洋生物多样性最丰富的区域之一，同时也是我国海洋水产种类最多、面积最大的热带渔场。南海具有巨大的资源开发潜力，是中华民族可持续发展的重要疆域。

南海与南海诸岛地理位置特殊，战略地位十分重要。南海扼守西太平洋至印度洋海上交通要冲，是通往非洲和欧洲的咽喉要道，世界上一半以上的超级油轮经过该海域，我国约 60% 的外贸、88% 的能源进口运输、60% 的国际航班从南海经过，因此，南海是我国南部安全的重要屏障、战略防卫的要地，也是确保能源及贸易安全、航行安全的生命线。

南海及其岛礁具有重要的经济价值、战略价值和科学研究价值。系统掌握南海及其岛礁的环境、资源状况的精确资料，可提升海上长期立足和掌控管理的能力，有效维护国家权益，开发利用海洋资源，拓展海洋经济发展新空间。自 20 世纪 50 年代以来，我国先后组织了数十次大规模的调查区域各异的南海及其岛礁海洋科学综合考察，如西沙群岛、中沙群岛及其附近海域综合调查，南海中部海域综合调查，南海东北部综合调查研究，南沙群岛及其邻近海域综合调查等，得到了海量的重要原始数据、图集、报告、样品等多种形式的科学考察史料。由于当时许多调查资料没有电子化，归档标准不一，对获得的资料缺乏系统完整的整编与管理，加上历史久远、人员更替或离世等原因，这些历史资料显得弥足珍贵。

“南海科学考察历史资料整编丛书”是在对自 20 世纪 50 年代以来南海科考史料进行收集、抢救、系统梳理和整编的基础上完成的，涵盖 400 个以上大小规模的南海科考航次的数据，涉及生物生态、渔业、地质、化学、水文气象等学科专业的科学数据、图集、研究报告及老专家访谈录等专业内容。通过近60年科考资料的比对、分析和研究，全面系统揭示了南海及其岛礁的资源、环境及变动状况，有望推进南海热带海洋环境演变、生物多样性与生态环境特征演替、边缘海地质演化过程等重要海洋科学前沿问题的解决，以及南海资源开发利用关键技术的深入研究和突破，促进热带海洋科学和区域海洋科学的创新跨越发展，促进南海资源开发和海洋经济的发展。早期的科学考察宝贵资料记录了我国对南海的管控和研究开发的历史，为国家在新时期、新形势下在南海维护权益、开发资源、防灾减灾、外交谈判、保障海上安全和国防安全等提供了科学的基础支撑，具有非常重要的学术参考价值和实际应用价值。

中国科学院院士

2021年12月26日

丛书前言

海洋是巨大的资源宝库，是强国建设的战略空间，海兴则国强民富。我国是一个海洋大国，党的十八大提出建设海洋强国的战略目标，党的十九大进一步提出“坚持陆海统筹，加快建设海洋强国”的战略部署，党的二十大再次强调“发展海洋经济，保护海洋生态环境，加快建设海洋强国”，建设海洋强国是中国特色社会主义事业的重要组成部分。

南海兼具深海和准大洋特征，是连接太平洋与印度洋的战略交通要道和全球海洋生物多样性最为丰富的区域之一；南海海域面积约 350 万 km^2，我国管辖面积约 210 万 km^2，其间镶嵌着众多美丽岛礁，是我国宝贵的蓝色国土。进一步认识南海、开发南海、利用南海，是我国经略南海、维护海洋权益、发展海洋经济的重要基础。

自 20 世纪 50 年代起，为掌握南海及其诸岛的国土资源状况，提升海洋科技和开发利用水平，我国先后组织了数十次大规模的调查区域各异的南海及其岛礁海洋科学综合考查，对国土、资源、生态、环境、权益等领域开展调查研究。例如，“南海中、西沙群岛及附近海域海洋综合调查”（1973～1977 年）共进行了 11 个航次的综合考察，足迹遍及西沙群岛各岛礁，多次穿越中沙群岛，一再登上黄岩岛，并穿过南沙群岛北侧，调查项目包括海洋地质、海底地貌、海洋沉积、海洋气象、海洋水文、海水化学、海洋生物和岛礁地貌等。又如，“南沙群岛及其邻近海域综合调查”国家专项（1984～2009 年），由国务院批准、中国科学院组织、南海海洋研究所牵头，联合国内十多个部委 43 个科研单位共同实施，持续 20 多年，共组织了 32 个航次，全国累计 400 多名科技人员参加过南沙科学考察和研究工作，取得了大批包括海洋地质地貌、地理、测绘、地球物理、地球化学、生物、生态、化学、物理、水文、气象等学科领域的实测数据和样品，获得了海量的第一手资料和重要原始数据，产出了丰硕的成果。这些是以中国科学院南海海洋研究所为代表的一批又一批科研人员，从一条小舢板起步，想国家之所想、急国家之所急，努力做到“为国求知”，在极端艰苦的环境中奋勇拼搏，劈波斩浪，数十年探海巡礁的智慧结晶。这些数据和成果极大地丰富了对我国南海海洋资源与环境状况的认知，提升了我国海洋科学研究的实力，直接服务于国家政治、外交、军事、环境保护、资源开发及生产建设，支撑国家和政府决策，对我国开展南海海洋权益维护特别是南海岛礁建设发挥了关键性作用。

在开启中华民族伟大复兴第二个百年奋斗目标新征程、加快建设海洋强国之际，“南海科学考察历史资料整编丛书”如期付梓，我们感到非常欣慰。丛书在 2017 年度国家科技基础资源调查专项“南海及其附属岛礁海洋科学考察历史资料系统整编”项目的资助下，汇集了南海科学考察和研究历史悠久的 10 家科研院所及高校在海洋生物生态、渔业资源、地质、化学、物理及信息地理等专业领域的科研骨干共同合作的研究成果，并聘请离退休老一辈科考人员协助指导，并做了“记忆恢复”访谈，保障丛书数据的权威性、丰富性、可靠性、真实性和准确性。

丛书还收录了自20世纪50年代起我国海洋科技工作者前赴后继，为祖国海洋科研事业奋斗终身的一个个感人的故事，以访谈的形式真实生动地再现于读者面前，催人奋进。这些老一辈科考人员中很多人已经是80多岁，甚至90多岁高龄，讲述的大多是大事件背后鲜为人知的平凡故事，如果他们自己不说，恐怕没有几个人会知道。这些平凡却伟大的事迹，折射出了老一辈科学家求真务实、报国为民、无私奉献的爱国情怀和高尚品格，弘扬了“锐意进取、攻坚克难、精诚团结、科学创新”的南海精神。是他们把论文写在碧波滚滚的南海上，将海洋科研事业拓展到深海大洋中，他们的经历或许不可复制，但精神却值得传承和发扬。

希望广大科技工作者从“南海科学考察历史资料整编丛书”中感受到我国海洋科技事业发展中老一辈科学家筚路蓝缕奋斗的精神，自觉担负起建设创新型国家和世界科技强国的光荣使命，勇挑时代重担，勇做创新先锋，在建设世界科技强国的征程中实现人生理想和价值。

谨以此书向参与南海科学考察的所有科技工作者、科考船员致以崇高的敬意！向所有关心、支持和帮助南海科学考察事业的各级领导和专家表示衷心的感谢！

“南海科学考察历史资料整编丛书”主编 [signature]

2021年12月8日

前　言

南海地理位置特殊，战略地位十分重要。认识南海是国家经略南海战略的现实迫切需要。作为西太平洋最大的边缘海，南海环境独特，海洋现象复杂多样，是全球研究区域海洋学的天然实验室。自 20 世纪 50 年代以来，我国先后组织了数十次大规模的南海及其岛礁海洋科学综合考察，如南海中、西沙海区综合调查，南沙群岛及其邻近海域综合调查，以及南海中部海域综合调查等，取得了大批与南海本底相关的重要原始数据。然而，在 20 世纪 90 年代以前，由于当时电脑还不普及，许多调查资料没有电子化，缺乏系统的整编与管理，有些早期的原始资料散落在科研人员手中。这些资料由于历史久远、人员更替或者离世等原因愈发稀有。

我国对南海科考历史资料的抢救和保护非常重视，于 2017 年启动了科技基础资源调查专项“南海及其附属岛礁海洋科学考察历史资料系统整编”项目。本书是项目下设课题“南海海洋化学科学考察历史资料整编”的研究成果。作者收集整理了自 1972 年以来的海水化学、同位素海洋化学、海洋地球化学调查研究项目的历史资料。有些历史资料为纸质版，部分资料存在字迹不清、誊写错误等问题；有些电子版的历史资料也偶尔会出现串行、输入错误等问题，因此作者对数据进行了排重检查、校对和计量单位统一。在此基础上，作者对调查资料进行了系统分析，获得了南海营养盐、放射性和稳定同位素，以及沉积物主量元素、微量元素、稀土元素空间和时间尺度的分布特征，建立了对南海海洋化学较全面的认识。

本书撰写情况如下：前言由张元标撰写；第 1 章由张元标、龙爱民、陈金民撰写；第 2 章由韩爱琴、张元标、蔡毅华撰写；第 3 章由张润、杨伟锋、蔡毅华、陈敏撰写；第 4 章由苗莉、刘芳文、刘建国、曹立撰写；第 5 章由苗莉、刘芳文、刘建国、曹立撰写。

本书为海洋化学科学考察历史资料的整编研究成果，但无法一一列举历史调查资料的贡献者，在此谨以此书的出版向老一辈海洋化学科学家表达敬意！

由于作者水平有限，书中疏漏之处在所难免，敬请各位专家、读者批评指正。

张元标

2023 年 5 月 10 日

目　　录

第1章 概论

南海位于我国的最南端，是我国最大的陆缘性边缘海，也是我国唯一的赤道带海区，蕴藏着丰富的自然资源，是中华民族可持续发展的重要疆域。南海位于太平洋板块、印度洋板块与欧亚板块的接合处，介于大陆岩石圈与大洋岩石圈的过渡带，蕴藏着丰富的油气（水合物）资源，是全球少有的海上油气富集区之一。此外，南海还蕴藏着丰富的生物资源，仅西南部陆架海区 4 个主要渔场（两个高产渔场和两个优质渔场）的现存资源量就达约 34.5 万 t，推测可捕量为 21.3 万 t，开发潜力良好，其中底层经济鱼类的现存资源量为 26.1 万 t，推测可捕量为 16.1 万 t。在战略上，南海南部地处太平洋与印度洋之间的咽喉，扼守两洋海运的要冲，是多条国际海运线和航空运输线的必经之地，也是扼守马六甲海峡、巴士海峡、巴林塘海峡、巴拉巴克海峡的关键所在，是我国南方海防前哨，具有重要的战略地位。

南海是我国神圣不可侵犯的国土，为了有效地维护国家权益、开发利用海洋资源、发展海洋经济，必须拥有海洋国土和海洋资源环境状况的精确资料以及海上长期立足的能力。对南海进行全面深入的科学考察，不仅在政治、经济、军事、外交和科学上具有重要的战略意义，而且在当今复杂的国际环境下，还是我国在南海行使主权的重要体现。远离大陆的南沙诸岛将是我国 21 世纪资源开发与利用的重要组成部分。

南海拥有的自然海域面积约为 350 万 km^2，南北纵跨约 2000km，东西横越约 1000km。南海北起广东省南澳岛与台湾岛南端鹅銮鼻一线，南至加里曼丹岛、苏门答腊岛，西依中国大陆、中南半岛、马来半岛，东抵菲律宾，通过众多的海峡与外围海域进行水体和物质交换，如通过台湾海峡与东海相连，通过巴士海峡与菲律宾海相连，通过民都洛海峡和巴拉巴克海峡与苏禄海相连，通过卡里马塔海峡与爪哇海相连，通过马六甲海峡与安达曼海相连。南海海底地貌的特点是：北部、西部和南部是浅海大陆架，外缘是大陆坡，陆坡上有高原、海山、峡谷、海槽和海沟；东部是狭窄的岛架，外缘临海沟和海槽；中央是深水海盆，盆底为宽广的平原，点缀着孤立的海山。南海海域有超过 200 个无人居住的岛屿和岩礁，主要群岛有纳土纳群岛、阿南巴斯群岛、南沙群岛、中沙群岛、东沙群岛、西沙群岛等。

南海处于东亚季风区，因此其表层环流常年受季风影响显著，即季风是南海环流的主要驱动因素。南海冬季盛行东北季风，南部和北部均存在一个气旋性环流；夏季盛行西南季风，南部的气旋性环流转为反气旋环流，而北部的气旋性环流依然存在。此外，黑潮对南海北部环流向南海的净输运影响显著，热力强迫对南海的环流也会造成一定影响（Fang et al.，1998）。南海处在亚洲大陆南部的热带和亚热带区域，与其他海区相比，其特点是热带海洋性气候显著，春秋短，夏季长，冬无冰雪，四季温和，空气湿润，雨量充沛。特别是南海中部和南部海区，终年高温高湿，长夏无冬，季节变化很小。南海北部沿海和岛屿有较大季节变化，夏季温度高、雨量多，冬季前期相对干冷，后期常有低温阴雨天气。

南海因其特殊的地理位置和自然条件，既是国防海洋学研究的重地，又是地球动力学、全球变化等重大前沿科学研究的天然实验室，而海洋调查是进行海洋科学研究的基础和前提，也是开发利用海洋资源、保护海洋环境、维护海洋权益和建设海洋强国的重要支撑（陈连增和雷波，2019）。在历史上，国内外海洋科技工作者对南海开展了一系列的海洋科学考察。

1.1 南海海洋化学科考历史

南海的海洋调查最早始于20世纪初，泰德曼（Tydeman）于1903年绘制了东南亚海域的第一张测深图。早期的海洋调查以水文调查为主，海洋化学的调查项目往往不全。真正的化学调查项目比较齐全的是1961年开展的“国际黑潮联合调查”，调查区域主要涉及南海东北部和南部1500m以浅海域，但很多航次的营养盐的资料也是不全或者残缺的（韩舞鹰等，1998）。新中国成立后，我国在海洋化学方面的调查研究蓬勃发展。自20世纪50年代以来，我国先后组织了数十次大规模的南海及其岛礁海洋科学综合考察，如南海中、西沙海区综合调查，南沙群岛及其邻近海域综合调查，以及南海中部海域综合调查等，取得了大批与南海本底相关的重要原始数据。这些科考成果既是国家经略南海所需要的重要历史资料，又是对南海开展科学研究的珍贵历史资料。我国开展的较大规模的南海海洋化学调查主要有以下几项（暨卫东，2016）。

1958～1960年，国家科委海洋组组织海军、中国科学院、水产部等60多个单位和部门的600多名科研人员，动用各种船舶50多艘，开展了“全国海洋综合调查”，调查区域涉及124°E以西的渤海、黄海、东海，以及南海东沙群岛、西沙群岛以北的海域。

1972～1978年，以中国科学院南海海洋研究所为主，对南海的中沙群岛、西沙群岛和南沙群岛海域进行了海洋综合调查，第一次系统地获取了南海中部海域的科考资料。

1977～1979年，我国开展了“719”南海中部海区综合调查研究，获取了南海中部海域的海洋沉积化学资料。

1979～1984年，我国开展了“317”南海东北部海区综合调查研究，获取了南海东北部海域的海洋沉积化学资料。

1983年，中国科学院南海海洋研究所的“实验2”号、“实验3”号两艘船，加上中国水产科学研究院南海水产研究所的一艘船，共三艘船到达曾母暗沙海区开展调查。

1983～1984年，为维护国家海洋权益，我国组织了南海中部海域综合调查，多次穿越西沙群岛、中沙群岛、南沙群岛海域，为我国对该海域的管理积累了基本资料。

1987年，“南沙群岛及其邻近海区综合科学考察”被列入国家“七五”计划的科技专项，开始对南沙群岛正式进行综合科学考察。对南沙群岛的科学考察从“七五”开始，到“八五”“九五”“十五”一直得到了立项支持，共有40多个单位的600多名科研人员参加，较全面地查明了在12°N以南、断续线以内的南沙群岛72个主要岛礁的状况。

1996～2002年，以国家海洋局第一海洋研究所、国家海洋局第二海洋研究所、国家海洋局第三海洋研究所和国家海洋环境监测中心为主，开展了国家“126专项”我国专属经济区与大陆架勘测调查，对黄海、东海、南海及台湾以东海域进行了包括海洋水文气象、海水化学、沉积物化学等在内的综合海洋环境调查。

2004～2016年，我国开展了11个南海北部开放航次调查，获取了大量的海水化学资料。

除此之外，我国在南海还开展了大量的较小规模的调查和研究工作，如南沙群岛及邻近海区第四纪沉积地质学研究、南沙群岛海区界面生物地球化学过程与通量研究、南沙群岛海域核素分布规律研究、国家基金委南海开放航次调查等，在此不再一一列举。

1.2 历史资料收集和处理

1.2.1 历史资料收集

20 世纪 90 年代以前，由于当时电脑还不普及，许多调查资料没有电子化，缺乏系统的整编与管理，有些早期的原始资料散落在科研人员手中，这些资料由于历史久远、人员更替或者离世等原因愈发稀有。我国对历史资料的抢救和保护非常重视，在科技基础资源调查专项的资助下，对自主调查和资料交流等各个渠道获取的海洋化学历史资料进行收集整编，包括南海中部海域综合调查（国家海洋局第三海洋研究所，1983～1984年）、大亚湾海洋环境调查（国家海洋局第三海洋研究所，1988～1990 年）、南沙群岛海域海洋生源要素通量研究（中国科学院南海海洋研究所，1992～1995 年）、南沙群岛海区界面生物地球化学过程与通量研究（中国科学院南海海洋研究所，1997～2000 年）、南海东北部海区环流“配合性”合作调查研究（厦门大学，1992 年）、南沙群岛及其邻近海域综合科学考察（厦门大学，1993 年）等数十项调查研究项目的成果资料。

1.2.2 历史资料处理

通过调阅历史档案、走访老科学家等途径，对南海海洋化学历史科考资料进行了收集与整理。这些历史资料主要来源于中国科学院南海海洋研究所、自然资源部第三海洋研究所① 和台湾中山大学等。有些历史资料为纸质版，部分资料存在字迹不清、誊写错误等问题；有些电子版的历史资料也偶尔会出现串行、输入错误等问题，因此需要对数据进行检查、校对、计量单位统一和质量控制。

1. 历史资料的检查、校对和计量单位统一

（1）数据排重检查

在进行数据资料的处理之前，需要对资料进行排重检查，以判断各种来源的数据资料是否存在重复的数据。排重检查主要通过人工检查的方式进行，按照调查区域范围、调查站位经纬度、调查时间、调查要素、采样水深等几个方面对数据资料进行排重检查。检查流程如下：①通过站位分布图识别调查区域，如果调查区域无重叠，则不存在重复数据；如果调查区域有重叠，再进行站位经纬度检查。②对比重叠区域的站位经纬度，如果经纬度不同，则不存在重复数据；如果经纬度相同，再进行调查时间检查。③对比经纬度相同的调查站位的调查时间，如果调查时间不同，则不存在重复数据；如果调查时间相同，再对比调查要素名称。④对比调查要素名称，如果属于不同的要素，则不存在重复数据；如果属于同种要素，再对比采样水深。⑤如果属于不同采样水深的数据，则不属于重复数据；如果采样水深相同，则判定属于重复数据，应予以剔除。

---

①2018 年 3 月，根据第十三届全国人民代表大会第一次会议批准的国务院机构改革方案，将国家海洋局的职责整合；组建中华人民共和国自然资源部，自然资源部对外保留国家海洋局牌子。

（2）纸质数据电子化校对

在收集的南海海洋化学历史科考资料中，有相当部分资料是纸质资料。在将这些纸质原始资料中的数据进行手工录入时，需要对所有录入的数据进行逐一校对，以保证电子化的数据与纸质数据的一致性。

（3）数据计量单位统一

检查原始纸质资料中的数据计量单位是否一致，如不一致则进行转换。

2. 数据质量控制

需要对预处理后的数据采取一些质量控制措施，以保证数据的有效性。

（1）数据值域检查

数据值域检查是检查整编数据是否落在合理范围内，进而审核数据在输入过程中是否出现差错，以及数据的计量单位与数值是否匹配等。

（2）要素相关性检查

在要素相关性检查方面，主要是对南海深水区历史科考项目中溶解氧、pH、营养盐等海水化学要素与水深之间的关系进行相关性检查。近岸海域的调查数据影响因素复杂，因此数值变化剧烈，该项检查不适用。

参考文献

陈连增, 雷波. 2019. 中国海洋科学技术发展 70 年. 海洋学报, 41(10): 3-21.

韩舞鹰, 等. 1998. 南海海洋化学. 北京: 科学出版社 .

暨卫东. 2016. 中国近海海洋: 海洋化学. 北京: 海洋出版社 .

Fang G, Fang W, Fang Y, et al. 1998. A survey of studies on the South China Sea upper ocean circulation. Acta Oceanographica Taiwanica, 37(1): 1-16.

第2章　南海营养盐化学特征

营养盐是海洋浮游生物生命活动的物质基础，也是支持海洋生态系统的元素基础。海水中存在的主量营养盐包括硝酸盐（NO_3^-）、亚硝酸盐（NO_2^-）、磷酸盐（PO_4^{3-}）、硅酸盐（SiO_3^{2-}）等。在浮游植物光合作用过程中，这些主量营养盐为海洋浮游植物所吸收，从而构成浮游植物的组成部分，被固定的营养盐通过食物链进一步向上传递。同时，部分有机态营养盐随颗粒沉降作用向深海输运，即生物泵作用（Ducklow et al.，2001）。在该过程中，有机态营养盐经细菌降解等再矿化作用，可再次转化成无机态营养盐。由于海洋生物泵作用受海洋浮游植物的初级生产所驱动，因此营养盐不仅对海洋生态系统初级生产过程起着至关重要的作用，还决定着其他生源要素（如碳）的生物地球化学循环。换句话说，营养盐的分布特征如浓度水平、各元素之间的比例（即水体中氮、磷、硅的相对量）等可能在很大程度上影响着浮游植物的初级生产水平以及生态系统结构（Lagus et al.，2007；Tilman et al.，1982；韩爱琴，2012）。

不仅如此，营养盐以及受其影响的生物生产的分布特征受控于生物地球化学过程和物理过程的相互作用（Williams and Follows，2003）。生物、化学过程一般影响着营养盐无机和有机等化学形态的转化。例如，海洋上层某些藻类或者细菌可通过固氮作用将大气中的氮气转化成有机氮（Wu et al.，2003）；在营养盐充足的条件下，浮游植物优先利用无机态营养盐合成有机物（Parsons et al.，1984）；在有机物沉降过程中，氮和磷优先于硅从有机物中矿化释放（Koike et al.，2001）。海洋物理过程一般通过输运和混合影响营养盐的再分布，如上升流、翻转流、涡旋、锋面、对流、边界流（Williams and Follows，2003）等，以及其他一些额外的来源，如大气沉降及河流的输入等。

南海是陆缘性边缘海，其陆架区属于河流主控型海区，而海盆属于大洋主控型海区（Dai et al.，2013）。一方面，南海营养盐的时空格局主要与大洋水入侵、海盆尺度的环流、涡旋、上升流等物理动力过程密切相关；另一方面，其时空格局还受到生物地球化学过程的调控。到目前为止，关于南海营养盐物理-生物地球化学过程耦合作用的文献报道已有不少。在河流主控型海区——南海北部陆架，夏季营养盐动力学过程受珠江冲淡水与沿岸上升流的影响（Gan et al.，2010；Han et al.，2012），冬季长江冲淡水对营养盐的长距离输运促进了南海东北部陆架的生产力提高，并关联了南海北部陆架沿岸下降流营养盐输运过程及其生态效应（Gan et al.，2010；Han et al.，2021，2013）。在大洋主控型海区，海盆上层受具有寡营养盐特征的西边界流——黑潮入侵的影响，并且其自身具有较高的湍流混合和垂直涌升强度，对次表层的营养盐水平起到了重要的调节作用（Du et al.，2013；Wong et al.，2007a）。Wong 等（2007a）在南海北部海盆东南亚时间序列观测站（South-east Asia Time Series Station，SEATS）开展了长时间序列观测，揭示了海盆营养盐的垂直分布特性和年际变化特征。

此外，黑潮入侵显著影响了南海北部营养盐浓度的空间分布和季节变化，甚至年际变化，这些变化也是影响南海营养盐和叶绿素 a（Chl a）储量变动的主要因素。已有研究表明，黑潮至少会在冬季显著入侵南海（Centurioni et al.，2004；Chen et al.，2001；Chu and Li，2000；Hu et al.，2000；Lohrenz et al.，1999），导致南海北部营养盐储量降低（Du et al.，2013）。在南海和西北太平洋发生水体交换的吕宋海峡，水柱呈“三明治”结构（Tian et al.，2006）：在上层，西北太平洋低营养盐的水体入侵南海；在中层，具有较高营养盐的水体从南海进入西北太平洋（Chen et al.，2001；Du et al.，2013；Jan et al.，

2006；Wu et al.，2015；Zhai et al.，2009）；在底层，西北太平洋的高营养盐水体通过吕宋海峡进入南海（Chen et al.，2001；Lu et al.，2020）。南海还频发中尺度涡旋，对海盆局部营养盐的分布、物质通量和生物地球化学过程产生影响（Chen et al.，2008；许艳苹，2009；Zhou et al.，2023）。关于南海中南部，针对营养盐动力学研究的文献极少，其营养盐的时空变化特征并不清晰。

综上，现有的文献报道大多具有针对性的科学问题，对南海营养盐生物地球化学过程开展了细致的研究工作。同时，由于政治与历史的问题，这些研究偏向于南海北部局部性的工作，对于完整的、大面积的、横跨不同年份和季节的营养盐特征鲜少介绍。本章利用收集到的南海营养盐历史科考资料（区域上涵盖了南海北部、南海海盆和南海南部的部分区域），重点介绍不同空间和时间尺度上的南海海水化学特征，以期建立对南海海水化学的基础性认识。

2.1 南海北部部分区域

中国科学院南海海洋研究所于2004年9月（南海北部开放航次）及2006年9月（南海北部开放航次）、2007年8月（南海北部开放航次）和2008年8月（南海北部开放航次），获取了南海18°N以北部分区域的夏季和秋季的海水化学资料（图2.1）。

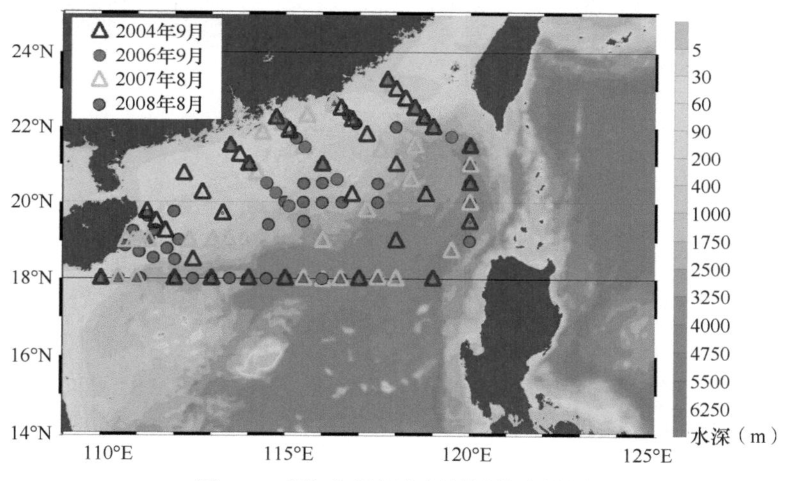

图2.1 南海北部部分区域站位布设图

2.1.1 夏季

1. 2007年夏季

依据2007年8月南海北部陆架、陆坡与海盆部分区域的温度（T）、盐度（S）、NO_3浓度、PO_4^{3-}浓度和SiO_3^{2-}浓度的表层平面分布图（图2.2），结合该区域已有的关于水文和营养盐生物地球化学过程的报道（Cao et al.，2011；Dai et al.，2008；Han et al.，2012；Hu and Wang，2016；Jing et al.，2009）可看出，在南海北部陆架可分辨出四个典型的物理过程及相应的水团：一是珠江冲淡水，温度和盐度较低（温度约27℃，盐度约31.3）；

二是粤北的汕头上升流，水团呈现高盐低温的特征（温度约 26.5℃，盐度约 33）；三是台湾浅滩上升流，水团也呈现高盐低温的特征（温度约 25.8℃，盐度约 33.8）；四是海南东南部的琼东沿岸上升流，水团同样呈现高盐低温的特征（温度约 28℃，盐度约 34）。此外，在南海北部海盆区，表层水体均呈现高温高盐的特征，与 Wong 等（2007b）报道的南海表层水体特征较为一致。

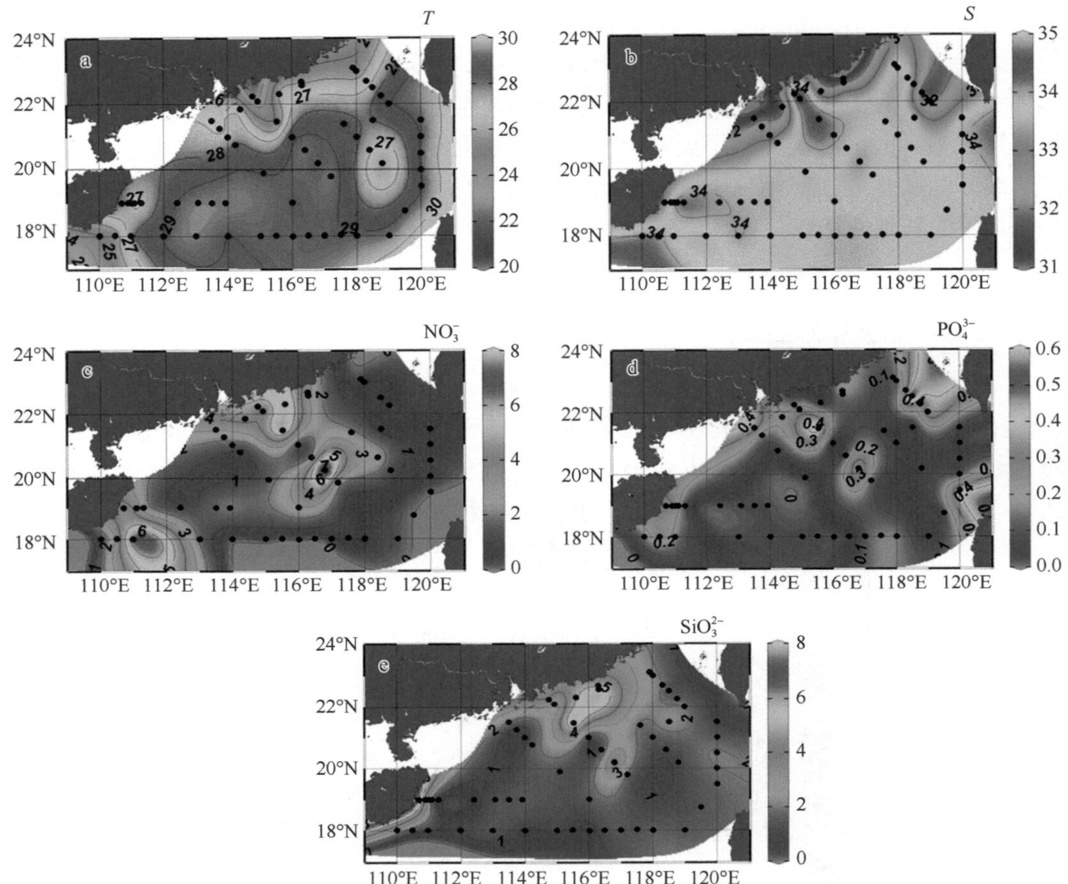

图 2.2　2007 年 8 月南海北部陆架与海盆部分区域的（a）温度（℃）、（b）盐度、（c）NO_3^- 浓度（μmol/L）、（d）PO_4^{3-} 浓度（μmol/L）和（e）SiO_3^{2-} 浓度（μmol/L）的表层平面分布图

夏季，由于珠江径流量增大，珠江径流与南海表层水混合，形成了珠江冲淡水（Gan et al.，2009b）。该冲淡水的特征为低温低盐（温度约 27℃，盐度约 31.3），上覆于珠江口外水柱的上层，营养盐浓度较高［NO_3^- 浓度为 3.0～4.0μmol/L，PO_4^{3-} 浓度为 0.2～0.4μmol/L，SiO_3^{2-} 浓度约为 2.5μmol/L］。根据航次观测，粤北的汕头上升流与台湾浅滩上升流水团的表层营养盐浓度不高，NO_3^- 浓度为 0.4～0.8μmol/L，PO_4^{3-} 浓度为 0.1～0.6μmol/L，SiO_3^{2-} 浓度约为 2.5μmol/L。海南东南部的琼东沿岸上升流水团的 NO_3^- 浓度为 1.0～4.0μmol/L，PO_4^{3-} 浓度为 0.1～0.8μmol/L，SiO_3^{2-} 浓度约为 2.0μmol/L。在南海北部海盆区（包括吕宋海峡附近区域）表层水体中营养盐的浓度远低于陆架水体、上升流水体及珠江冲淡水，SiO_3^{2-} 浓度为 1.0～2.0μmol/L，与 Du 等（2013）、Wong 等（2007a）报道的趋于一致。总体上，夏季南海北部表层水体呈现珠江冲淡水营养盐浓度

最高，上升流区及陆架区营养盐浓度次之，海盆区营养盐浓度最低的空间分布特征。

图 2.3 为 2007 年 8 月南海北部陆架、陆坡与海盆部分区域的温度、盐度、NO_3^- 浓度、PO_4^{3-} 浓度和 SiO_3^{2-} 浓度的 50m 层平面分布图。可以更明显地看出，南海北部存在较强的上升流。在东北部的汕尾近岸，存在高盐低温的上升流水团，其温度低于 23℃，盐度为 34.35～34.45，与此前观测到的南海北部陆架上升流特征趋于一致（Gan et al.，2009a，2009b）。该水团营养盐浓度较高，NO_3^- 浓度为 3.0～6.5μmol/L，PO_4^{3-} 浓度为 0.35～0.5μmol/L，SiO_3^{2-} 浓度为 3.5～6.0μmol/L。类似地，海南东南部近岸上升流同样具有低温高盐及高营养盐浓度的分布特征，温度为 21.0～22.0℃，盐度为 34.3～34.5，NO_3^- 浓度为 2.0～5.0μmol/L，PO_4^{3-} 浓度为 0.3～0.4μmol/L，SiO_3^{2-} 浓度为 4.0～6.0μmol/L。与表层的空间分布特征一样，南海北部海盆区 50m 水深的营养盐浓度分别为：NO_3^- 浓度小于 0.5μmol/L，PO_4^{3-} 浓度低于 0.13μmol/L，SiO_3^{2-} 浓度低于 1.8μmol/L，远远低于陆架与上升流区 ①。

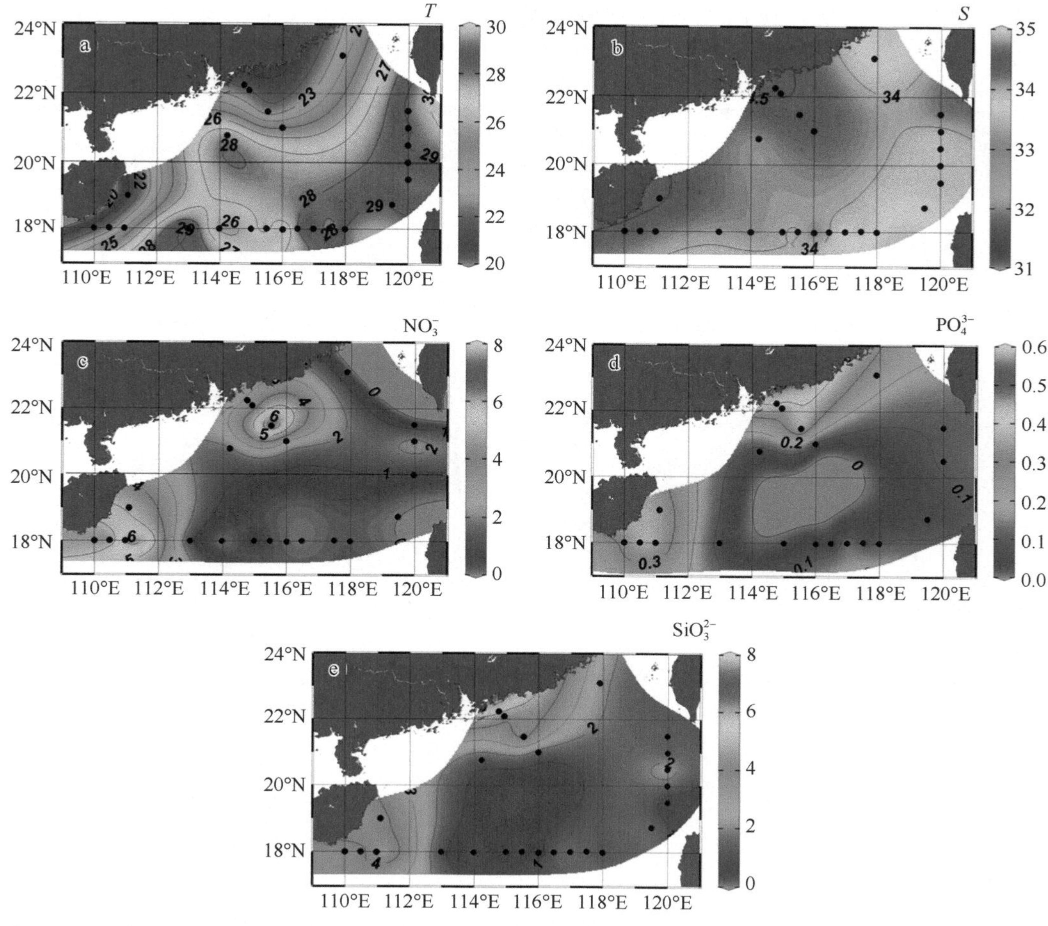

图 2.3 2007 年 8 月南海北部陆架与海盆部分区域的（a）温度（℃）、(b）盐度、(c）NO_3^- 浓度（μmol/L）、（d）PO_4^{3-} 浓度（μmol/L）和（e）SiO_3^{2-} 浓度（μmol/L）的 50m 层平面分布图

2. 2008 年夏季

图 2.4 为 2008 年 8 月南海北部陆架、陆坡与海盆部分区域的温度、盐度、NO_3^- 浓度

①本书中部分数据进行过舍入修约

和 PO_4^{3-} 浓度的表层平面分布图。整体上，南海北部海盆区（包括吕宋海峡西侧）表层温度为26～29℃，盐度为33.25～34.3，NO_3^-浓度低于0.3μmol/L，PO_4^{3-}浓度低于0.18μmol/L，营养盐浓度显著低于2007年8月的观测结果。在陆架区，珠江冲淡水信号并不显著，这很可能是由于观测期间珠江径流量不大。资料显示，至少与2008年6～7月的珠江径流量（Cao et al.，2011）相比，2008年8月珠江径流量显著减小。在上升流区，与2007年8月相比，2008年8月汕尾的上升流信号并不显著，反映了该上升流受不同强度年际季风的影响呈现出不同强度。在海南东南部近岸，仍然观测到低温高盐的琼东上升流信号，温度为17.5～21.0℃，盐度约为34.6。与2007年8月的观测结果相比，其温度更低，盐度更高。另外，琼东上升流覆盖范围较2007年8月更大，可覆盖到海南南部近岸。以上两点都说明2008年琼东上升流可能有所增强。但表层营养盐浓度仍处于较低水平，NO_3^-浓度低于0.3μmol/L，PO_4^{3-}浓度低于0.08μmol/L，低于2007年8月，有可能与生物利用有关。南海海盆区表层水体中NO_3^-与PO_4^{3-}的浓度与2007年8月的结果一致，均低于检测限。

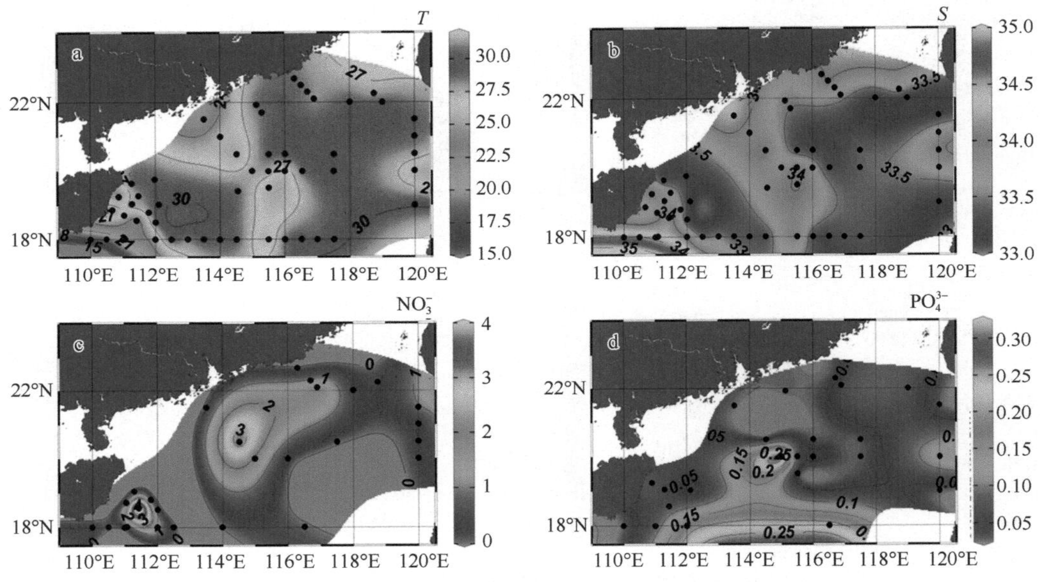

图2.4　2008年8月南海北部陆架、陆坡与海盆部分区域的（a）温度（℃）、（b）盐度、（c）NO_3^-浓度（μmol/L）和（d）PO_4^{3-}浓度（μmol/L）的表层平面分布图

2.1.2　秋季

1. 2004年秋季

2004年9月南海北部陆架、陆坡与海盆部分区域的温度、盐度、NO_3^-浓度和SiO_3^{2-}浓度的表层平面分布如图2.5所示。可以看出，秋季南海北部陆架和海盆的表层温度范围为28.0～29.7℃，盐度范围为31.5～33.7，其中高温高盐海域位于调查区域的东侧，即接近吕宋海峡和18°N断面处，温度为28.7～29.3℃，盐度约为33.7，对应的NO_3^-浓度低于0.5μmol/L，SiO_3^{2-}浓度为2.7～3.0μmol/L，营养盐浓度低于包括陆架在内的其他海区。在珠江口西南向，观测到较低盐度的冲淡水水团，盐度范围为31～32，同时伴

随较高的营养盐浓度，其中 NO_3^- 浓度约为 3.0μmol/L，SiO_3^{2-} 浓度约为 3.5μmol/L。观测到的盐度及营养盐浓度水平都与 2007 年夏季的珠江冲淡水的观测结果十分接近，这表明由于秋季季风的转向，东北季风可能将珠江冲淡水带入珠江口西南海区（Gan et al., 2010）。

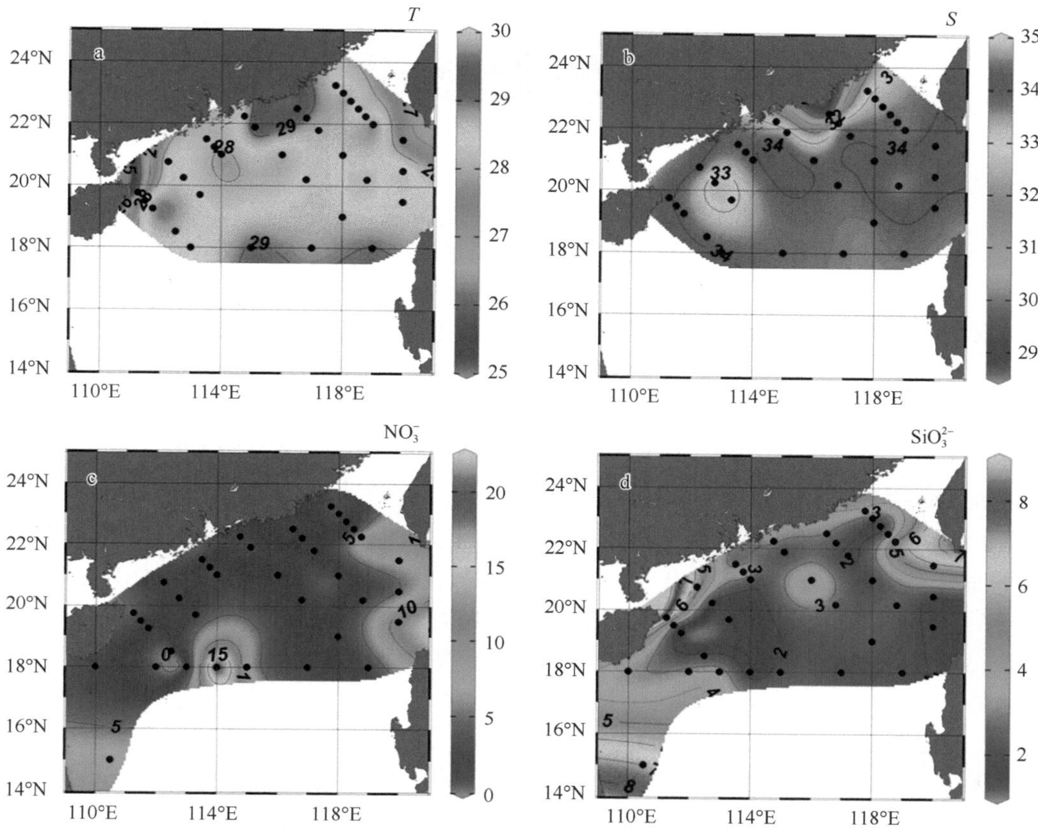

图 2.5　2004 年 9 月南海北部陆架、陆坡与海盆部分区域的（a）温度（℃）、（b）盐度、（c）NO_3^- 浓度（μmol/L）和（d）SiO_3^{2-} 浓度（μmol/L）的表层平面分布图

2004 年 9 月南海北部陆架、陆坡与海盆部分区域的温度、盐度和 SiO_3^{2-} 浓度的 50m 层平面分布见图 2.6。可以看出，50m 层平面分布特征与表层分布特征类似，在吕宋海峡

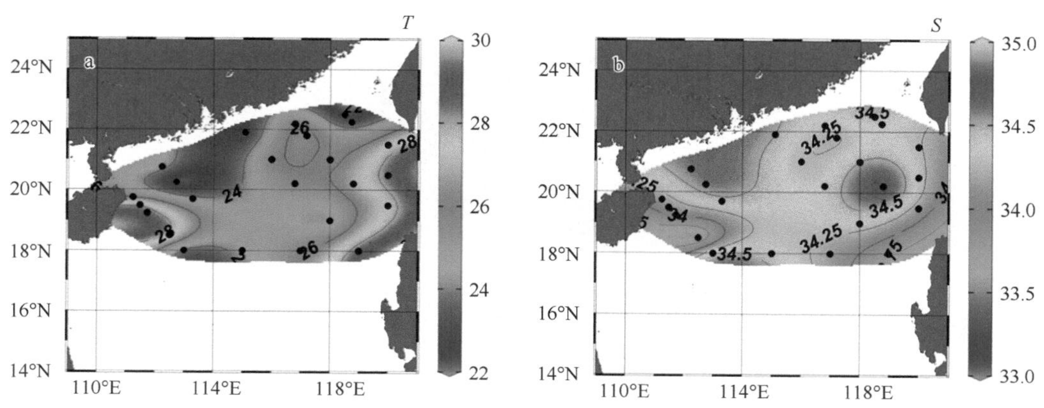

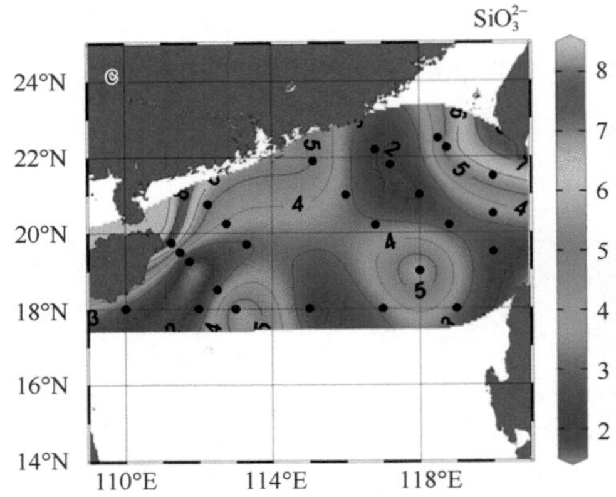

图 2.6　2004 年 9 月南海北部陆架、陆坡与海盆部分区域的（a）温度（℃）、（b）盐度和（c）SiO_3^{2-} 浓度（μmol/L）的 50m 层平面分布图

附近区域，呈现高温（约 28.5℃）高盐（约 34.3）低营养盐（SiO_3^{2-} 浓度低于 2.8μmol/L）的特征，与黑潮高温高盐低营养盐的特性具有连贯性，这表明秋季南海北部陆架、陆坡和海盆存在一定程度的黑潮入侵，这也与 Du 等（2013）报道的结果趋于一致在 50m 层的其他区域，温度有所降低，为 25～26℃，盐度约为 34.3，营养盐浓度有所增高（SiO_3^{2-} 浓度为 2.5～6.0μmol/L）。

2004 年 9 月南海北部陆架、陆坡与海盆部分区域的温度、盐度和 SiO_3^{2-} 浓度的 200m 层平面分布见图 2.7。可以看出，在吕宋海峡附近海域，200m 层温度约为 16.5℃，盐度约为 34.67，呈现典型的南海次表层水体的特性（王颖，2013），SiO_3^{2-} 浓度为 4.0～16.0μmol/L。此外，等温线、等盐线与 SiO_3^{2-} 浓度等值线均呈现从吕宋海峡进入南海的分布趋势。

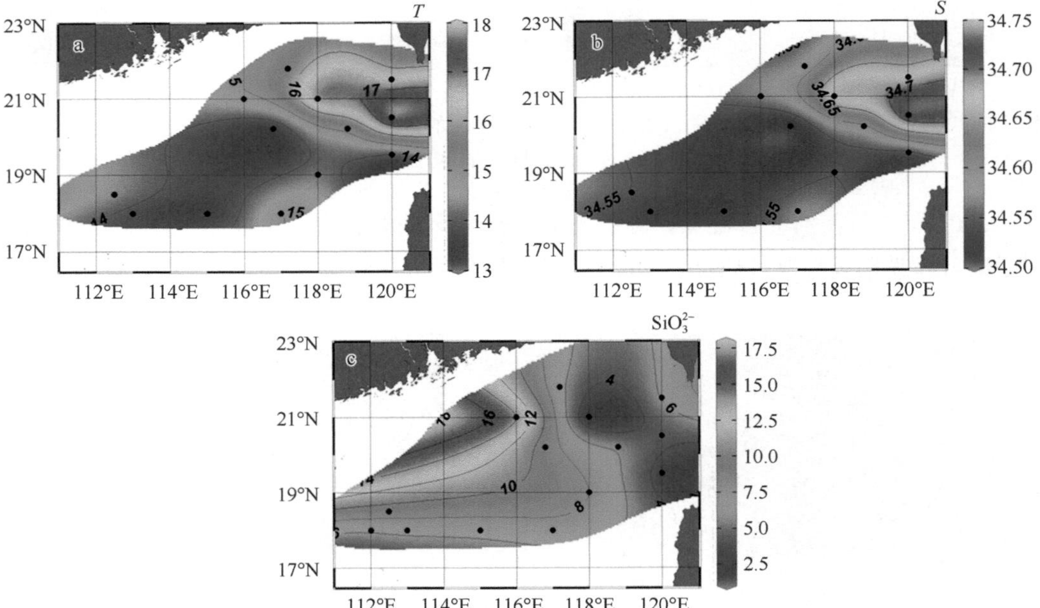

图 2.7　2004 年 9 月南海北部陆架、陆坡与海盆部分区域的（a）温度（℃）、（b）盐度和 SiO_3^{2-} 浓度（μmol/L）的 200m 层平面分布图

2. 2006 年秋季

2006 年 9 月南海北部陆架、陆坡与海盆部分区域的温度、盐度和 SiO_3^{2-} 浓度的表层平面分布如图 2.8 所示。在珠江口西南部口门外断面，存在一低盐高营养盐水团，温度约 26℃，盐度约 33.6，营养盐浓度低于 2004 年 9 月，SiO_3^{2-} 浓度为 3.0～6.0μmol/L，这一水团应为珠江冲淡水。该珠江冲淡水的方向与 2004 年 9 月的冲淡水方向（位于口门的东南向）不同，这表明冲淡水方向受季风方向主控。此外，在台湾海峡西南部汕头附近，存在一低温（约 27℃）低盐（约 33.3）的水团，显著区别于周边水团，可能是中国沿海沿岸流。这表明在该航次期间，受西南季风的影响，南海东北部陆架受到一定程度的中国海沿岸流的影响，这与 Han 等（2013）报道的中国海沿岸流的特征类似，但其营养盐浓度不高，SiO_3^{2-} 浓度为 2.5～3.0μmol/L，这可能是生物吸收和周边海水稀释的结果。此外，秋季以 18°N 断面为代表的南海北部海盆，温度为 29.0～29.5℃，盐度为 33.8～34.2，温度和盐度均高于 2004 年 9 月的调查结果，这表明该航次期间可能存在一定的黑潮入侵。表层的营养盐浓度极低，SiO_3^{2-} 浓度为 1.5～3.5μmol/L。

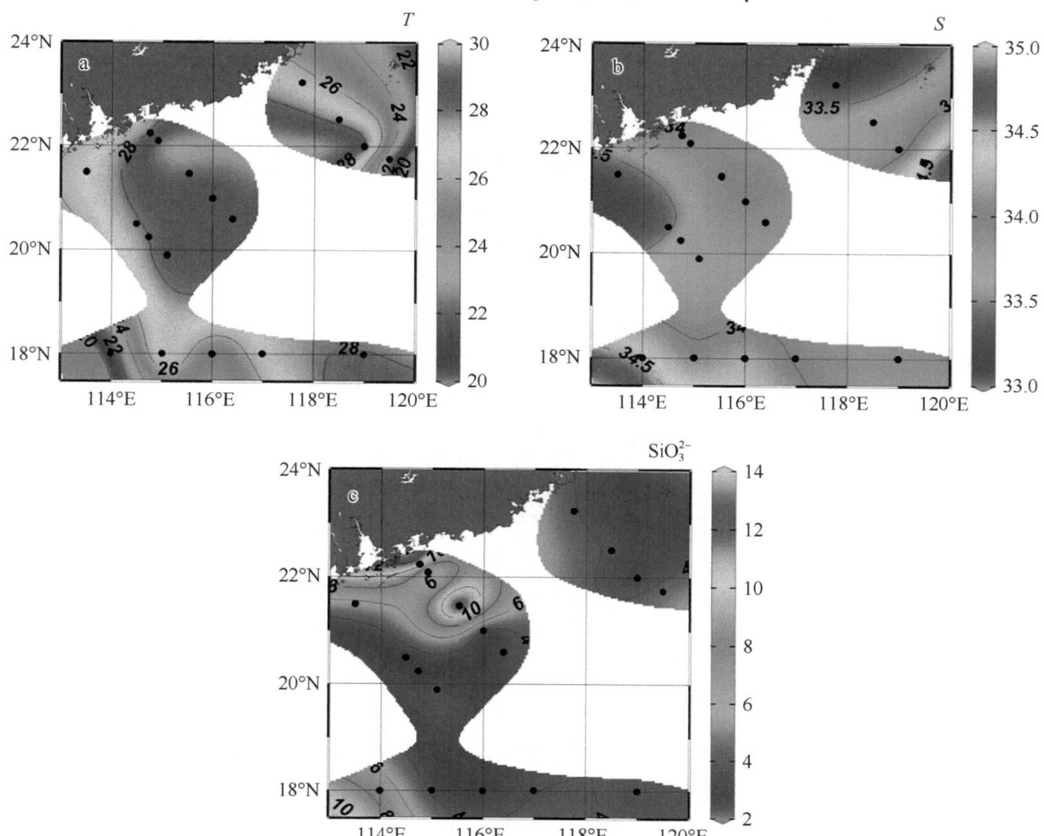

图 2.8　2006 年 9 月南海北部陆架、陆坡与海盆部分区域的（a）温度（℃）、（b）盐度和（c）SiO_3^{2-} 浓度（μmol/L）的表层平面分布图

图 2.9 为 2006 年 9 月南海北部陆架、陆坡与海盆部分区域的温度、盐度和 SiO_3^{2-} 浓度的 50m 层平面分布图。可以看出，在 50m 水深处并未观测到显著的珠江冲淡水信号，

这可能是由于秋季珠江冲淡水强度较弱，或者可能是站位不够密集所致。此时水体温度为22～28℃，盐度为33.5～34.0，营养盐浓度不高，SiO_3^{2-} 浓度约为3.0μmol/L，这说明在珠江冲淡水运移过程中，其营养盐被不断地利用、消耗和稀释。在吕宋海峡附近区域至18°N断面，50m层的温度为25.0～26.5℃，盐度为34.0～34.3。在2004年9月，同断面上的温度为25.0～26.5，盐度为34.2～34.3，二者相比较来看，总体上相差不大。因为站位偏少，所以难以比较黑潮入侵强度的年际区别。

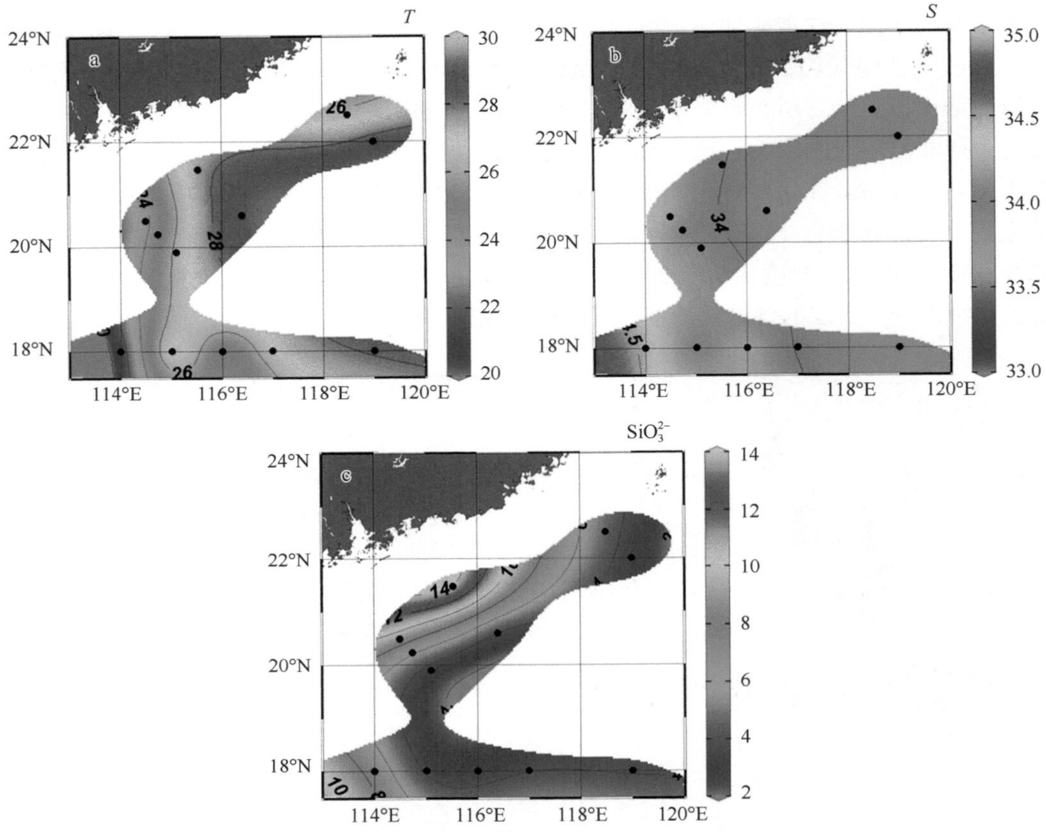

图2.9　2006年9月南海北部陆架、陆坡与海盆部分区域的（a）温度（℃）、（b）盐度和（c）SiO_3^{2-}浓度（μmol/L）的50m层平面分布图

图2.10为2006年9月南海北部陆架、陆坡与海盆部分区域的温度、盐度和 SiO_3^{2-} 浓度的200m层平面分布图。总体上，营养盐浓度东西两侧差异不大。在吕宋海峡附近，200m层温度为15.3～16.4℃，盐度为34.58～34.59，SiO_3^{2-} 浓度为10.0～20.0μmol/L。此外，与2004年9月比较发现，2006年9月200m层的营养盐浓度较高，这可能与年际上不同强度的黑潮入侵导致的稀释作用有关。

综上分析，南海北部陆架依据水团分为珠江冲淡水区、上升流区（粤东上升流区及琼东上升流区）和海盆区。总体上，营养盐浓度在珠江冲淡水区最高，上升流区次之，海盆区最低；年际及季节变化尺度上，珠江冲淡水存在年际变化，2007年夏季强于2008年夏季，2006年秋季弱于2004年秋季，营养盐浓度也具有相应的年际变化，但季节上并没有体现规律性的变化，2004 年秋季与 2007 年夏季相近，但 2006 年秋季则高于 2008 年夏季。可能原因是其年际与季节分布主要受控于珠江营养盐的排放及冲淡水团物理输运过程的年际及季节变动。另外，珠江冲淡水团中生物对营养盐的吸收也显著影响了营养盐浓度的时空分布。

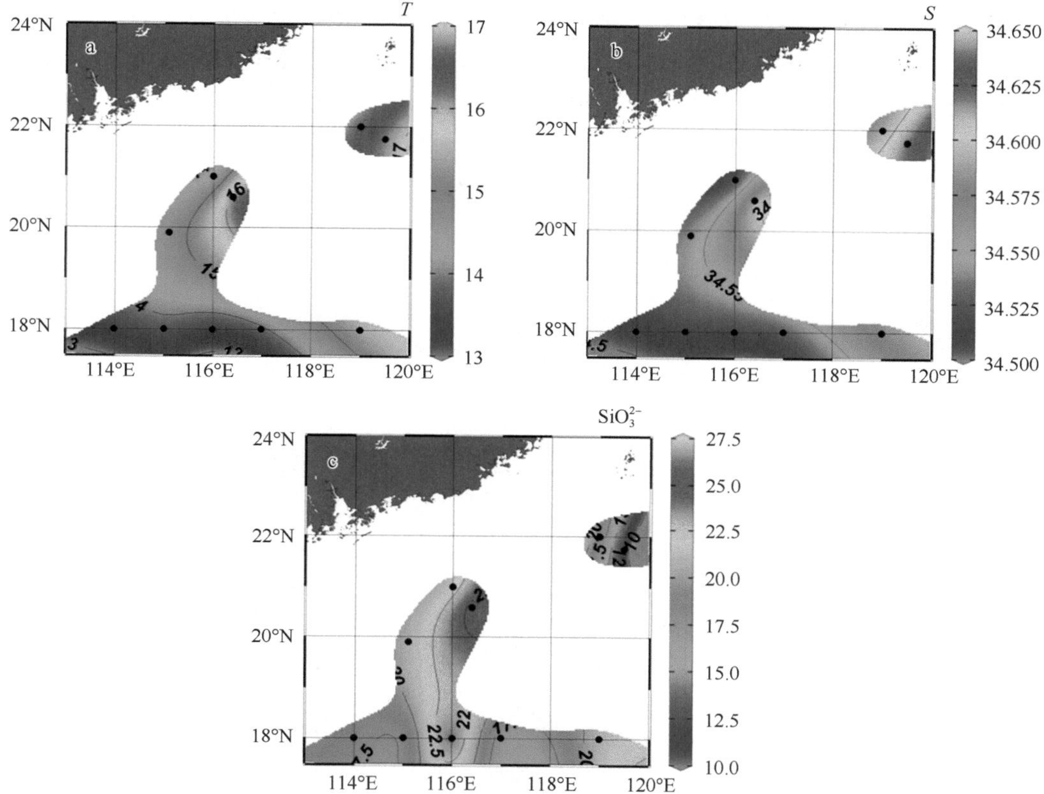

图 2.10　2006 年 9 月南海北部陆架、陆坡与海盆部分区域的（a）温度（℃）、（b）盐度和（c）SiO_3^{2-} 浓度（μmol/L）的 200m 层平面分布图

在上升流区的年际变化方面，上升流强度及营养盐浓度主要受控于西南季风的强度。2007 年夏季汕尾上升流信号较为显著，而 2008 年夏季汕尾上升流信号并不显著；琼东上升流在 2008 年夏季的覆盖范围较 2007 年夏季更大，可见 2008 年夏季上升流的强度可能有所增大。季节变化上，夏季的上升流强度明显增大，秋季由于季风存在东南季风向东北季风的转化，上升流强度明显减小，甚至消失。

2008 年夏季南海海盆区表层水体中 NO_3^- 浓度和 PO_4^{3-} 浓度与 2007 年夏季的观测结果均低于检测限。在 50m 与 200m 层，2006 年秋季的营养盐浓度比 2004 年秋季略高。季节变化方面，根据以往的文献报道，在吕宋海峡附近和 18°N 断面处，由于秋季受到较强的黑潮入侵的影响，秋季的浓度比夏季的浓度低。而根据收集的历史数据发现，2004 年秋季和 2006 年秋季 50m 层的 SiO_3^{2-} 浓度比 2007 年夏季高，这可能和不同年份不同季节的黑潮入侵强度和影响范围有关。

2.2 南海海盆部分区域

国家海洋局第三海洋研究所于1983～1984年在南海海盆部分区域开展了综合调查（包括1983年9月、1984年5月、1984年8月和1984年12月4个航次），中国科学院南海海洋研究所于2009～2011年在南海海盆部分区域开展了调查（包括2009年5～6月、2010年11月和2011年11月3个航次），具体站位布设如图2.11所示。

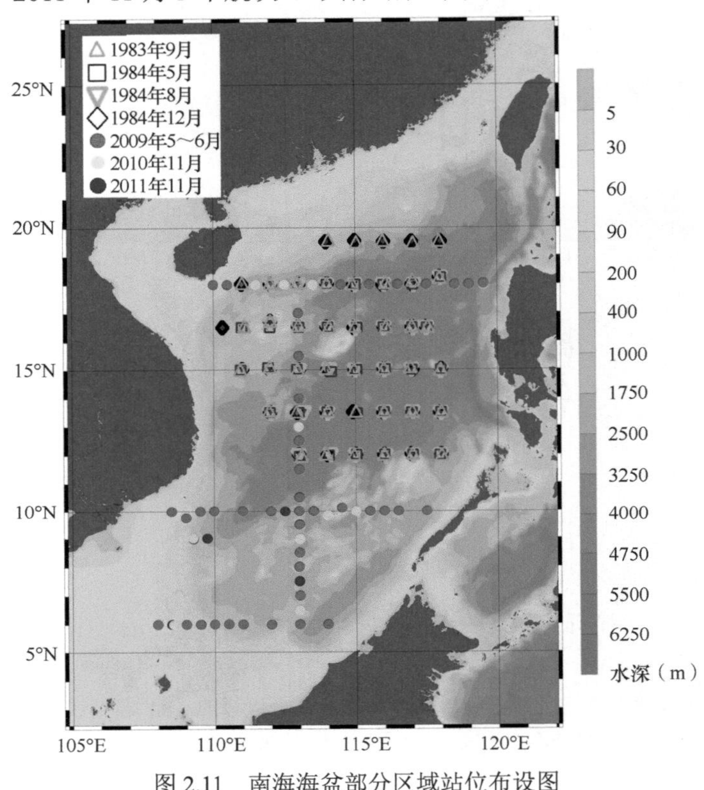

图2.11 南海海盆部分区域站位布设图

2.2.1 春季

1. 平面分布

春季，南海海盆北部受黑潮入侵影响强，入侵比例高达30%（Du et al.，2013）。1984年5月南海海盆部分区域的温度、盐度、NO_3^-浓度、PO_4^{3-}浓度和SiO_3^{2-}浓度的表层平面分布如图2.12所示。从调查结果可以看出，在18°N以北的东部海盆，表层存在显著的高盐水体，温度为26～28℃，盐度高于33.8。Du等（2013）于2009年5月在南海开展了现场观测，指出18°N的断面处东部海盆表层温度为28～29℃，盐度为33.4～33.7。这表明，1984年5月黑潮的影响程度大于2009年5月。在18°N以北的西部海盆，表层温度约为28℃，盐度显著低于东部海盆，约为33.5。在13°～18°N的海盆区，表层温度和盐度整体分布较为均匀，温度为28.7～29.5℃，盐度为33.5～33.8，黑潮入侵信号不显著，这表明黑潮的影响在 18°N 以南的海域明显减弱。表层海盆区 NO_3^- 浓度约 0.1μmol/L，PO_4^{3-} 浓度约 0.15μmol/L，SiO_3^{2-} 浓度范围为 2.0～4.0μmol/L。

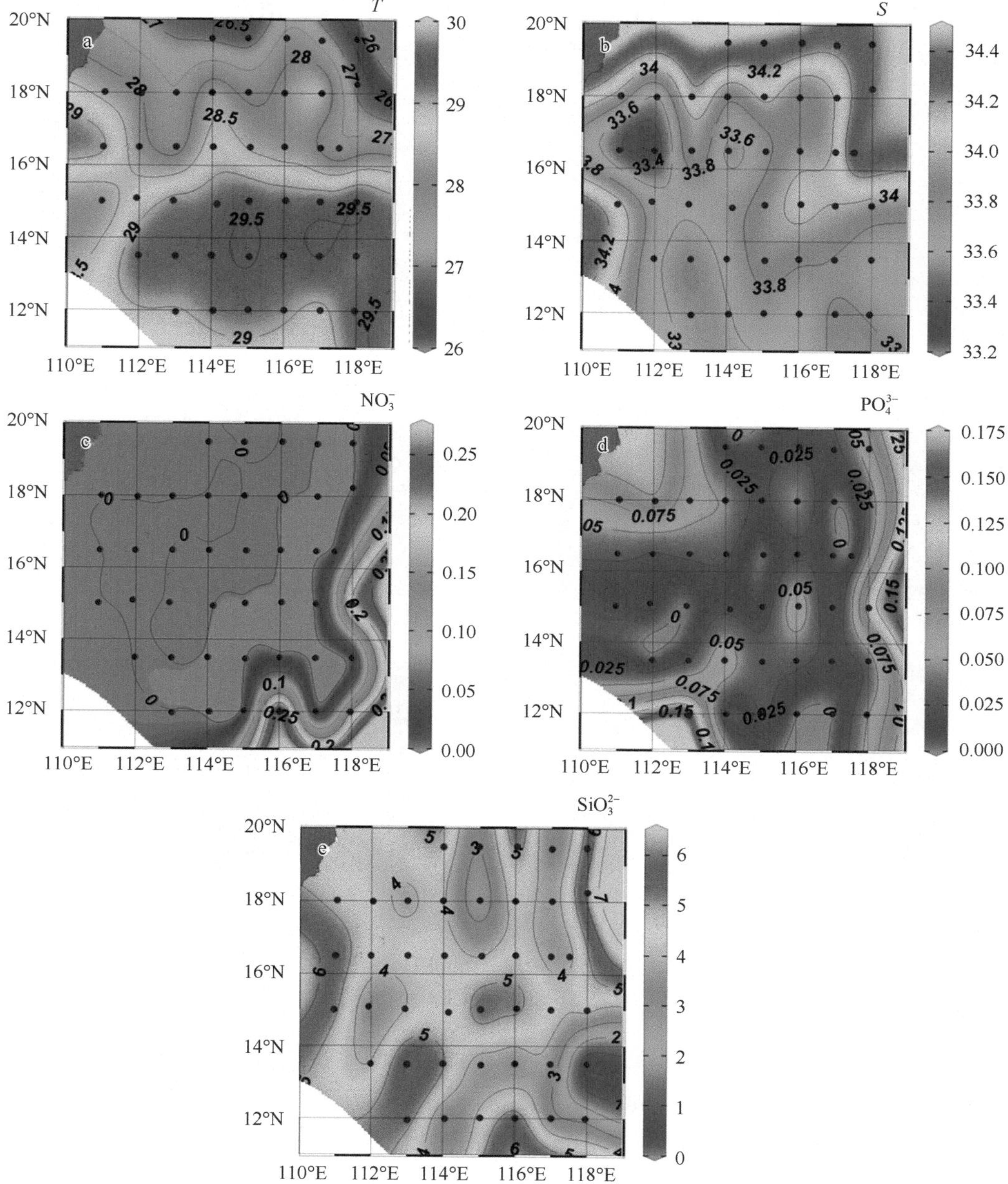

图 2.12　1984 年 5 月南海海盆部分区域的（a）温度（℃）、（b）盐度、（c）NO_3^- 浓度（μmol/L）、（d）PO_4^{3-} 浓度（μmol/L）和（e）SiO_3^{2-} 浓度（μmol/L）的表层平面分布图

2. 纬向断面分布

图 2.13 为 1984 年 5 月南海海盆部分区域 19.5° N 断面上 0～200m 的温度、盐度、NO_3^- 浓度、PO_4^{3-} 浓度、NO_2^- 浓度和 SiO_3^{2-} 浓度的分布图。可以看出，沿着 19.5°N 断面在 50～200m 水深处存在盐度的极大值，约为 34.7（图 2.13b）。营养盐跃层在 75m

（116°E 以西）至 100m（116°E 以东）水深处，NO_3^- 浓度约为 5.0μmol/L，PO_4^{3-} 浓度约为 0.3μmol/L，SiO_3^{2-} 浓度约为 5.0μmol/L，NO_2^- 浓度的极大值位于 75m，为 0.15～0.25μmol/L。在 100～200m 水深处，温度为 15～20℃，盐度约为 34.7，NO_3^- 浓度为 5.0～15.0μmol/L，PO_4^{3-} 浓度为 0.5～1.0μmol/L，SiO_3^{2-} 浓度为 10.0～25.0μmol/L。

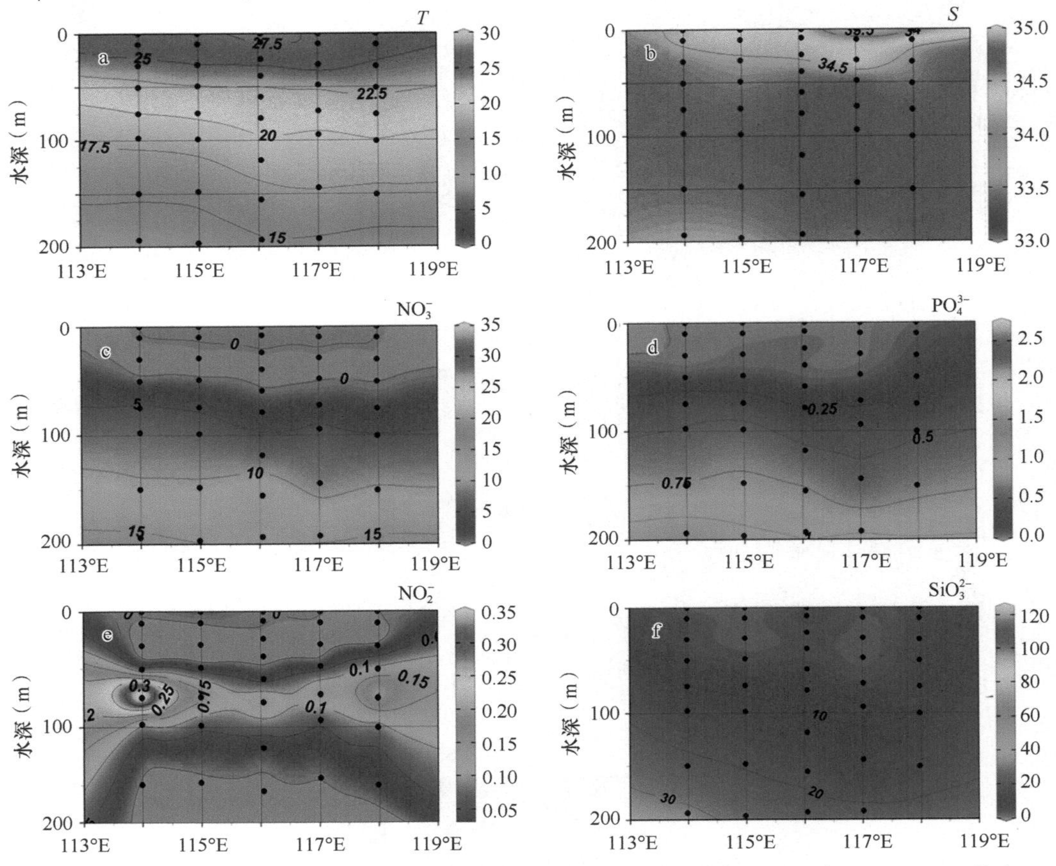

图 2.13　1984 年 5 月南海海盆部分区域 19.5°N 断面上 0～200m 的（a）温度（℃）、（b）盐度、（c）NO_3^- 浓度（μmol/L）、（d）PO_4^{3-} 浓度（μmol/L）、（e）NO_2^- 浓度（μmol/L）和（f）SiO_3^{2-} 浓度（μmol/L）的分布图

图 2.14 为 1984 年 5 月南海海盆部分区域 18°N 断面上 0～500m 的温度、盐度、NO_3^- 浓度、PO_4^{3-} 浓度、NO_2^- 浓度和 SiO_3^{2-} 浓度的分布图，展示了海盆水柱的温度、盐度和营养盐特性。可以看出，18°N 断面上 50m 水柱的温度范围为 22.5～28.0℃；水温 20℃的水层基本上覆盖了 100～150m 水深，且该等温线从东侧 115°E 的 150m 逐渐上升至西侧 111°E 的 100m；位于上 100m 盐度低于 34.5，呈现东浅西深的梯度，即东侧位于 25m，逐渐加深至西侧的 75m。营养盐跃层［NO_3^- 浓度为 5.0μmol/L，PO_4^{3-} 浓度为 0.3μmol/L，SiO_3^{2-} 浓度为 20μmol/L］位于 100～150m；NO_2^- 浓度的极大值（约 0.25μmol/L）位于 75～100m。在 200～500m 水深处，温度为 8.0～9.0℃，盐度为 34.3～34.6，NO_3^- 浓度为 10～35μmol/L，PO_4^{3-} 浓度为 1.0～2.0μmol/L，SiO_3^{2-} 浓度为 20～70μmol/L。

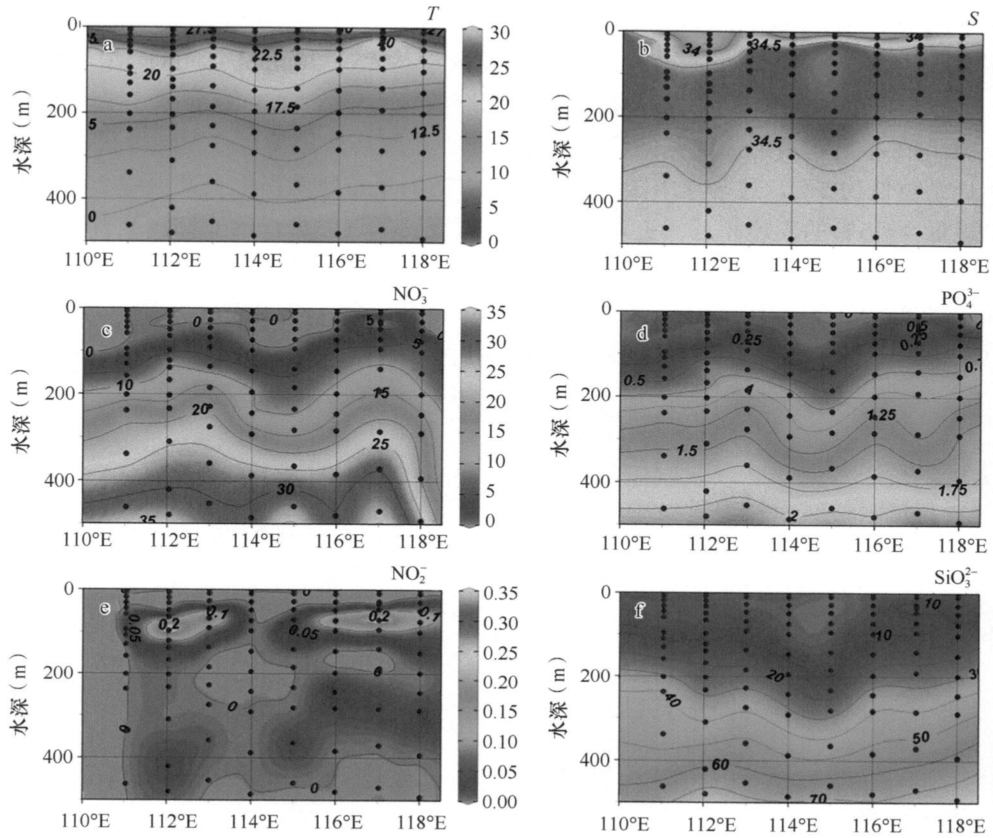

图 2.14　1984 年 5 月南海海盆部分区域 18°N 断面上 0～500m 的（a）温度（℃）、（b）盐度、（c）NO_3^- 浓度（μmol/L）、（d）PO_4^{3-} 浓度（μmol/L）、（e）NO_2^- 浓度（μmol/L）和（f）SiO_3^{2-} 浓度（μmol/L）的分布图

图 2.15 为 1984 年 5 月南海海盆部分区域 16.5°N 断面上 0～200m 的温度、盐度、NO_3^- 浓度、PO_4^{3-} 浓度、NO_2^- 浓度和 SiO_3^{2-} 浓度的分布图。可以看出，16.5°N 断面上 100m 以浅等温线和等盐线呈现由东向西逐渐加深的趋势，如 25℃等温线和 34.5 等盐线从 117.5°E 的约 50m 逐渐加深至 111°E 的约 100m。此外，50m 水深处的盐度为 33.5～34.5，显著低于 19.5°N 断面的盐度（约 34.6）；温度约为 25℃，显著高于 19.5°N 断面的温度，即盐度呈现由北往南逐渐降低的趋势，而温度呈现由北往南逐渐升高的趋势。在 50～200m 水深处，同样存在盐度极大值（约 34.75）。该断面的营养盐跃层则较为平稳，位于约 80m 水深处，NO_3^- 浓度为 2.0～3.0μmol/L，PO_4^{3-} 浓度约为 0.2μmol/L，SiO_3^{2-} 浓度约为 6.0μmol/L；NO_2^- 浓度的极大值（约 0.15μmol/L）位于 80～100m 水深处。在 100～200m 水深处，温度为 15～21℃，盐度约为 34.7，NO_3^- 浓度为 5.0～10.0μmol/L，PO_4^{3-} 浓度为 0.25～0.75μmol/L，SiO_3^{2-} 浓度为 10.0～20.0μmol/L。与 19.5°N 断面相比，16.5°N 断面 200m 层的营养盐浓度较低。

图 2.16 为 1984 年 5 月南海海盆部分区域 15°N 断面上 0～200m 的温度、盐度、NO_3^- 浓度、PO_4^{3-} 浓度、NO_2^- 浓度和 SiO_3^{2-} 浓度的分布图。除了最西侧靠近越南的站位，其他中心海盆区站位呈现较为均一的特征。在 50m 以浅水层，温度约为 25～27.5℃，盐度

为 33.6～34.25，NO_3^- 浓度和 PO_4^{3-} 浓度接近检测限，SiO_3^{2-} 浓度约为 5.0μmol/L。在 200m 水深处，温度约为 15℃，盐度约为 34.6，NO_3^- 浓度为 15～20μmol/L，PO_4^{3-} 浓度约为 1.25μmol/L，SiO_3^{2-} 浓度约为 25.0μmol/L；NO_2^- 浓度的极大值在 80～100m 水深处，约为 0.2μmol/L。在靠近越南的最西侧站位，等温线和等盐线略微抬升，在 50m 水深处，温度比邻近站位低约 5℃，这与《中国海洋地理》中南海夏季越南沿岸上升流中心温度比周围温度低 4～5℃的表述相近（王颖，2013）；盐度比邻近站位高约 0.25，这表明该站位很可能受到越南沿岸上升流的影响。对应的营养盐浓度等值线也呈现抬升的趋势，其中 NO_3^- 浓度约为 3.0μmol/L，PO_4^{3-} 浓度约为 0.25μmol/L，SiO_3^{2-} 浓度约为 5.0μmol/L，均比邻近站位高，NO_2^- 浓度则没有呈现特别显著的信号。

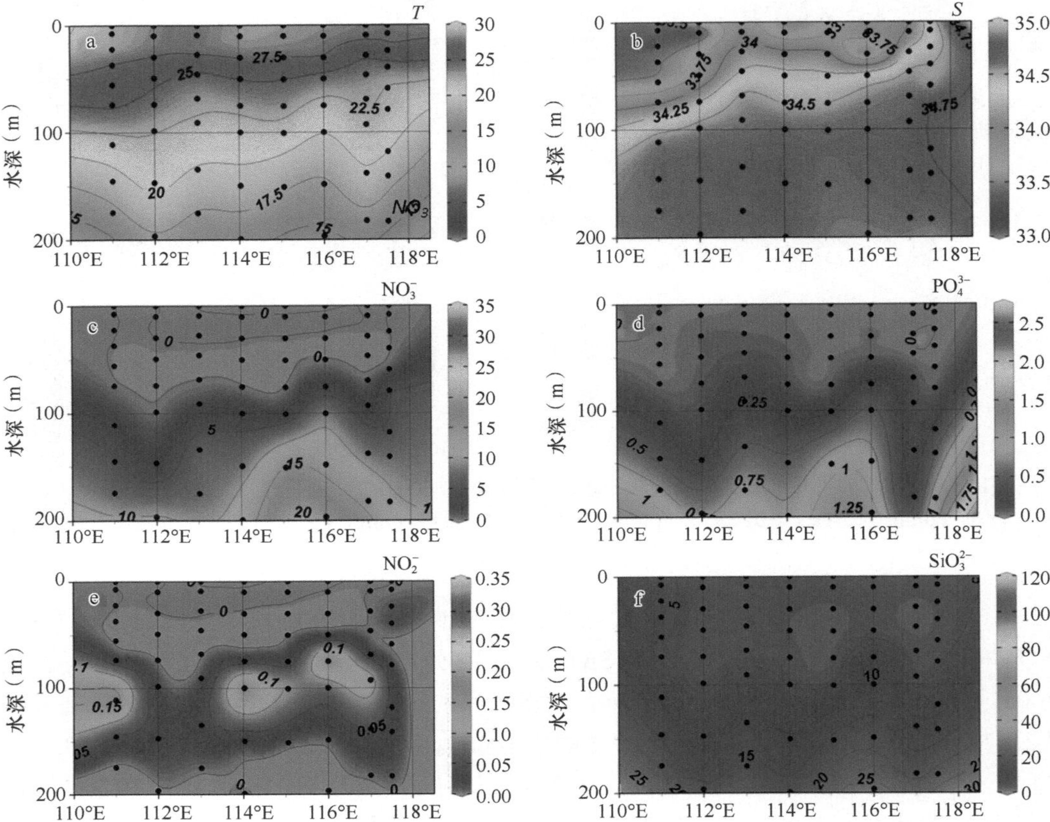

图 2.15　1984 年 5 月南海海盆部分区域 16.5°N 断面上 0～200m 的（a）温度（℃）、（b）盐度、（c）NO_3^- 浓度（μmol/L）、（d）PO_4^{3-} 浓度（μmol/L）、（e）NO_2^- 浓度（μmol/L）和（f）SiO_3^{2-} 浓度（μmol/L）的分布图

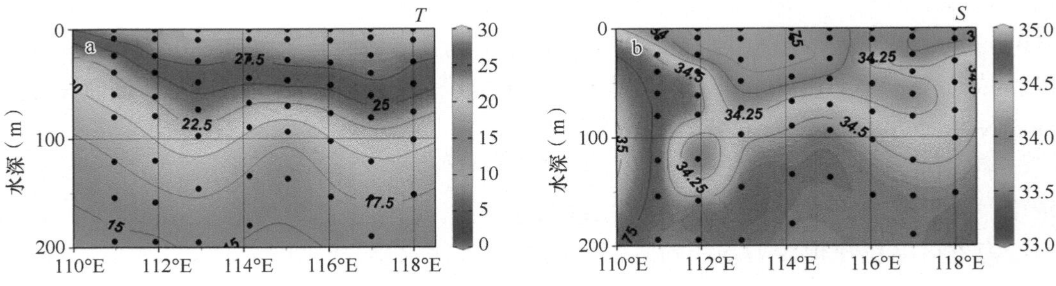

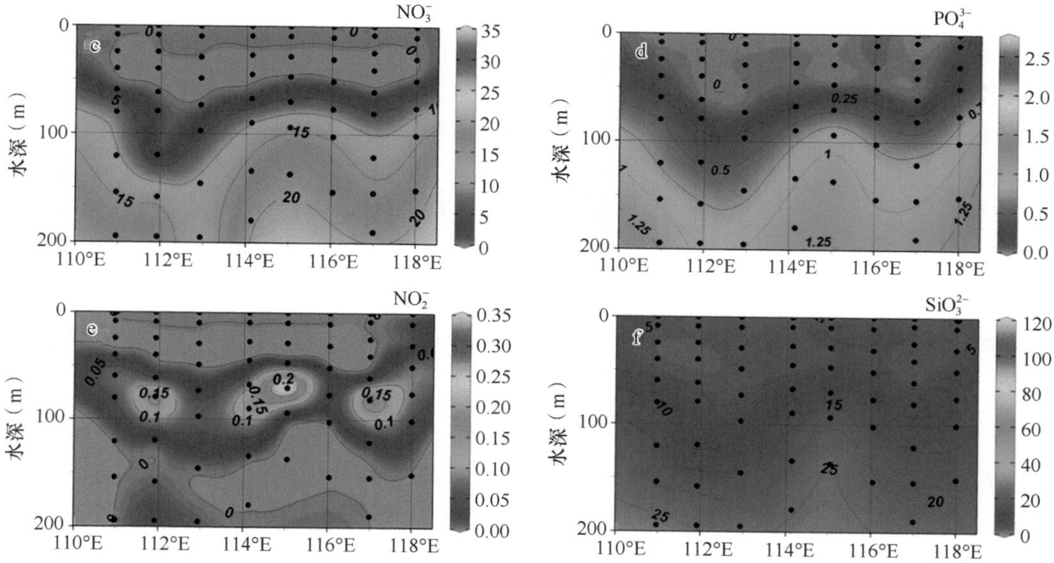

图 2.16　1984 年 5 月南海海盆部分区域 15°N 断面上 0～200m 的（a）温度（℃）、（b）盐度、（c）NO_3^- 浓度（μmol/L）、（d）PO_4^{3-} 浓度（μmol/L）、（e）NO_2^- 浓度（μmol/L）和（f）SiO_3^{2-} 浓度（μmol/L）的分布图

随着纬度的南移，南海海盆部分区域的温盐特征与北部相比差别较为明显。如图 2.17 所示，12°N 断面 50m 以浅水层的温度为 26.0～30.0℃，显著高于北部断面（19.5°N 与 18°N）的温度；盐度为 33.5～33.7，显著低于北部断面的盐度。50m 以浅水层的营养盐浓度则未呈现显著的南北差异，NO_3^- 浓度和 PO_4^{3-} 浓度接近检测限，SiO_3^{2-} 浓度约为 5.0μmol/L。随着水深的增大，温盐特征差异呈现出不同的趋势。在 100～200m 水层，南北温度差异不大，盐度则显著低于北部，其中 34.5 等盐线位于 100m 附近，比南海北部海盆加深了约 75m。营养盐浓度南部比北部有所增高，NO_3^- 浓度为 10.0～20.0μmol/L，比北部高约 5.0μmol/L；PO_4^{3-} 浓度为 0.75～1.30μmol/L，比北部高 0.2～0.3μmol/L；SiO_3^{2-} 浓度为 15.0～30.0μmol/L，比北部高约 5.0μmol/L。

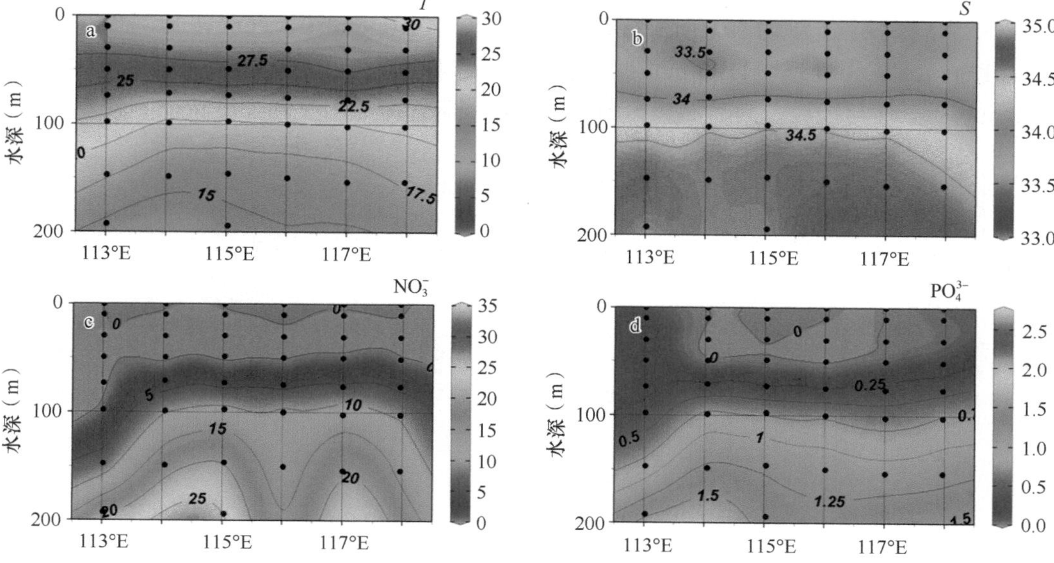

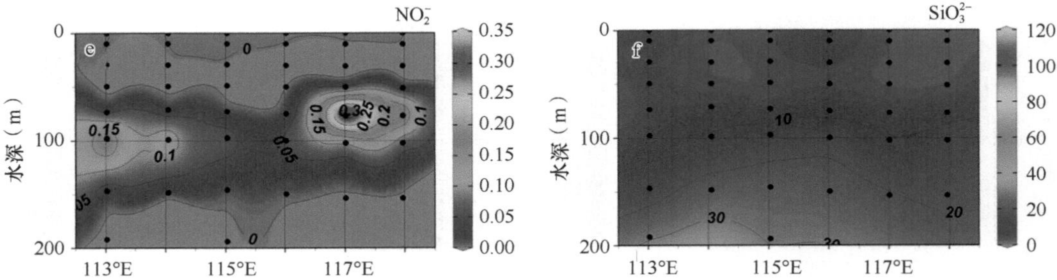

图 2.17　1984 年 5 月南海海盆部分区域 12°N 断面上 0～200m 的（a）温度（℃）、（b）盐度、（c）NO_3^- 浓度（μmol/L）、（d）PO_4^{3-} 浓度（μmol/L）、（e）NO_2^- 浓度（μmol/L）和（f）SiO_3^{2-} 浓度（μmol/L）的分布图

综上所述，从由北往南的断面分布可以看出，从 19.5°N 到 12°N，南海海盆部分区域营养盐浓度存在一定程度的波动：100m 以浅南北海盆差异不大；100～200m 水深处南部海盆的营养盐浓度高于北部。例如，在 15°N 以北的断面，100～200m 水深处 NO_3^- 浓度为 3.0～15.0μmol/L，PO_4^{3-} 浓度为 0.5～1.0μmol/L，SiO_3^{2-} 浓度为 10.0～25.0μmol/L；在 15°N 以南的断面，100～200m 水深处 NO_3^- 浓度为 10.0～20.0μmol/L，PO_4^{3-} 浓度为 0.5～1.3μmol/L，SiO_3^{2-} 浓度为 15.0～27.0μmol/L。在南海深度达到 3000m 以深时，北部和南部海盆的营养盐浓度则没有显著差异，NO_3^- 浓度为 40.0～44.0μmol/L，PO_4^{3-} 浓度为 2.5～2.8μmol/L，SiO_3^{2-} 浓度为 150.0～160.0μmol/L。

3. 经向断面分布

从经向断面上看，类似于纬向断面，温度、盐度和营养盐浓度的分布存在一定的空间梯度。如图 2.18 所示，沿着 117°E 断面，从 20°N 至 16°N，22.5℃等温线和 34.5 等盐线位于 40～100m；而该等温线和等盐线在 16°N 至 12°N 位于 100m 水深上下。在 100m 以深，南北向的温盐空间差异显著变小，温度为 15～20℃，盐度为 34.5～34.75。在营养盐浓度方面，50m 以浅 NO_3^- 浓度和 PO_4^{3-} 浓度低于检测限，SiO_3^{2-} 浓度约为 3.0μmol/L；100～200m 水深营养盐浓度呈现一定程度的空间差异，以 15°N 为界，海盆北部和南部 NO_3^- 浓度范围分别为 5.0～15.0μmol/L 和 10.0～25.0μmol/L，PO_4^{3-} 浓度范围分别为 0.5～1.0μmol/L 和 0.75～1.30μmol/L，SiO_3^{2-} 浓度分别为 10.0～20.0μmol/L 和 15.0～25.0μmol/L。这与通过纬向断面解析的北部海盆到南部海盆的空间梯度特征一致。

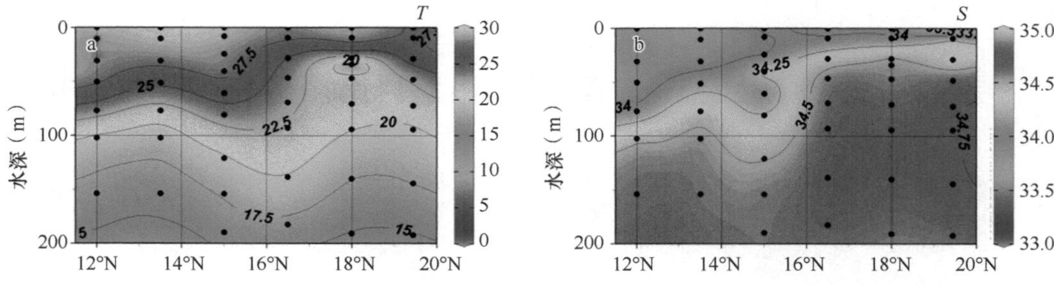

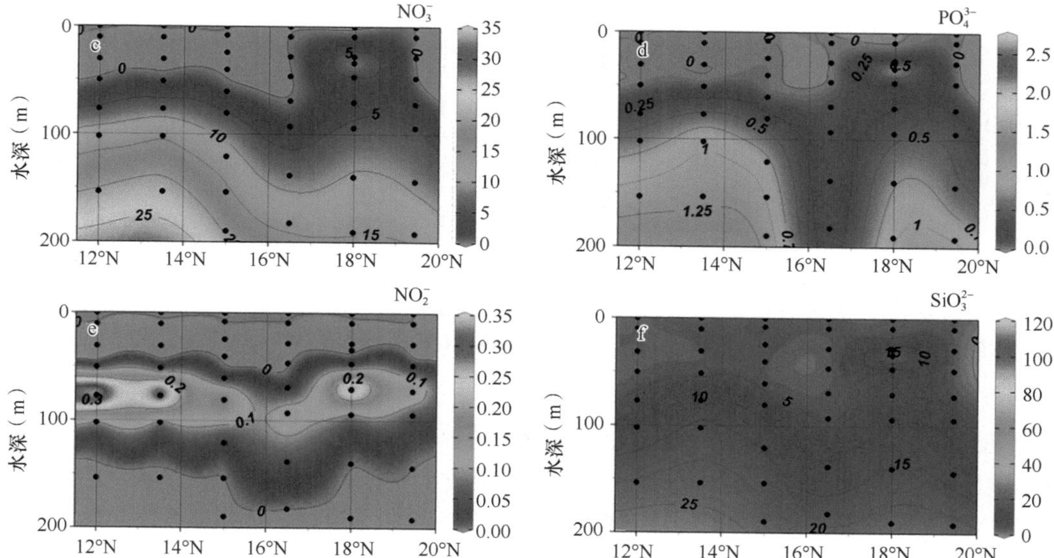

图 2.18　1984 年 5 月南海海盆部分区域 117°E 断面上 0～200m 的（a）温度（℃）、（b）盐度、（c）NO_3^- 浓度（μmol/L）、（d）PO_4^{3-} 浓度（μmol/L）、（e）NO_2^- 浓度（μmol/L）和（f）SiO_3^{2-} 浓度（μmol/L）的分布图

在 116°E 断面上，从 20°N 至 16°N，22.5℃等温线从 50m 水深处逐渐加深至约 75m 水深处；34.5 等盐线的梯度比温度略大，50m 以浅盐度比 117°E 断面的盐度显著降低，范围为 33.75～34.25，营养盐浓度则与 117°E 断面的营养盐浓度趋于一致（图 2.19）。在 100～200m 水深，温度与 117°E 断面的温度差异不大，盐度则略低，约为 34.5，比 117°E 断面的盐度低了 0.2。以 15°N 为界，北部区域 NO_3^- 浓度仅为 5.0～10.0μmol/L，PO_4^{3-} 浓度为 0.5～1.0μmol/L，SiO_3^{2-} 浓度为 10.0～20.0μmol/L；南部区域营养盐浓度较 117°E 断面略高（NO_3^- 浓度和 SiO_3^{2-} 浓度高约 2.0μmol/L）。

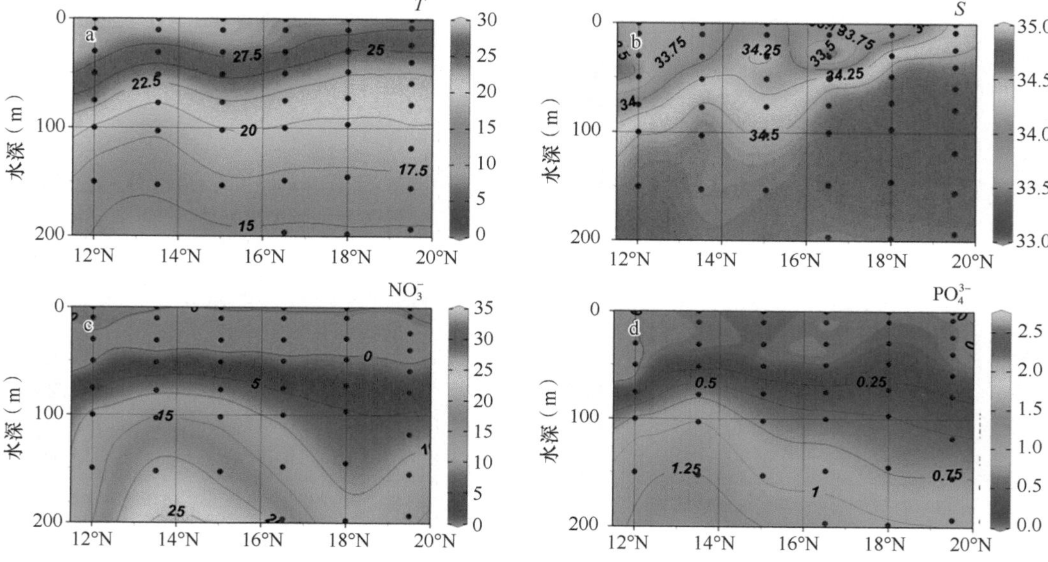

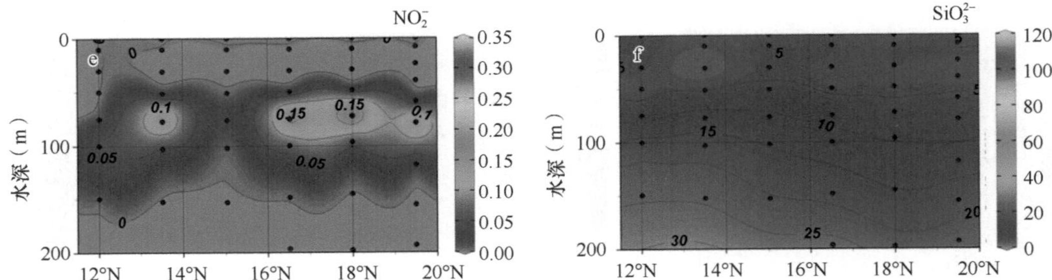

图 2.19　1984 年 5 月南海海盆部分区域 116°E 断面上 0～200m 的（a）温度（℃）、（b）盐度、（c）NO_3^- 浓度（μmol/L）、（d）PO_4^{3-} 浓度（μmol/L）、（e）NO_2^- 浓度（μmol/L）和（f）SiO_3^{2-} 浓度（μmol/L）的分布图

在 115°E 断面上，100m 以浅温度、盐度与营养盐浓度的南北空间分布特征与 116°E 断面相差无几；在 100～200m 水深，温度和盐度较 116°E 断面存在略微波动，温度波动为 1.0℃左右，盐度波动为 0.1～0.2（图 2.20）；在 15°N 以北区域，营养盐浓度陡降（NO_3^- 浓度仅为 2.5～8.0μmol/L，PO_4^{3-} 浓度约为 0.5μmol/L，SiO_3^{2-} 浓度为 5.0～8.0μmol/L），浓度水平比 116°E 断面相同纬度区域降低，以 NO_3^- 浓度为例，降低 4.0～5.0μmol/L，在 15°N 以南区域，营养盐浓度则与 116°E 断面相同纬度区域相差无几。

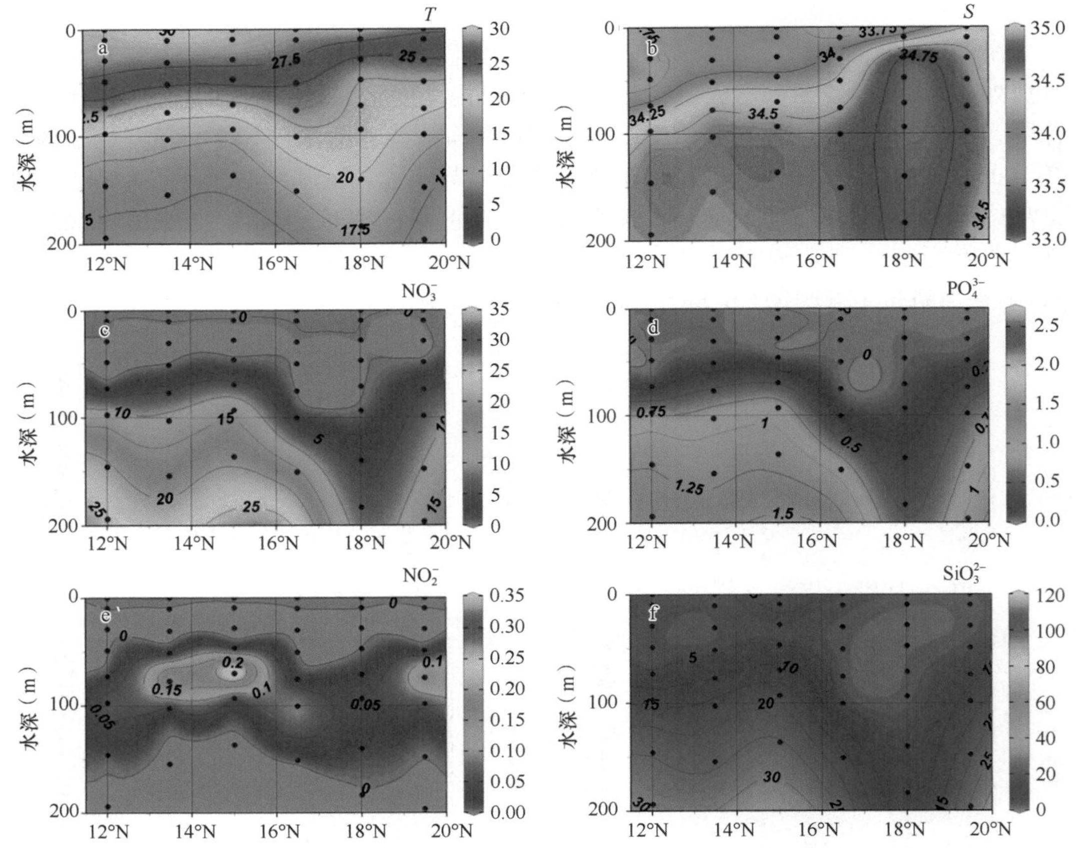

图 2.20　1984 年 5 月南海海盆部分区域 115°E 断面上 0～200m 的（a）温度（℃）、（b）盐度、（c）NO_3^- 浓度（μmol/L）、（d）PO_4^{3-} 浓度（μmol/L）、（e）NO_2^- 浓度（μmol/L）和（f）SiO_3^{2-} 浓度（μmol/L）的分布图

在 114°E 断面上，0～200m 水深的盐度水平和分布特征与 115°E 断面类似，营养盐浓度在南北向的变化梯度与 115°E 断面也类似，呈北低南高的趋势（图 2.21）。在 15°N 以北区域，营养盐浓度与 115°E 相差无几；在 15°N 以南区域，整个断面的营养盐浓度水平较 115°E 有所降低，以 NO_3^- 浓度为例，降低 2.0～3.0μmol/L。

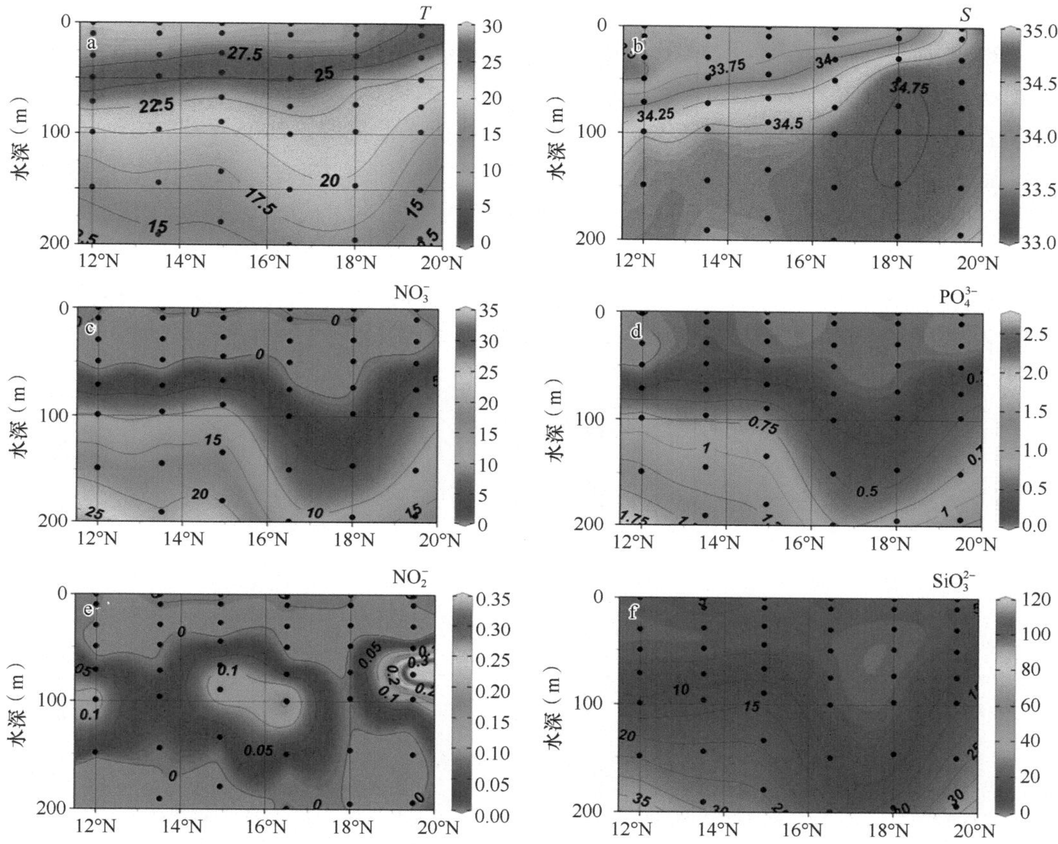

图 2.21　1984 年 5 月南海海盆部分区域 114°E 断面上 0～200m 的（a）温度（℃）、（b）盐度、（c）NO_3^- 浓度（μmol/L）、（d）PO_4^{3-} 浓度（μmol/L）、（e）NO_2^- 浓度（μmol/L）和（f）SiO_3^{2-} 浓度（μmol/L）的分布图

综合 117°E 至 114°E 的断面分布特征，可以看出，春季南海海盆等温线和等盐线在东西方向上的梯度较缓，如 22.5℃等温线从 117°E 的 40～100m 逐步变化为 114°E 的 40～75m，34.5 等盐线基本从 50～100m 变化为表层至约 100m。营养盐浓度的变化呈现以 15°N 为界北低南高的趋势，很可能是由于受到北部高温高盐低营养盐的黑潮入侵的影响（这与《中国海洋地理》中南海冬季表层水文南北差异的位置点相近）。在东西向上，117°E 至 114°E 整体上营养盐浓度水平较为均一，除了在 115°E 断面营养盐跃层稍微抬升约 25m，这可能与黑潮的间歇性影响有所关联。

从以上纬向断面和经向断面的特征分析可知，春季南海海盆区营养盐分布具有以下特征：①东西两侧海域水化学特征较为均衡，南北向营养盐跃层则存在较显著的北浅南深的变化趋势，以 15°N 为界；②在海盆最中心位置（13～18°N，115°～117°E），NO_2^- 浓度的极大值（约 0.2μmol/L）水深较浅，位于 80m 层，而周边区域的站位 NO_2^- 浓度的极大值位于 100m 处，这可能表征反硝化过程在空间上的特异性，值得进一步研究分析。

2.2.2 春末夏初

1. 纬向断面分布

2009 年 5～6 月调查航次时间上覆盖了春末夏初。如图 2.22 所示，从 18°N 断面上看，50m 以浅温度为 25～30℃，盐度为 33.25～33.75［显著低于 1984 年 4 月观测期间的盐度水平（＞34.0）］，呈现的是夏季南海表层水的特征（侯立峰，2006）；在 50～100m 水深，温度为 20～25℃，盐度为 34.2～34.5，20℃等温线位于 100m 上下。相比于 1984 年 4 月 18°N 的等温线，2009 年 5～6 月调查航次观测的 18°N 的等温线显著较浅，对应的营养盐跃层也较浅。在 50m 以浅，NO_3^- 浓度和 PO_4^{3-} 浓度低于检测限；在 100～200m 水深，NO_3^- 浓度为 5.0～12.0μmol/L，PO_4^{3-} 浓度为 0.75～1.0μmol/L，显著低于春季的同断面浓度水平；NO_2^- 浓度的极大值在 75m 左右，最大值高于 0.2μmol/L。

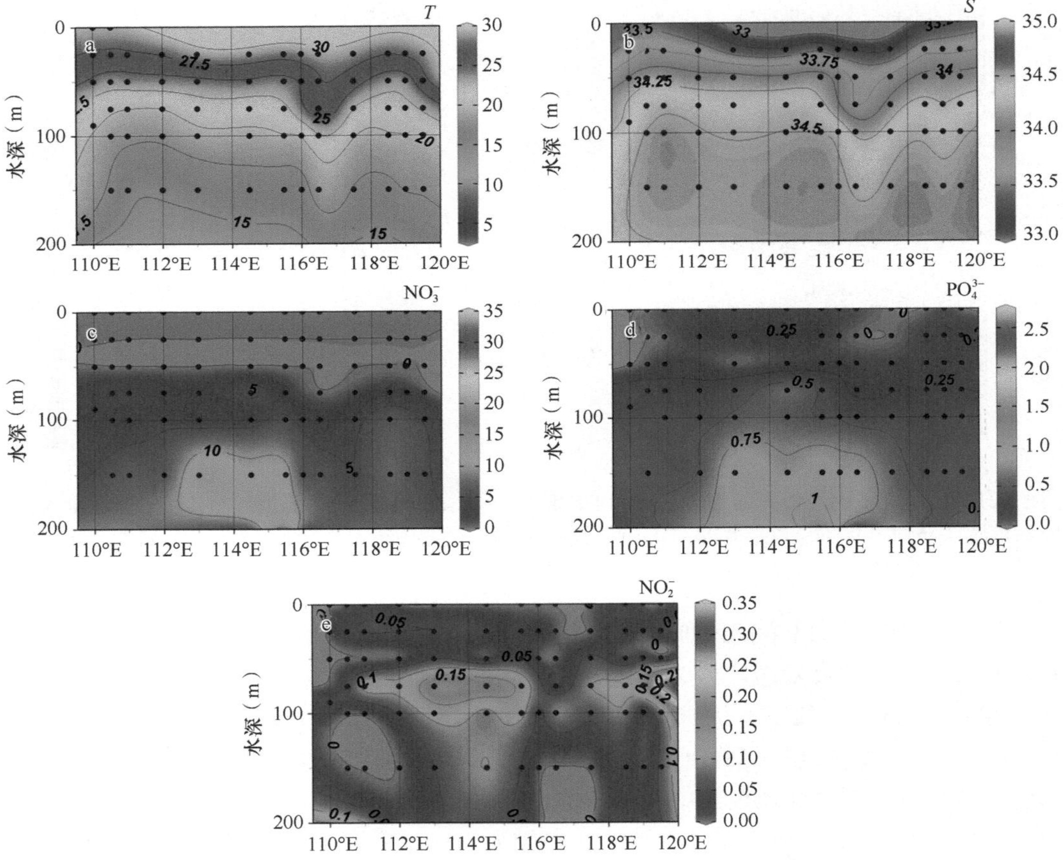

图 2.22　2009 年 5～6 月南海海盆部分区域 18°N 断面上 0～200m 的（a）温度（℃）、（b）盐度、（c）NO_3^- 浓度（μmol/L）、（d）PO_4^{3-} 浓度（μmol/L）和（e）NO_2^- 浓度（μmol/L）的分布图

与 18°N 断面相比，10.5°N 断面的温度没有显著差异，盐度则显著降低。其中，10.5°N 断面的 20℃等温线比 18°N 断面的深 20～30m，位于 130m 水深上下；34.5 等盐线加深至 150m 上下（图 2.23）。10.5°N 断面上 100～200m 水层的营养盐浓度水平与 18°N

断面没有呈现太大差异。整个海盆呈现较为均一的特征。

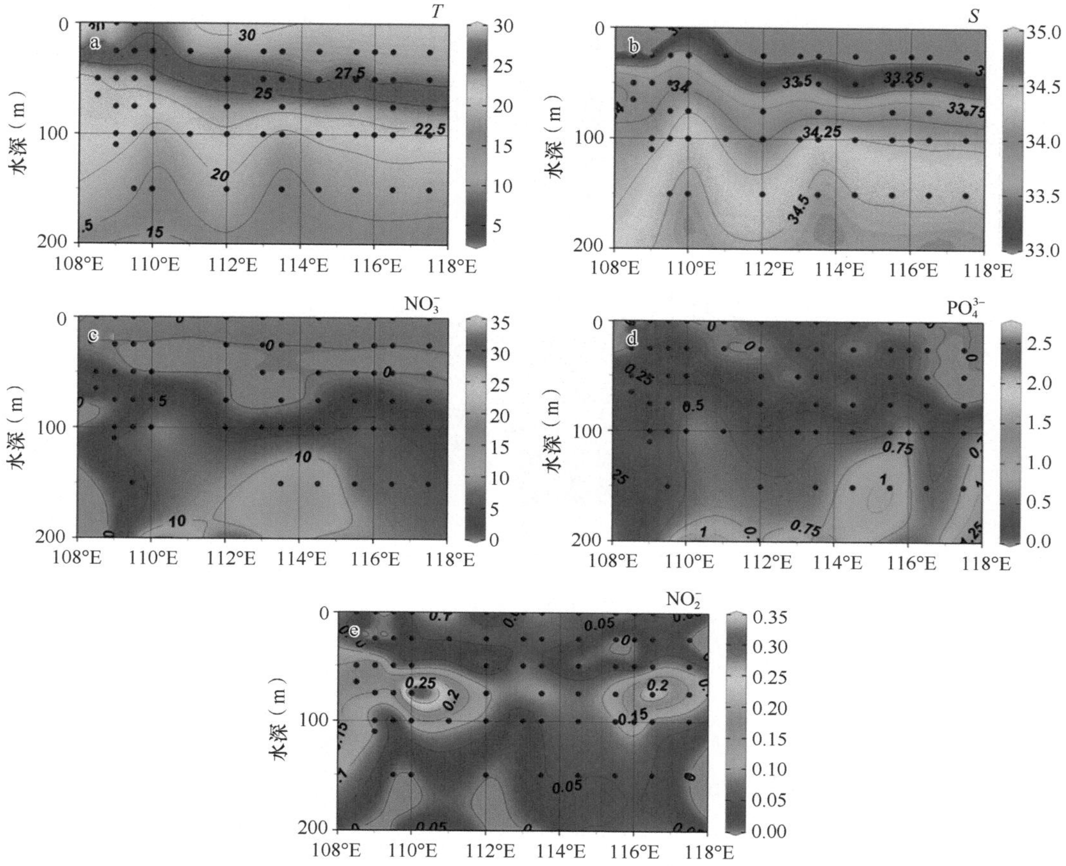

图 2.23 2009 年 5～6 月南海海盆部分区域 10.5°N 断面上 0～200m 的（a）温度（℃）、（b）盐度、（c）NO_3^- 浓度（μmol/L）、（d）PO_4^{3-} 浓度（μmol/L）和（e）NO_2^- 浓度（μmol/L）的分布图

6°N 断面位于南海南部，同 18°N 断面和 10.5°N 断面相比，温度仍没有太大的变化，而盐度呈现更低的水平，东部海盆的 34.5 等盐线加深至 200m 上下，比 18°N 断面加深了 100m（图 2.24）。同样地，100m 以浅营养盐浓度水平无显著差别，而在 100～200m 水深处，南部海盆的营养盐浓度水平显著高于 18°N 断面和 10.5°N 断面，其中 NO_3^- 浓度（5.0～15.0μmol/L）高出 3.0～5.0μmol/L，PO_4^{3-} 浓度（0.75～1.25μmol/L）高出约 0.25μmol/L。

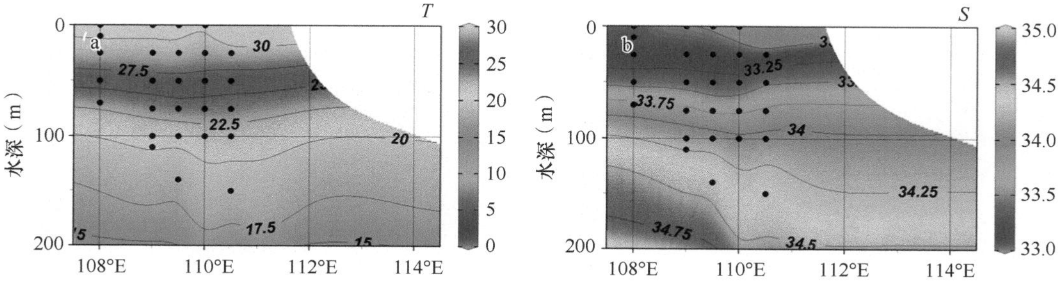

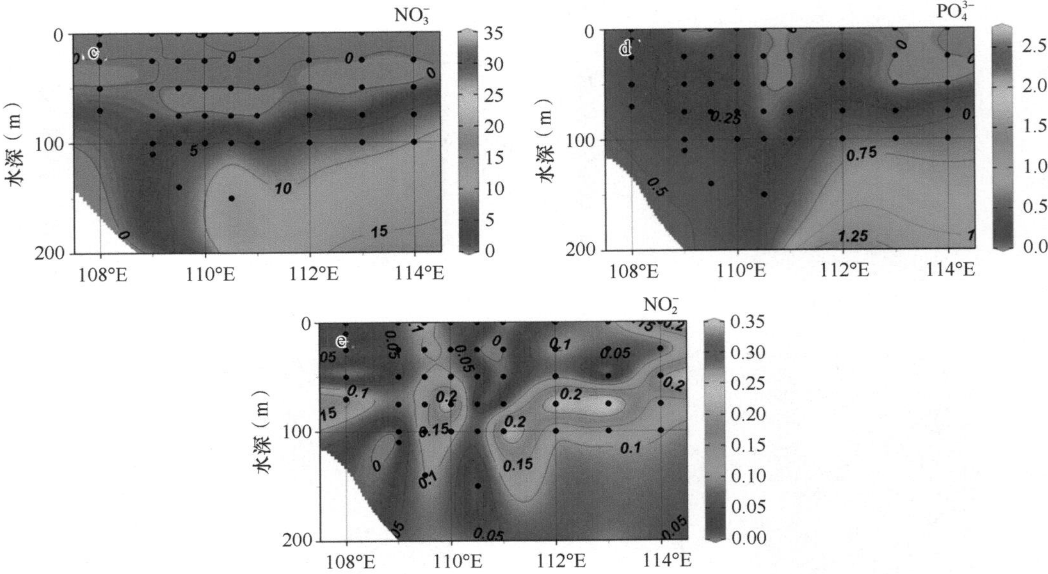

图 2.24　2009 年 5～6 月南海海盆部分区域 6°N 断面上 0～200m 的（a）温度（℃）、（b）盐度、（c）NO_3^- 浓度（μmol/L）、（d）PO_4^{3-} 浓度（μmol/L）和（e）NO_2^- 浓度（μmol/L）的分布图

2. 经向断面分布

南北方向上，沿着 113°E 断面，200m 以浅南北向温度较为平稳、均一；盐度显著低于春季（1984 年 4 月）的观测结果，空间分布呈现与春季类似的北高南低的趋势（图 2.25）。该趋势纵贯航次调查的范围，即从 18°N 到 6°N，34.0 等盐线从 50m 加深至 100m 上下，34.5 等盐线从 100m 加深至 175m 上下。营养盐浓度方面，在 113°E 断面的 200m 以浅，没有观测到显著的南北差异。

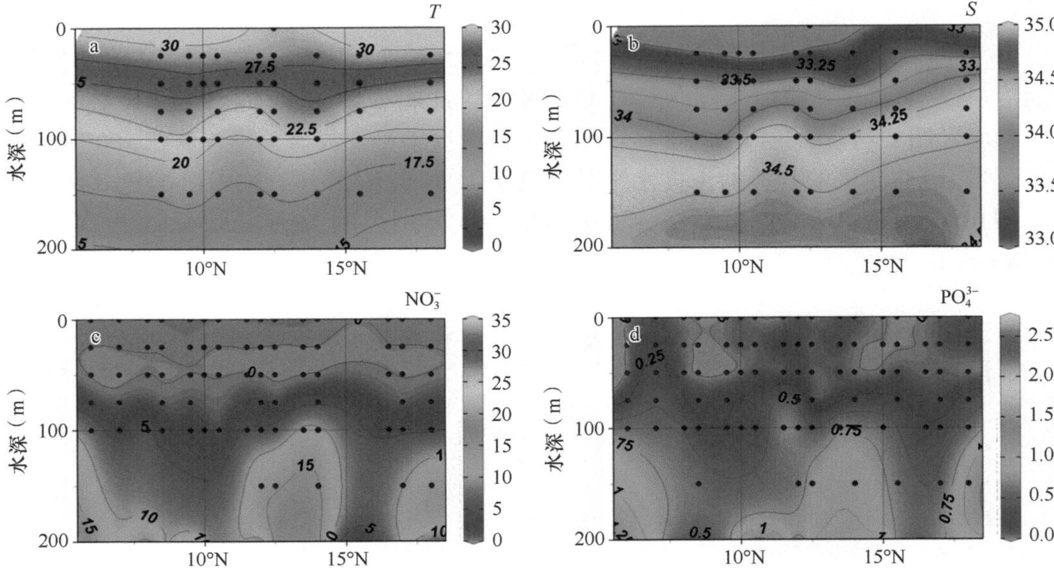

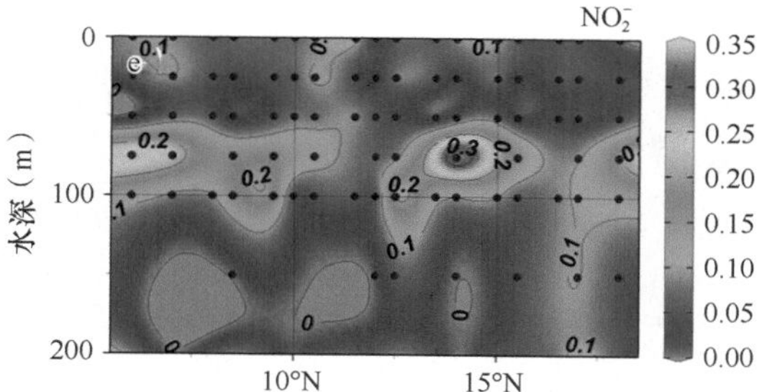

图 2.25 2009年5～6月南海海盆部分区域113°E断面上0～200m的（a）温度（℃）、（b）盐度、（c）NO_3^-浓度（μmol/L）、（d）PO_4^{3-}浓度（μmol/L）和（e）NO_2^-浓度（μmol/L）的分布图

2.2.3 夏季

1. 平面分布

1984年8月，南海海盆部分区域表层温度为27.5～29.5℃，盐度为32.5～33.8（图2.26）。其中，东北部温度（28.8～29.5℃）显著高于西南部（27.5～28.5℃）。东北端的表层盐度为33.25～33.75，往海盆中心（15°N，115°E）移动，盐度增高至33.5～33.9；在西南部，温度为27.5～28.5℃，盐度降低至32.5～33.5。间歇性的盐度变化很可能是间歇性的黑潮入侵的影响以及水团运移造成（Du et al.，2013；杜川军，

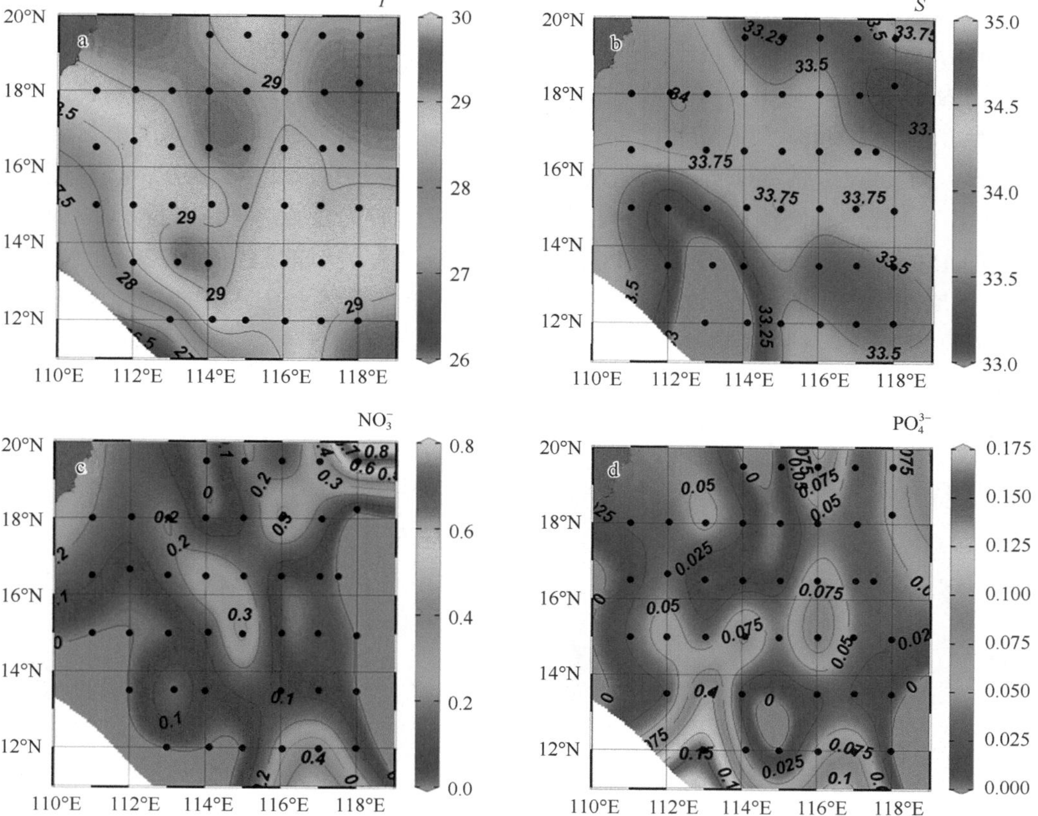

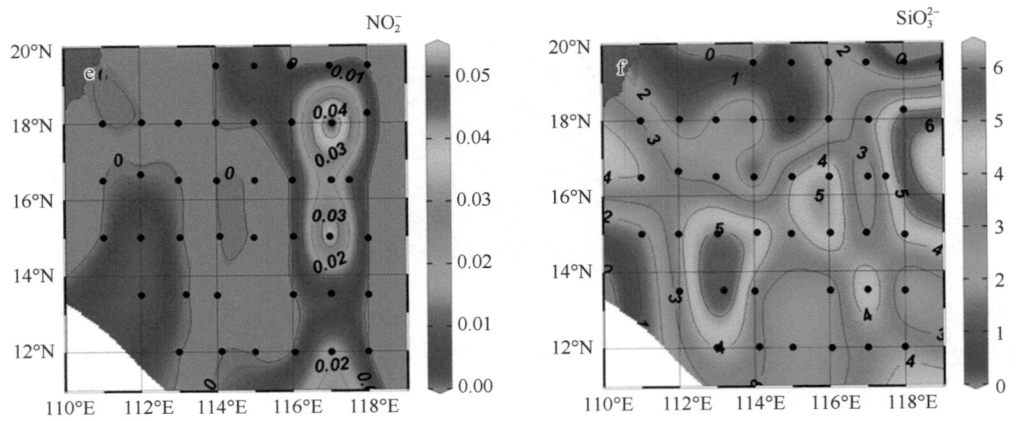

图 2.26 1984 年 8 月南海海盆部分区域的（a）温度（℃）、（b）盐度、（c）NO_3^- 浓度（μmol/L）、（d）PO_4^{3-} 浓度（μmol/L）、（e）NO_2^- 浓度（μmol/L）和（f）SiO_3^{2-} 浓度（μmol/L）的表层平面分布图

2016）。表层 NO_3^- 浓度约 0.1～0.3μmol/L，PO_4^{3-} 浓度约 0.025～0.1μmol/L，表层大部分的 SiO_3^{2-} 浓度约为 2.0μmol/L。

2. 纬向断面分布

在 18°N 断面上，200m 以浅温度范围为 15.0～29.0℃，盐度范围为 33.0～34.7，盐度极大值在 100～200m（图 2.27）。该水柱对应的温盐等值线由西往东呈现略微下沉的趋势，与春季的变化趋势刚好相反。其中，25.0℃等温线从 111°E 的 50m 加深至 118°E 的 100m，20.0℃等温线从 111°E 的 75～100m 加深至 118°E 的 100～200m。50m 以浅盐度范围为 33.0～34.5，其中 34.5 等盐线也呈现由西往东略微下沉的趋势，由西侧的 50m 下沉至东侧的 100m。与春季相比，夏季 18°N 断面上的营养盐跃层在深度上呈现略微的差异。5.0μmol/L 的 NO_3^- 浓度等值线在西侧位于 75m 上下，比春季略浅；在东侧位于 300m 上下，比春季略深；在断面中心约 115°E 处呈现较为显著的下沉（位于 200m，比春季的 150m 略深）。0.3μmol/L 的 PO_4^{3-} 浓度等值线具有类似的趋势。在 200m 水深处，SiO_3^{2-} 浓度约为 20.0μmol/L，略低于春季的 SiO_3^{2-} 浓度，整体上，夏季的 SiO_3^{2-} 浓度与春季没有显著差异，变化趋势也与 NO_3^- 浓度和 PO_4^{3-} 浓度趋于一致。200m 以深（至 500m 处），温盐等值线在 112°～114°E 之间呈现较为显著的水团抬升，同时伴随着 NO_3^-、PO_4^{3-} 和 SiO_3^{2-} 等值线的抬升，表明存在一定强度的上升流水体的涌生。

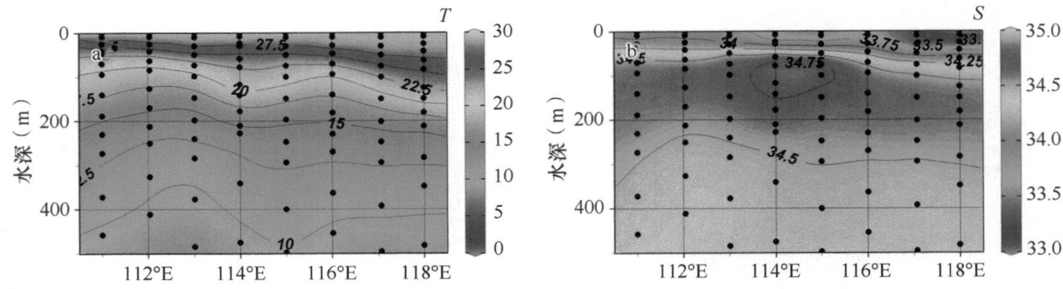

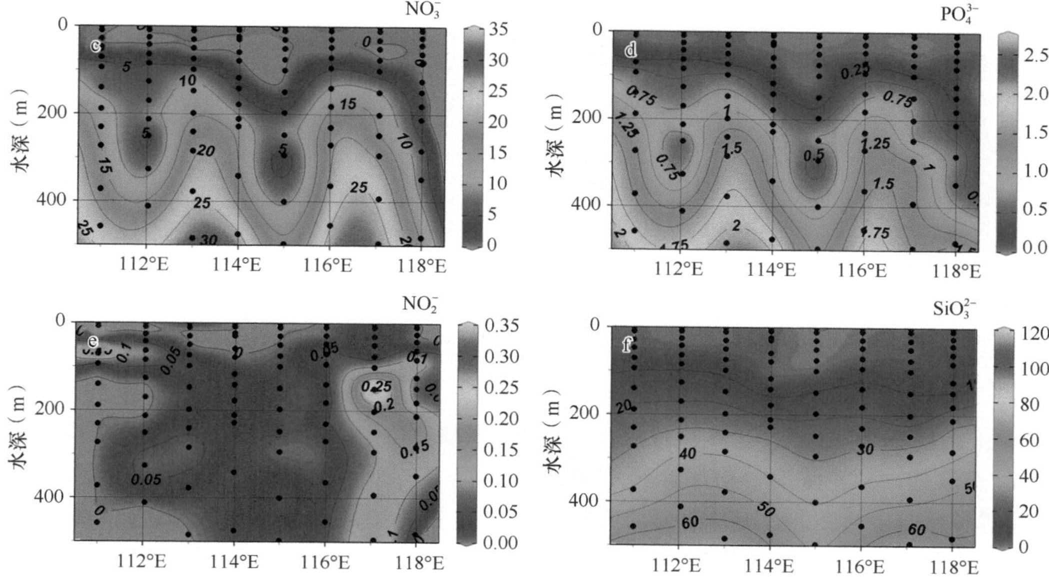

图 2.27　1984 年 8 月南海海盆部分区域 18°N 断面上 0～500m 的（a）温度（℃）、（b）盐度、（c）NO_3^- 浓度（μmol/L）、（d）PO_4^{3-} 浓度（μmol/L）、（e）NO_2^- 浓度（μmol/L）和（f）SiO_3^{2-} 浓度（μmol/L）的分布图

在 15°N 断面上，西侧等温线和等盐线较东侧浅（图 2.28）。例如，西侧 25.0℃等温线位于 30m 上下，东侧位于 100m 上下。盐度在 50m 以浅未呈现显著的东西向差异，随着水深的增加，东西向逐渐呈现盐度梯度，自西侧 111°E，34.5 等盐线由西向东（118°E）逐渐加深至 150m 上下。

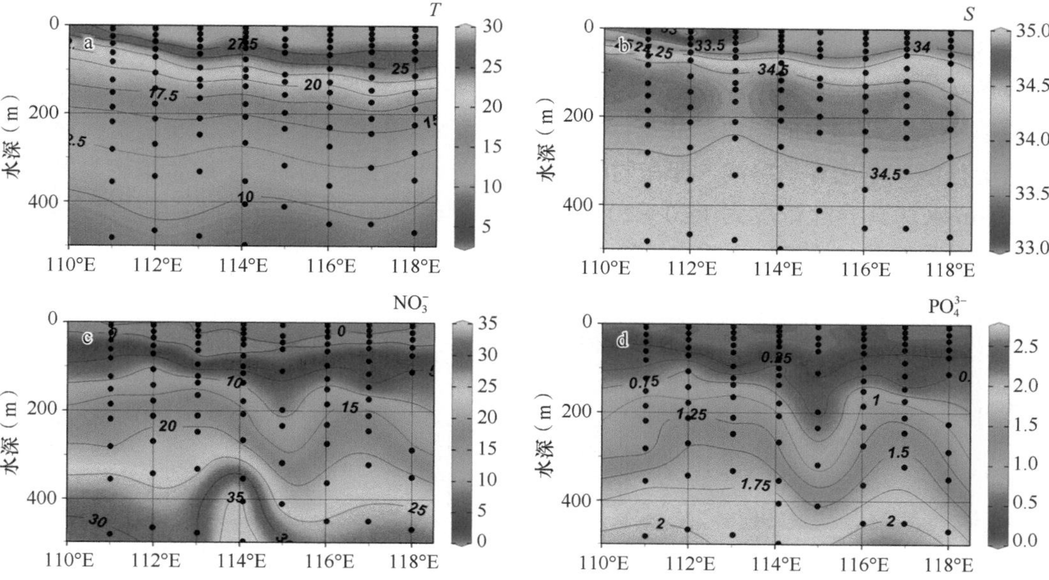

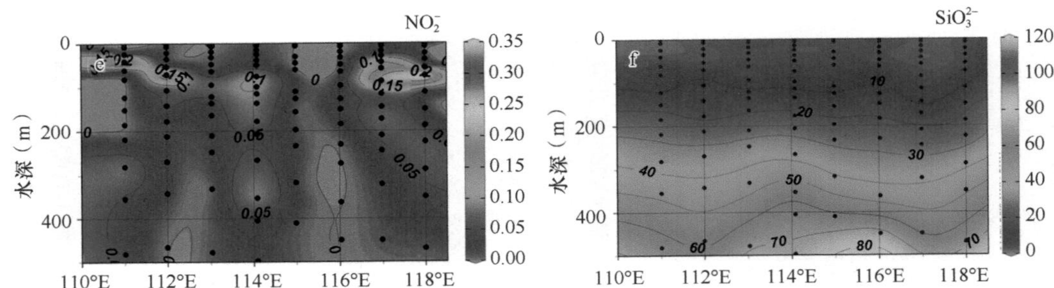

图 2.28　1984 年 8 月南海海盆部分区域 15°N 断面上 0～500m 的（a）温度（℃）、（b）盐度、（c）NO_3^- 浓度（μmol/L）、（d）PO_4^{3-} 浓度（μmol/L）、（e）NO_2^- 浓度（μmol/L）和（f）SiO_3^{2-} 浓度（μmol/L）的分布图

由于 15°N 断面上层营养盐浓度低，100m 以浅 NO_3^- 浓度整体较为均一。在西侧的 200m 水深处，NO_3^- 浓度等值线（约 17.0μmol/L）向东逐渐加深至 300m；同样地，PO_4^{3-} 浓度等值线（约 1.2μmol/L）的变化特征具有一致性。在最西侧站位（111°E），NO_2^- 浓度的极大值位置较浅，位于 25m 上下；往东的站位，NO_2^- 浓度的极大值均位于 75m 上下。与其他参数不同的是，SiO_3^{2-} 浓度的分布则较为均一，在 500m 以浅，随着水深的增加浓度逐渐增大，浓度由 50m 的 2.0～4.0μmol/L 增大到 500m 的 75.0μmol/L 左右。此外，通过比较发现，夏季 200m 以浅的温度和盐度与春季差异不大；200m 水深处营养盐浓度水平与春季的也无显著差异（除了 SiO_3^{2-}）。夏季 200m 以浅 SiO_3^{2-} 浓度比春季低，100～200m 水深处为 10.0～20.0μmol/L，春季则为 8.0～30.0μmol/L。营养盐跃层与春季相比，显著不同。夏季的营养盐跃层较春季深，位于 100～150m，而春季位于 75m 上下。

在 12°N 断面上，夏季 200m 以浅温度、盐度和营养盐浓度分布（图 2.29）与春季的分布没有显著的差异。在 200m 以深，温度为 10.0～15.0℃，盐度为 34.3～34.5。盐度极大值约为 34.55，深度位于 150～200m。在 200～400m 水深，营养盐浓度等值线（NO_3^- 浓度约为 25.0μmol/L，PO_4 浓度约为 1.7μmol/L，SiO_3^{2-} 浓度约为 50.0μmol/L）呈现略微的由东往西逐渐抬升的趋势。从总体上看，与 15°N 断面不同的是，12°N 断面的营养盐浓度等值线夏季比春季略浅，即在同样水深处夏季浓度水平较高。以 NO_3^- 浓度为例，夏季 200m 水深营养盐浓度为 15.0～20.0μmol/L，春季则约为 10.0μmol/L；在 200～400m 水深，夏季营养盐浓度比春季高出约 5.0μmol/L。

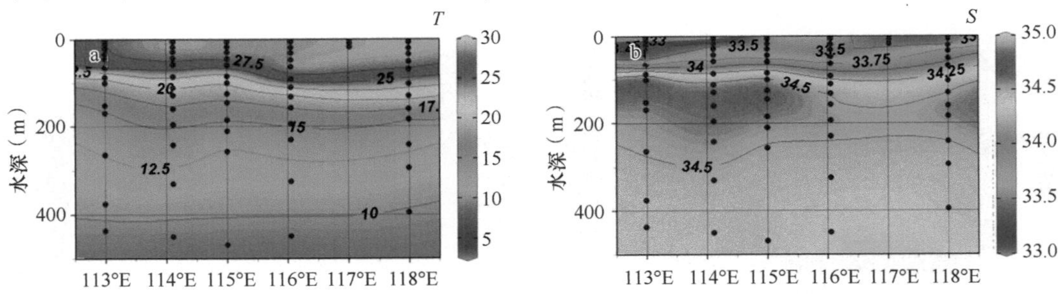

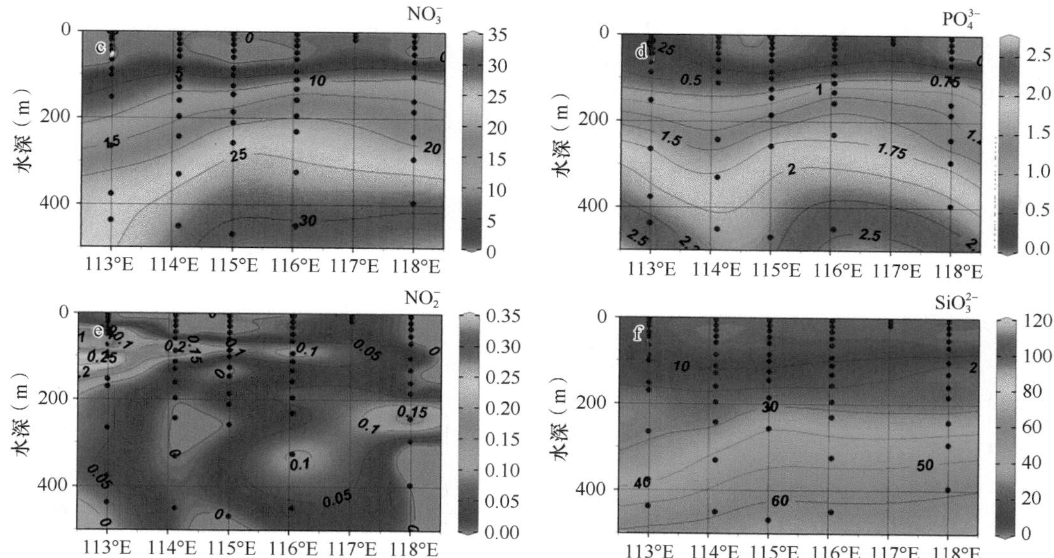

图 2.29 1984 年 8 月南海海盆部分区域 12°N 断面上 0～500m 的（a）温度（℃）、（b）盐度、（c）NO_3^- 浓度（μmol/L）、（d）PO_4^{3-} 浓度（μmol/L）、（e）NO_2^- 浓度（μmol/L）和（f）SiO_3^{2-} 浓度（μmol/L）的分布图

3. 经向断面分布

从经向断面上看，夏季南海海盆部分区域整体较为均一。在 117°E 断面上，100m 以浅温度为 22.5～28.0℃，盐度为 33.25～34.25，盐度变化范围较大（图 2.30）。其中，50m 以浅北端（19.5°N）和南端（13.5°N）均存在较低的盐度，最低值分别为 33.25 和 33.4，中部（15°N）盐度较高，约为 34.0。同层位的盐度夏季低于春季，且盐度存在区域性变化，可能表征了夏季存在较弱的间歇性黑潮入侵的影响。这与夏季平均受黑潮入侵影响最小的研究结果一致（Du et al.，2013）。在 150～200m 水深，20℃左右的等温线位于 150m 上下，对应的等盐线值约为 34.6，之后随着水深增加至 400～500m，温度逐渐降低，盐度降低至 34.4。盐度极大值约为 34.6，覆盖深度为 100～300m。

夏季，117°E 断面营养盐浓度显著低于春季，营养盐跃层较深。春季 10.0μmol/L 的营养盐浓度等值线位于 100～200m，夏季则位于 175m 上下。在 100m 以浅，营养盐浓度极低，NO_3^- 浓度和 PO_4^{3-} 浓度基本低于检测限，SiO_3^{2-} 浓度为 2.0～5.0μmol/L。在 100～200m 水深，NO_3^- 浓度为 8～10μmol/L，PO_4^{3-} 浓度为 0.5～0.8μmol/L，SiO_3^{2-} 浓度约为 20.0μmol/L。在 500m 水深，NO_3^- 浓度约为 25.0μmol/L，PO_4^{3-} 浓度约为 1.8μmol/L，SiO_3^{2-} 浓度约为 63.0μmol/L。在 200m 以浅，营养盐等值线整体上呈现由北往南逐渐变浅的趋势，从 19.5°N 的 200m 逐渐上升至 13.5°N 的 100m。

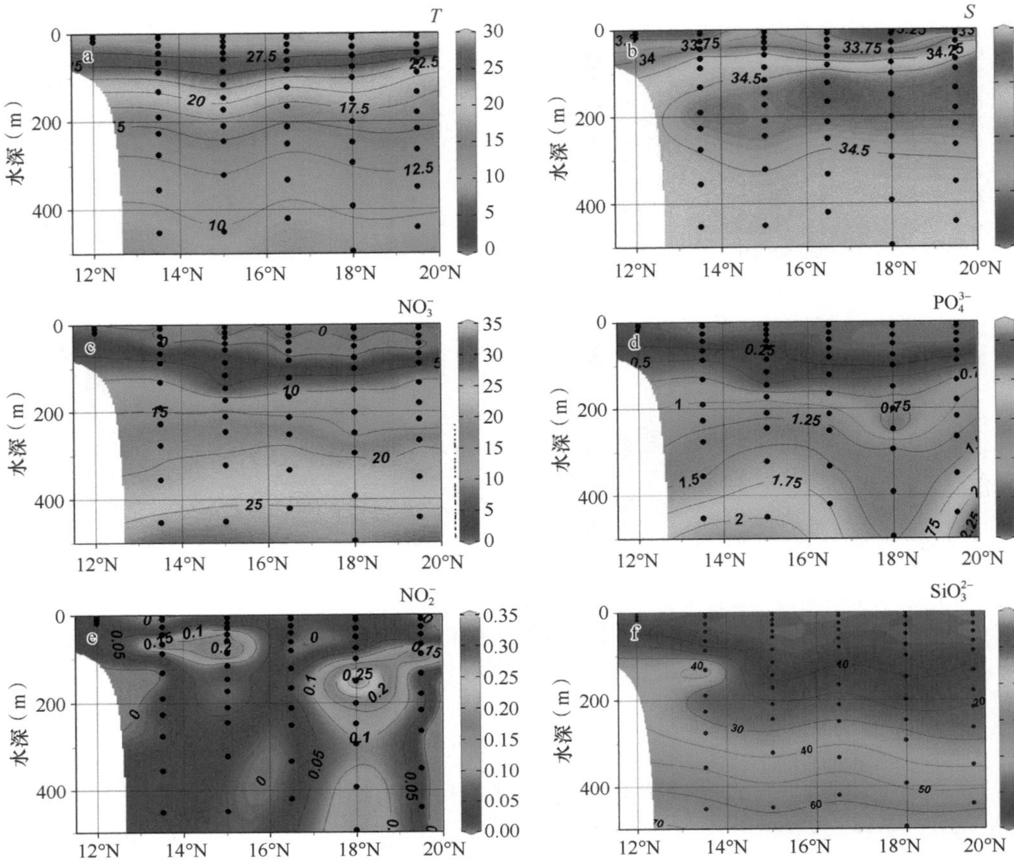

图 2.30　1984 年 8 月南海海盆部分区域 117°E 断面上 0～500m（a）温度（℃）、（b）盐度、（c）NO_3^- 浓度（μmol/L）、（d）PO_4^{3-} 浓度（μmol/L）、（e）NO_2^- 浓度（μmol/L）和（f）SiO_3^{2-} 浓度（μmol/L）的分布图

同样地，在 114°E 断面上，经向的温盐整体较为均一，其温盐水平及空间分布特征（图 2.31）与 117°E 断面基本一致。不同的是，在 18°N 存在一盐度极大值（约为 34.75），位于 100～150m。在 100m 以浅，同层位的盐度夏季低于春季，但在 18°N 同一水深存在同样盐度水平的盐度极大值。

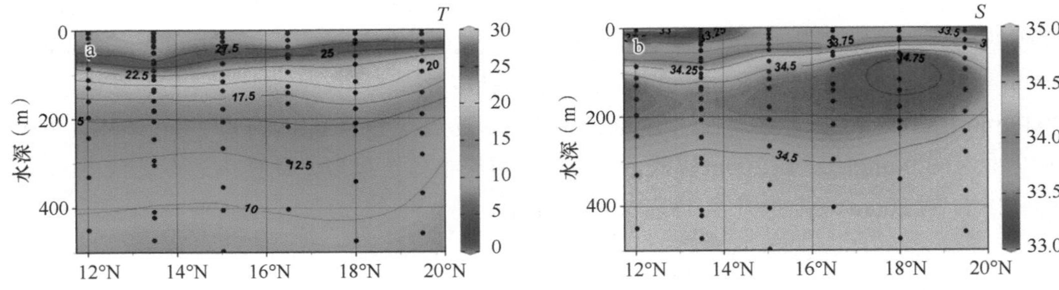

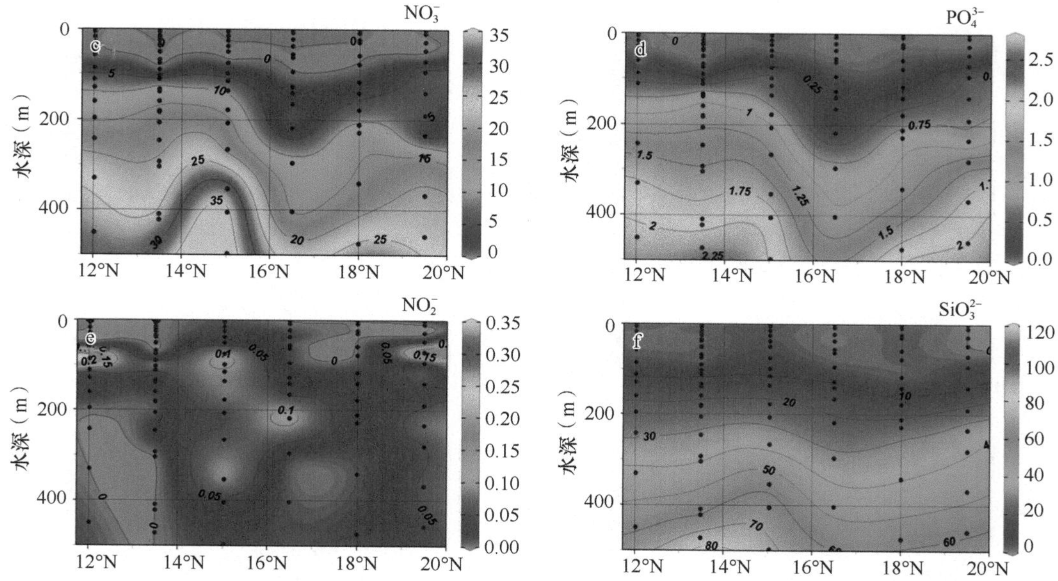

图2.31　1984年8月南海海盆部分区域114°E断面上0～500m（a）温度（℃）、（b）盐度、（c）NO_3^-浓度（μmol/L）、（d）PO_4^{3-}浓度（μmol/L）、（e）NO_2^-浓度（μmol/L）和（f）SiO_3^{2-}浓度（μmol/L）的分布图

在营养盐浓度方面，114°E断面的营养盐跃层深于春季，这表明夏季的营养盐浓度水平低于春季。同断面10.0μmol/L的营养盐浓度等值线春季位于100～200m，夏季位于150～250m，且该等值线呈现由北往南逐渐变浅的趋势，从19.5°N的200m逐渐上升至13.5°N的100m。此外，以16°N为界，北部海盆营养盐浓度比南部海盆低。在200m层，北部海盆NO_3^-浓度约为10.0μmol/L，PO_4^{3-}浓度约为0.75μmol/L，SiO_3^{2-}浓度约为20.0μmol/L；南部海盆NO_3^-浓度约为15.0μmol/L，PO_4^{3-}浓度约为1.0μmol/L，SiO_3^{2-}浓度约为25.0μmol/L。在400m层，北部海盆NO_3^-浓度为14.0～20.0μmol/L，PO_4^{3-}浓度为1.1～1.5μmol/L，SiO_3^{2-}浓度为45.0～50.0μmol/L；南部海盆NO_3^-浓度为25.0～35.0μmol/L，PO_4^{3-}浓度约为1.75μmol/L，SiO_3^{2-}浓度约为60.0μmol/L。

2.2.4　秋季

1. 1983年秋季

（1）表层平面分布

1983年9月南海海盆部分区域的温度、盐度、NO_3^-浓度、PO_4^{3-}浓度、NO_2^-浓度和SiO_3^{2-}浓度的表层平面分布如图2.32所示。可以看到，秋季南海海盆表层温度和盐度均比夏季高，其中温度大多为29.8～30.5℃，盐度大多为33.5～33.8，表明秋季南海海盆受到较强的黑潮入侵的影响，这与Du等（2013）的黑潮入侵研究结果一致。表层NO_3^-浓度和PO_4^{3-}浓度基本低于检测限，SiO_3^{2-}浓度大多为1.0～3.0μmol/L。在海盆西侧（114°E以西）温度略低，盐度与周边站位相比也较低，为32.5～33.0，相对应的营养盐浓度略高，如SiO_3^{2-}浓度为3.0～4.0μmol/L。

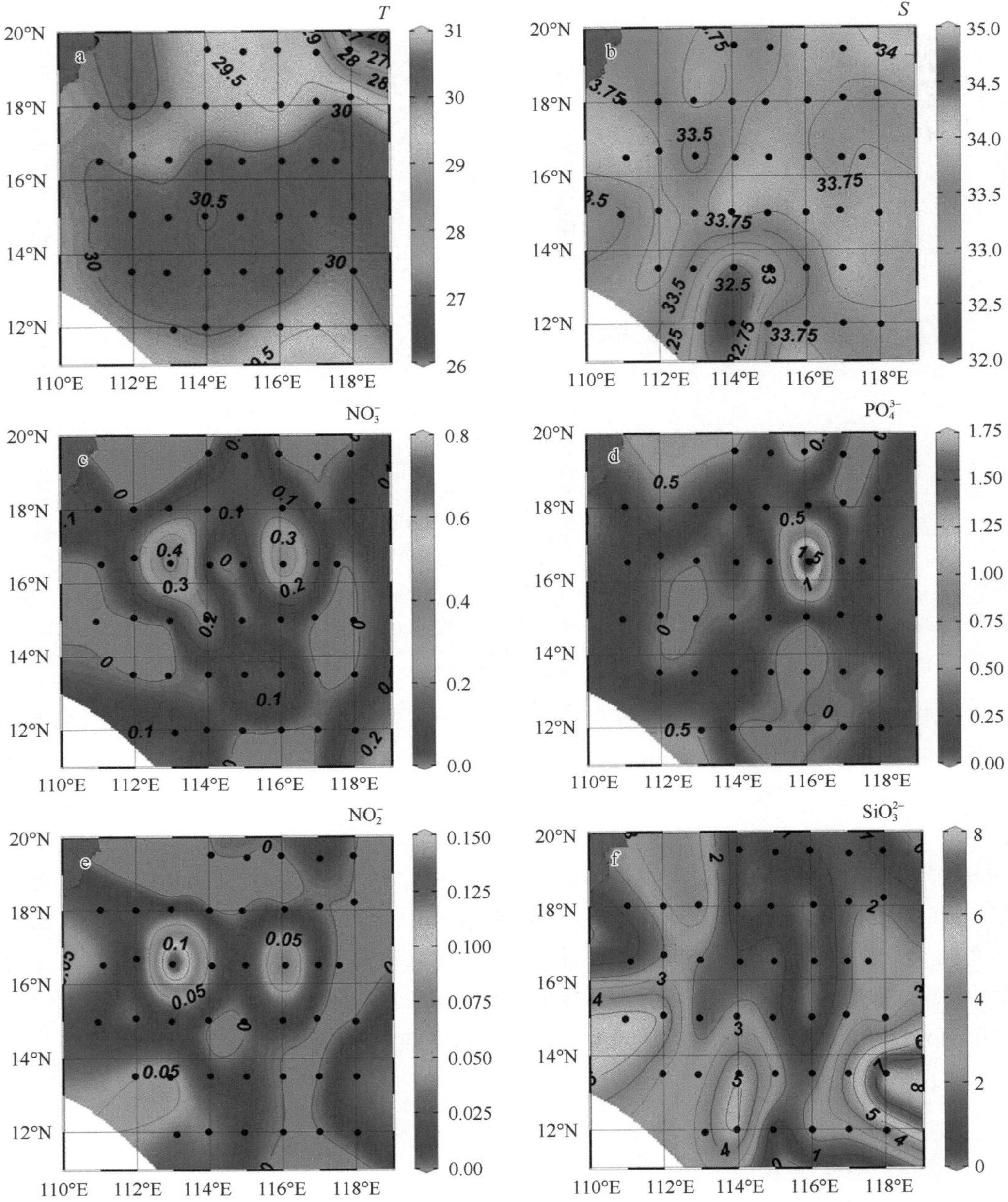

图 2.32　1983 年 9 月南海海盆部分区域的（a）温度（℃）、（b）盐度、（c）NO_3^- 浓度（μmol/L）、（d）PO_4^{3-} 浓度（μmol/L）、（e）NO_2^- 浓度（μmol/L）和（f）SiO_3^{2-} 浓度（μmol/L）的表层平面分布图

（2）纬向断面分布

从 18°N 断面上看，秋季南海海盆部分区域 50m 以浅温度为 27.0～30.0℃，盐度为 33.5～34.0（图 2.33），温度略高于夏季的温度，盐度也略高于夏季的盐度；随着水深的增加，温度整体平缓均一并降低，等温线与夏季相比，有略微的抬升（抬升 30～50m）；盐度则具有较为显著的变动，盐度极大值约为 34.55，显著低于夏季同断面的盐度极大值，极大值层位有所加深，位于 100～200m，但 34.5 等盐线范围与夏季无异，仍位于

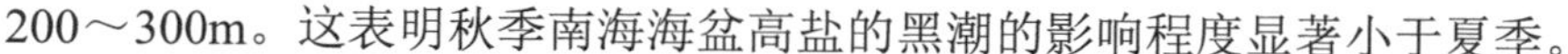

200～300m。这表明秋季南海海盆高盐的黑潮的影响程度显著小于夏季。

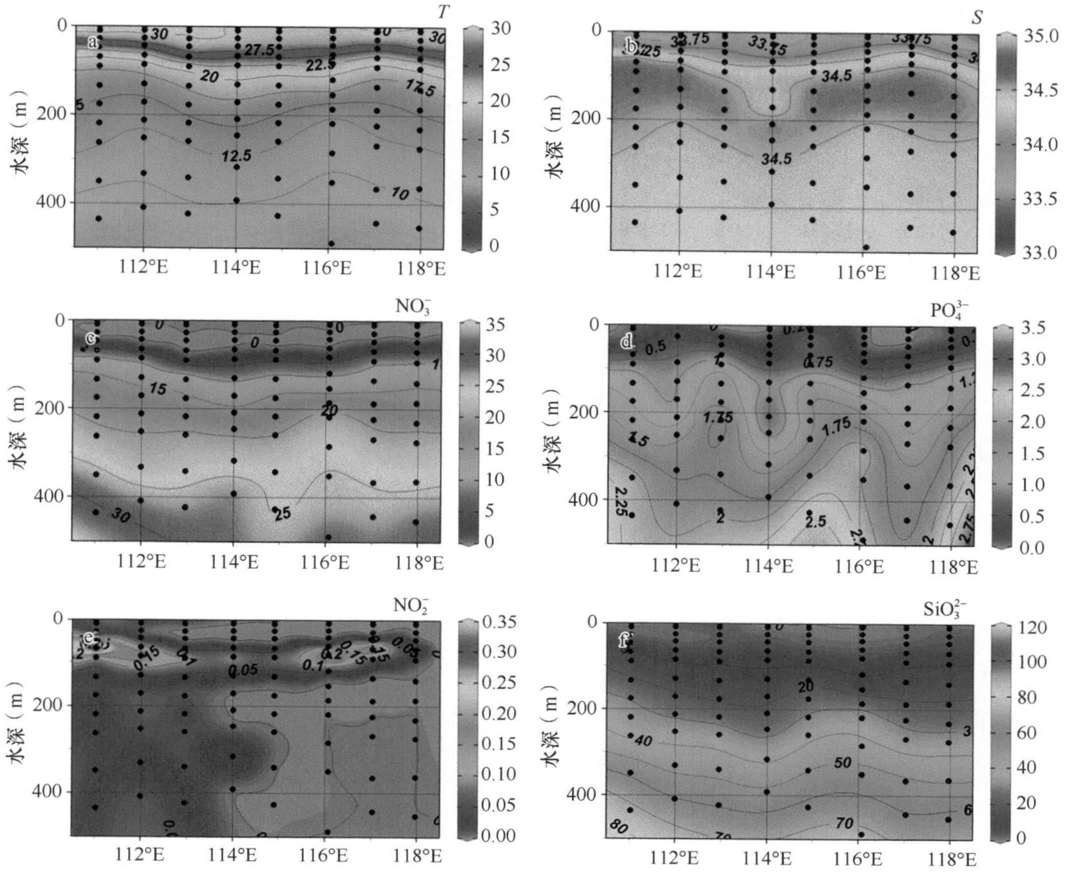

图 2.33　1983 年 9 月南海海盆部分区域 18°N 断面上 0～500m 的（a）温度（℃）、（b）盐度、（c）NO_3^- 浓度（μmol/L）、（d）PO_4^{3-} 浓度（μmol/L）、（e）NO_2^- 浓度（μmol/L）和（f）SiO_3^{2-} 浓度（μmol/L）的分布图

等温线的略微抬升，有助于营养盐跃层的抬升，从 18°N 断面上看，秋季南海海盆的营养盐跃层浅于夏季。NO_3^- 浓度整体上较为均一，随着水深加深，NO_3^- 浓度逐渐升高。不同于夏季的是，秋季 10.0μmol/L 的 NO_3^- 浓度等值线较为平稳地位于 100m 上下，略浅于夏季的 150m 上下（春季为 175m 上下）。1.0μmol/L 的 PO_4^{3-} 浓度等值线呈现类似的分布（春季为 200m 上下）。20.0μmol/L 的 SiO_3^{2-} 浓度等值线位于 100～200m，NO_2^- 浓度的极大值（高于 0.2μmol/L）位于约 100m 水深处，与夏季相差无几。

15°N 断面的分布与 18°N 断面类似，各参数分布都较为均一（图 2.34）。但从 15°N 断面上温盐分布可以看到，温盐等值线较 18°N 断面呈略微加深的趋势。20℃等温线从西往东，位于 100～150m；34.2 等盐线也略深，位于 75～100m；NO_3^- 浓度和 PO_4^{3-} 浓度的等值线分布特征没有显著的变化，25.0μmol/L 的 SiO_3^{2-} 浓度等值线由 18°N 的 175m 略微加深至 15°N 的 200m 上下。

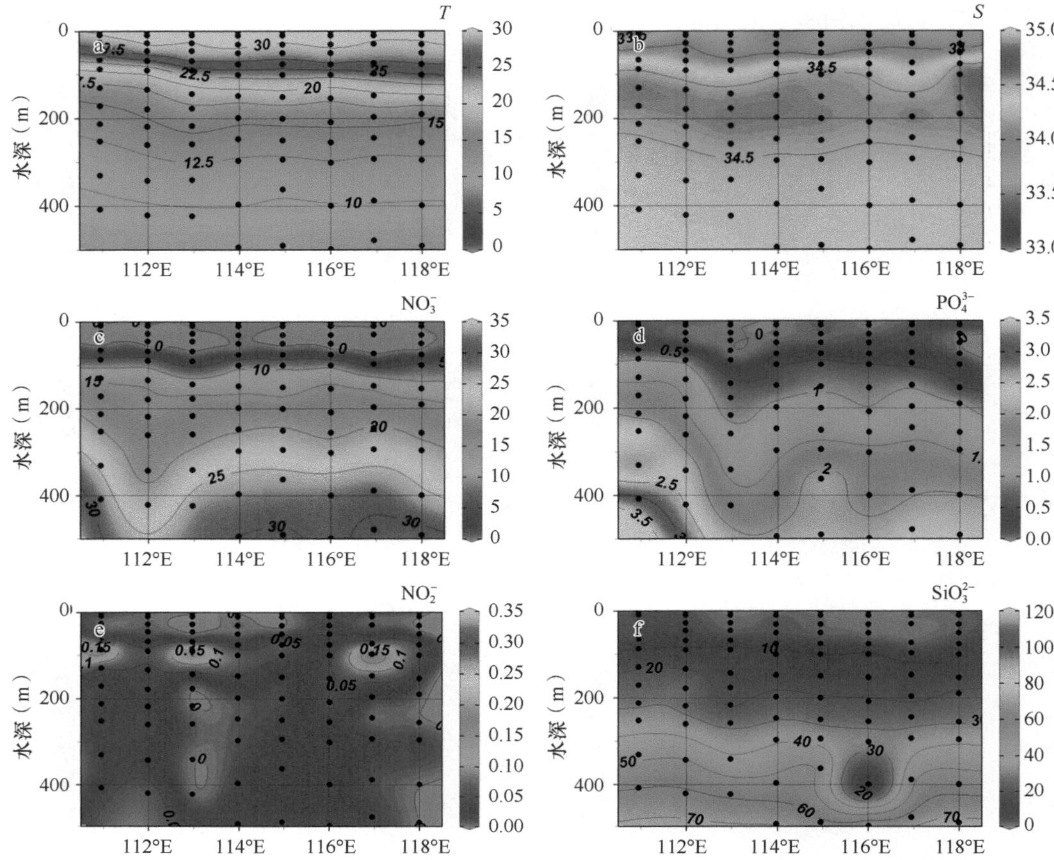

图 2.34　1983 年 9 月南海海盆部分区域 15°N 断面上 0～500m 的（a）温度（℃）、（b）盐度、（c）NO_3^- 浓度（μmol/L）、（d）PO_4^{3-} 浓度（μmol/L）、（e）NO_2^- 浓度（μmol/L）和（f）SiO_3^{2-} 浓度（μmol/L）的分布图

在 15°N 断面上，从东西方向横断面上可以看到，在 114°E 以西，存在较为显著的营养盐浓度等值线的密集抬升，在同一水层，114°E 以西的 NO_3^- 浓度比东侧低约 3.0μmol/L，PO_4^{3-} 浓度低约 0.3μmol/L，SiO_3^{2-} 浓度低约 5.0μmol/L。

从整个水柱上看，1983 年 9 月南海海盆 12°N 断面的温盐空间分布特征（图 2.35）与 18°N 断面和 15°N 断面没有显著差异，跃层深度基本上一致，但 75m 以浅盐度显著低于其他两个断面，34.5 等盐线的深度也稍浅于 15°N 断面。在 400m 以浅，NO_3^- 浓度、PO_4^{3-} 浓度和 NO_2^- 浓度的极大值层与 15°N 断面没有显著差异，在 114°E 以西仍能观测到显著的 NO_3^- 浓度和 PO_4^{3-} 浓度等值线的抬升，抬升的梯度比 15°N 断面的强度大，其中西侧核心区 PO_4^{3-} 浓度比东侧高出 1.5μmol/L。SiO_3^{2-} 浓度在 12°N 断面的分布与 15°N 断面的分布更趋于一致。在 114°E 以西，12°N 断面的营养盐浓度水平比 15°N 断面略高；在 114°E 以东，500m 层的营养盐浓度水平比 15°N 断面略低，NO_3^- 浓度和 SiO_3^{2-} 浓度低约 5.0μmol/L。

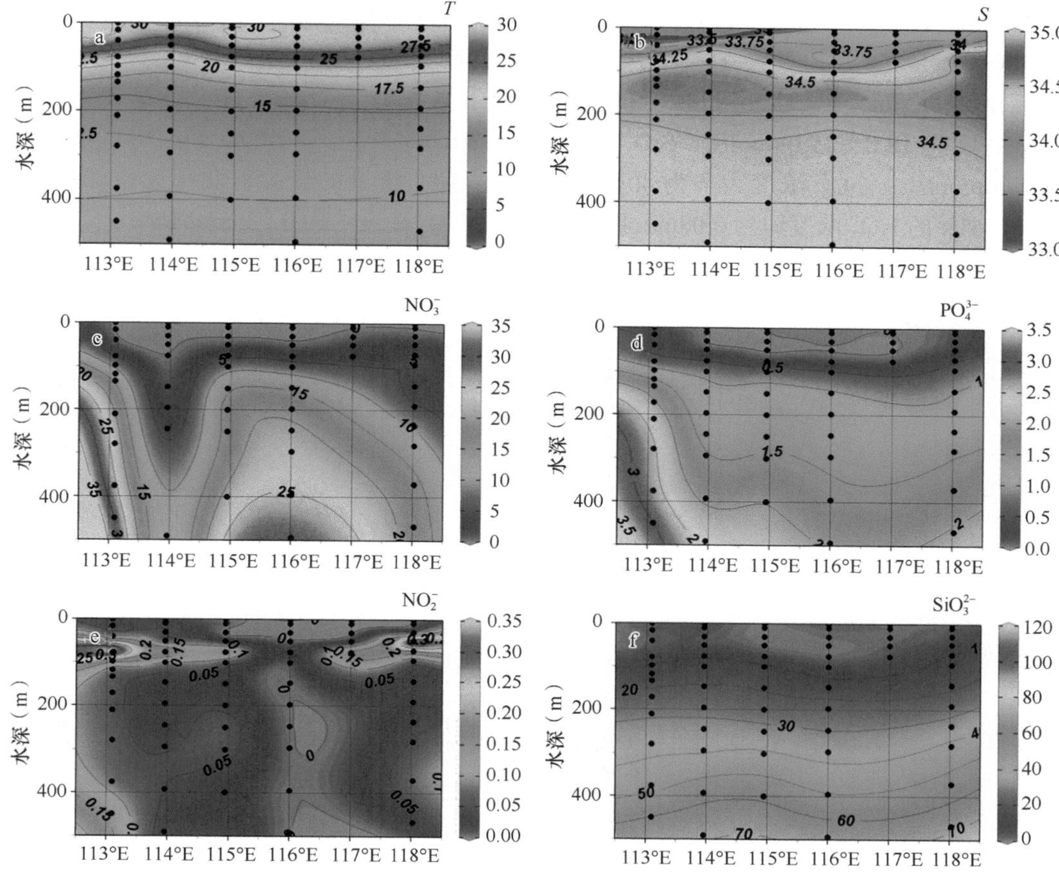

图 2.35　1983 年 9 月南海海盆部分区域 12°N 断面上 0～500m 的（a）温度（℃）、（b）盐度、（c）NO_3^- 浓度（μmol/L）、（d）PO_4^{3-} 浓度（μmol/L）、（e）NO_2^- 浓度（μmol/L）和（f）SiO_3^{2-} 浓度（μmol/L）的分布图

（3）经向断面分布

在 117°E 断面上，南北向温盐和营养盐浓度梯度没有显著的空间差异（图 2.36）。南北向等温线、等盐线和营养盐浓度等值线基本在同一深度水平。在 100m 水深处，温度约为 20℃，盐度约为 34.55（盐度极大值在 100～250m，约为 34.55），NO_3^- 浓度为 5.0～10.0μmol/L，PO_4^{3-} 浓度为 0.5～1.0μmol/L，SiO_3^{2-} 浓度约为 10.0μmol/L。随着深度加深至 500m，温度逐渐降低至约 8.0℃，盐度约为 34.3，营养盐浓度逐渐增高（NO_3^- 浓度为 25.0～30.0μmol/L，PO_4^{3-} 浓度为 2.0～2.2μmol/L，SiO_3^{2-} 浓度为 60.0～70.0μmol/L）。NO_2^- 浓度的极大值层（最大值高于 2μmol/L）位于约 100m。

在 116°E 断面上，南北向温盐和营养盐浓度等值线在 17°N 以北略微上抬，其中 25℃等温线和 34.2 等盐线由 17°N 以南的 100m 上下上升至 17°N 以北的 50m 上下，整个南北向的抬升梯度从上层水体延伸至 300～400m 水深（图 2.37）。在 300～400m 水深，10℃等温线和 34.45 等盐线在 18°N 处向上抬升。116°E 断面盐度极大值层分布与 117°E 断面相差无几。温盐跃层的梯度变化，引起了营养盐跃层的变化。在 100m 以浅，由于营养盐浓度太低，未观测到显著的变化。在 200～400m 层，PO_4^{3-} 浓度等值线呈现与温盐较为一致的北高南低的趋势，1.5μmol/L 的 PO_4^{3-} 浓度等值线从南部 12°～16°N 的 300～350m 显著抬升至 18°N 的 200m；在 400m 层，PO_4^{3-} 浓度约 2.0μmol/L，比南部高出约 0.3μmol/L。NO_3^- 浓度和 SiO_3^{2-} 浓度则未呈现显著的南北差异，在 200m 层，NO_3^- 浓度为 18.0～19.0μmol/L，SiO_3^{2-} 浓度约为 30.0μmol/L；在 400m 层，NO_3^- 浓度约为 27.0μmol/L，SiO_3^{2-} 浓度大多为 40～60μmol/L。NO_2^- 浓度的极大值北部比南部略大，14°～16°N 的 NO_2^- 浓度约为 0.08μmol/L，18°N 的 NO_2^- 浓度约为 0.22μmol/L。

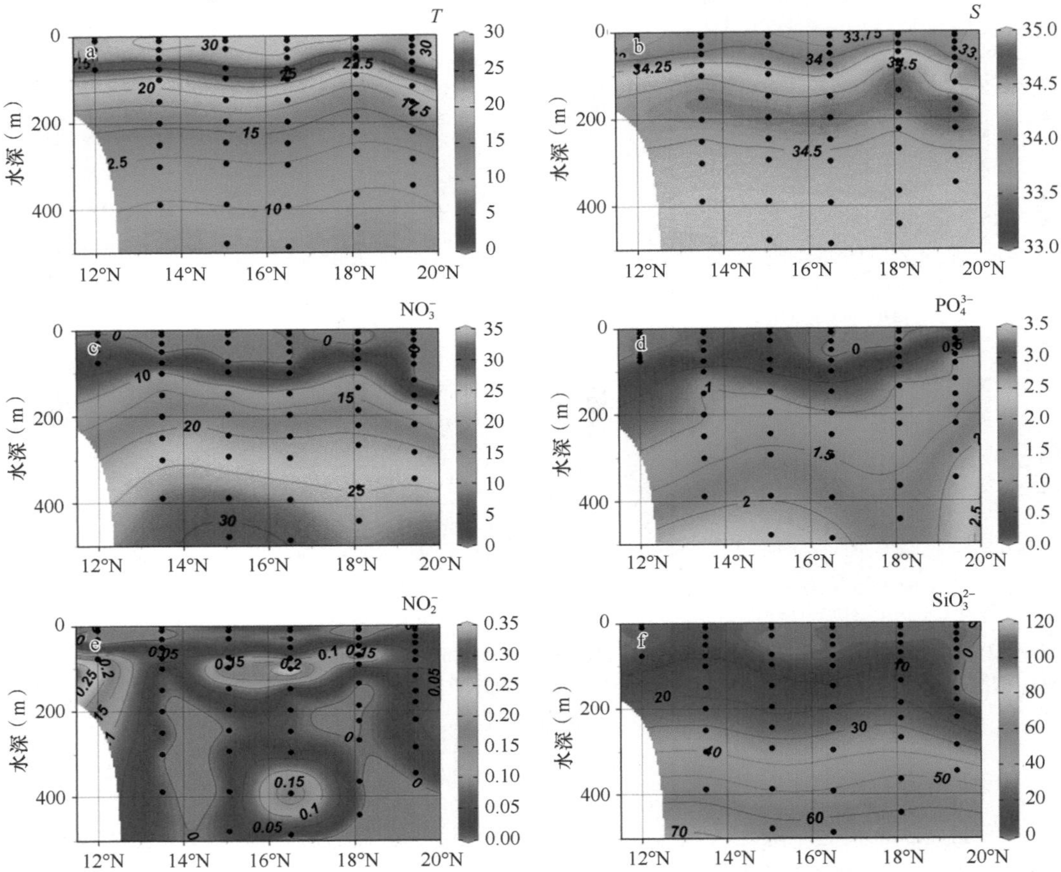

图 2.36　1983 年 9 月南海海盆部分区域 117°E 断面上 0～500m 的（a）温度（℃）、（b）盐度、（c）NO_3^- 浓度（μmol/L）、（d）PO_4^{3-} 浓度（μmol/L）、（e）NO_2^- 浓度（μmol/L）和（f）SiO_3^{2-} 浓度（μmol/L）的分布图

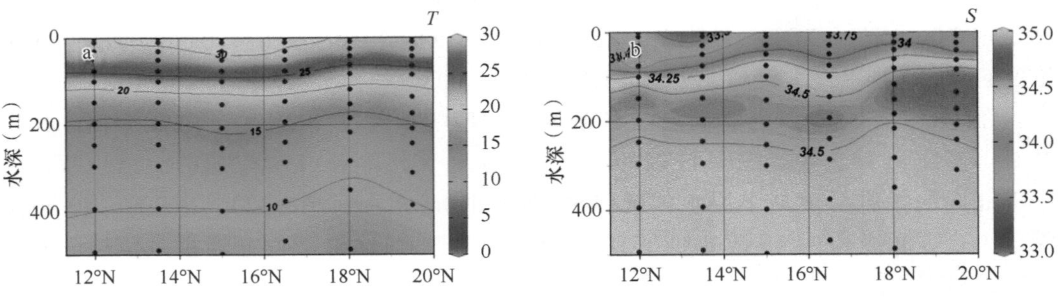

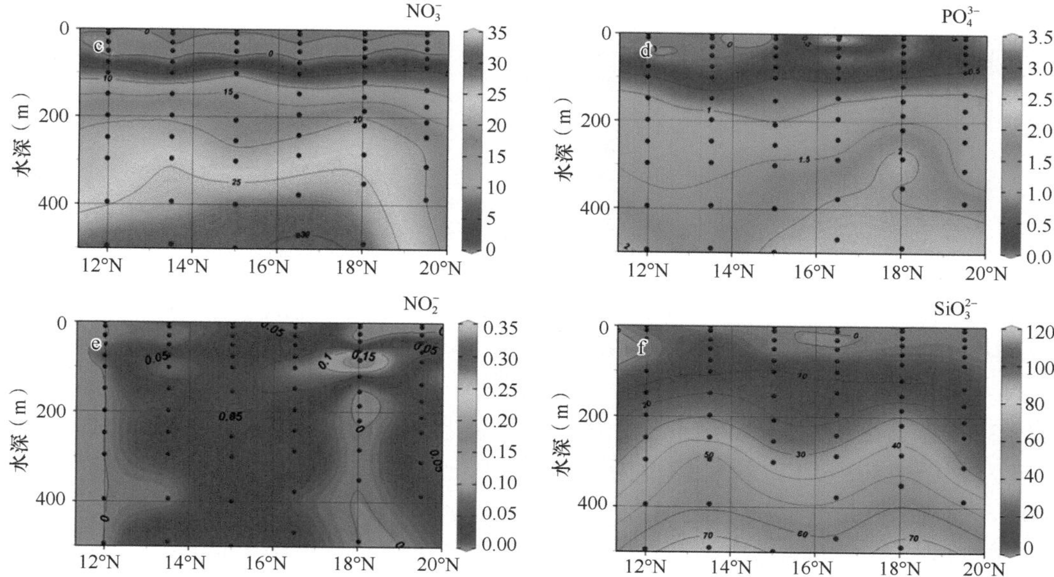

图 2.37 1983 年 9 月南海海盆部分区域 116°E 断面上 0～500m 的（a）温度（℃）、（b）盐度、（c）NO_3^- 浓度（μmol/L）、（d）PO_4^{3-} 浓度（μmol/L）、（e）NO_2^- 浓度（μmol/L）和（f）SiO_3^{2-} 浓度（μmol/L）的分布图

在 115°E 断面上，500m 以浅温度分布与 116°E 断面无显著差异，盐度分布则呈现略微的差异（图 2.38）。其中，115°E 断面 100m 以浅的盐度特征与 116°E 断面基本一致；盐度极大值层位于 100～300m，盐度极大值（34.55）的范围比 116°E 断面大。营养盐浓度在整个 500m 水柱上较为均一。在 100m 以浅，NO_3^- 浓度和 PO_4^{3-} 浓度基本低于检测限，SiO_3^{2-} 浓度低于 10.0μmol/L。在 300m 层，NO_3^- 浓度为 20.0～25.0μmol/L，PO_4^{3-} 浓度约为 1.5μmol/L，SiO_3^{2-} 浓度为 30.0～40.0μmol/L。随着深度加深至 500m，温度逐渐降低

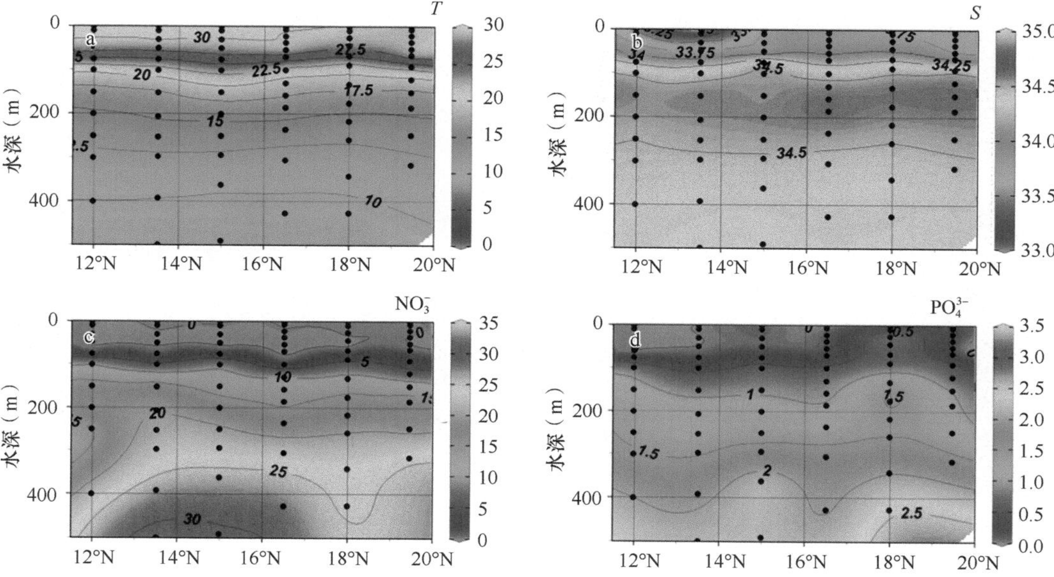

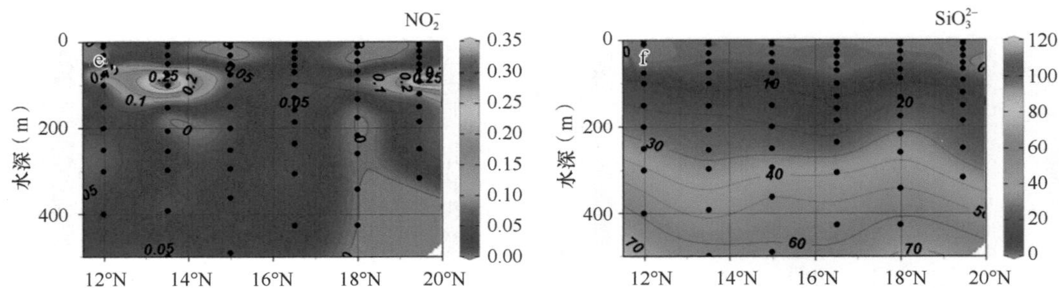

图 2.38 1983 年 9 月南海海盆部分区域 115°E 断面上 0～500m 的（a）温度（℃）、（b）盐度、（c）NO_3 浓度（μmol/L）、（d）PO_4 浓度（μmol/L）、（e）NO_2 浓度（μmol/L）和（f）SiO_3^{2-} 浓度（μmol/L）的分布图

至约 8.0℃，盐度约为 34.3，营养盐浓度逐渐增高［NO_3^- 浓度为 25.0～30.0μmol/L，PO_4^{3-} 浓度为 2.0～2.5μmol/L，SiO_3^{2-} 浓度为 60.0～70.0μmol/L］。NO_2^- 浓度的极大值层位于约 100m，但极大值并不显著（除了 13.5°N 和 19.5°N 约为 0.3μmol/L）。

在 114°E 断面上，温度分布与 115°E 断面趋于一致，盐度极大值（大于 34.6）比 115°E 断面（34.55）略高，随着水深的增加，两个断面盐度相差无几（图 2.39）。值得注意的是，在 114°E 断面的 18°N 处，盐度极大值层从约 150m 加深至约 250m，PO_4^{3-} 浓度也随之呈现下降的趋势，1.0μmol/L 的浓度等值线从 200m 加深至 250m，SiO_3^{2-} 浓度等值线略微加深，NO_3^- 浓度在南北向变化特征并不显著。其中，在 300m 层，NO_3^- 浓度约为 20.0μmol/L，SiO_3^{2-} 浓度为 30.0～40.0μmol/L；在 500m 层，南北向营养盐浓度较为均一，NO_3^- 浓度大多为 28.0～30.0μmol/L，PO_4^{3-} 浓度约为 2.0μmol/L，SiO_3^{2-} 浓度为 55.0～70.0μmol/L。

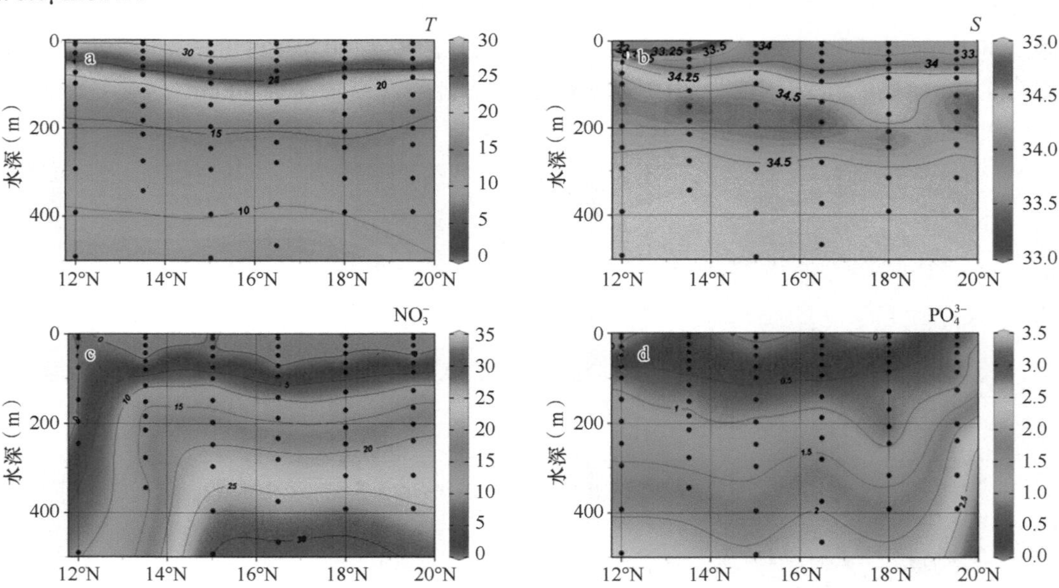

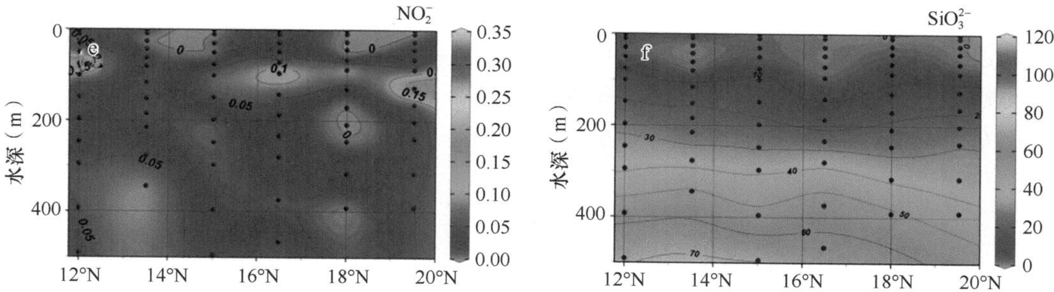

图 2.39　1983 年 9 月南海海盆部分区域 114°E 断面上 0～500m 的（a）温度（℃）、（b）盐度、（c）NO_3^- 浓度（μmol/L）、（d）PO_4^{3-} 浓度（μmol/L）、（e）NO_2^- 浓度（μmol/L）和（f）SiO_3^{2-} 浓度（μmol/L）的分布图

在 113°E 断面上，南海北部海域的温盐特征与 117°E 断面的相差无几；在南海南部 12°～13°N 海域，等温线和等盐线呈现一定程度的抬升，13℃等温线从北部的 250～300m 抬升至 200m，盐度极大值（约 34.55）从北部的 200m 抬升至 150m（图 2.40）。等温线和等盐线的抬升使得营养盐浓度等值线也抬升，如 NO_3^- 浓度为 20.0μmol/L 的等值线从北部的约 250m 升至南部（12°N）的约 170m，PO_4^{3-} 浓度为 2.0μmol/L 的等值线从北部的约 400m 以深升至南部的约 170m。

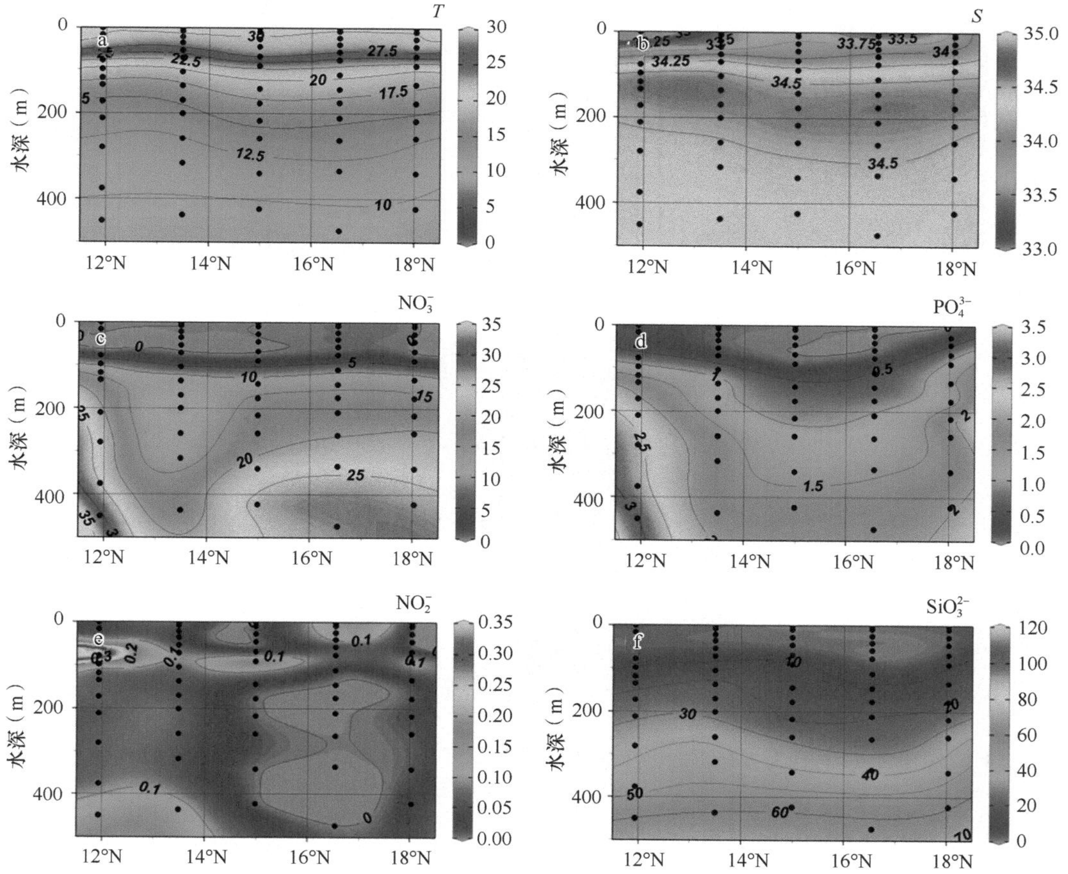

图 2.40　1983 年 9 月南海海盆部分区域 113°E 断面上 0～500m 的（a）温度（℃）、（b）盐度、（c）NO_3^- 浓度（μmol/L）、（d）PO_4^{3-} 浓度（μmol/L）、（e）NO_2^- 浓度（μmol/L）和（f）SiO_3^{2-} 浓度（μmol/L）的分布图

综合经向和纬向上的断面分布来看，秋季南海海盆温度、盐度与营养盐浓度在整体上的空间变化梯度较小，营养盐浓度比夏季的略高，但仍低于春季。以 114°E 为界，南海西侧的营养盐浓度水平高于东侧，特别是在 12°N、113°E 附近 200～500m 水深处存在一较高浓度的营养盐水团。

2. 2010 年秋季

（1）平面分布

2010 年 11 月南海海盆部分区域 18°N 断面的温度为 26.0～28.0℃，盐度为 33.2～33.7，变动范围大于 1984 年 9 月的观测结果，温度比 1984 年 9 月的低 1.0～2.0℃，盐度也低 0.2～0.5（图 2.41）。在 18°N 断面上，西侧温度低于东侧，盐度相差不大。南部 10°N 和 6°N 的站位则呈现高温低盐的特性（温度为 28.0～29.5℃，盐度为 32.2～33.2）。整体上，海盆表层 PO_4^{3-} 浓度低于检测限。

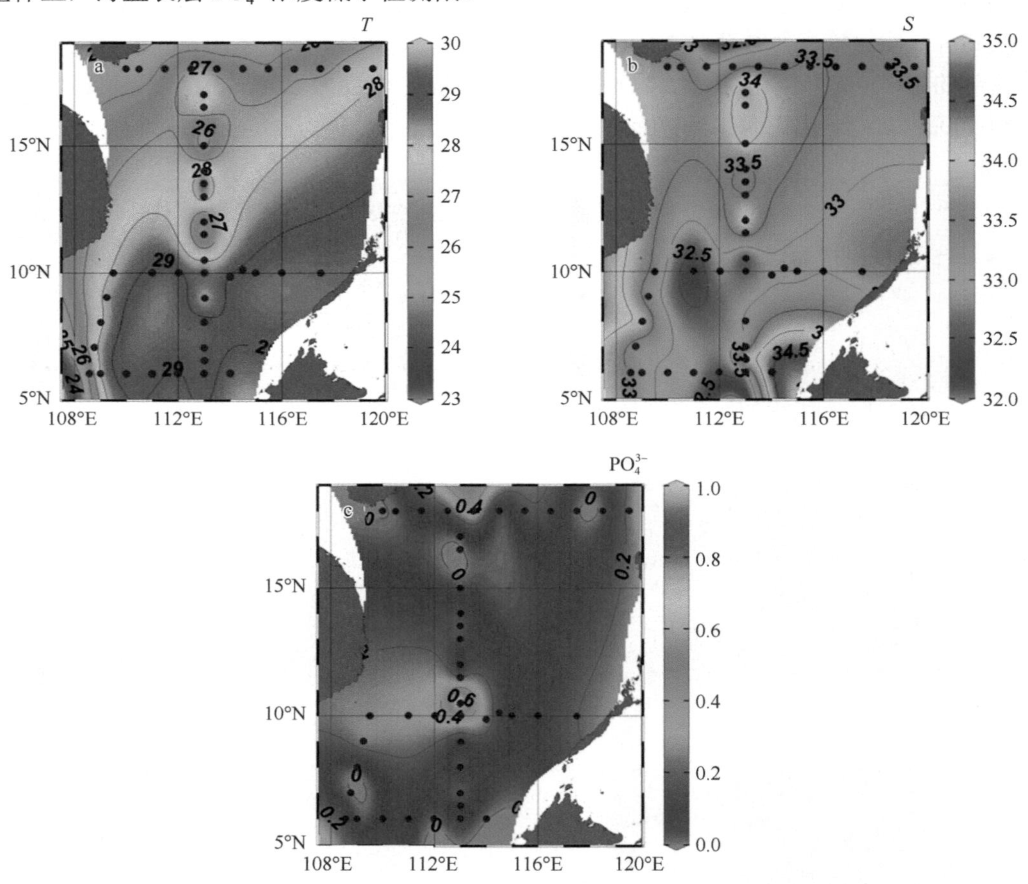

图 2.41　2010 年 11 月南海海盆部分区域的（a）温度（℃）、（b）盐度和（c）PO_4^{3-} 浓度（μmol/L）的表层平面分布图

75m 层温度为 23.0～27.0℃，盐度为 33.5～34.5（图 2.42）。与表层分布不同的是，在 18°N 断面的 75m 层，西侧温度（约 25℃）高于东侧温度（20～22℃），西侧盐度

（33.5～34.4）则低于东侧盐度（34.25～34.6）。整体上，PO_4^{3-} 浓度大多为 0.5～0.75μmol/L。

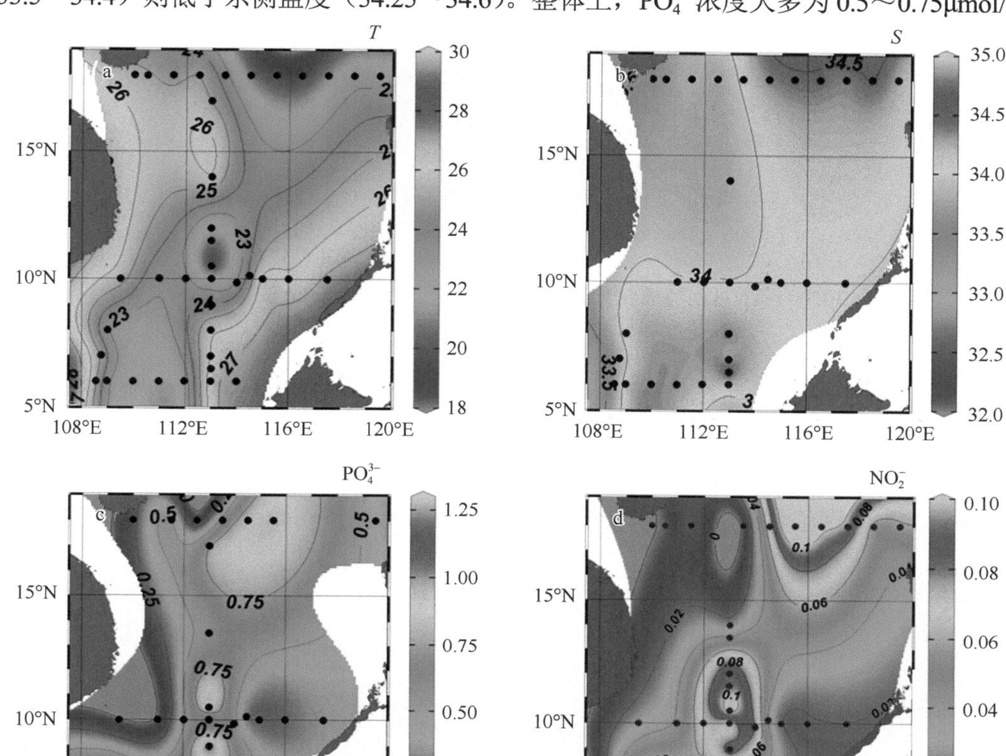

图 2.42　2010 年 11 月南海海盆部分区域的（a）温度（℃）、（b）盐度、（c）PO_4^{3-} 浓度（μmol/L）和（d）NO_2^- 浓度（μmol/L）的 75m 层平面分布图

（2）纬向断面分布

在 18°N 断面上，温度整体较为均一，表层温度约为 27.5℃，盐度呈现略微西低东高的趋势，33.5 等盐线从西向的 100m 水深处逐渐变浅至东向的 30m 水深处（图 2.43），与 1983 年 9 月在相同区域的观测结果一致，在 114°～115°E 为界的 200～500m 水深处存在营养盐抬升的信号。

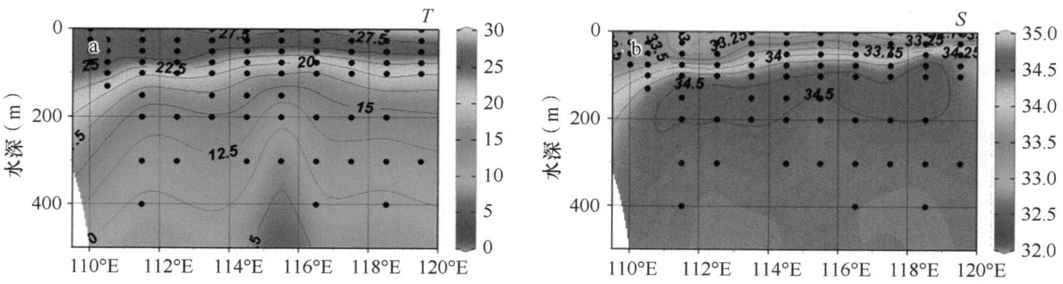

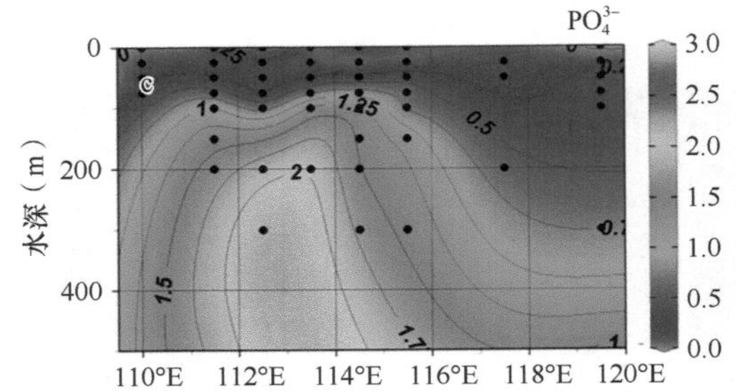

图 2.43　2010 年 11 月南海海盆部分区域 18°N 断面上 0～500m 的（a）温度（℃）、（b）盐度和（c）PO_4^{3-} 浓度（μmol/L）的分布图

同样地，在 10°N 断面上，温度和盐度东西向分布均一（图 2.44）。与 18°N 断面相比，10°N 断面的温度较高，盐度较低，其中 27.5℃等温线、33.5 等盐线位于 50m 上下；在 100m 以深，除了盐度有所降低，营养盐浓度也有所降低。东西两侧营养盐浓度仍存在差异，115°E 以西 PO_4^{3-} 浓度为 1.0～2.0μmol/L，东侧为 0.5～1.0μmol/L。

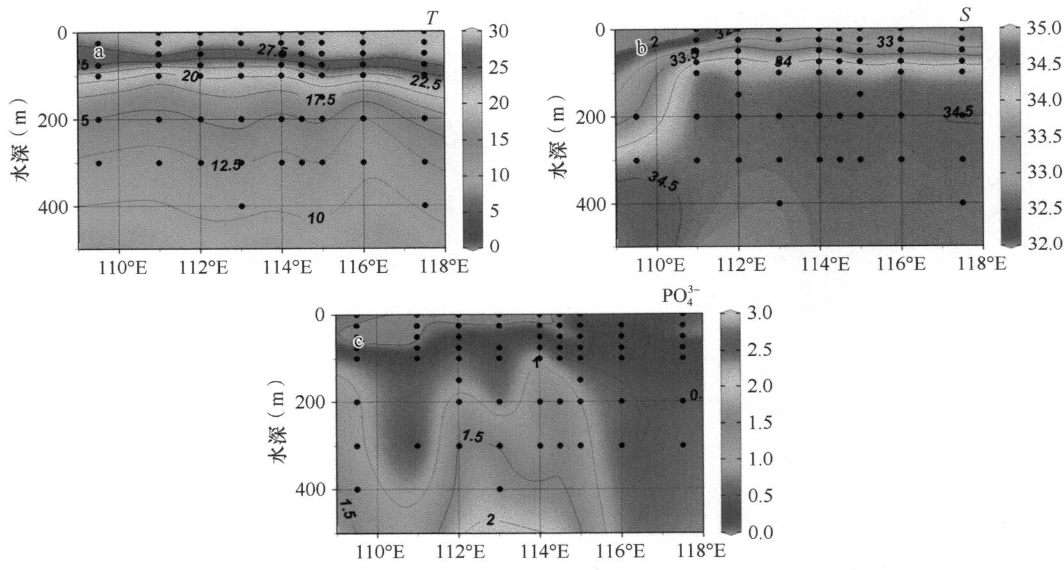

图 2.44　2010 年 11 月南海海盆部分区域 10°N 断面上 0～500m 的（a）温度（℃）、（b）盐度和（c）PO_4^{3-} 浓度（μmol/L）的分布图

6°N 断面的温盐特征与 10°N 断面较为接近。如图 2.45 所示，温盐等值线同样未呈现显著的东西差异，但与 10°N 断面的等温线和等盐线位置相比，6°N 断面的等温线和等

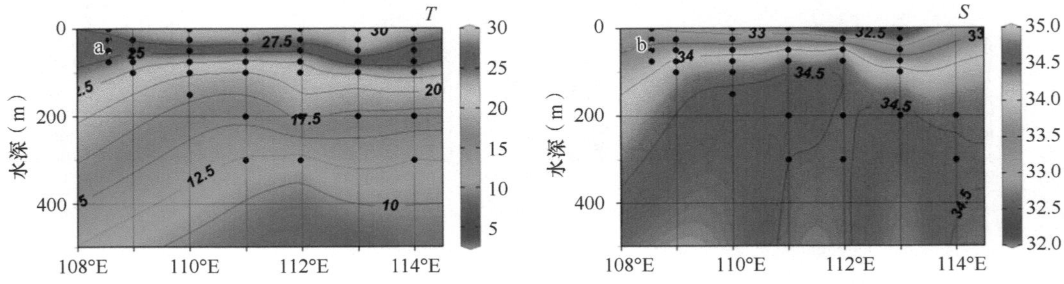

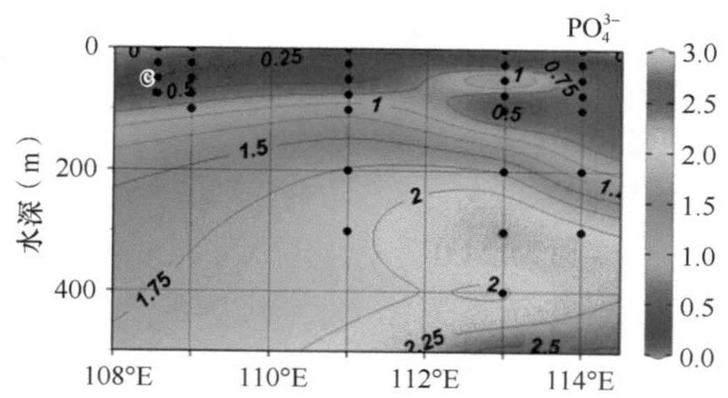

图 2.45 2010 年 11 月南海海盆部分区域 6°N 断面上 0～500m 的（a）温度（℃）、（b）盐度和（c）PO_4 浓度（μmol/L）的分布图

盐线略微上抬，其中 25.0℃等温线和 33.7 等盐线位于约 30m 水深处。之后，随着水深的增加，温盐特征与 10°N 断面相差无几。同样地，在 112°～114°E 存在一 PO_4^{3-} 浓度较高的区域，浓度为 2.0～2.5μmol/L。

（3）经向断面分布

沿着 113°E 断面，12°N 以北站位的水团略微下沉。从温度上看，27.5℃等温线和 33.5 等盐线大致位于 50m 处（图 2.46）。整个水柱 12°N 以北的温盐特征与 1983 年 9 月类似，在 6°～8°N 的 100～300m 存在一盐度高于 34.5 的高盐水团。PO_4^{3-} 浓度的分布特征与 1983 年 9 月也较为一致，10°N 以南和 14°N 以北，1.0μmol/L 的 PO_4^{3-} 浓度等值线位于 200m 上下；在 10°～14°N，PO_4^{3-} 浓度存在较为显著的增高（200m 层 PO_4^{3-} 浓度约 1.5μmol/L），这同样在 1983 年 9 月得到了验证。

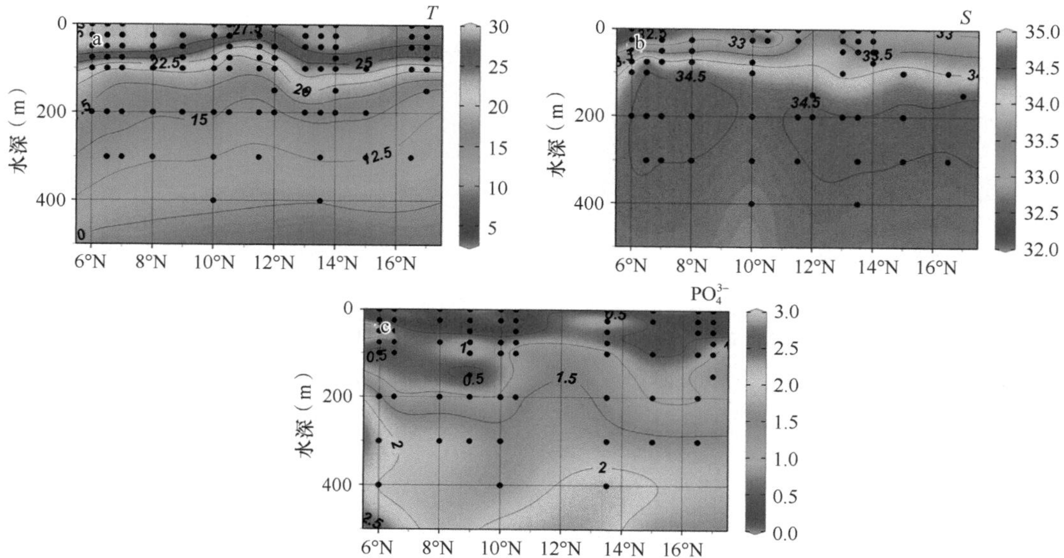

图 2.46 2010 年 11 月南海海盆部分区域 113°E 断面上 0～500m 的（a）温度（℃）、（b）盐度和（c）PO_4^{3-} 浓度（μmol/L）的分布图

3. 2011 年秋季

（1）平面分布

2011 年 11 月，南海中南部海盆表层温度为 27～29℃，盐度为 32.1～33，NO_3^- 浓度

和 PO_4^{3-} 浓度低于检测限，整体上与2010年11月各参数特征较为一致，故不再展示表层分布图。

在南海海盆部分区域的75m层，各参数以10°N为分水岭（图2.47）。在10°N以北，温度约为22.0℃，盐度约为34.5，NO_3^- 浓度为6.0～8.0μmol/L，PO_4^{3-} 浓度为0.5～0.7μmol/L；在10°N以南，温度约为24.0℃，盐度约为34.0，NO_3^- 浓度为2.0～4.0μmol/L，PO_4^{3-} 浓度为0.25～0.5μmol/L。在年际变化上，与2010年11月的观测结果相比，2011年11月10°～15°N的中部海盆的温度降低2～3℃，盐度高出0.1～0.2，PO_4^{3-} 浓度降低0.25μmol/L，表征了一定程度的海盆上升流的信号（Du et al.，2021）。

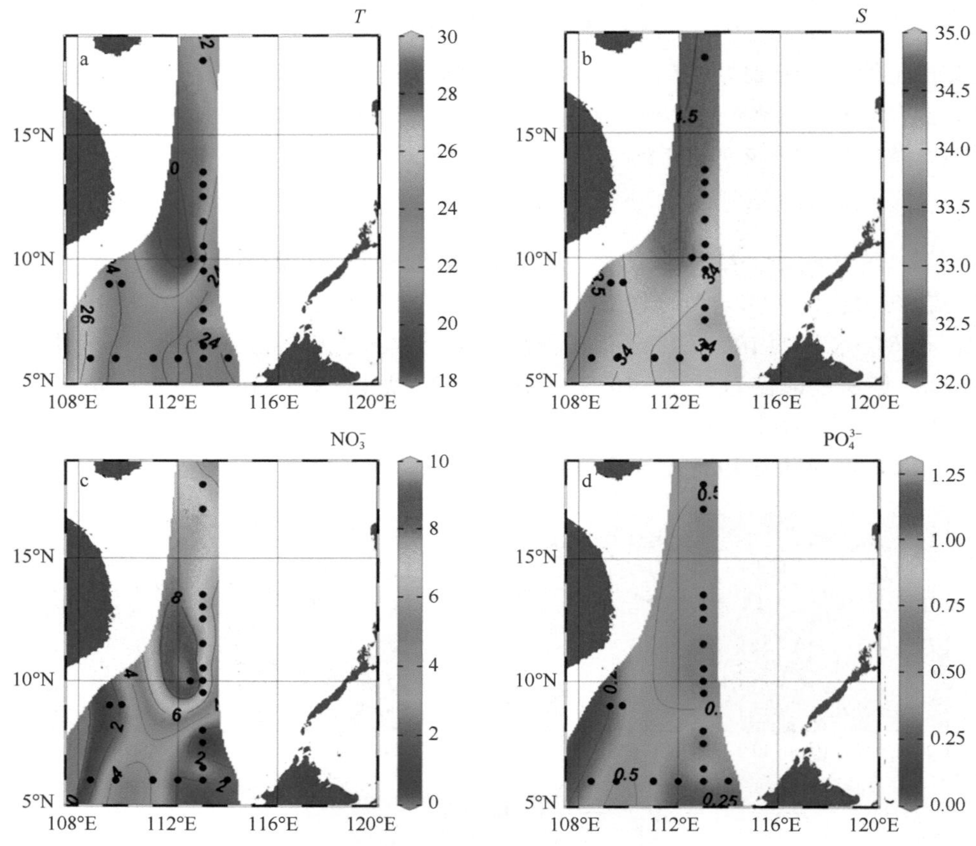

图2.47 2011年11月南海海盆部分区域的（a）温度（℃）、（b）盐度、（c）NO_3^- 浓度（μmol/L）和（d）PO_4^{3-} 浓度（μmol/L）的75m层平面分布图

（2）纬向断面分布

从纬向断面上看，2011年11月南海海盆部分区域6°N断面上东侧受一定程度高温低盐水团的影响，27.5℃等温线和33.5等盐线位于50～75m；西侧温度较低、盐度较高，27.5℃等温线位于近表层，33.5等盐线位于约30m（图2.48）。在75m以浅，营养盐浓度基本上低于检测限。在100m以深，除了180～300m存在盐度极大值（34.55），整体上温度、盐度和营养盐浓度都较为均一，营养盐浓度随着水深的增加而增大，但整体上低于2010年11月同断面的浓度水平。在75m层，NO_3^- 浓度约为2.0μmol/L，PO_4^{3-} 浓度约为0.4μmol/L。在100m层，NO_3^- 浓度为5.0～10.0μmol/L，PO_4^{3-} 浓度约为0.5μmol/L，

2010 年 11 月的 PO_4^{3-} 浓度为 0.5～1.0μmol/L。在 200m 层，NO_3^- 浓度约为 15.0μmol/L，PO_4^{3-} 浓度为 1.0～1.2μmol/L，2010 年 11 月的 PO_4^{3-} 浓度为 1.5～2.0μmol/L。在 300m 层，NO_3^- 浓度约为 20.0μmol/L，PO_4^{3-} 浓度约为 1.5μmol/L，2010 年 11 月的 PO_4^{3-} 浓度约为 2.2μmol/L。NO_2^- 浓度的极大值层位于 75m 上下，极大值约为0.15μmol/L。

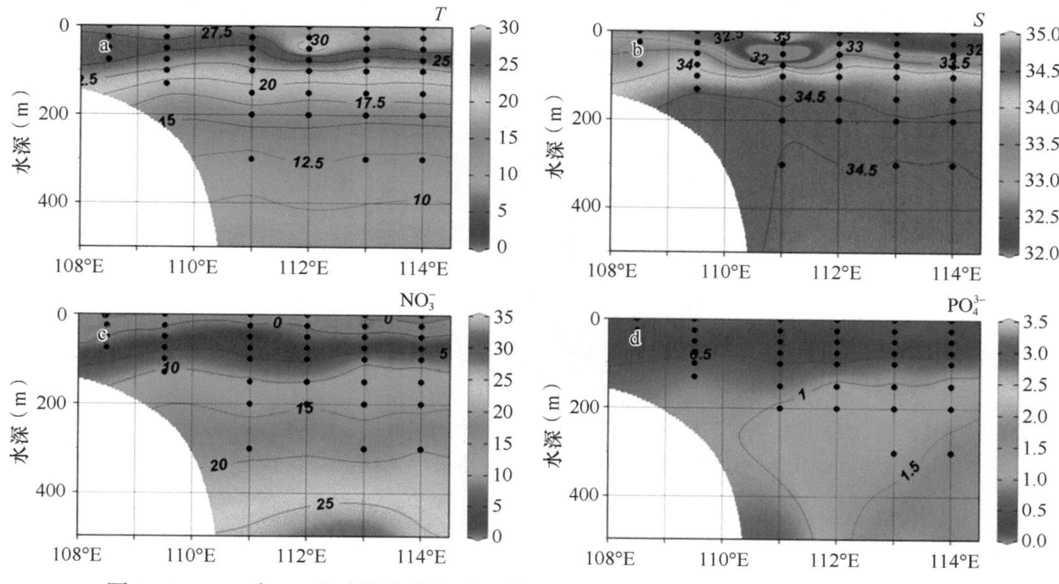

图 2.48 2011 年 11 月南海海盆部分区域 6°N 断面上 0～500m 的（a）温度（℃）、（b）盐度、（c）NO_3^- 浓度（μmol/L）和（d）PO_4^{3-} 浓度（μmol/L）的分布图

（3）经向断面分布

从 113°E 断面上看，13°N 以南海域的温度高于北侧的温度，盐度低于北侧的盐度，等温线和等盐线均呈由南往北逐渐抬升的趋势，其中盐度极大值层（约 34.55）从南部的 200～300m 上升至 100～200m（图 2.49）。2010 年 11 月的温盐等值线在南部呈现略微抬升的趋势，整体上2011 年11 月的观测结果与其没有特别显著的差别。从营养盐浓度上看，在 200m 以浅，整个经向断面上 NO_3^- 浓度和 PO_4^{3-} 浓度较为均一，营养盐浓度等值线较为平稳；在 200m 以深，营养盐浓度等值线呈现一定的南北梯度趋势。其中，20.0μmol/L 的 NO_3^- 浓度等值线从南侧的约 300m 抬升至北侧的约 200m；在 400～500m 层，113°N 断面的南北两侧（10°N 以南，15°N 以北）存在 25.0μmol/L 的 NO_3^- 浓度和 1.5μmol/L 的 PO_4^{3-} 浓度高值。此外，NO_2^- 浓度的极大值从北部的约 50m 逐渐加深至南部的约 75m。

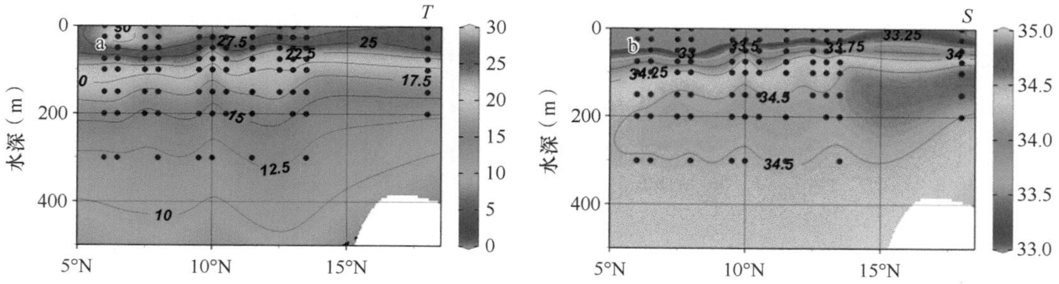

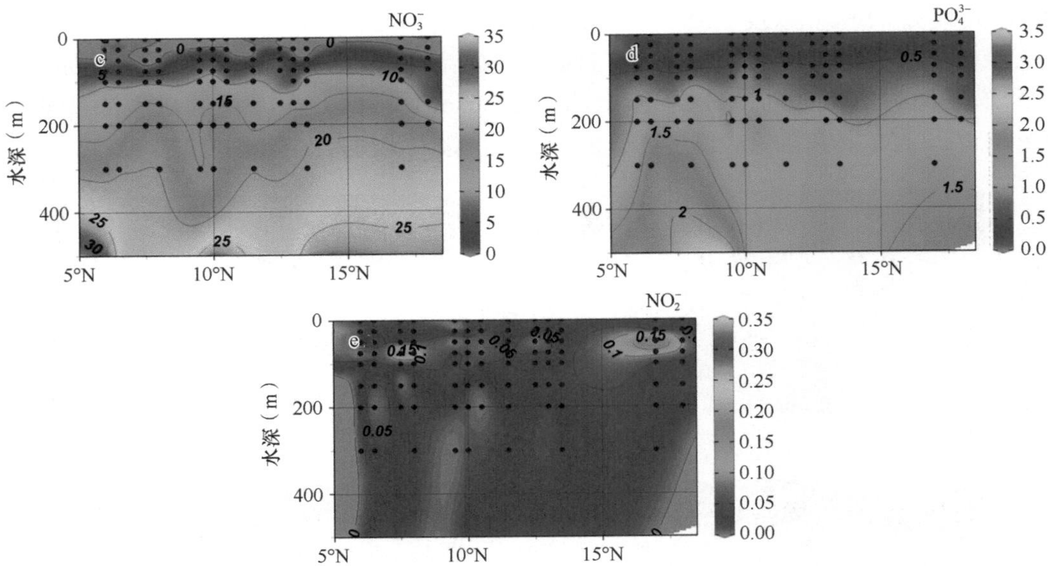

图 2.49 2011 年 11 月南海海盆部分区域 113°E 断面上 0～500m 的（a）温度（℃）、（b）盐度、（c）NO_3^- 浓度（μmol/L）、（d）PO_4^{3-} 浓度（μmol/L）和（e）NO_2^- 浓度（μmol/L）的分布图

2.2.5 冬季

1. 平面分布

冬季，南海海盆部分区域的温度和盐度与其他季节相比显著降低。其中，温度和盐度又以 16°N 为界，中北部海盆表层温度为 24.0～25.5℃，盐度为 33.5～34.25；南部海盆表层温度为 25.5～27.5℃，盐度为 33.25～33.5（图 2.50）。高盐水团表明中北部海盆受一定程度的黑潮入侵的影响，其影响范围大约覆盖到 16°N，15°N 海域已基本不受黑潮的显著影响。表层营养盐浓度极低，NO_3^- 浓度和 PO_4^{3-} 浓度基本低于检测限，北部大部分的 NO_3^- 浓度为 0.2～0.3μmol/L，大部分的 SiO_3^{2-} 浓度为 2.5～5.0μmol/L。

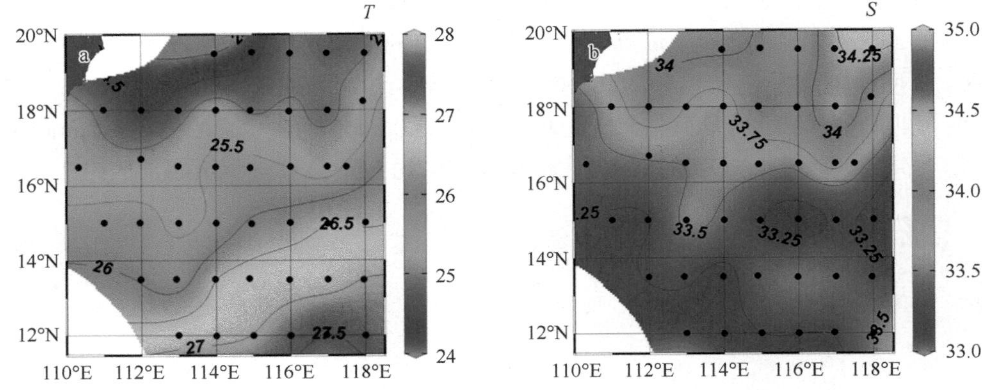

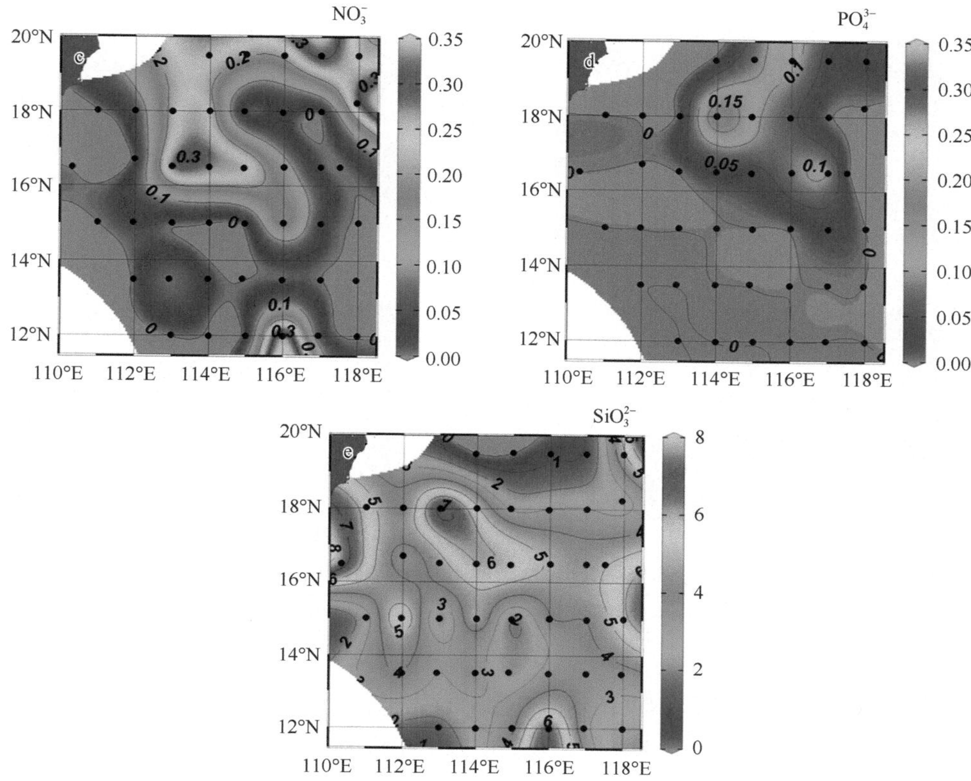

图 2.50 1984 年 12 月南海海盆部分区域的（a）温度（℃）、（b）盐度、（c）NO_3^- 浓度（μmol/L）、（d）PO_4^{3-} 浓度（μmol/L）和（e）SiO_3^{2-} 浓度（μmol/L）的表层平面分布图

2. 纬向断面分布

在 18°N 断面上，100m 以浅的温度比秋季下降约 5℃，盐度水平相差不大。150m 以浅水柱混合较为均匀，温盐结构特征与秋季（1983 年 9 月）的观测结果相差不大，温度为 20.0～25.0℃，盐度为 33.5～34.5（图 2.51）。东西方向上，等温线和等盐线趋于平稳。之后随着水深的增加，温度逐渐降低，200～300m 温度为 12.5～15.0℃，400m 处温度约为 10.0℃。从盐度来看，100～200m 处观测到盐度极大值，约为 34.65；在 200～300m，盐度约为 34.5；在 300～500m，盐度约为 34.4。

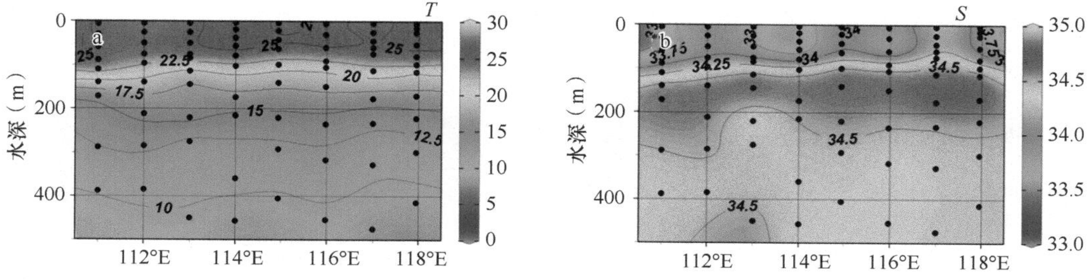

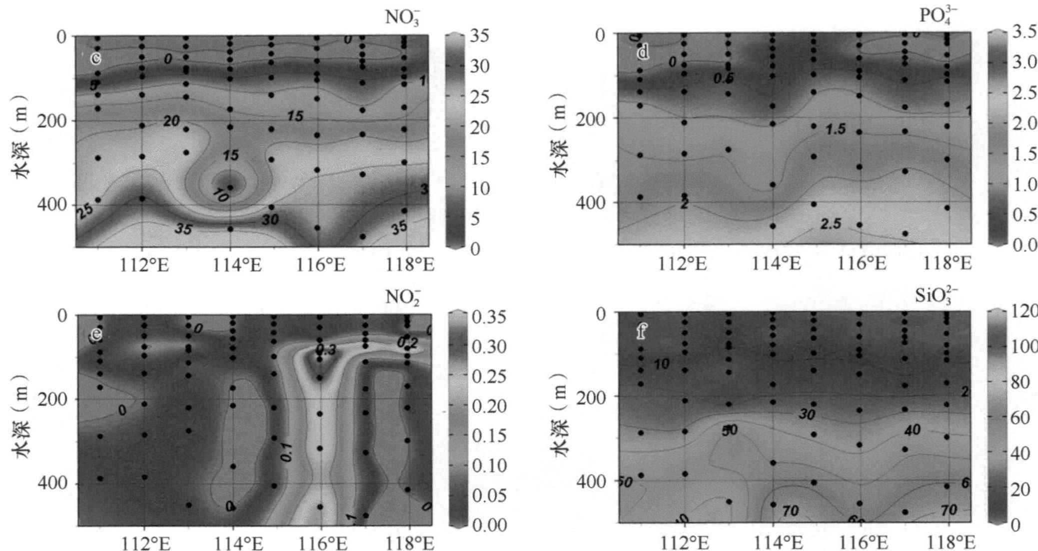

图 2.51 1984 年 12 月南海海盆部分区域 18°N 断面上 0～500m 的（a）温度（℃）、（b）盐度、（c）NO_3^- 浓度（μmol/L）、（d）PO_4^{3-} 浓度（μmol/L）、（e）NO_2^- 浓度（μmol/L）和（f）SiO_3^{2-} 浓度（μmol/L）的分布图

冬季 18°N 断面上营养盐浓度在东西方向上较为平稳，200m 以浅营养盐浓度水平与秋季也没有显著差别。其中，在 100m 层，NO_3^- 浓度约为 5.0μmol/L，PO_4^{3-} 浓度约为 0.5μmol/L，SiO_3^{2-} 浓度约为 10.0μmol/L；在 200m 层，NO_3^- 浓度为 15.0～20.0μmol/L；PO_4^{3-} 浓度为 1.0～1.2μmol/L，SiO_3^{2-} 浓度约为 20.0μmol/L。在 200m 以深，与秋季相比，冬季 18°N 断面的营养盐浓度等值线所在深度存在略微的波动，但整体上浓度水平与秋季没有明显差别，其中 200～500m 的 NO_3^- 浓度为 15.0～35.0μmol/L、PO_4^{3-} 浓度为 1.2～2.5μmol/L、SiO_3^{2-} 浓度为 20.0～70.0μmol/L。NO_2^- 浓度的极大值（约 0.3μmol/L）位于 75m 上下。

与其他季节观测的结果类似，冬季南海海盆南部和北部的温盐特性存在较为显著的不同。在 15°N 断面上，20.0～25.0℃的上层水团所覆盖的深度比 18°N 断面的略浅，约为 75m 深（图 2.52），对应的盐度为 33.1～33.4，横跨 113°～118°E；75m 以深的温度与 18°N 断面相比，等温线所处层位均有所抬升，其中 17.5℃等温线由 18°N 断面的 180m 抬升至 100m 层，15℃等温线由 18°N 断面的 200m 抬升至 180m，10℃等温线由 400m 以深抬升至 400m 以浅；50m 以浅的盐度较低，为 33.0～33.5，之后随着水深加深，盐度迅速升高，75m 的盐度已高达 34.5。34.5 的盐度极大值层覆盖范围深，为 75～250m。在 250～500m，盐度约为 34.45。

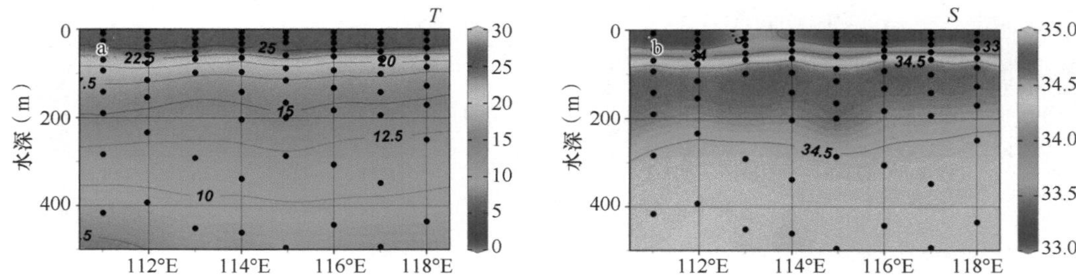

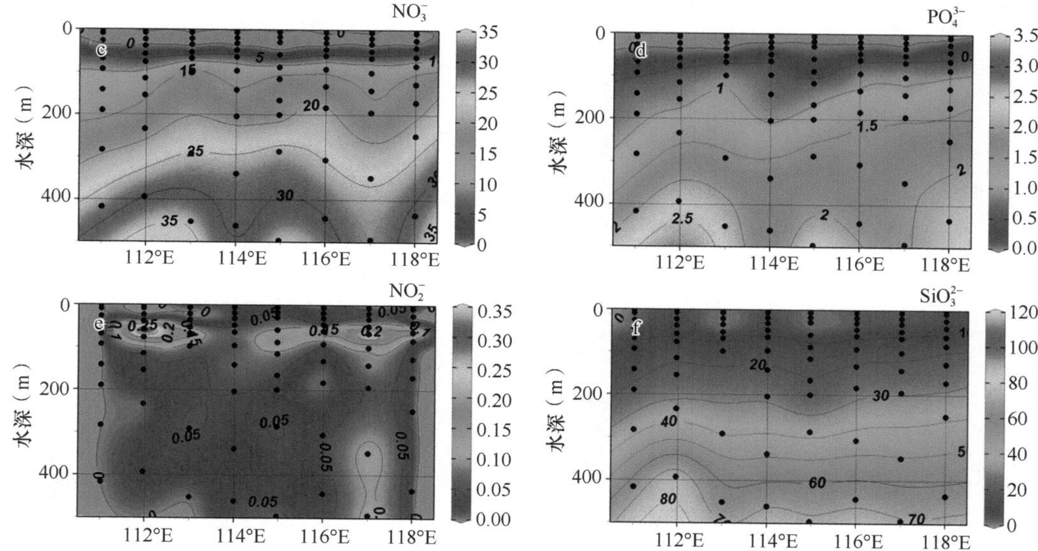

图2.52 1984年12月南海海盆部分区域15°N断面上0～500m的（a）温度（℃）、（b）盐度、（c）NO_3^-浓度（μmol/L）、（d）PO_4^{3-}浓度（μmol/L）、（e）NO_2^-浓度（μmol/L）和（f）SiO_3^{2-}浓度（μmol/L）的分布图

与18°N断面的营养盐浓度在冬秋两季没有显著差别不同，冬季15°N断面的营养盐浓度与秋季呈现较为不同的特征，即营养盐浓度等值线显著抬升。具体而言，虽然50m以浅的NO_3^-浓度和PO_4^{3-}浓度低，但整体上营养盐浓度等值线较18°N断面有略微的抬升。其中，5.0μmol/L的NO_3^-浓度等值线由100m上下抬升至75m上下；15.0μmol/L的NO_3^-浓度等值线由200m上下抬升至100m上下；400m层的NO_3^-浓度由25.0μmol/L增高至30.0μmol/L。图2.52中营养盐浓度等值线呈现略微东高西低的趋势，这在PO_4^{3-}浓度等值线上表现得更为明显，0.8μmol/L的PO_4^{3-}浓度等值线从118°E的约80m深延伸至113°E的100～200m深；1.8μmol/L的PO_4^{3-}浓度等值线从118°E的近200m深延伸至113°E的近400m深。同样地，SiO_3^{2-}浓度等值线也显著抬升，20.0μmol/L的浓度等值线由18°N的200m抬升至约120m，之后随着水深的增加，浓度水平与18°N断面的趋于一致。

在12°N断面上，50m以浅温度显著高于中北部海盆上层水体，为25.0～27.5℃，20℃等温线位于约100m，比15°N断面（75m）略深，100m以深的温度分布与中北部海盆相差无二；盐度分布特征与15°N断面趋于一致，50m以浅存在大面的低盐水团，盐度约为33.2；盐度极大值（约34.55）位于100～250m水深处（图2.53）。与15°N断面不同的是，NO_3^-浓度和PO_4^{3-}浓度没有呈现显著的东西向差异，较为平稳。但营养盐浓度等值线所处深度均与15°N断面较为一致。在50m以浅，NO_3^-浓度和PO_4^{3-}浓度均低于检测限，10.0μmol/L的NO_3^-浓度等值线和0.5μmol/L的PO_4^{3-}浓度等值线位于100m上下；在100m以深，相同的营养盐浓度等值线略深于15°N断面，其中1.5μmol/L的PO_4^{3-}浓度等值线位于200～300m层，30.0μmol/L的SiO_3^{2-}浓度等值线略高于300m。

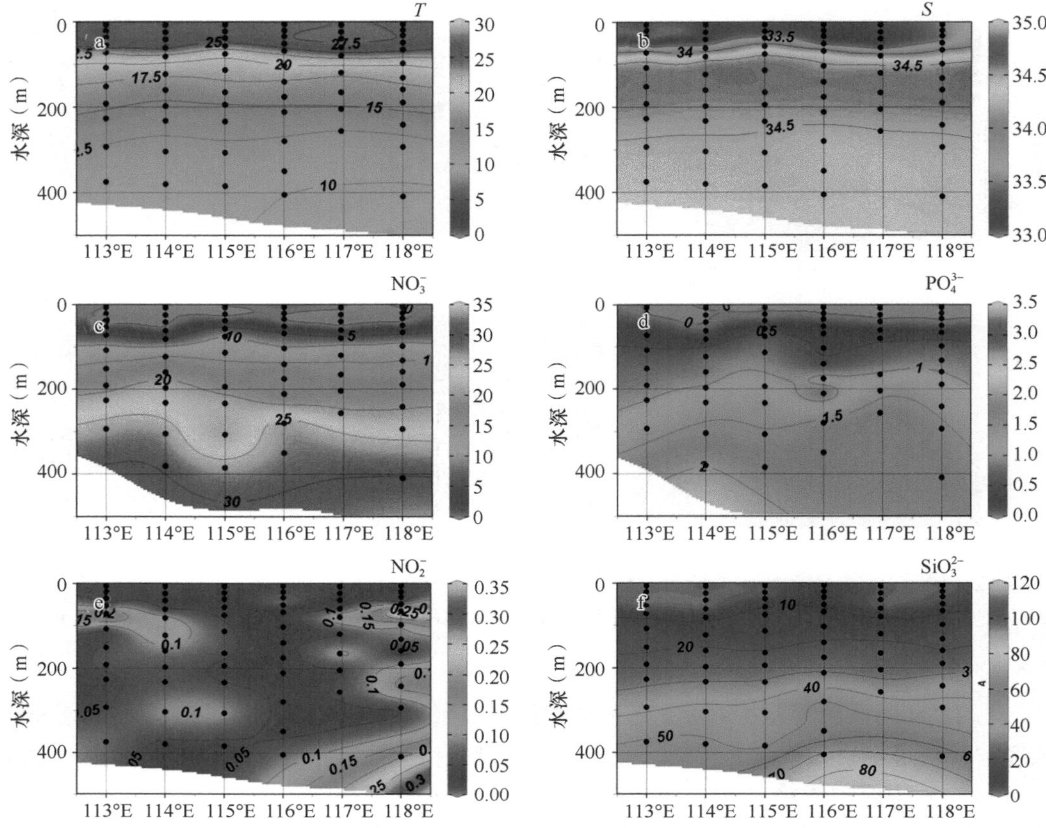

图 2.53 1984 年 12 月南海海盆部分区域 12°N 断面上 0～500m 的（a）温度（℃）、（b）盐度、（c）NO_3^- 浓度（μmol/L）、（d）PO_4^{3-} 浓度（μmol/L）、（e）NO_2^- 浓度（μmol/L）和（f）SiO_3^{2-} 浓度（μmol/L）的分布图

冬季，12°N 断面的营养盐浓度分布特征与秋季相比，100～200m 的 NO_3^- 浓度升高约 2.0μmol/L，PO_4^{3-} 浓度降低约 0.4μmol/L，SiO_3^{2-} 浓度则没有特别显著的差别。

3. 经向断面分布

在 118°E 断面上，以 16°N 为界，南部和北部海盆的温盐特性不同（图 2.54）。北部，等温线较深、盐度较高。其中，22.5℃等温线位于近 200m 处，100m 以浅的盐度为 34.0～34.5。盐度极大值约为 34.75，位于 200m 上下。高盐水体表明，北部海盆冬季很可能受到黑潮入侵的影响。与温盐特性对应的是，东北海盆区域的营养盐浓度等值线深度也较深，例如，5.0μmol/L 的 NO_3^- 浓度等值线、0.5μmol/L 的 PO_4^{3-} 浓度等值线、10.0μmol/L 的 SiO_3^{2-} 浓度等值线位于 200m 上下。在 16°N 以南的海盆区域，100m 以浅温度略高于北部，22.5℃等温线位于 50～75m；盐度显著较低，为 33.25～34.5，盐度极大值（34.55）位于 75～210m。对应的营养盐浓度较高，5.0μmol/L 的 NO_3^- 浓度等值线、0.5μmol/L 的 PO_4^{3-} 浓度等值线、10.0μmol/L 的 SiO_3^{2-} 浓度等值线位于 75m 上下。在 200m 水深处，温度约为 15℃，NO_3^- 浓度为 18.0～20.0μmol/L，PO_4^{3-} 浓度为 1.0～1.5μmol/L，SiO_3^{2-} 浓度约为 30.0μmol/L。在 400m 水深处，南北海盆的温度、盐度和营养盐浓度则未呈现特别显著的变化，这表明黑潮影响显著减弱，其中 NO_3^- 浓度约为 30.0μmol/L，PO_4^{3-} 浓度约为 2.2μmol/L，SiO_3^{2-} 浓度约为 60.0μmol/L。值得注意的是，北部海盆的 NO_2^- 浓度极大值（0.2μmol/L）大于南部（0.05μmol/L），位于 75m 上下。整体上，与秋季的营养盐浓度水平相比，冬季 500m 以浅的营养盐浓度较高，5.0μmol/L 的 NO_3^- 浓度等值线比秋季浅了 20～30m，在 200m 以深冬季的 NO_3^- 浓度比秋季高 5.0μmol/L。

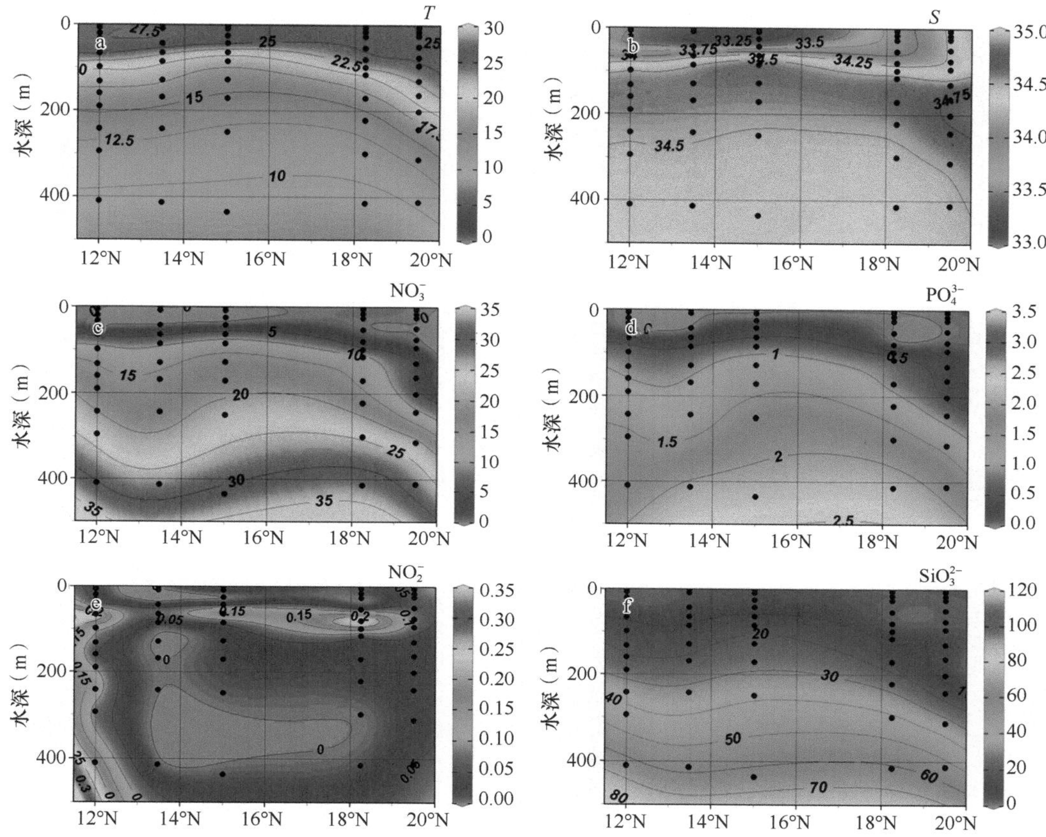

图 2.54　1984 年 12 月南海海盆部分区域 118°E 断面上 0～500m 的（a）温度（℃）、（b）盐度、（c）NO_3^- 浓度（μmol/L）、（d）PO_4^{3-} 浓度（μmol/L）、（e）NO_2^- 浓度（μmol/L）和（f）SiO_3^{2-} 浓度（μmol/L）的分布图

与 118°E 断面类似，116°E 断面上 16.5°N 以北的温度、盐度和营养盐浓度等值线均存在一定程度的下沉，下沉幅度比 118°E 断面小，影响深度约至 200m 水深处（图 2.55）。在 100m 水层，16.5°N 以北的温度（约 22.5℃）略高于以南的温度（17.5～20.0℃）；16.5°N 以北的盐度约为 33.8，低于南侧的 34.5。营养盐浓度分布特征与温盐分布特征趋于一致，16.5°N 以北区域的营养盐浓度水平比南部区域低，其中北侧 100m 层 NO_3^- 浓度约为 5.0μmol/L、PO_4^{3-} 浓度约为 0.5μmol/L、SiO_3^{2-} 浓度约为 2.0μmol/L，200m 层 NO_3^- 浓度约为 15.0μmol/L、PO_4^{3-} 浓度约为 1.5μmol/L、SiO_3^{2-} 浓度为 10.0～20.0μmol/L；南侧 100m 层 NO_3^- 浓度约为 10.0μmol/L、PO_4^{3-} 浓度约为 0.8μmol/L、SiO_3^{2-} 浓度约为 15.0μmol/L；200m 层 NO_3^- 浓度约为 20.0μmol/L、PO_4^{3-} 浓度为 1.0～1.5μmol/L、SiO_3^{2-} 浓

度约为 30.0μmol/L。之后随着水深的增加，营养盐浓度在南北两侧差异不大，除了 SiO_3^{2-} 浓度在 12°N 的 200m 以深存在抬升的信号，如 300m 层 SiO_3^{2-} 浓度为 50.0～60.0μmol/L，比 14°～16°N 高出十几微摩尔每升。从季节变化上看，与秋季同断面相比，冬季营养盐浓度较高，其中 200m 层秋季 NO_3^- 浓度约为 18.0μmol/L，PO_4^{3-} 浓度为 1.0～1.4μmol/L，SiO_3^{2-} 浓度则没有显著差异。

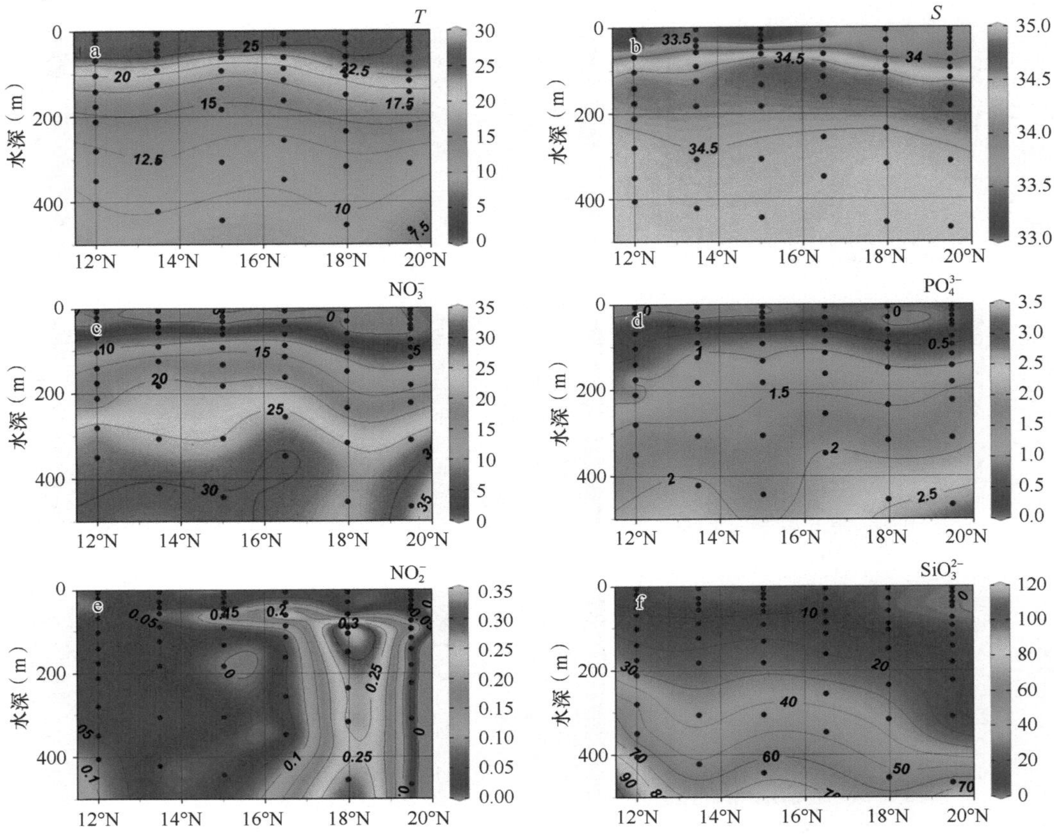

图 2.55 1984 年 12 月南海海盆部分区域 116°E 断面上 0～500m 的（a）温度（℃）、（b）盐度、（c）NO_3^- 浓度（μmol/L）、（d）PO_4^{3-} 浓度（μmol/L）、（e）NO_2^- 浓度（μmol/L）和（f）SiO_3^{2-} 浓度（μmol/L）的分布图

在 114°E 断面上，150m 以浅温盐仍呈现一定的由北往南抬升的梯度变化，其中 22.5℃等温线从 19.5°N 的近 100m 抬升至 16°N 以南的 50～75m。北部盐度较高，为 33.75～34.3，覆盖深度约至 120m；南部盐度较低，最低约为 33.25，之后随着深度增加盐度快速升高，在 100m 盐度已达 34.5（图 2.56）。同样地，NO_3^- 浓度和 SiO_3^{2-} 浓度存在一定的由北往南抬升的梯度变化。其中，5.0μmol/L 的 NO_3^- 浓度等值线、10.0μmol/L 的 SiO_3^{2-} 浓度等值线北侧位于 120m 上下，南侧位于 75m 上下。PO_4^{3-} 浓度没有呈现特别显著的变化梯度。在 200m 以深，南北向梯度变化均不显著，其中 200～400m 的 NO_3^- 浓度大多为 20.0～30.0μmol/L，PO_4^{3-} 浓度为 1.0～2.0μmol/L，SiO_3^{2-} 浓度为 30.0～60.0μmol/L。

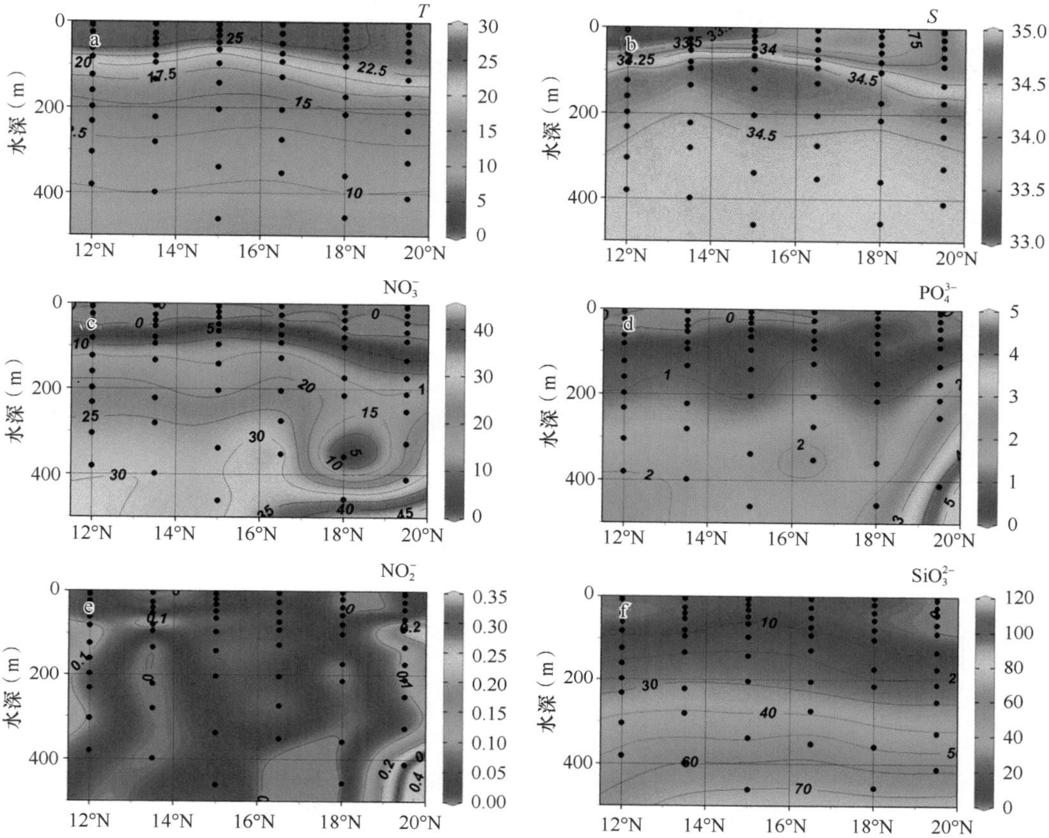

图 2.56　1984 年 12 月南海海盆部分区域 114°E 断面上 0～500m 的（a）温度（℃）、（b）盐度、（c）NO_3^- 浓度（μmol/L）、（d）PO_4^{3-} 浓度（μmol/L）、（e）NO_2^- 浓度（μmol/L）和（f）SiO_3^{2-} 浓度（μmol/L）的分布图

与秋季的营养盐浓度相比，冬季 114°E 断面的营养盐浓度较高，秋季 200m 处 NO_3^- 浓度约为 15.0μmol/L、PO_4^{3-} 浓度约为 1.0μmol/L、SiO_3^{2-} 浓度为 20.0～25.0μmol/L，400m 处 NO_3^- 浓度约为 26.0μmol/L、PO_4^{3-} 浓度为 1.5～2.0μmol/L、SiO_3^{2-} 浓度约为 58.0μmol/L。

2.2.6　南海海盆不同纬度的四季断面垂直分布

以四个季节 18°N、15°N 和 12°N 三个断面的 NO_3^- 浓度和 PO_4^{3-} 浓度垂直分布特征进一步解析南海北部、中部、南部海盆部分区域的营养盐垂直结构。如图 2.57 所示，在 18°N 断面上，200m 以浅营养盐浓度等值线（15.0μmol/L）深度秋季和冬季较浅，春季和夏季较为接近；在 200m 以深，营养盐浓度水平没有显著的差别。在 15°N 断面上，200m 以浅营养盐浓度呈现一定的季节变化，其中营养盐浓度等值线（15.0μmol/L）深度冬季最浅，春季次之，夏季最深；在 500m 以深，春季浓度最高，夏季、秋季和冬季变化不显著。在 12°N 断面上，200m 以浅营养盐浓度等值线变化与 18°N 断面和 15°N 断面不同，其中 15.0μmol/L 的浓度等值线深度春季最浅，冬季次之，夏季和秋季最深；在 500m 以深，四个季节的营养盐浓度变化不显著。

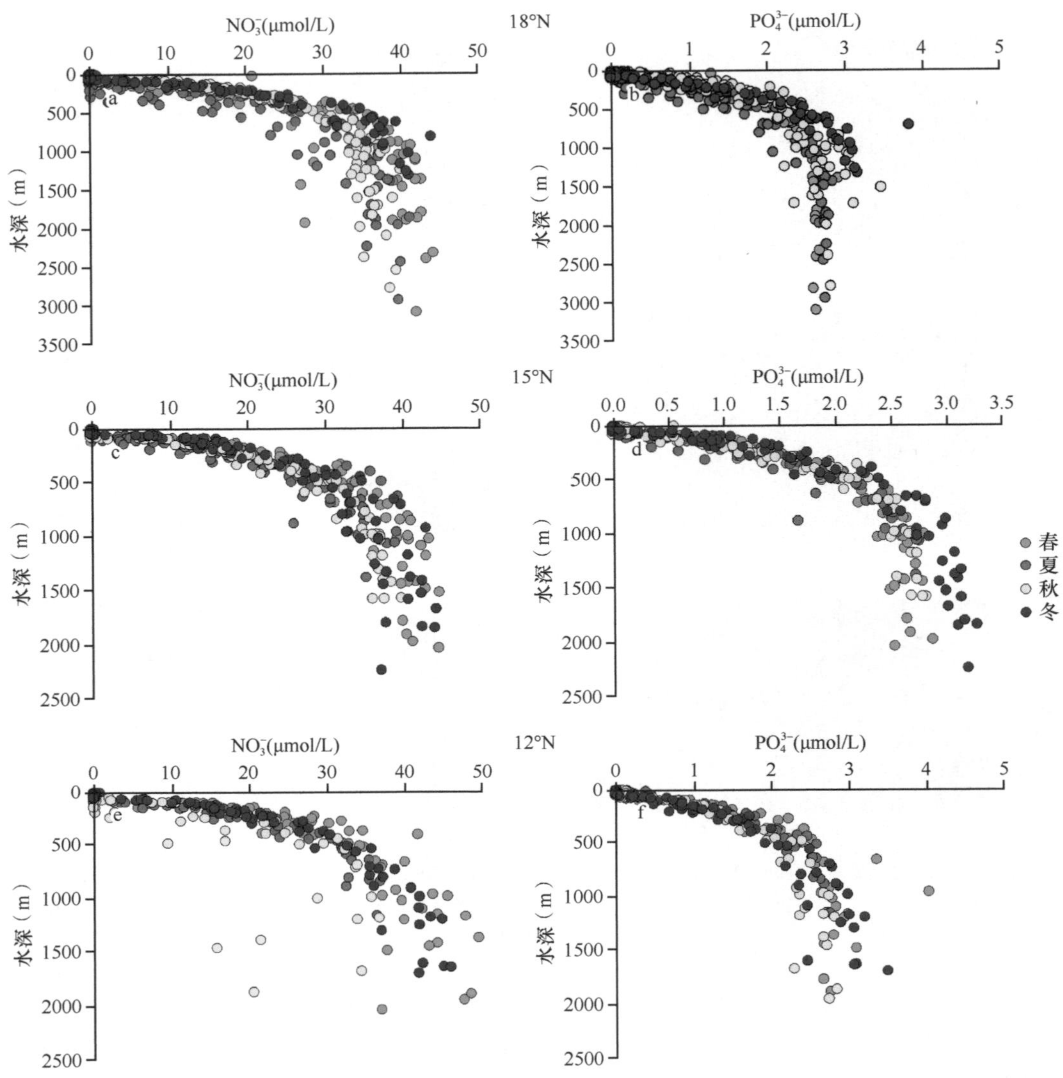

图 2.57 南海海盆部分区域春（1984 年 5 月）、夏（1984 年 8 月）、秋（1983 年 9 月）、冬（1984 年 12 月）18°N、15°N 和 12°N 断面的 NO_3^- 浓度和 PO_4^{3-} 浓度垂直分布图

综合上述各个年份各个季节在南海北部、中部和南部海盆部分区域的调查结果，年际上，1983 年 9 月、2010 年 11 月两个秋季航次的观测结果表明，2010 年 11 月北部海盆 18°N 断面的温盐变动范围大于 1983 年 9 月的观测结果，2010 年 11 月的温盐跃层浅于 1983 年 9 月，较浅的温盐跃层使得 PO_4^{3-} 跃层较 1983 年 9 月也有所抬升。在 6°N 断面上，2010 年 11 月和 2011 年 11 月的温度没有显著差别；2011 年 11 月上层的盐度低于 2010 年 11 月，可能受到河流径流或者降雨的一定影响；2010 年 11 月的 PO_4^{3-} 浓度等值线显著浅于 2011 年 11 月。在 113°E 断面上，1983 年 9 月航次的调查区域覆盖了 12°～18°N，2010 年 11 月和 2011 年 11 月航次的调查区域覆盖了 6°～18°N。从年际上看，2010 年 11 月南海中北部温度与 1983 年 9 月没有显著差异，盐度偏高，PO_4^{3-} 跃层深度比 1983 年 9 月显著抬升；2011 年 11 月的温度跃层和盐度跃层比 2010 年 11 月显著抬升，且由北往南

逐渐变深的趋势尤为明显，同一营养盐浓度等值线深度加深。

2.3　南海南部部分区域

中国科学院南海海洋研究所通过南沙科考项目（航次时间分别为 1985 年 5～6 月、1986 年 4～5 月、1987 年 4～5 月、1988 年 7～8 月）和南沙群岛海区界面生物地球化学过程与通量研究项目（1997 年 11 月）在南海南部海域开展了多次现场调查，获取了南海南部海域春季、夏季和秋季的海水化学资料。南海南部部分区域站位布设见图 2.58。

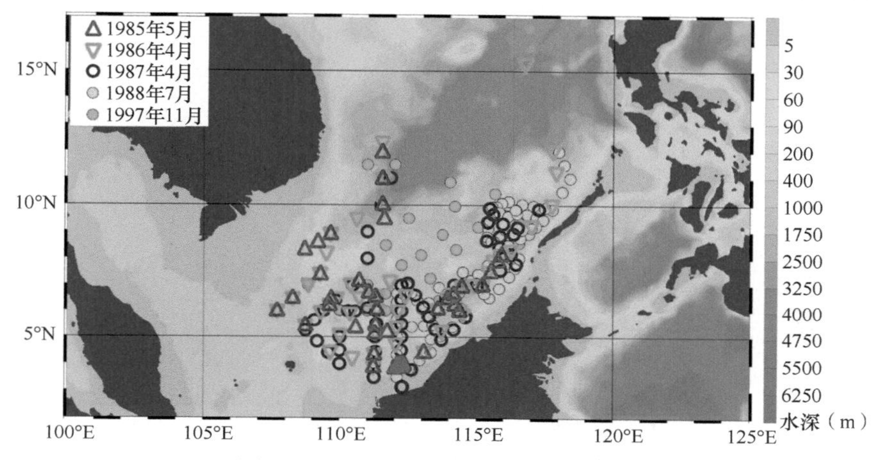

图 2.58　南海南部部分区域站位布设图

2.3.1　春季

春季在南海南部海域开展的航次有 1985 年 5～6 月、1986 年 4～5 月和 1987 年 4～5 月。在 113°E 以东，南海南部 1000m 以浅的等深线极陡，水深急剧变化；在 113°E 以西，南海南部 1000m 以浅的等深线较为缓和，200m 以浅的陆架面积大于 113°E 以东海域，因此南海南部海域东西两侧的水化学特征也不尽相同。

（1）*表层平面分布*

1985 年 5 月，南海南部部分区域表层温度为 29.0～30.2℃，其中南沙群岛东侧海域温度（29.7～30.2℃）略高于西侧海域温度（29.3～30.1℃）；东侧盐度为 31.5～33.5，西侧盐度为 33.2～33.3（图 2.59）。与南海中北部海域的盐度相比，南海南部海域较低的盐度可能是受一定程度的湄公河径流的影响，表层营养盐浓度（NO_3^- 浓度和 PO_4^{3-} 浓度）与南海中北部海盆一样，均低于检测限。值得注意的是，5°N 以南的加里曼丹岛的西部陆架海域水体盐度为 31.5～33.0，营养盐浓度显著高于海盆区，其中 NO_3^- 浓度为 2.0～6.0μmol/L，PO_4^{3-} 浓度为 0.7～1.5μmol/L，该浓度比 Du 等（2021）报道的表层浓度高，由于整理的数据历史较为久远，需要开展更多的航次进行进一步验证。

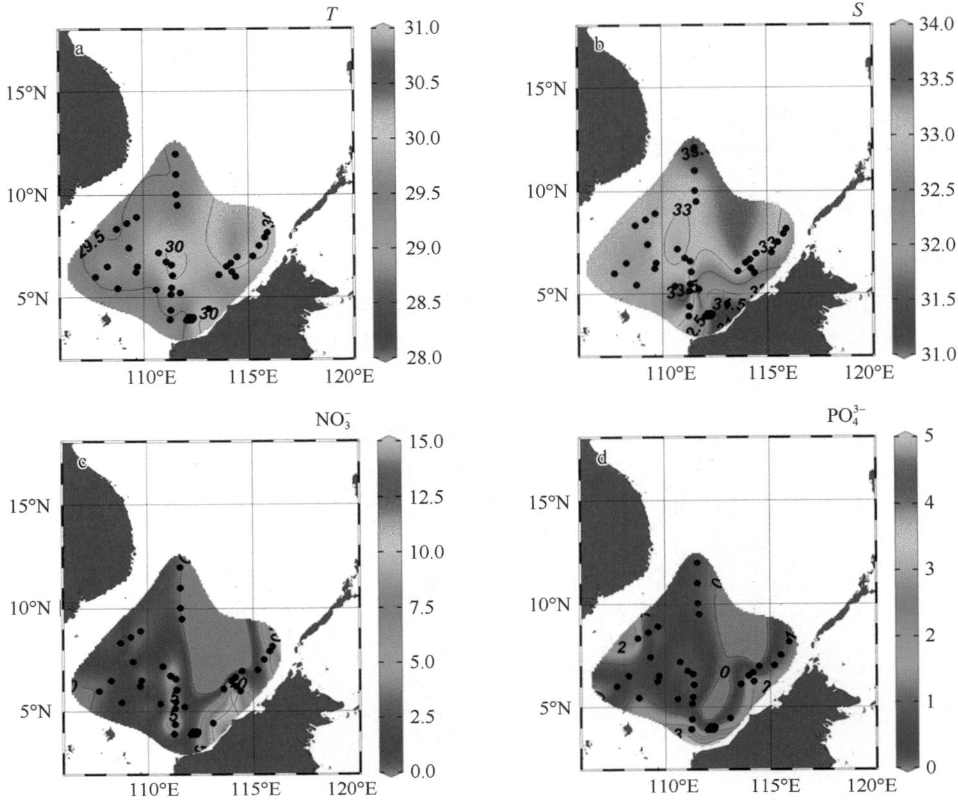

图 2.59 1985 年 5 月南海南部部分区域（a）温度（℃）、（b）盐度、（c）NO_3^- 浓度（μmol/L）和（d）PO_4^{3-} 浓度（μmol/L）的表层平面分布图

1986 年 4 月，调查区域从南海南部东侧往北延伸到 15°N。整体上，1986 年 4 月表层温度较 1985 年 5 月低，东侧海域温度变化略大，温度（26.0～29.0℃）略低于西侧（约 29.0℃）；表层盐度东西两侧差异较小，为 33.50～33.75；表层 NO_3^- 浓度大多小于 0.5μmol/L，PO_4^{3-} 浓度大多小于 0.1μmol/L（图 2.60）。

1987 年 4 月，东西两侧海域表层温度差异显著，东侧大部分区域温度为 27.0～29.0℃，西侧温度为 29.0～30.2℃；表层盐度东西两侧同样存在区域差异，东侧盐度为 33.6～34.3，西侧盐度为 33.8～34.1；表层 NO_3^- 浓度低于检测限，陆架与海盆没有呈现

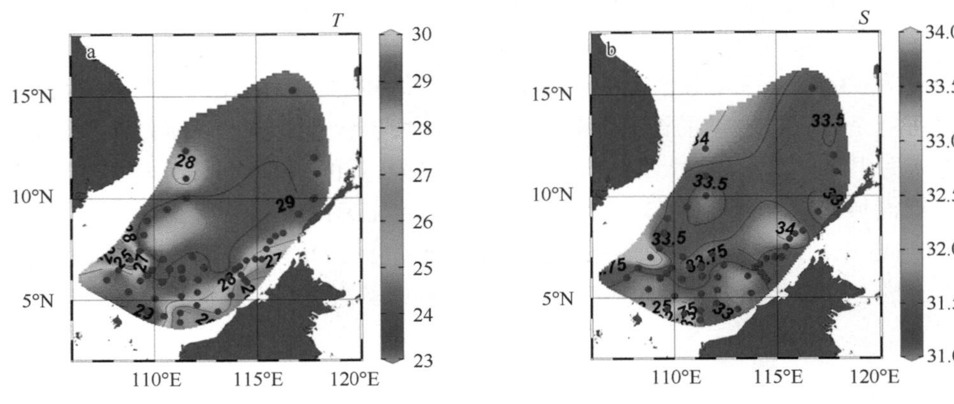

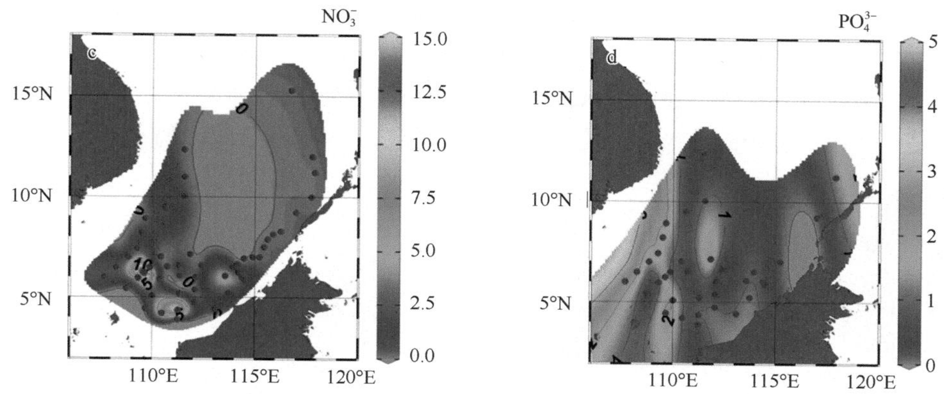

图 2.60 1986 年 4 月南海南部部分区域（a）温度（℃）、（b）盐度、（c）NO$_3$ 浓度（μmol/L）和（d）PO$_4$ 浓度（μmol/L）的表层平面分布图

显著的浓度差别，表层 PO$_4^{3-}$ 浓度在南部陆架约为 1.0μmol/L（图 2.61）。春季南沙群岛附近海域的观测结果表明，东西两侧表层水文特征略有差异，其中东侧波动较西侧大；盐度年际上的变动大于区域上的变化，表层营养盐浓度低于检测限。

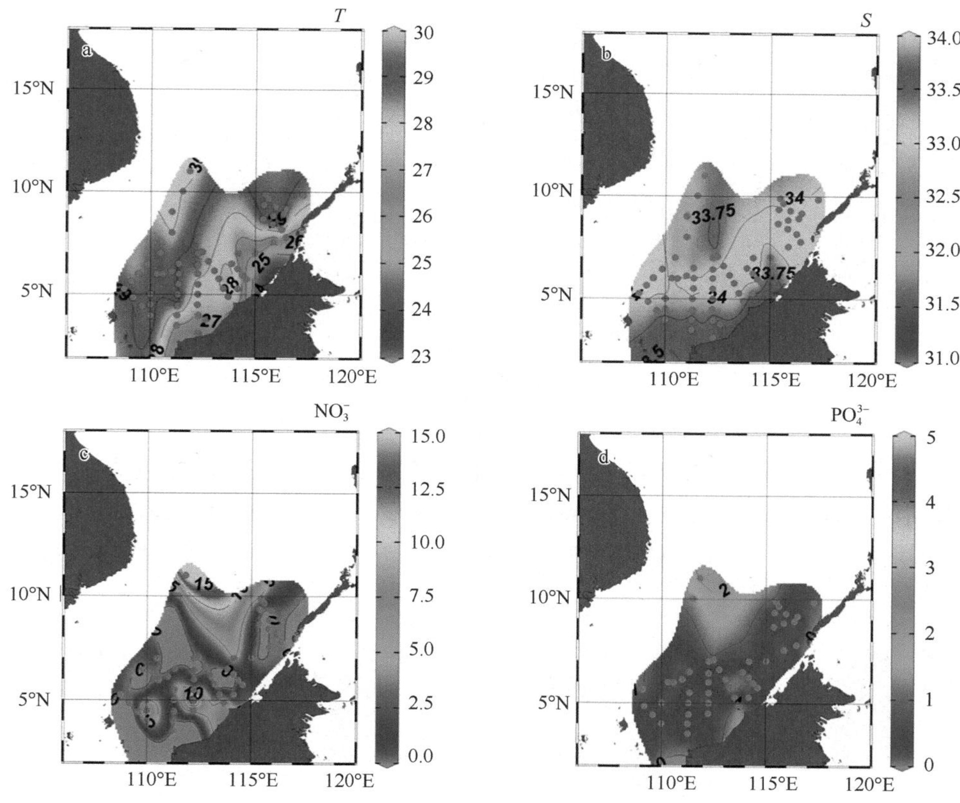

图 2.61 1987 年 4 月南海南部部分区域（a）温度（℃）、（b）盐度、（c）NO$_3^-$ 浓度（μmol/L）和（d）PO$_4^{3-}$ 浓度（μmol/L）的表层平面分布图

（2）75m 层平面分布

1985 年 5 月，在 5°～10°N，75m 层水体温度为 21.5～23.5℃，东侧海域温度略高于

西侧海域；盐度为 33.9～34.3，东侧海域盐度约 34.25 略高于西侧海域盐度约 34.05；大部分站位的 NO_3^- 浓度在 5.0μmol/L 左右、PO_4^{3-} 浓度为 0.5～2.2μmol/L（图 2.62）。不同于一般近岸向离岸营养盐浓度逐渐降低的趋势，该处营养盐浓度随着离岸距离增加而升高，这可能是离岸区域复杂的地形等环境因素的影响所致，但需要进一步调查验证。

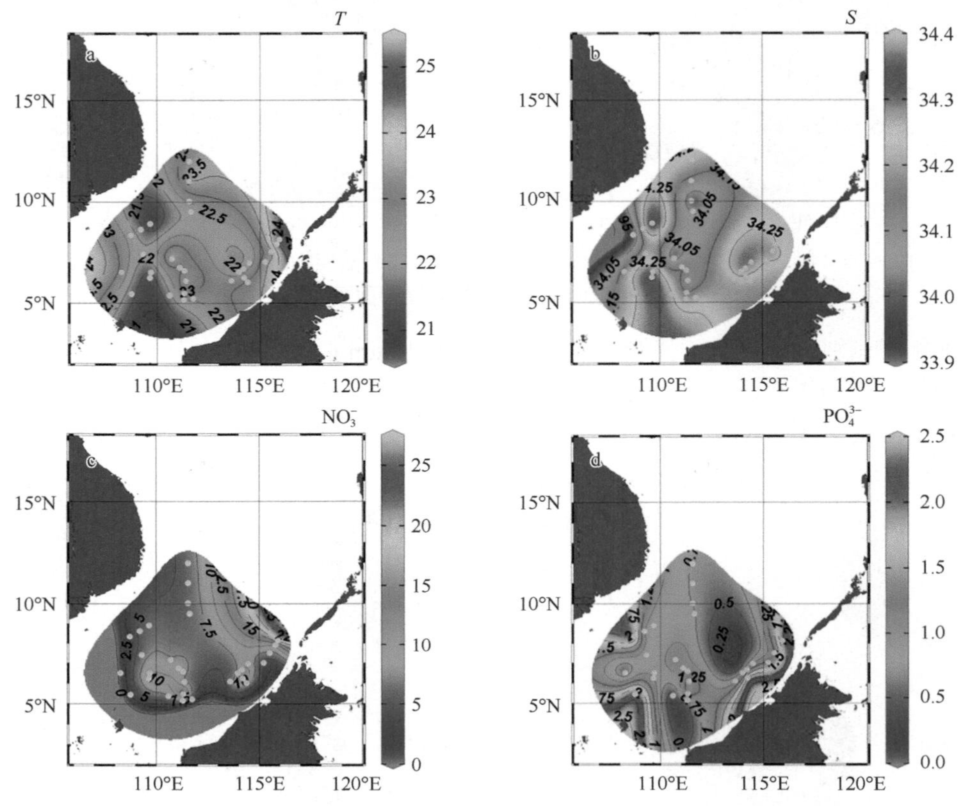

图 2.62　1985 年 5 月南海南部部分区域（a）温度（℃）、（b）盐度、（c）NO_3^- 浓度（μmol/L）和（d）PO_4^{3-} 浓度（μmol/L）的 75m 层平面分布图

1986 年 4 月，在 5°～10°N，75m 层水体温度为 20.2～24.0℃，盐度为 33.7～34.2，大部分站位的 NO_3^- 浓度为 5.0～8.0μmol/L、PO_4^{3-} 浓度小于 1.3μmol/L（图 2.63）。在 10°N 以北，温度为 22.5～23.5℃，盐度为 34.1～34.2，大部分站位的 NO_3^- 浓度约为 6.0μmol/L。

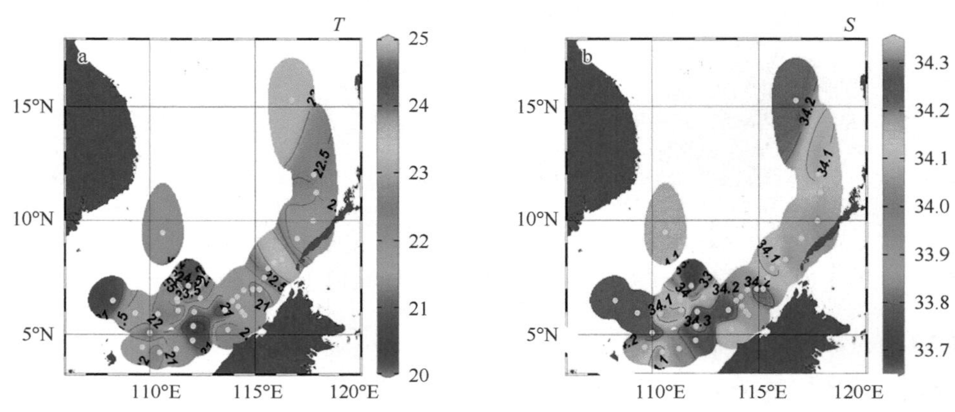

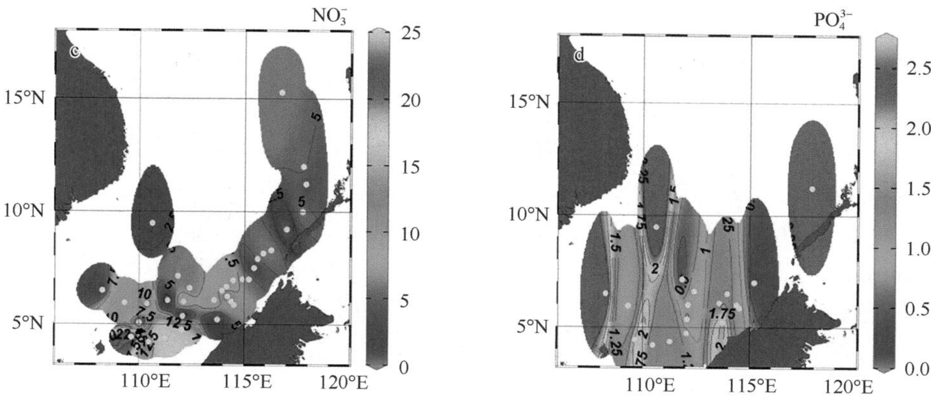

图 2.63　1986 年 4 月南海南部部分区域（a）温度（℃）、（b）盐度、（c）NO_3 浓度（μmol/L）和（d）PO_4 浓度（μmol/L）的 75m 层平面分布图

在 5°N 以南，温度波动范围较大，为 21.0～23.0℃；盐度为 34.2 左右；NO_3^- 浓度为 10.0～17.22μmol/L，PO_4^{3-} 浓度为 1.2～1.8μmol/L。

1987 年 4 月，在 5°～10°N，75m 层水体温度大多为 20.0～23.0℃，盐度为 34.1～34.4，大部分站位的 NO_3^- 浓度为 6.0～10.0μmol/L、PO_4^{3-} 浓度为 0.3～2.2μmol/L（图 2.64）。与 1985 年 5 月和 1986 年 4 月不同的是，1987 年 4 月南海南部表层到 75m 层，东西两侧盐度没有呈现显著的差异。

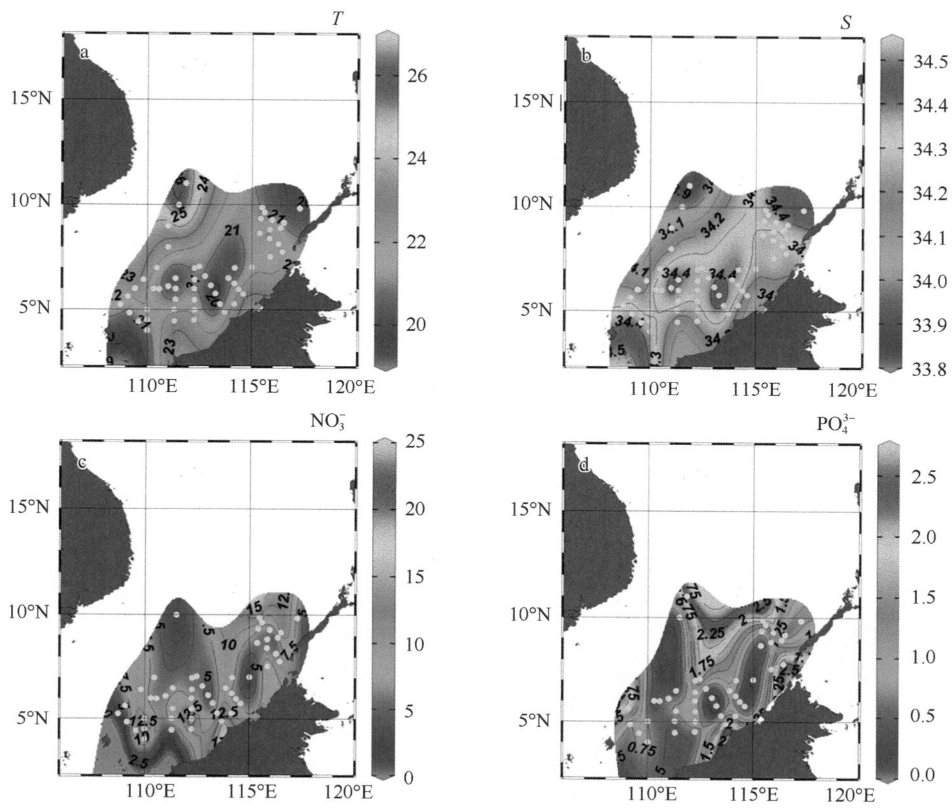

图 2.64　1987 年 4 月南海南部部分区域（a）温度（℃）、（b）盐度、（c）NO_3^- 浓度（μmol/L）和（d）PO_4^{3-} 浓度（μmol/L）的 75m 层平面分布图

（3）200m 层平面分布

在 5°～10°N 的 200m 层，1985 年 5 月，温度为 14.0～16.5 ℃，盐度为 34.52～34.58，大部分站位的 NO_3^- 浓度为 15.0～25.0μmol/L、PO_4^{3-} 浓度为 2.0～2.5μmol/L（图 2.65）；1986 年 4 月，温度为 14.2～16.0℃，盐度为 34.51～34.55，大部分站位的 NO_3^- 浓度为 8.0～13.0μmol/L、PO_4^{3-} 浓度为 0.5～2.5μmol/L（图 2.66）；1987 年 4 月，温度为 13.8～15.8℃，盐度为 34.54～34.60，大部分站位的 NO_3^- 浓度为 8.0～17.0μmol/L、PO_4^{3-} 浓度为 0.5～2.3μmol/L（图 2.67）。总体上，在南海南部海域 200m 层，1985 年 5 月和 1986 年 4 月东侧的盐度略低于西侧，1987 年 4 月盐度差异较为不显著，仅呈现细微的差异；1985 年 5 月的营养盐浓度水平比 1986 年 4 月和 1987 年 4 月略高。

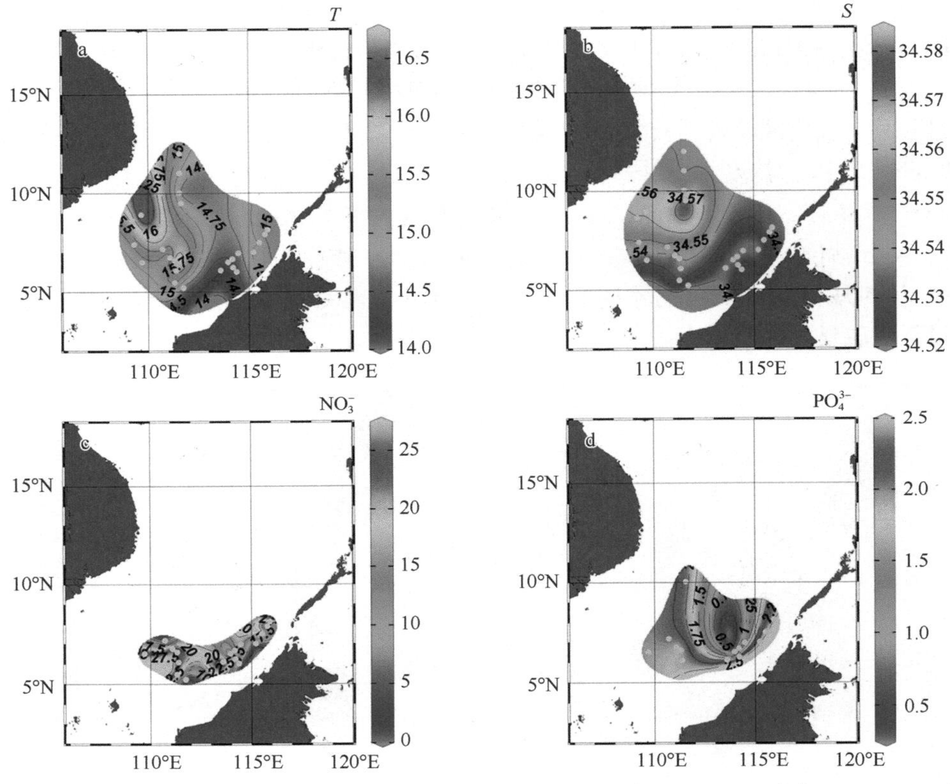

图 2.65　1985 年 5 月南海南部部分区域（a）温度（℃）、（b）盐度、（c）NO_3^- 浓度（μmol/L）和（d）PO_4^{3-} 浓度（μmol/L）的 200m 层平面分布图

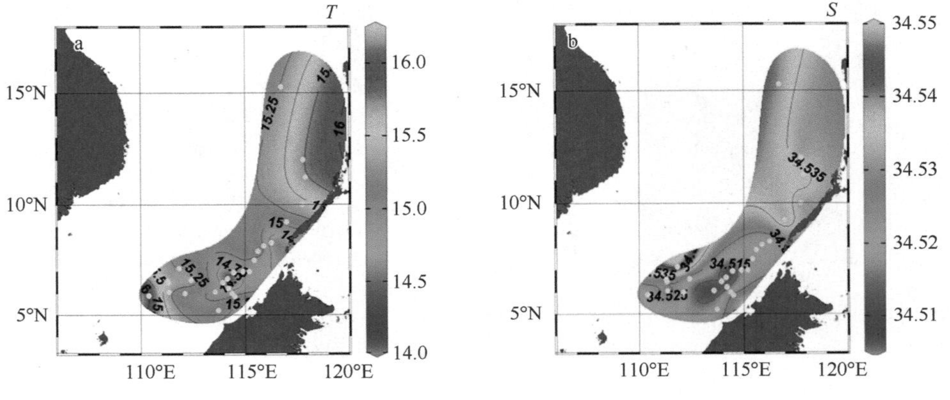

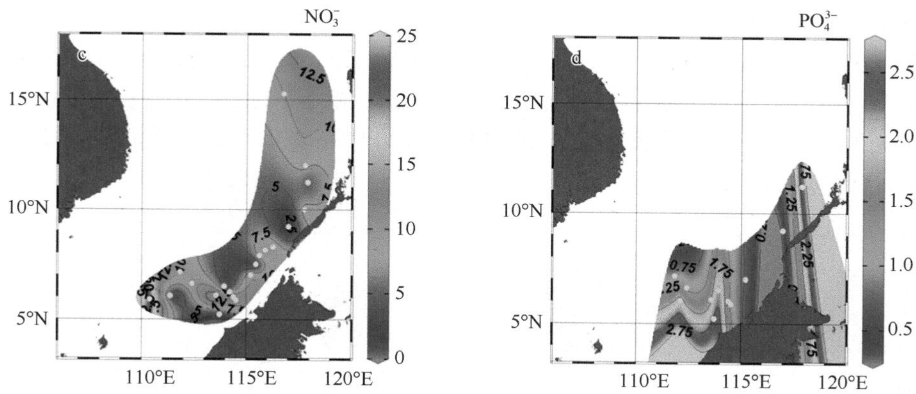

图2.66 1986年4月南海南部部分区域（a）温度（℃）、（b）盐度、（c）NO_3^-浓度（μmol/L）和（d）PO_4^{3-}浓度（μmol/L）的200m层平面分布图

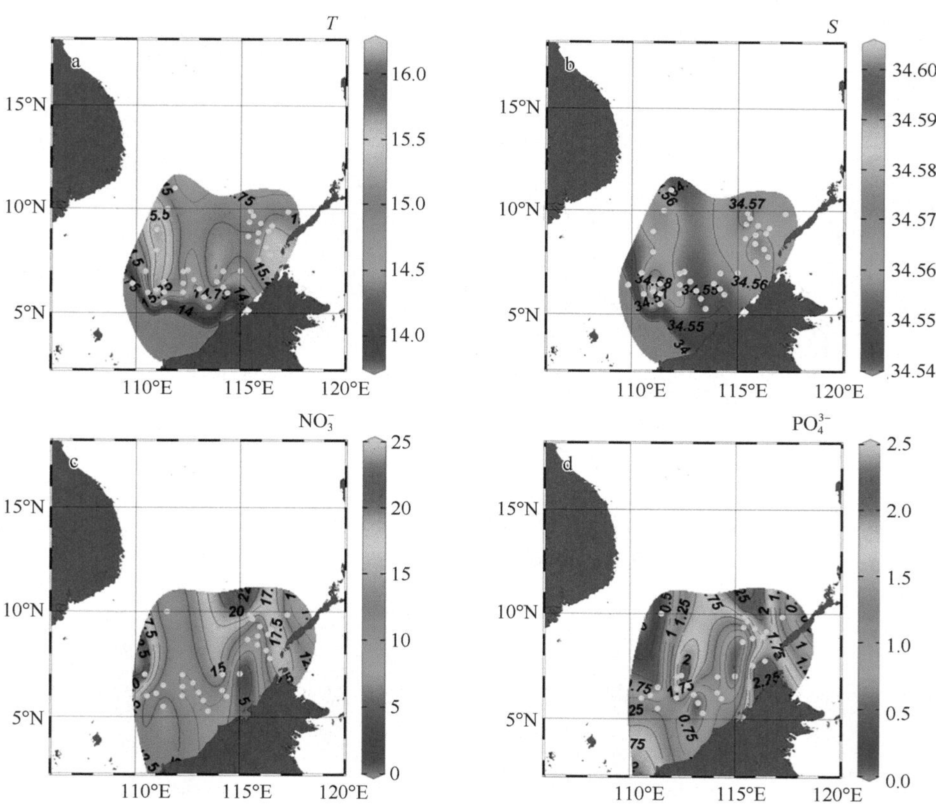

图2.67 1987年4月南海南部部分区域（a）温度（℃）、（b）盐度、（c）NO_3^-浓度（μmol/L）和（d）PO_4^{3-}浓度（μmol/L）的200m层平面分布图

（4）500m层平面分布

在5°～10°N的500m层，1985年5月的温度为8.3～8.9℃，盐度为34.41～34.43，大部分站位的NO_3^-浓度为15.0～25.0μmol/L、PO_4^{3-}浓度为2.0～2.5μmol/L，东侧营养盐浓度略微低于西侧（图2.68）；1986年4月，温度为8.3～9.0℃，盐度为34.40～34.41，

东侧 NO_3^- 浓度（10.0～15.0μmol/L）低于西侧 NO_3^- 浓度（20.0～30.0μmol/L），同样东侧 PO_4^{3-} 浓度（0.8～2.0μmol/L）低于西侧 PO_4^{3-} 浓度（1.5～2.5μmol/L）(图 2.69)；1987 年 4 月，温度为 8.3～9.1℃，盐度为 34.43～34.45，大部分站位的 NO_3^- 浓度为 15.0～25.0μmol/L、PO_4^{3-} 浓度为 1.0～2.5μmol/L（图 2.70)。1985 年 5 月和 1986 年 4 月东侧的盐度略高于西侧，1987 年 4 月则没有显著的差别。

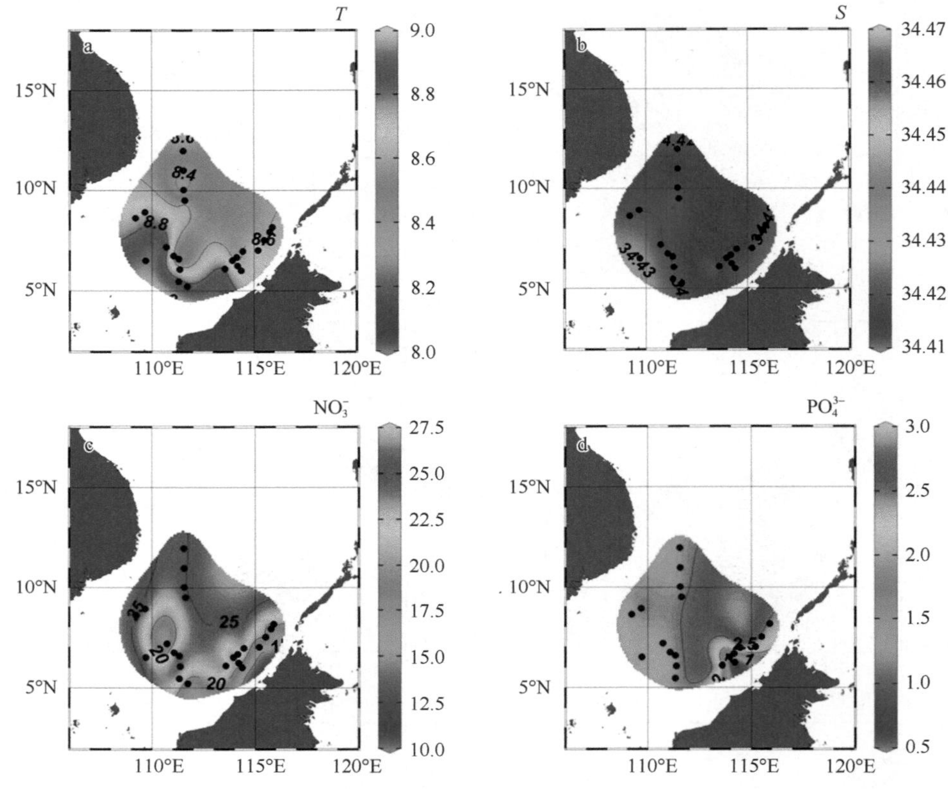

图 2.68　1985 年 5 月南海南部部分区域（a）温度（℃）、(b）盐度、(c）NO_3^- 浓度（μmol/L）和（d）PO_4^{3-} 浓度（μmol/L）的 500m 层平面分布图

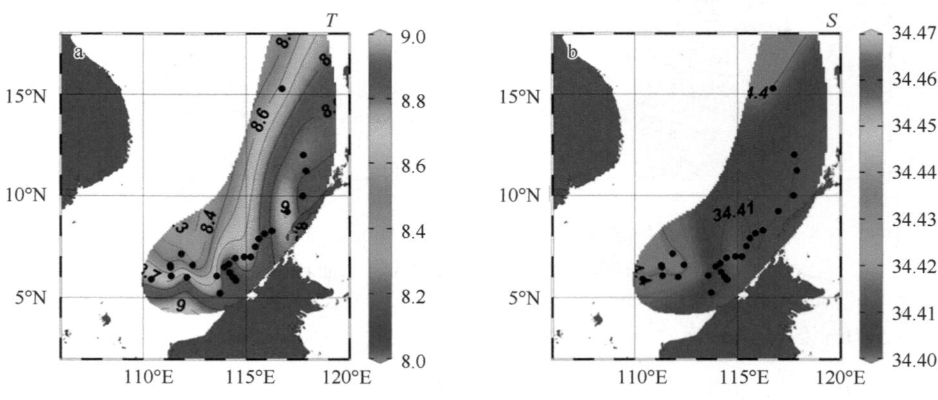

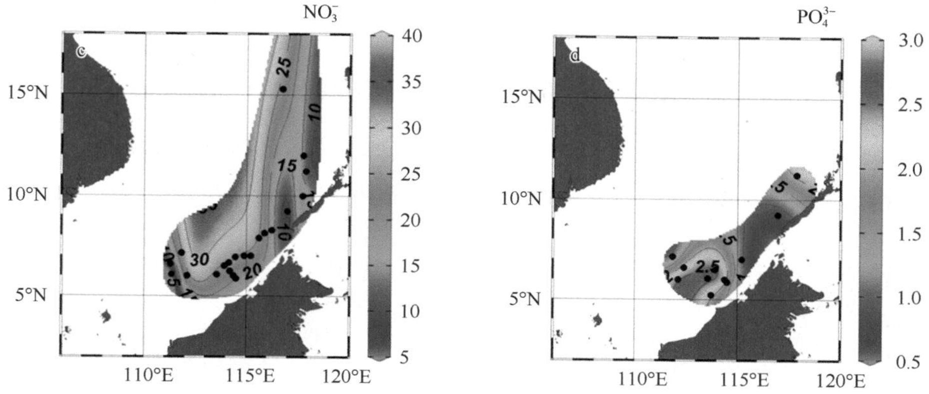

图 2.69　1986 年 4 月南海南部部分区域（a）温度（℃）、（b）盐度、（c）NO_3^- 浓度（μmol/L）和（d）PO_4^{3-} 浓度（μmol/L）的 500m 层平面分布图

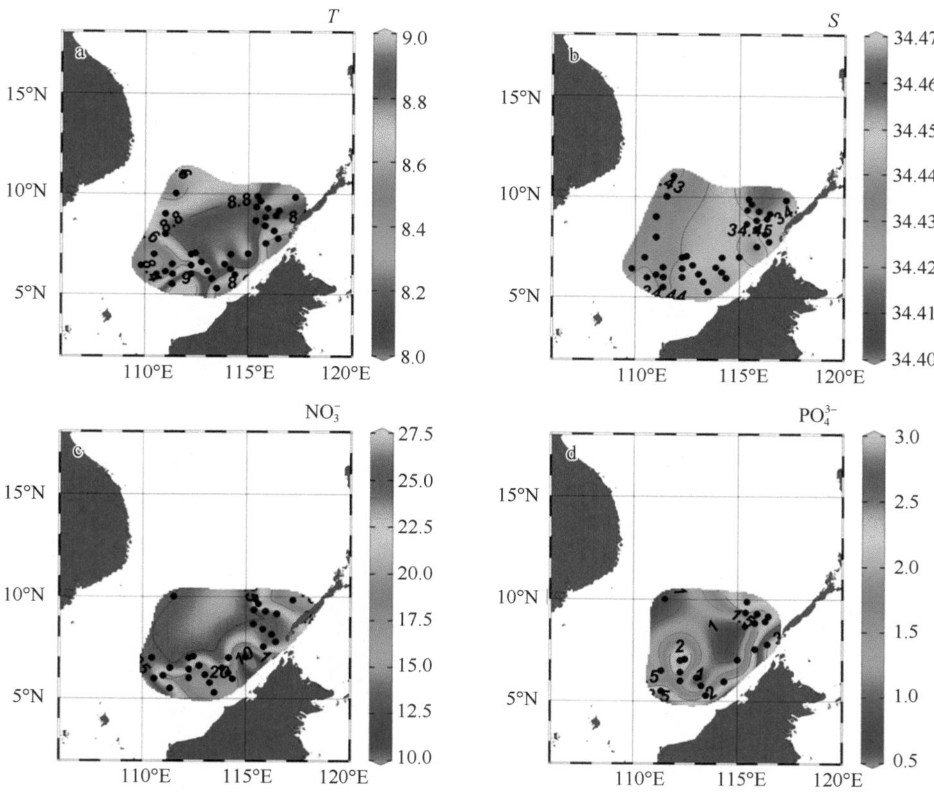

图 2.70　1987 年 4 月南海南部部分区域（a）温度（℃）、（b）盐度、（c）NO_3^- 浓度（μmol/L）和（d）PO_4^{3-} 浓度（μmol/L）的 500m 层平面分布图

（5）1000m 层平面分布

在 5°～10°N 的 1000m 层，1985 年 5 月的温度大多为 4.4～4.5℃，盐度大多为 34.50～34.52，大部分站位的 NO_3^- 浓度为 21.0～26.0μmol/L、PO_4^{3-} 浓度为 2.0～2.5μmol/L（图 2.71）；

1986 年 4 月，温度大多为 4.3～4.6℃，盐度大多为 34.49～34.51，NO_3^- 浓度为 22.0～28.0μmol/L，PO_4^{3-} 浓度为 1.0～2.3μmol/L（图 2.72）；1987 年 4 月，温度为 4.3～4.65℃，盐度为 34.52～34.54，NO_3^- 浓度为 24.0μmol/L，PO_4^{3-} 浓度为 1.0～2.75μmol/L（图 2.73）。

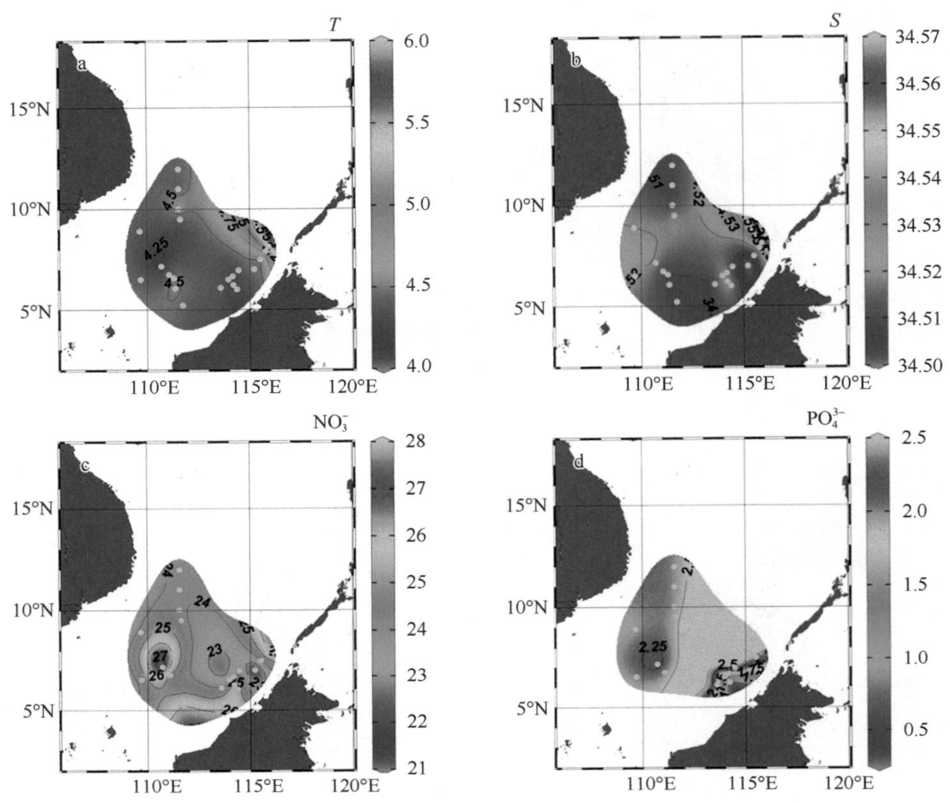

图 2.71　1985 年 5 月南海南部部分区域（a）温度（℃）、（b）盐度、（c）NO_3^- 浓度（μmol/L）和（d）PO_4^{3-} 浓度（μmol/L）的 1000m 层平面分布图

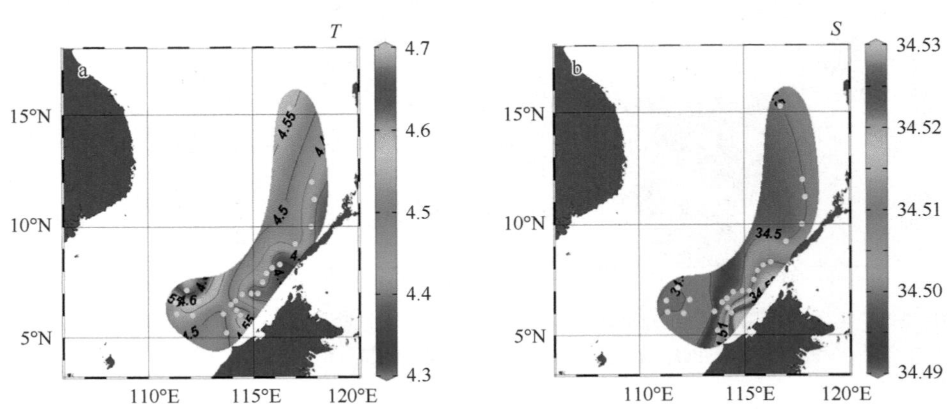

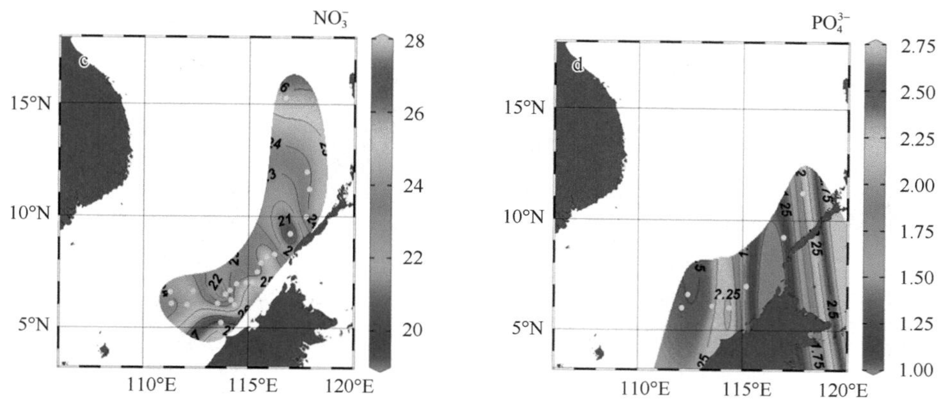

图 2.72　1986 年 4 月南海南部部分区域（a）温度（℃）、（b）盐度、（c）NO_3^- 浓度（μmol/L）和（d）PO_4^{3-} 浓度（μmol/L）的 1000m 层平面分布图

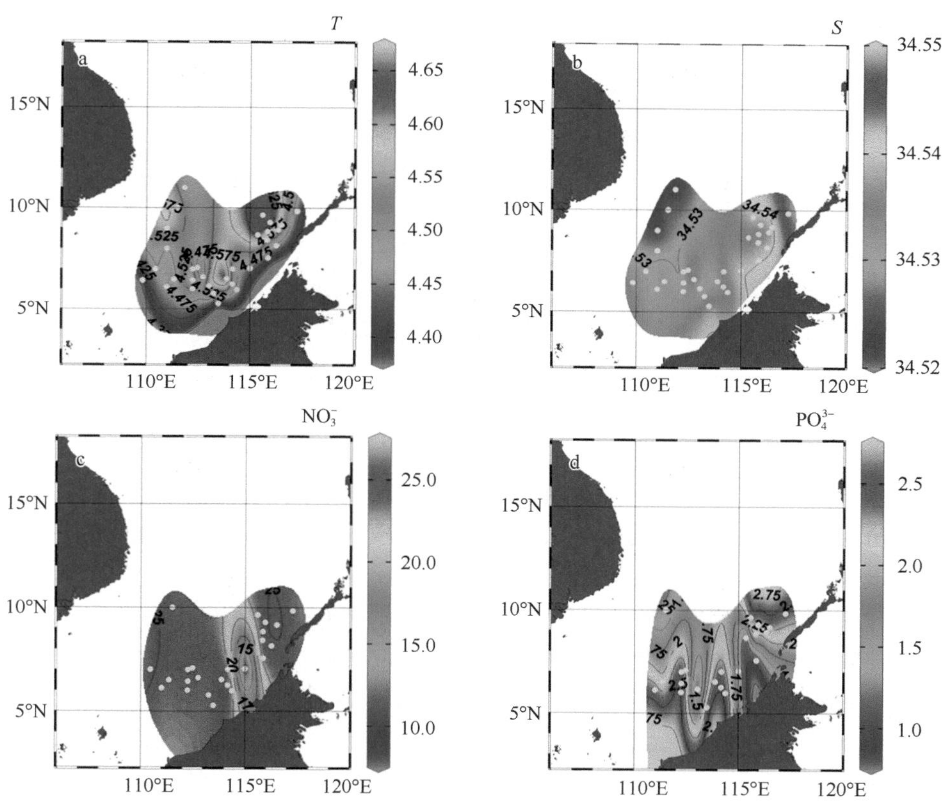

图 2.73　1987 年 4 月南海南部部分区域（a）温度（℃）、（b）盐度、（c）NO_3^- 浓度（μmol/L）和（d）PO_4^{3-} 浓度（μmol/L）的 1000m 层平面分布图

2.3.2　夏季

（1）*表层平面分布*

1988 年 7 月南海南部部分区域的表层温度为 29.0～29.8℃，盐度为 32.2～33.7（图 2.74）。与春季的调查结果相比，夏季的表层温度变化不大，而盐度略高。在 5°N 以南，温度最高，为 29.5～29.8℃，盐度约为 33.0；在 5.0°～7.5°N，盐度最高，约为 33.7。表

层大部分站位的营养盐浓度低于检测限，在5～7°N、113°E区域NO_3^-浓度约为2.5μmol/L。

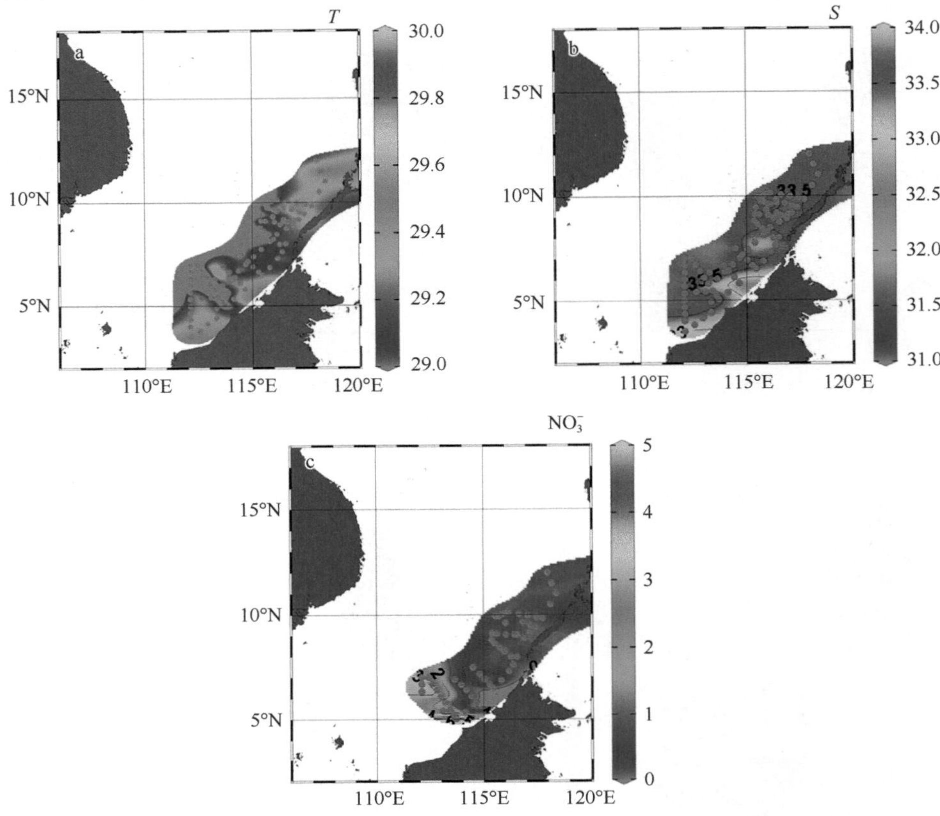

图2.74　1988年7月南海南部部分区域（a）温度（℃）、（b）盐度和（c）NO_3^-浓度（μmol/L）的表层平面分布图

（2）75m层平面分布

在75m层，1988年7月南海8°～12°N海域的温度（24.0～26.5℃）显著高于5°～8°N海域的温度（22.5～23.5℃），盐度整体上比春季高，范围为34.2～34.4，且盐度的分布与温度的分布存在不一致之处，呈现离岸盐度较低（34.25～34.3）、近岸盐度较高的趋势（约34.35）（图2.75）。该层位NO_3^-浓度南侧比北侧略高，其中北侧约为6.0μmol/L，南侧约为7.0μmol/L，浓度水平比春季略高，这与Du等（2021）的报道趋于一致。

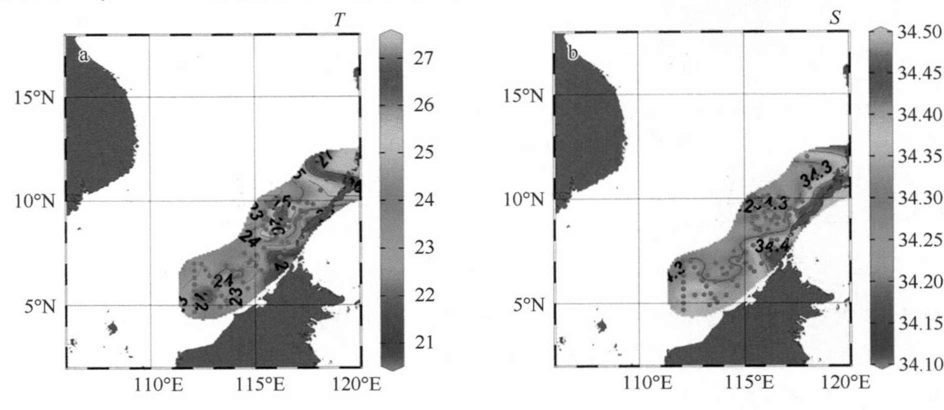

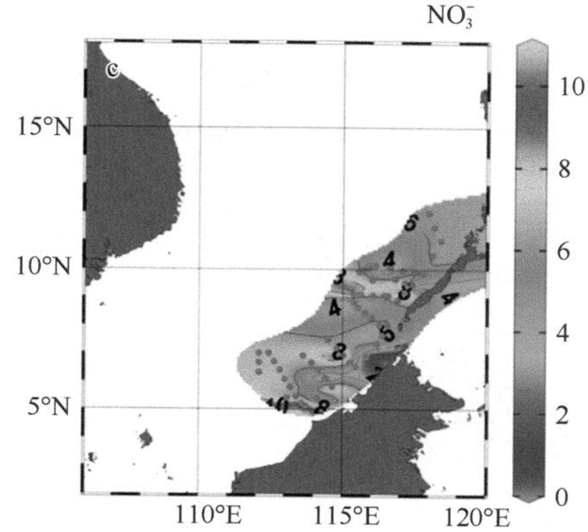

图 2.75　1988 年 7 月南海南部部分区域（a）温度（℃）、（b）盐度和（c）NO_3^- 浓度（μmol/L）的 75m 层平面分布图

（3）200m 层平面分布

在 200m 层，1988 年 7 月南海南部部分区域温度、盐度和营养盐浓度的时空分布整体上较为均一，温度为 14.0～15.7℃，盐度为 34.54～34.56，大部分站位的 NO_3^- 浓度为 8.0～13.0μmol/L（图 2.76）。

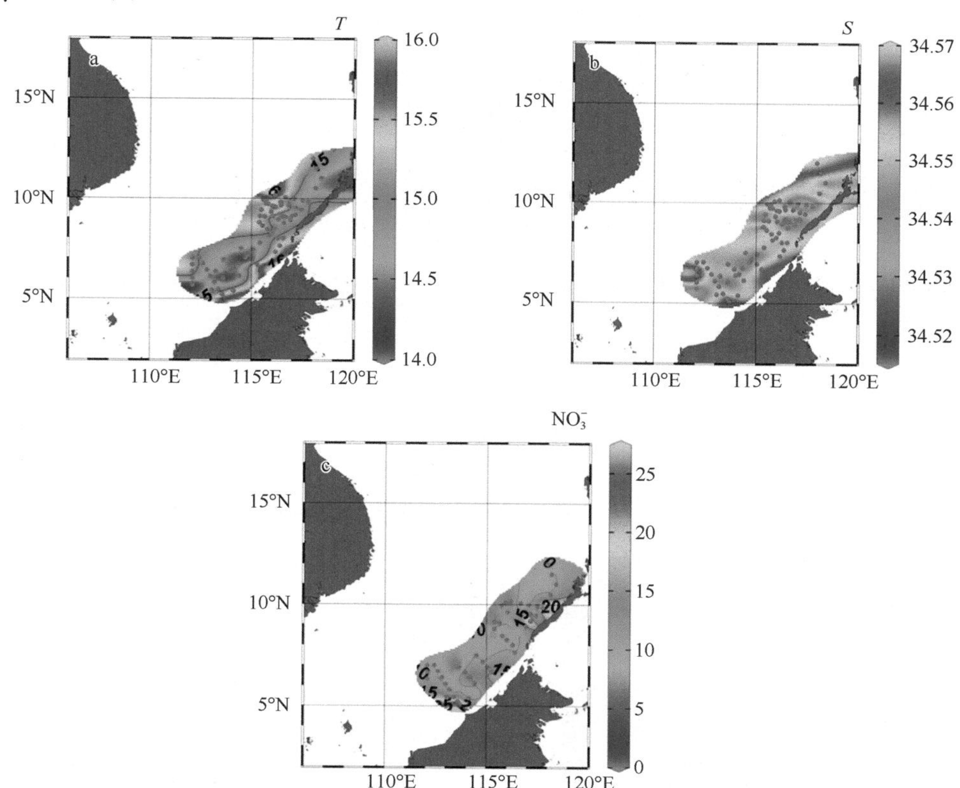

图 2.76　1988 年 7 月南海南部部分区域（a）温度（℃）、（b）盐度和（c）NO_3^- 浓度（μmol/L）的 200m 层平面分布图

（4）500m 层平面分布

在 500m 层，1988 年 7 月南海南部部分区域的温度大多为 8.4～8.8℃，盐度大多为

34.435～34.445。其中，5°～8°N 附近温度最低，为 8.4～8.5℃，盐度最高，为 34.44～34.445；8°～10°N 温度最高，为 8.7～8.8℃，盐度为 34.42～34.44（图 2.77）。整个研究区域 NO_3^- 浓度较为均一，大部分站位的浓度范围为 20.0～25.0μmol/L。

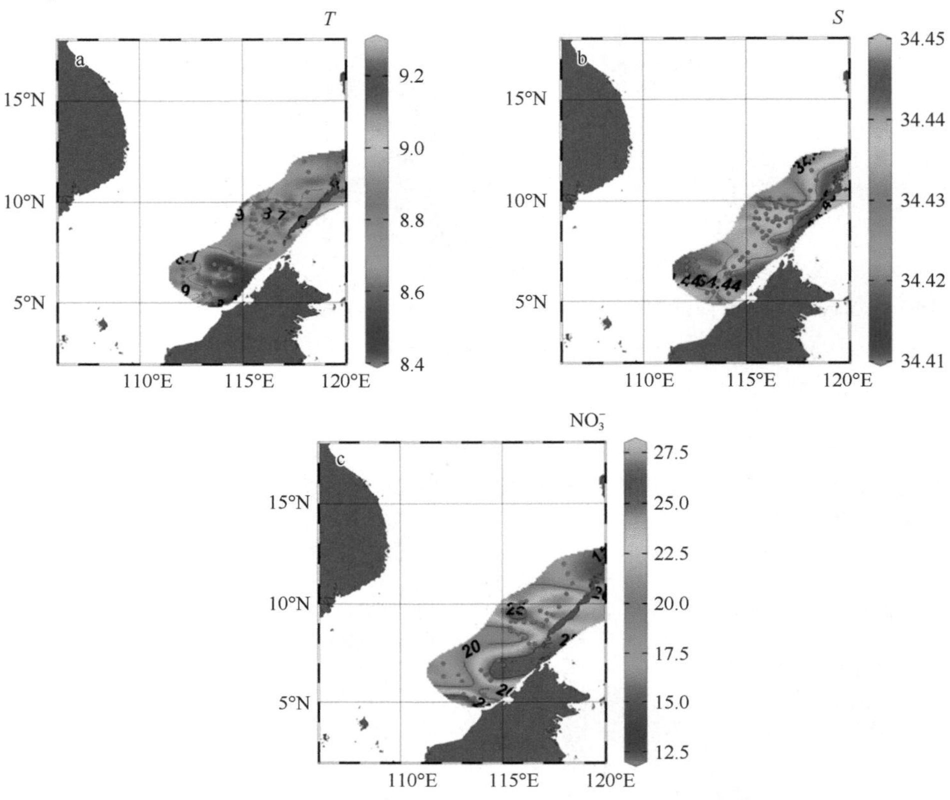

图 2.77 1988 年 7 月南海南部部分区域（a）温度（℃）、（b）盐度和（c）NO_3^- 浓度（μmol/L）的 500m 层平面分布图

（5）1000m 层平面分布

在 1000m 层，1988 年 7 月南海南部部分区域温度为 4.35～4.90℃，盐度为 34.51～34.54。在 5°～8°N 附近，温度最低，为 4.35～4.5℃；盐度最高，为 34.525～34.535。整体上，NO_3^- 浓度较为均一，大部分站位的浓度范围为 24.0～25.5μmol/L（图 2.78）。

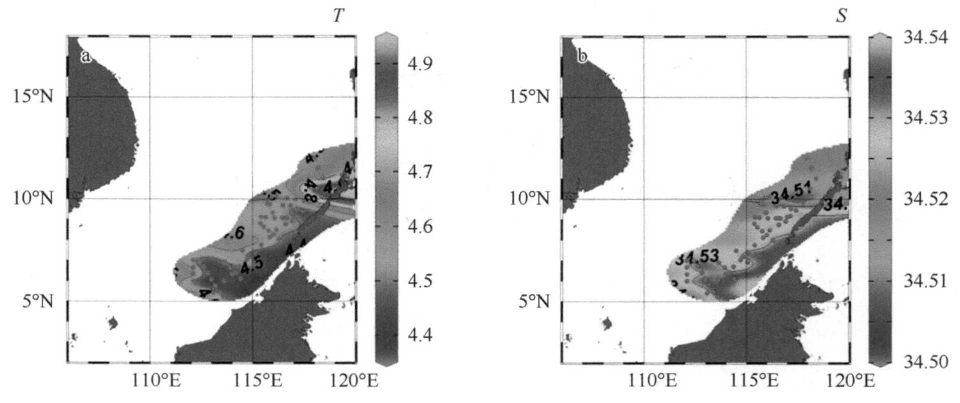

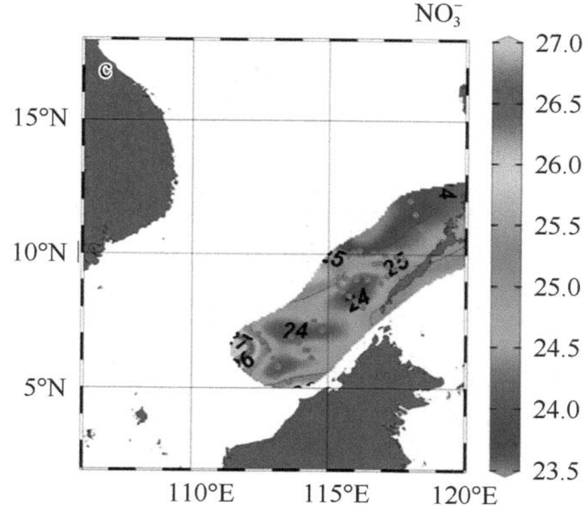

图 2.78　1988 年 7 月南海南部部分区域（a）温度（℃）、（b）盐度和（c）NO_3^- 浓度（μmol/L）的 1000m 层平面分布图

2.3.3　秋季

（1）表层平面分布

1997 年 11 月（秋季）南海南部海域调查范围大于 1988 年 7 月（夏季），覆盖到西侧较大范围海域，即 112°E 以西。如图 2.79 所示，秋季表层大范围的温度为 28.6～29.8℃，

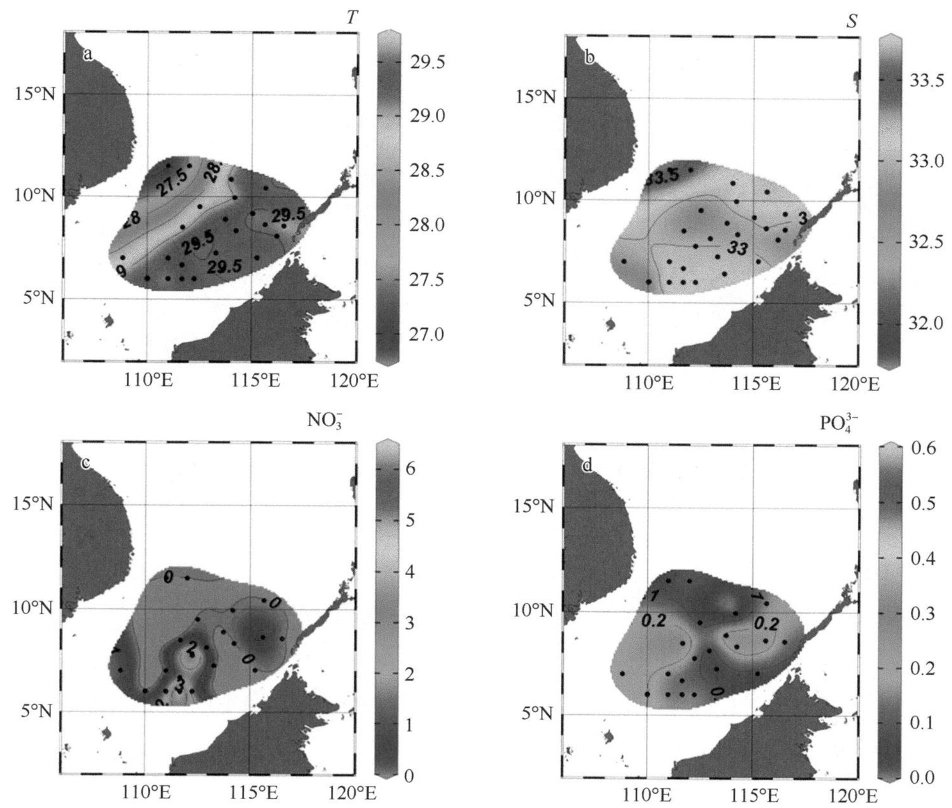

图 2.79　1997 年 11 月南海南部部分区域（a）温度（℃）、（b）盐度、（c）NO_3 浓度（μmol/L）和（d）PO_4 浓度（μmol/L）的表层平面分布图

略高于夏季；盐度为32.5～33.3，略低于夏季。南海南部海域东部海表温度（29.3～29.8）略高于西部海表温度（27.5～29.8）。NO_3^-浓度和PO_4^{3-}浓度低，接近检测限。

（2）75m层平面分布

在75m层，秋季南海南部部分区域水体温度范围较夏季温度范围大，为19.5～26.0℃，西侧海域水体温度低于东侧海域，而东侧海域与夏季水体的温度趋于一致；盐度为33.8～34.6，略低于夏季，西侧海域水体盐度高于东侧海域；秋季营养盐浓度也略低于夏季，西侧大部分海域的NO_3^-浓度为5.0～12.0μmol/L、PO_4^{3-}浓度约0.5μmol/L，东侧海域NO_3^-浓度和PO_4^{3-}浓度几乎低于检测限（图2.80）。

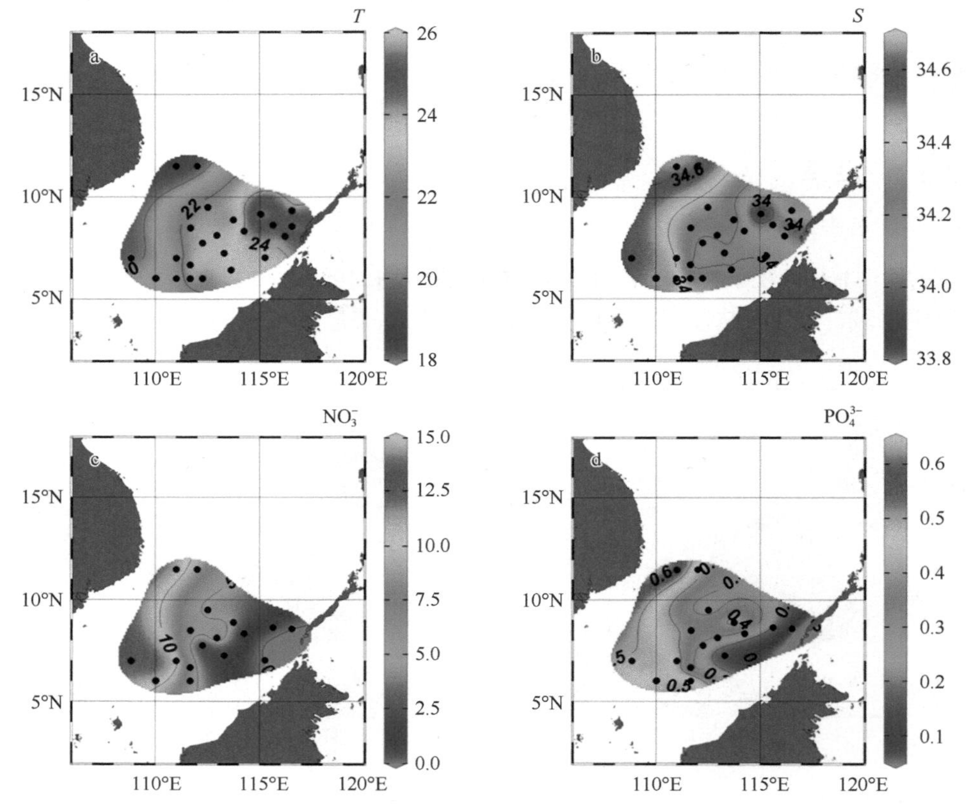

图2.80　1997年11月南海南部部分区域（a）温度（℃）、（b）盐度、（c）NO_3^-浓度（μmol/L）和（d）PO_4^{3-}浓度（μmol/L）的75m层平面分布图

（3）100m层平面分布

在100m层，类似于75m层，东侧海域温度（20.5～21.5℃）高于西侧海域温度（18.0～20.0℃），东侧海域盐度（约34.5）低于西侧海域盐度（34.55～34.70）。从大面上看，温度为18.7～21.5℃，盐度为34.42～34.65，NO_3^-浓度为10.0～18.0μmol/L，PO_4^{3-}浓度约为0.5μmol/L（图2.81）。

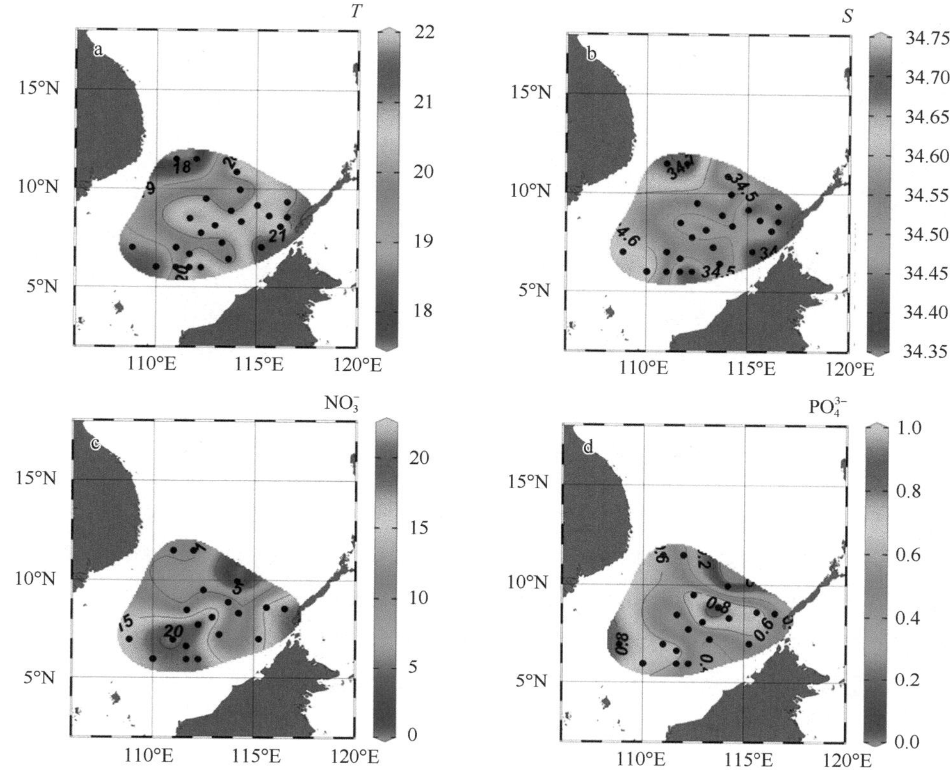

图 2.81　1997 年 11 月南海南部部分区域（a）温度（℃）、（b）盐度、（c）NO_3^- 浓度（μmol/L）和（d）PO_4^{3-} 浓度（μmol/L）的 100m 层平面分布图

（4）200m 层平面分布

在 200m 层，秋季南海南部部分区域温度、盐度和营养盐浓度均比夏季略高，其中温度为 14.5～16.0℃，盐度为 34.59～34.65，大部分站位的 NO_3^- 浓度为 15.0～30.0μmol/L、PO_4^{3-} 浓度为 1.2～2.0μmol/L（图 2.82）。其中，东侧海域的温盐（温度为 15.5～16.0℃、盐度为 34.63～34.65）比西侧海域的温盐（温度为 14.5～15.3℃、盐度为 34.59～34.62）高。

综上分析可知，在南海南部，春季表层温度、盐度比夏季和秋季略高；夏、秋季 NO_3^- 浓度与春季无显著差异。秋季 75m 层温度略高于春季和夏季，盐度略低于春季和夏季，营养盐浓度也略低于春季和夏季。秋季 200m 层水体的温度、盐度和营养盐浓度均比春季和夏季略高。从总体上看，季节差异并不显著。

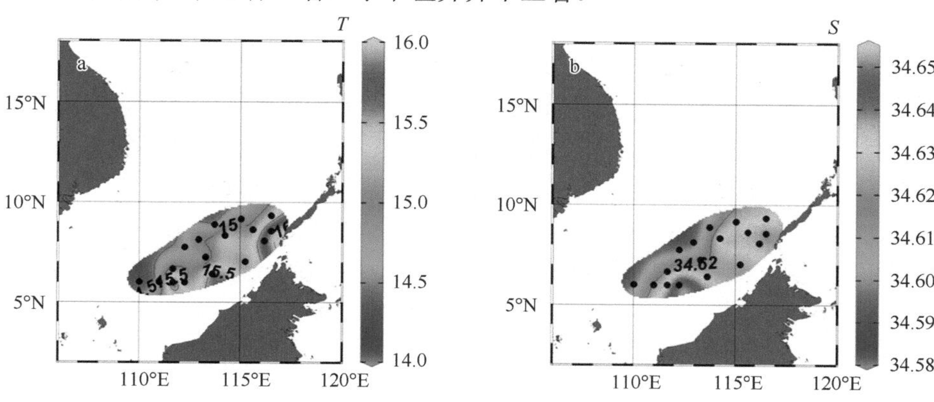

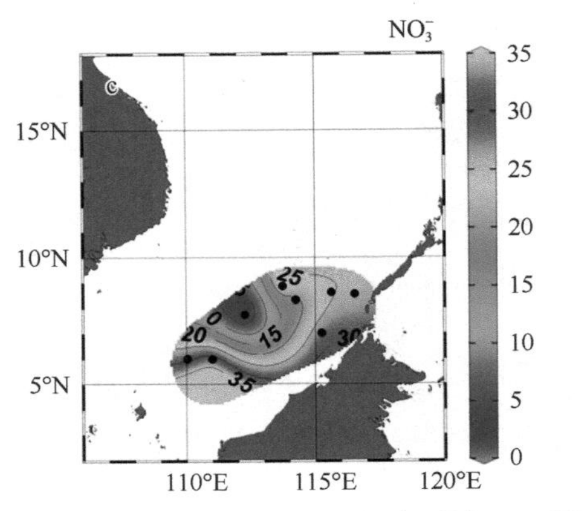

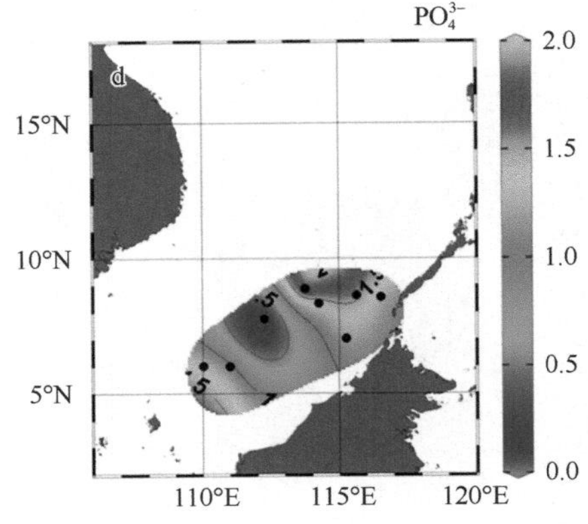

图 2.82 1997 年 11 月南海南部部分区域（a）温度（℃）、（b）盐度、（c）NO_3^- 浓度（μmol/L）和（d）PO_4^{3-} 浓度（μmol/L）的 200m 层平面分布图

同区域的年际尺度包含有春季的三个航次分别为 1985 年 5 月、1986 年 4 月和 1987 年 4 月。1986 年 4 月整体上温度较 1987 年 4 月高，南海南部东侧海域的温度跨度略大，表层 NO_3^- 浓度均低于检测限；1987 年 4 月盐度最高，1986 年 4 月次之，1985 年 5 月最低。春季南海南部海域的观测结果表明，东西两侧表层水文特征略有差异，其中东侧波动较西侧大；温度年际上没有显著差异，盐度年际上的变化大于区域上的变化，表层营养盐浓度均低于检测限。

在 75m 层，与 1985 年 5 月和 1986 年 4 月不同的是，1987 年 4 月南海南部海域的营养盐浓度在东西两侧没有显著的差异。从总体上看，1987 年 4 月营养盐浓度最高，1986 年 4 月次之，1985 年 5 月最低，但差异不大。

在 200m 层，1985 年 5 月和 1986 年 4 月南海南部东侧海域的盐度略低于西侧海域，1987 年 4 月盐度差异较为不显著，仅呈现细微的差异。营养盐浓度在 1985 年 5 月、1986 年 4 月和 1987 年 4 月都较为一致。

在 500～1000m 层，1986 年 4 月和 1987 年 4 月南海南部东侧海域的盐度均略高于西侧海域，1985 年 5 月则没有显著的差别。营养盐浓度 1986 年 4 月最高，1987 年 4 月次之，1985 年 5 月最低，但差异不大，总体上没有特别大的差异。

2.4 南海氮的输入输出通量分析

营养盐是解析海洋生态系统生物地球化学过程的重要因子，也是示踪水团混合与海洋环流的重要组成。研究南海海洋化学，特别是营养盐生物地球化学，不可避免地需要了解南海营养盐的内外交换。基于以往的文献资料报道，南海与外界的交换主要通过台湾海峡、吕宋海峡、民都洛（Mindoro）海峡、巴拉巴克（Balabac）海峡、卡里马塔（Karimata）海峡、加斯帕（Gaspar）海峡、马六甲（Malacca）海峡等。其中，只有吕宋海峡深度超过 500m，民都洛海峡最深处约为 400m，其他海峡较浅，约为 50m。南海地形特征如图 2.83 所示。

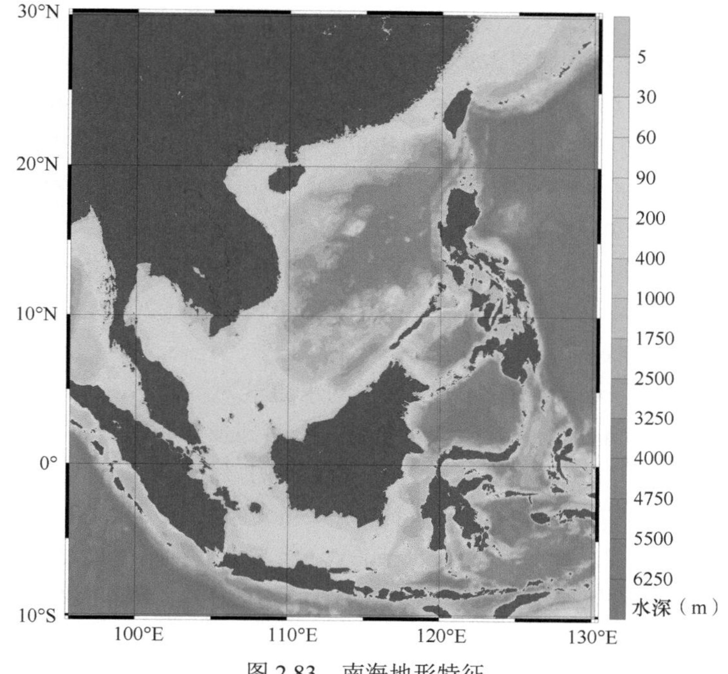

图 2.83　南海地形特征

南海各口门的通量，特别是营养盐通量的研究工作十分稀少，主要原因在于政治与历史条件的限制，同步的实测资料相对较少，利用数值模拟进行估算也存在各种困难。随着海洋科学的发展，近几十年来，已有不少学者或结合历史数据建立箱式模型估算南海的营养盐收支（Chen et al.，2001），或利用物理-生态模式估算南海各海峡的营养盐交换通量（Lu et al.，2020），也有利用现场观测数据或者遥感等手段，对南海单个海峡的水体与氮交换通量开展研究（Qu and Song，2009；Wang et al.，2009，2019；Yang et al.，2011），还有研究针对南海氮的内部循环过程开展讨论和介绍（杨进宇等，2021）。据了解，较为全面的南海营养盐收支研究是 20 多年前的工作（Chen et al.，2001）。

经过近二十年的发展，计算营养盐收支的数据来源、调查覆盖的站位密集程度（空间位置）、计算方法［包括覆盖的水深深度、时间尺度（瞬时/季节/年际/气候态）］都有不同。本节拟对近二十年来南海各海峡的水交换通量和营养盐浓度水平进行统计，对南海各海峡的营养盐交换通量进行初步总结。考虑到月份、季节甚至干湿季的时间尺度上南海自身可能存在储量的问题，即营养盐输入至南海（系统），系统并未达到稳态，输入和输出并没有快速达到平衡，其中的营养盐可能存储在系统内部，逐步发生生物地球化学过程，因此本节拟以年尺度对系统营养盐输入输出通量进行分析。

民都洛海峡：Qu 和 Song（2009）利用海面高度计数据和海底压力数据估算的 2004 年 1 月至 2007 年 12 月民都洛海峡的平均水通量为 –2.4Sv（负号表示从南海输出）。Wang 等（2009）利用准全球高分辨率混合坐标海洋模式（HYCOM）估算的民都洛海峡 11 月（湿季）的水通量为 –4.5Sv，5 月（干季）的水通量为 0.2Sv，年平均水通量为 –1.7Sv。民都洛海峡最深可达约 400m，结合本研究在民都洛海峡附近整理获得的数据（1988 年 7 月），

500m 以浅溶解无机氮（DIN）浓度为 0.05～16.9μmol/L。将水柱平均积分浓度 8.5μmol/L 用于估算民都洛海峡的 DIN 通量，湿季 DIN 通量约为 -3.8×10^4mol/s，干季 DIN 通量约为 1.7×10^3mol/s，年际上平均 DIN 通量约为 -1.45×10^4mol/s，合 -4.56×10^{11}mol/a。Lu 等（2020）利用区域海洋模型系统（regional ocean modeling system，ROMS）估算的民都洛海峡 DIN 通量为 -2.2×10^4mol/s，合 -6.9×10^{11}mol/a。Chen 等（2001）计算的民都洛海峡 DIN 通量湿季为 450mol/s，干季为 2000mol/s，合 7.9×10^{10}mol/a。

卡里马塔海峡（巽他陆架）：Wang 等（2019）将卡里马塔海峡与加斯帕海峡统称为卡里马塔海峡，利用近 7 年的实测数据（2008 年 11 月至 2015 年 6 月）对卡里马塔海峡开展了季节性的水通量变化研究，计算得到夏季（6～8 月）（湿季）平均水通量为 0.69Sv，冬季（12 月至次年 2 月）（干季）平均水通量为 –1.99Sv。巽他陆架范围广、水深浅，最深处只有 110m 左右，结合本研究在南海南部搜集到的多年 DIN 数据，表层至底层 DIN 浓度为 0.5～1.0μmol/L。本研究将 0.5μmol/L 用于估算卡里马塔海峡的 DIN 通量，获得的湿季卡里马塔海峡 DIN 通量约为 345mol/s，干季 DIN 通量约为 –995mol/s，综合得到年际上平均 DIN 通量约为 –650mol/s，合 -2.0×10^{10}mol/a。Wang 等（2009）利用 HYCOM 模式得到巽他陆架水通量最大为 1 月的 –2.1Sv，最小为 6 月的 1.0Sv，年平均为 –0.5Sv。同样地，采用 DIN 浓度约为 0.5μmol/L 计算得到的 DIN 通量为 –250mol/s，合 -7.9×10^9mol/a。比较 Wang 等（2019）和 Wang 等（2009）的结果发现，简单将湿季和干季的 DIN 通量推算到年际尺度，可能存在一定的误差，因此数值上存在一定的波动，但 DIN 通量方向均为从南海输出。Chen 等（2001）计算的 DIN 通量湿季为 3.7×10^3mol/s，干季为 -2.8×10^3mol/s，合 2.8×10^{10}mol/a，方向为输入南海。

吕宋海峡：同样地，吕宋海峡的水通量研究也有诸多报道（Hsin et al.，2012；Tian et al.，2006；Wu and Hsin，2012）。Wang 等（2009）利用 HYCOM 模式，研究了吕宋海峡的水通量，其中吕宋海峡在 12 月（冬季）的水通量最大，为 7.6Sv；6 月（夏季）的水通量最小，为 2.1Sv；年平均通量为 4.5Sv。Yang 等（2011）基于 2008 年 8 月的实测数据，获得吕宋海峡夏季的净流量为 –7.0Sv，伴随着 DIN 的通量为 -4.6×10^4mol/s，合 -1.5×10^{12}mol/a。这与 Lu 等（2020）利用物理-生态模式计算得到的 8 月 DIN 的通量（约 8×10^4mol/s）量级可比，但流向相反。Lu 等（2020）估算得到 1 月吕宋海峡的 DIN 通量约为 9×10^4mol/s。考虑到上述两种模式的结果量级可比，且 Lu 等（2020）的计算方式为断面积分，这种方法计算的是准确的断面通量，因此本节采用了 Lu 等（2020）的结果。综合计算，得到全年 DIN 通量为 4.2×10^4mol/s，合 1.3×10^{12}mol/a。该通量比以往文献（Chen et al.，2001；杨进宇等，2021）报道的吕宋海峡 DIN 通量大。此外，Chen 等（2001）基于收支模式指出，整体上南海的收支处于较为平衡的状态；以 Yang 等（2011）和 Lu 等（2020）的计算结果，加上本研究搜集到的其他输入输出通量，南海的氮收支不平衡；若南海氮收支保持平衡，则存在某个较大的输出途径，这需要进一步的量化研究。进一步分析发现，Yang 等（2011）和 Lu 等（2020）均利用断面积分的方法，这种方法计算的是断面通量。两种方法计算结果的不一致主要由水通量的差异主导。更细致的水通量和计算方式值得进一步的关注和优化（表2.1）。

表2.1 吕宋海峡水通量和DIN通量差异比较分析

水团（Chen et al.，2001）	水通量（Sv）	DIN通量（$\times10^4$mol/s）/折合的DIN浓度（μmol/L）	水团（Yang et al.，2011）	水通量（Sv）	DIN通量（$\times10^4$mol/s）/折合的DIN浓度（μmol/L）
南海表层水	–15.7	–2.6/1.65	上层水	–6.8	–6.6/9.7
黑潮表层水	17.5	2.5/1.48	中上层水	–1.3	–2.0/15.3
南海中层水	–3.8	–9.1/23.8	中下层水	–0.5	–1.8/36
黑潮深层水	2.4	9.2/38.3	深层水	1.6	5.8/36.3
合计	0.4	–0.07/—	合计	–7.0	–4.6/—

台湾海峡：关于台湾海峡的水通量及其相关生物地球化学过程已有诸多研究（Han et al.，2013；Hong et al.，2011；Jan et al.，2006，2002），对于横跨台湾海峡断面上的水通量从年际上和季节上有了大致的了解，然而营养盐通量的计算研究则鲜见报道，特别是冬季台湾海峡海况恶劣，数据来源十分有限。Wang等（2009）指出，7月台湾海峡的水通量为–3.1Sv，10月为–1.5Sv，年平均为–2.3Sv。Chung等（2001）于1999年5月（干季）和8月（湿季）在台湾海峡中部横断面测定了流量与营养盐浓度水平，水通量分别为–2.0Sv和–2.2Sv，伴随的北向DIN通量5月为-0.96×10^3mol/s，8月为-1.82×10^3mol/s。粗略进行外推计算可得，年际上DIN通量为-2.78×10^3mol/s，合-8.8×10^{10}mol/a。Chen等（2001）计算的DIN通量湿季为-1.03×10^3mol/s，干季为–386mol/s，合-4.4×10^{10}mol/a。Lu等（2020）利用ROMS的估算表明，除了冬季存在较为显著的南向的水通量输入和营养盐输入，其他季节的水体净通量略微北向流出南海，由此得到台湾海峡DIN净通量为77mol/s，合2.4×10^9mol/a。

河流输入：珠江是南海北部最主要的河流输入来源，年径流量为$3.36\times10^{11}m^3$，且近80%的流量集中在湿季（4～9月）（赵焕庭，1990），DIN浓度在零盐度区为100μmol/L左右（Cai et al.，2004；Han et al. 2012），伴随着无机氮的输入量为3.9×10^5t/a（Cai et al.，2004），换算得2.8×10^{10}mol/a。湄公河是南海另一主要的河流输入来源，年径流量为$4.7\times10^{11}m^3$（Dagg et al.，2004）。Li和Bush（2015）通过整合1985～2011年的数据，计算出湄公河的入海营养盐通量为4.1×10^9mol/a，其中6～11月（湿季）DIN通量为7.051×10^8mol/月，即272mol/s，12月至次年5月（干季）DIN通量为7.58×10^7mol/月，即29mol/s。

固氮作用：随着氮循环研究的开展，生物固氮被认为是开阔大洋外源氮输入的重要途径之一，而边缘海则是固氮生物活跃生存的潜在热点区域。Han等（2022）佐证了西北太平洋可能存在较强的固氮作用。Mulholland等（2019）和Tang等（2019）证实了西北大西洋近岸水体存在比马尾藻海（开阔海盆）更高的固氮速率。杨进宇（2021）指出，整个南海的DIN通量为1.8×10^{10}～6.6×10^{10}mol/a（表2.2）。

表 2.2 南海各口门进出水通量和 DIN 通量汇总

海峡名称	水通量（Sv）	DIN 通量（mol/a）	资料来源
民都洛海峡	–1.7	-4.56×10^{11}	Wang et al.，2009；本研究
		-6.9×10^{11}	Lu et al.，2020
		7.9×10^{10}	Chen et al.，2001
卡里马塔海峡（巽他陆架）	–0.5	-2.0×10^{10}	Wang et al.，2019；本研究
		-7.9×10^{9}	Wang et al.，2009；本研究
		2.8×10^{10}	Chen et al.，2001
吕宋海峡	4.5	—	Wang et al.，2009；本研究
	–7.0	-1.5×10^{12}	Yang et al.，2011
		1.3×10^{12}	Lu et al.，2020
		1.2×10^{10}	Chen et al.，2001
台湾海峡		-8.8×10^{10}	Wang et al.，2009；本研究
		-4.4×10^{10}	Chen et al.，2001
		2.4×10^{9}	Lu et al.，2020
河流输入		3.2×10^{10}	Cai et al.，2004；Li and Bush，2015
		9.7×10^{10}	Chen et al.，2001
固氮作用		1.8×10^{10}～6.6×10^{10}	杨进宇等，2021

注：负号表示从南海输出，正数表示输入南海

汇总南海各口门的 DIN 通量，与历史文献（Chen et al.，2001）比较发现，各口门的 DIN 通量与历史文献存在较大的不同，特别是吕宋海峡的 DIN 通量存在较大的不同。不同的原因有很多，如研究手段的更新和计算方式的不同，包括计算断面的位置、断面覆盖的深度、计算公式和积分方式、采用的浓度水平等。但是影响最大的仍是物理的因素，即水通量的大小和方向主导着 DIN 通量的差异。

参考文献

杜川军. 2016. 南海上层营养盐的时空格局: 物理-生物地球化学调控及其与墨西哥湾和加勒比海的比较研究. 厦门大学博士学位论文.

韩爱琴. 2012. 南海北部陆架营养盐生物地球化学循环及其与物理过程的耦合研究. 厦门大学博士学位论文.

侯立峰. 2006. 南海海洋图集: 水文. 北京: 海洋出版社.

暨卫东. 2016. 中国近海海洋: 海洋化学. 北京: 海洋出版社.

王颖. 2013. 中国海洋地理. 北京: 科学出版社.

许艳苹. 2009. 南海西部冷涡区域上层海洋营养盐的动力学. 厦门大学硕士学位论文.

杨进宇, 汤锦铭, 郭香会, 等. 2021. 中国边缘海氮循环过程和源汇格局——以南海为例. 海洋与湖沼, 52(2): 314-322.

赵焕庭. 1990. 珠江河口演变. 北京: 海洋出版社.

Cai W J, Dai M H, Wang Y C, et al. 2004. The biogeochemistry of inorganic carbon and nutrients in the Pearl

River Estuary and the adjacent northern South China Sea. Continental Shelf Research, 24: 1301-1319.

Cao Z M, Dai M H, Zheng N, et al. 2011. Dynamics of the carbonate system in a large continental shelf system under the influence of both a river plume and coastal upwelling. Journal of Geophysical Research, 116: G02010.

Centurioni L R, Niiler P P, Lee D K. 2004. Observations of inflow of Philippine Sea surface water into the South China Sea through the Luzon Strait. Journal of Physical Oceanography, 34: 113-121.

Chen C T A, Wang S L, Wang B J, et al. 2001. Nutrient budgets for the South China Sea basin. Marine Chemistry, 75: 281-300.

Chen F Z, Cai W J, Wang Y C, et al. 2008. The carbon dioxide system and net community production within a cyclonic eddy in the lee of Hawaii. Deep Sea Research Ⅱ, 55: 1412-1425.

Chu P C, Li R F. 2000. South China Sea isopycnal-surface circulation. Journal of Physical Oceanography, 30: 2419-2438.

Chung S W, Jan S, Liu K K. 2001. Nutrient fluxes through the Taiwan Strait in spring and summer 1999. Journal of Oceanography, 57: 47-53.

Dagg M, Benner R, Lohrenz S, et al. 2004. Transformation of dissolved and particulate materials on continental shelves influenced by large rivers: plume processes. Continental Shelf Research, 24: 833-858.

Dai M, Cao Z, Guo X, et al. 2013. Why are some marginal seas sources of atmospheric CO_2? Geophysical Research Letters, 40: 2154-2158.

Dai M, Wang L, Guo X, et al. 2008. Nitrification and inorganic nitrogen distribution in a large perturbed river/estuarine system: the Pearl River Estuary, China. Biogeosciences, 5: 1227-1244.

Du C, He R, Liu Z, et al. 2021. Climatology of nutrient distributions in the South China Sea based on a large data set derived from a new algorithm. Progress in Oceanography, 195: 102586.

Du C, Liu Z, Dai M, et al. 2013. Impact of the Kuroshio intrusion on the nutrient inventory in the upper northern South China Sea: insights from an isopycnal mixing model. Biogeosciences, 10: 6419-6432.

Ducklow H W, Steinberg D K, Buesseler K O. 2001. Upper ocean carbon export and the biological pump. Oceanography, 14: 51-58.

Gan J, Cheung A, Guo X, et al. 2009a. Intensified upwelling over a widened shelf in the northeastern South China Sea. Journal of Geophysics Research, 114: C09019.

Gan J, Li L, Wang D, et al. 2009b. Interaction of a river plume with coastal upwelling in the northeastern South China Sea. Continental Shelf Research, 29: 728-740.

Gan J, Lu Z, Dai M, et al. 2010. Biological response to intensified upwelling and to a river plume in the northeastern South China Sea: a modeling study. Journal of Geophysical Research, 115: C09001.

Han A, Dai M, Gan J, et al. 2013. Inter-shelf nutrient transport from the East China Sea as a major nutrient source supporting winter primary production on the northeast South China Sea shelf. Biogeosciences, 10: 8159-8170.

Han A, Dai M, Kao S J, et al. 2012. Nutrient dynamics and biological consumption in a large continental shelf system under the influence of both a river plume and coastal upwelling. Limnology and Oceanography, 57: 486-502.

Han A, Gan J, Dai M, et al. 2021. Intensification of downslope nutrient transport and associated biological responses over the northeastern South China Sea during wind-driven downwelling: a modeling study. Frontiers in Marine Science, 8: 772586.

Han A, Wang Y, Huo Y, et al. 2022. Nutrient distributions and nitrogen-anomaly (N*) in the tropical North Pacific Ocean. Acta Oceanologica Sinica, 41: 23-33.

Hong H, Chai F, Zhang C, et al. 2011. An overview of physical and biogeochemical processes and ecosystem dynamics in the Taiwan Strait. Continental Shelf Research, 31: S3-S12.

Hsin Y C, Wu C R, Chao S Y. 2012. An updated examination of the Luzon Strait transport. Journal of Geophysical Research, 117: C03022.

Hu J, Kawamura H, Hong H, et al. 2000. A review on the currents in the South China Sea: seasonal circulation, South China Sea warm current and Kuroshio intrusion. Journal of oceanography, 56: 607-624.

Hu J, Wang X. 2016. Progress on upwelling studies in the China seas. Reviews of Geophysics, 54: 653-673.

Jan S, Sheu D D, Kuo H M. 2006. Water mass and throughflow transport variability in the Taiwan Strait. Journal of Geophysical Research, 111: C12012.

Jan S, Wang J, Chern C S, et al. 2002. Seasonal variation of the circulation in the Taiwan Strait. Journal of Marine Systems, 35: 249-268.

Jing Z, Qi Y, Hua Z, et al. 2009. Numerical study on the summer upwelling system in the northern continental shelf of the South China Sea. Continental Shelf Research, 29: 467-478.

Koike I, Ogawa H, Nagata T, et al. 2001. Silicate to nitrate ratio of the upper Sub-Arctic Pacific and the Bering Sea Basin in summer: its implication for phytoplankton dynamics. Journal of oceanography, 57: 253-260.

Lagus A, Suomela J, Helminen H, et al. 2007. Interaction effects of N ∶ P ratios and frequency of nutrient supply on the plankton community in the northern Baltic Sea. Marine Ecology Progress Series, 332: 77-92.

Li S, Bush R T. 2015. Rising flux of nutrients (C, N, P and Si) in the lower Mekong River. Journal of Hydrology, 530: 447-461.

Lohrenz S E, Fahnenstiel G L, Redalje D G, et al. 1999. Nutrients, irradiance, and mixing as factors regulating primary production in coastal waters impacted by the Mississippi River plume. Continental Shelf Research, 19: 1113-1141.

Lu Z, Gan J, Dai M, et al. 2020. Nutrient transport and dynamics in the South China Sea: a modeling study. Progress in Oceanography, 183: 102308.

Mulholland M R, Bernhardt P W, Widner B N, et al. 2019. High rates of N_2 fixation in temperate, western North Atlantic coastal waters expand the realm of marine diazotrophy. Global Biogeochemical Cycles, 33: 826-840.

Parsons T R, Maita Y, Lalli C M. 1984. A Manual of Chemical and Biological Methods for Seawater Analysis. Oxford, New York: Pergamon Press.

Qu T, Song Y. 2009. Mindoro Strait and Sibutu Passage transports estimated from satellite data. Geophysical Research Letters, 36: L09601.

Tang W, Wang S, Fonseca-Batista D, et al. 2019. Revisiting the distribution of oceanic N_2 fixation and estimating diazotrophic contribution to marine production. Nature Communications, 10: 831.

Tian J, Yang Q, Liang X, et al. 2006. Observation of Luzon Strait transport. Geophysical Research Letters,

33: L19607.

Tilman D, Kilham S S, Kilham P. 1982. Phytoplankton community ecology: the role of limiting nutrients. Annual Review of Ecology and Systematics, 13: 349-372.

Wang Q, Cui H, Zhang S, et al. 2009. Water transports through the four main straits around the South China Sea. Chinese Journal of Oceanology and Limnology, 27: 229-236.

Wang Y, Xu T, Li S, et al. 2019. Seasonal variation of water transport through the Karimata Strait. Acta Oceanologica Sinica, 38: 47-57.

Williams R G, Follows M J. 2003. Physical transport of nutrients and the maintenance of biological production//Fasham M J R. Ocean Biogeochemistry: The Role of the Ocean Carbon Cycle in Global Change. Berlin: Springer-Verlag: 19-51.

Wong G T F, Ku T L, Mulholland M, et al. 2007b. The SouthEast Asian time-series study (SEATS) and the biogeochemistry of the South China Sea-an overview. Deep Sea Research Ⅱ, 54: 1434-1447.

Wong G T F, Tseng C M, Wen L S, et al. 2007a. Nutrient dynamics and N-anomaly at the SEATS station. Deep-Sea Research Ⅱ, 54: 1528-1545.

Wu C, Hsin Y. 2012. The forcing mechanism leading to the Kuroshio intrusion into the South China Sea. Journal of Geophysical Research-Oceans, 117: C07015.

Wu J, Chung S W, Wen L S, et al. 2003. Dissolved inorganic phosphorus, dissolved iron, and *Trichodesmium* in the oligotrophic South China Sea. Global Biogeochemical Cycle, 17: 1008.

Wu K, Dai M, Chen J, et al. 2015. Dissolved organic carbon in the South China Sea and its exchange with the Western Pacific Ocean. Deep-Sea Research Ⅱ, 122: 41-51.

Yang Q, Tian J, Zhao W. 2011. Observation of material fluxes through the Luzon Strait. Chinese Journal of Oceanology and Limnology, 29: 26-32.

Zhai W D, Dai M, Cai W J. 2009. Coupling of surface pCO_2 and dissolved oxygen in the northern South China Sea: impacts of contrasting coastal processes. Biogeosciences, 6: 2589-2598.

Zhou K B, Xu Y P, Kao S J, et al. 2023. Changes in nutrient stoichiometry in responding to mesoscale cyclonic eddy dynamics. Geoscience Letters, 10: 12.

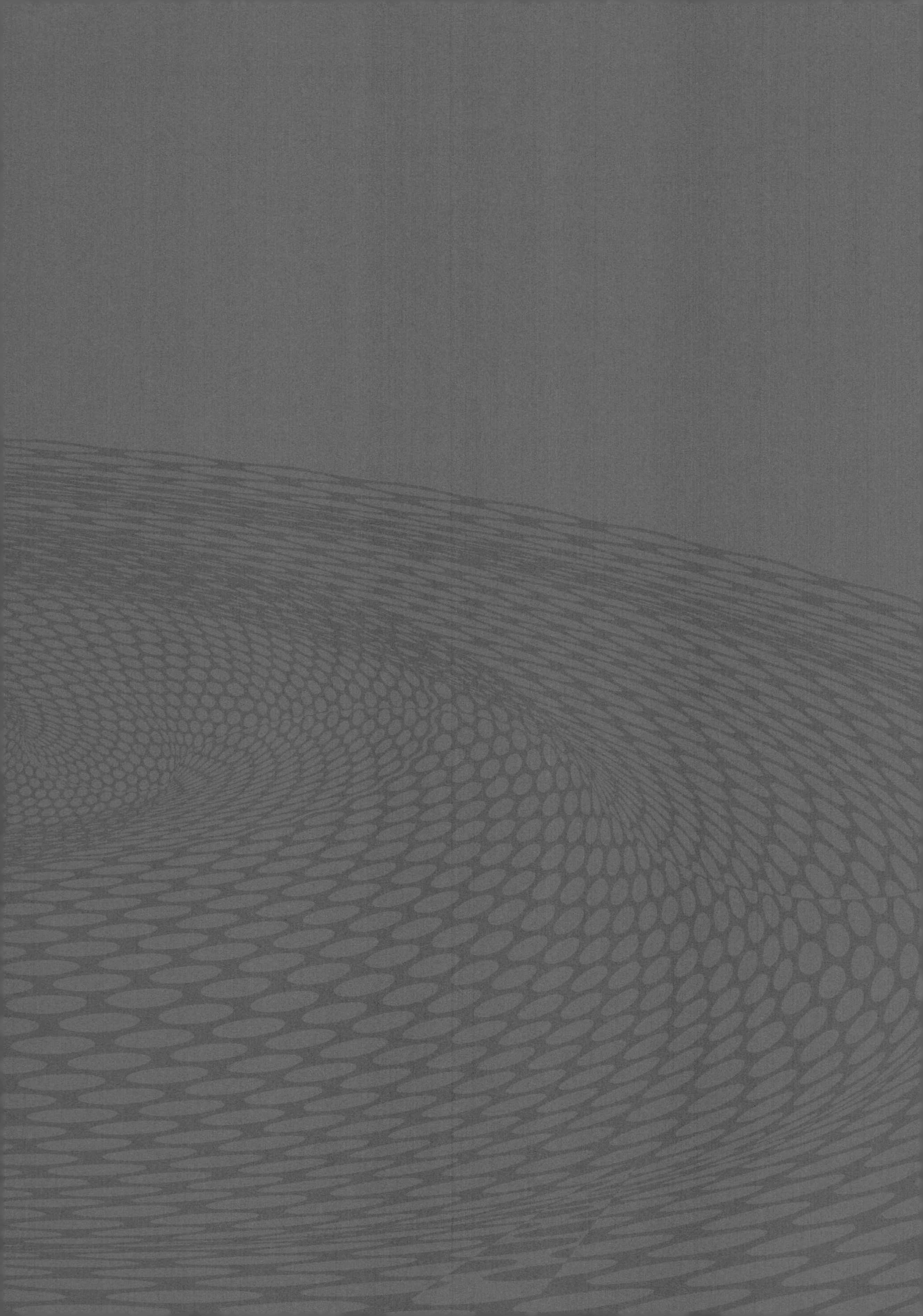

第3章 南海水体同位素化学

20 世纪 60 年代，“同位素海洋学”这一名词应运而生，它是核科学技术与海洋科学等多学科交叉渗透应运而生的新兴研究领域。同位素（isotope）是指具有相同质子数、不同中子数的同一元素的不同核素。根据原子核是否自发地发生衰变，有放射性同位素与稳定同位素之分。同位素广泛存在于海洋环境中，叠加在自然背景之上，由于日益加剧的人类活动（核试验、核电站及同位素在各个领域的广泛应用等）的影响，某些同位素（如人工放射性核素）不可避免地被输入海洋。由于各种同位素往往具有独特的核性质（如衰变类型、衰变半衰期、衰变能量或丰度等），各种同位素在海洋环境中的地球化学行为存在或大或小的差别，某些同位素示踪方法可以与特定科学问题相匹配，为诸多海洋学过程研究提供理想的示踪剂。通过探究海洋中同位素的来源、含量、分布、存在形式、迁移转化规律，有望揭示相关海洋学过程的速率特征与机制，获得其他研究工具所难以企及的关键信息。

在过去几十年间，在海洋科研工作者的辛勤工作下，我国同位素海洋学研究总体上得到了快速的发展，尤其体现在应用同位素种类多与研究场景丰富这两个方面，涵盖数十种不同衰变类型、不同半衰期的放射性同位素及稳定同位素（黄奕普等，2006）。本章主要基于 1992～2016 年在国家自然科学基金和国家南沙科技专项等支持下开展的十余个科考航次（采样站位见图 3.1）所获取的数据进行探讨，采样区域主要集中于南海开阔海域，同时将北部的大亚湾这一典型海湾纳入探讨，以期获得同位素在南海水体中较为全面的分布特征。

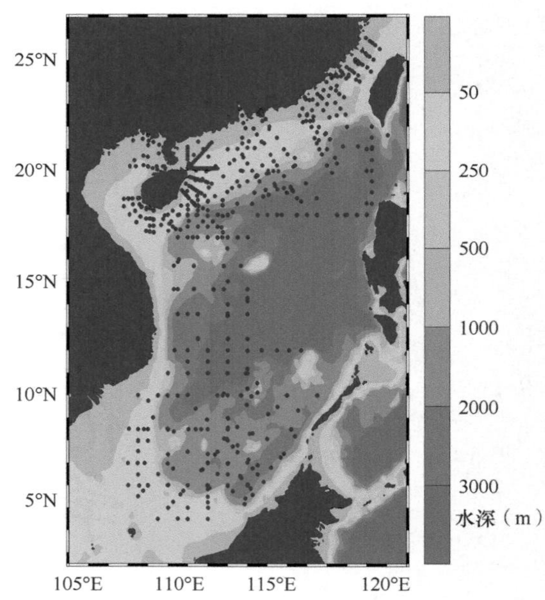

图 3.1　南海部分区域及邻近水体同位素采样站位

3.1　南海北部水体同位素分布及海洋学示踪

3.1.1　天然成因的放射性核素示踪

天然放射性同位素是指自然界中天然存在的放射性同位素。自然界中存在三个天然放射系，经过多次 α 衰变和 β 衰变，最后生成稳定的铅同位素。在南海北部采样研究中，所应用的天然成因的放射性核素主要包括铀系和钍系放射性核素（^{210}Po、^{210}Pb、^{222}Rn、^{224}Ra、^{226}Ra、^{228}Ra、^{228}Th、^{230}Th、^{232}Th、^{234}Th、^{231}Pa、^{234}U、^{235}U、^{238}U）等，主要示踪应用场景包括物理海洋学过程（如黑潮、中尺度涡等）、关键生源要素循环过程、真光层颗粒动力学过程等，取得了重要的科学认识，在很大程度上修正补充了对南海海域生物地球化学循环的关键认识。

1. 南海北部镭同位素示踪

镭（Ra）由居里夫人率先分离、发现，基于镭同位素的发现，核物理、放射化学等一系列现代新学科应运而生。其中，^{226}Ra 是第一个被应用于同位素海洋学研究的核素，并在 20 世纪 60 年代所开展的大型国际合作研究计划——“地球化学海洋剖面研究”（Geochemical Ocean Sections Study，GEOSECS）中起到了突出的作用。在同位素海洋学研究中，选择适宜的核素是解决研究问题的前提。镭同位素应用于海洋学示踪研究具有独特的优势，包括具有水溶性性质、适宜的半衰期等，被较早地应用于多尺度物理海洋学过程研究。物质和能量在全球海洋的运移与分配直接受控于海水的运动，驱动着诸多海洋学过程（生物过程、化学过程、沉积过程等），因此，基于不同半衰期的镭同位素揭示海洋水体运移的速率特征具有重要的科学意义。其中，^{226}Ra 的半衰期（$T_{1/2}$）为 1602a，尤其适用于开阔大洋大尺度海洋学过程（如大洋深层水流动路径的揭示、水体垂直与水平涡动扩散系数的计算等）的研究。相对而言，^{228}Ra 具有较短的半衰期（5.8a），适用于时间尺度为 1～30a 的海洋学过程的研究，尤其是陆架-陆坡水体交换过程的理想示踪剂，已被广泛应用于估算水平与垂直涡动扩散速率的研究。

（1）^{226}Ra 比活度的空间分布

南海北部水体 ^{226}Ra 样品采集于 1992～1994 年，采样站位见图 3.2。主要采样预富集流程简述如下。以潜水泵或温盐深剖面仪（CTD）所携带采水器采集定量（120dm^3）

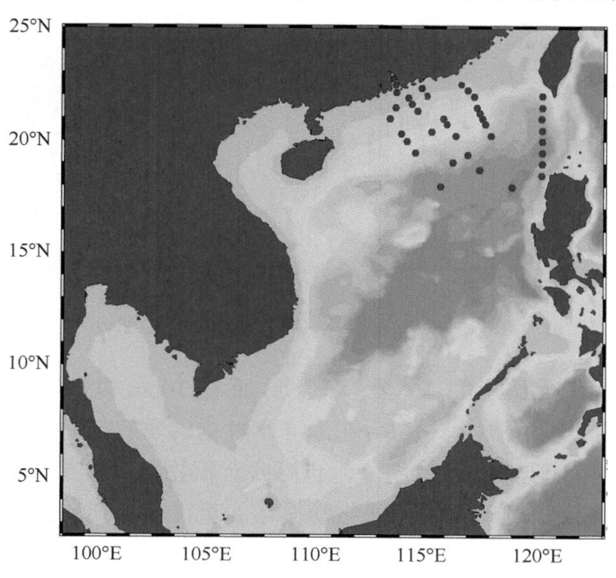

图 3.2 南海北部部分区域 ^{226}Ra 采样站位

海水样品后，迅速处理，使水样流经锰纤维以吸附 Ra 元素（锰纤维对水样中的镭同位素具有非常高的吸附选择性），在吸附管前部填充白纤维以滤去其他颗粒物，需要控制吸附管流速不至于过高，保持在（200±50）cm^3/min，以确保吸附效率。吸附预处理完成后，采用直接射气闪烁法测定锰纤维中的 ^{226}Ra 含量（用比活度表示），其基本原理是通过测定子体（^{222}Rn）引起的脉冲信号转化得到 ^{226}Ra 含量。

南海北部部分区域表层水体 ^{226}Ra 比活度的分布见图 3.3。结果表明，南海东北部表层水体 ^{226}Ra 的平均比活度为 1.2Bq/m^3（在忽略珠江口站位影响的情况下），与预期相符的是，离岸距离在调控 ^{226}Ra 比活度极大值与极小值的出现方面扮演着重要角色，极大值出现在离岸最近的站位，而极小值则出现在远岸的东沙群岛以西。总体上，南海东北部表层水体中 ^{226}Ra 比活度的分布特征是西北部高、中间低。基于海洋环境中 ^{226}Ra 的源汇分析，推测采样海域水体中 ^{226}Ra 比活度的空间分布在很大程度上反映了陆源输入的影响。如何理解这一表述呢？显然地，研究海域西北部受中国大陆的影响较大，陆地径流（以珠江为主）是镭同位素的重要来源之一，此后，在河口陆架区发生了活跃而复杂的河-海相互作用过程，导致 ^{226}Ra 在河口陆架区发生了显著的解吸，进而导致该区域水体 ^{226}Ra 比活度较高。此外，也可以看到，采样区域东南部水体也存在较高的 ^{226}Ra 比活度，可能也反映了邻近陆域（如吕宋岛）的显著影响。在海盆区，受陆源物质输入的影响较小，河口区及浅水陆架区在很大程度上扮演了陆源物质“过滤器”（filter）的角色，故而 ^{226}Ra 含量较低。已普遍观察到，世界各大河口区均存在镭元素的解吸行为，但其调控机制较为复杂，仍有待进一步研究加以厘清，其中悬浮颗粒物浓度可能是一个重要的调控因素。

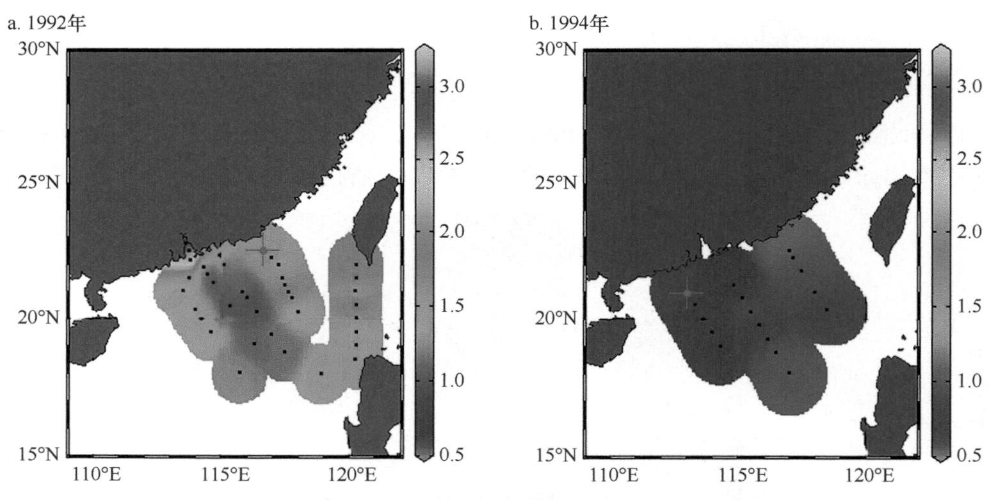

图 3.3　南海北部部分区域表层水体 ^{226}Ra 比活度（Bq/m^3）的分布

在 100m 以浅，^{226}Ra 比活度基本保持一致，而在 100m 以深，^{226}Ra 比活度随水深的增加逐渐升高（图 3.4）。总体上，^{226}Ra 在海洋水柱内的垂直分布模式呈现比较典型的来源主控型特征，显然其根本成因是 ^{226}Ra 源自海底沉积物向上覆水体的释放。在上层海洋水柱内发生的物质交换，对于生物地球化学循环的意义不言而喻，是调控海洋生物泵效率乃至生态系统功能的重要过程。但是，相关通量的直接定量又存在较大的困难，实测手段较为匮乏。水体运动关键参数（如垂直涡动扩散系数）对于定量水柱内物质通量往往不可或缺，因此，基于镭同位素示踪获得相关水体运动关键参数就显得尤为重要，为相关生物地球化学循环研究提供了一个独特的定量工具。

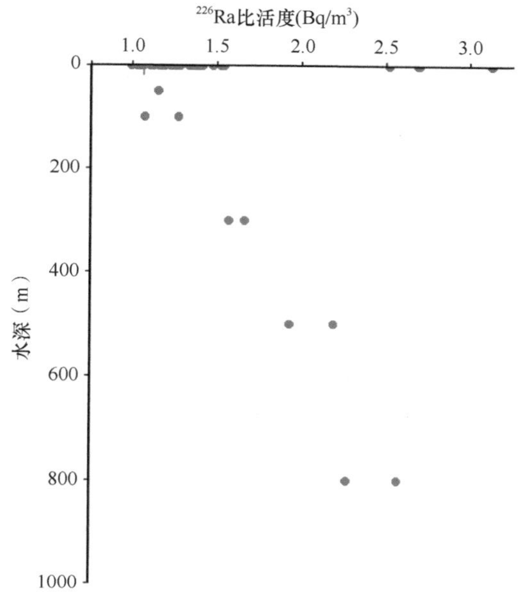

图 3.4　南海东北部水柱内 ^{226}Ra 比活度的典型分布

（2）^{228}Ra 比活度的空间分布

与 ^{226}Ra 相比，^{228}Ra 半衰期较短，适合的研究场景是较短时间尺度（1～30a）的海洋学过程。因此，对表层及近底层的混合过程研究而言，^{228}Ra 是有效的示踪剂。南海北部部分区域 ^{228}Ra 采样站位见图 3.5。^{228}Ra 样品的富集同 ^{226}Ra（采用锰纤维吸附法），但测定方法有所不同，通过分离测定 ^{228}Ac 计数率得到 ^{228}Ra 比活度，此处不作详述。

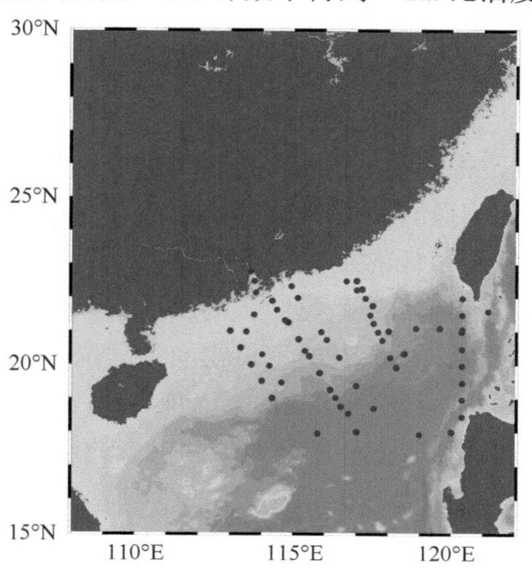

图 3.5　南海北部部分区域 ^{228}Ra 采样站位

就横向对比而言，总体上，南海东北部水体 ^{228}Ra 比活度在文献报道的世界其他海域的测定结果范围内。与 ^{226}Ra 类似，^{228}Ra 受来源、迁移等过程的共同影响，但由于半衰期不同，其分布仍然异于 ^{226}Ra，因此有必要针对不同采样时期的镭同位素数据分别描述其分布。南海东北部部分区域表层水体 ^{228}Ra 比活度的分布如图 3.6 所示。

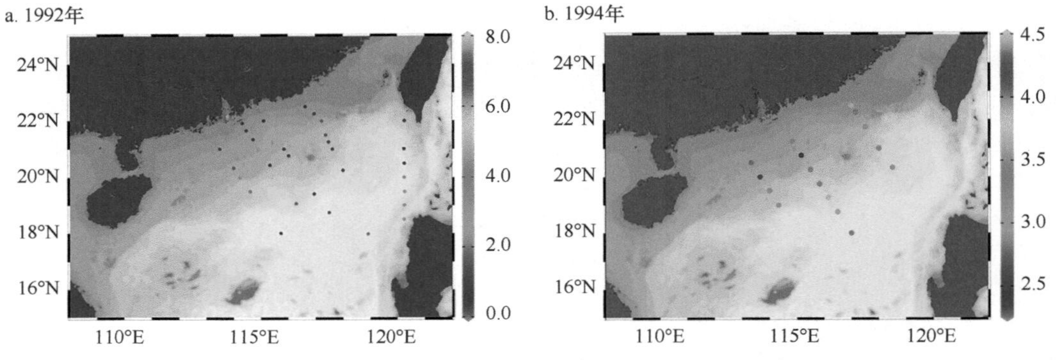

图 3.6　南海东北部部分区域表层水体 ^{228}Ra 比活度（Bq/m^3）的分布

1992 年航次：南海东北部表层水体 ^{228}Ra 比活度总体上呈现斑块状分布，最高值达（4.0±0.8）Bq/m^3。从 ^{228}Ra 比活度的水平分布来看，一个典型的特征是离岸距离的影响非常明显，体现在离岸最近的站位表层水体具有最高的 ^{228}Ra 比活度。

在南海东北部表层水样中 ^{228}Ra 比活度极大值出现在离岸最近的站位。同为镭元素，^{228}Ra 和 ^{226}Ra 的理化性质总体上相似，故而这两种核素在分布上趋同，即在离岸较近的测站比活度较大，这在很大程度上反映了陆源输入的深刻影响。但值得一提的是，两种镭同位素的空间分布也存在明显的区别，尤其表现在 ^{228}Ra 比活度的变化幅度更大，空间异质性更明显。我们认为，这在很大程度上归因于 ^{228}Ra 半衰期更短的核素特征。在南海北部，有必要考虑陆地径流的影响，推测珠江等大型河流对南海东北部 ^{228}Ra 的时空分布也有一定的调控作用，证据是在珠江口 ^{228}Ra 比活度较邻近外海水域高。从源汇视角来解析，推测在河-海混合区，悬浮物 ^{228}Ra 解吸过程不可忽视，^{228}Ra 随水体运动成为外海水域一个不可忽视的可移动来源。

1994 年航次：在采样时期，表层水体 ^{228}Ra 的平均比活度为 $3.24Bq/m^3$。与 1992 年航次类似，^{228}Ra 比活度极大值（4.47±0.23）Bq/m^3 出现在离岸最近的站位。南海东北部表层水体 ^{228}Ra 比活度较高，推测主要原因是该区域属于陆架区，此处来自沿岸输入及浅水陆架沉积物上覆水体扩散输送的 ^{228}Ra 贡献较大，这一贡献总体上与离岸距离呈现相反的关系，至海盆区其影响降至很低的水平。在采样区域中南部，^{228}Ra 分布有一斑块状高值区，如何理解这一空间分布特征呢？我们认为，这一分布特点亦是陆源输入影响的体现。此区域接近东沙群岛及吕宋岛，表层沉积物的镭同位素主要来源于陆源物质（陆源碎屑）。从其生成机制来说，在底部沉积物中，^{232}Th 发生 α 衰变，产生的一部分 ^{228}Ra 由物理途径输运，向上覆水体迁移。南沙群岛海域与南海北部在海底地质地貌上差异明显，尤其是南沙群岛海域分布着较多的岛礁、浅滩、暗沙等，同时受到岛弧环抱的地貌特征等的影响，这种地理区间可能成为向水体释放 ^{228}Ra 的“热点”，导致南沙群岛海域 ^{228}Ra 比活度总体上较南海北部高。

就 ^{228}Ra 比活度的分布特征而言，垂直分布特征差异明显，其高值主要出现在表层，在表层以下 ^{228}Ra 比活度则较低，很显然，这是半衰期较短的核性质所决定的。对镭同位素而言，其来源主要包括陆源物质输入和近海沉积物输入，^{228}Ra 自源地输入后，通过水体物理运动向远端运移。但是，^{228}Ra 核素的特殊之处在于，受限于半衰期较短，其在垂直方向上的被动迁移距离相对有限。^{228}Ra 在水柱内有时表现出上下高、中间低的垂直分布特征，即表层水平扩散作用导致 ^{228}Ra 含量较高，并随着深度的增加逐渐降低，在温跃层以下 ^{228}Ra 比活度较低，而对近底层水体而言，底部沉积物扩散导致其含量逐渐升高。

图 3.7 是 1994 年航次南海东北部一断面上各测站表层水体 ^{228}Ra 比活度与离岸距离的关系。总体上，表层水体 ^{228}Ra 比活度随离岸距离增大而降低，在离岸距离超过 100km 后，^{228}Ra 比活度基本不变，沿岸沉积物是该断面水体中 ^{228}Ra 的主要来源可能是导致这一分布特点的主要因素，换言之，采样区域 ^{228}Ra 分布的主要调控过程是水体的水平运移过程。值得一提的是，这一变化特征在陆架区的站位尤为明显。实际上，这一点并不难理解，因为在相对较浅的站位，来自底部沉积物向上迁移的 ^{228}Ra 对水柱内乃至表层水体 ^{228}Ra 的贡献份额不可忽视。但是，对于沿岸沉积物而言，此贡献可能不是主要的。也就是说，控制 ^{228}Ra 分布的两个根本因素是核素自身性质与站位离岸距离，二者缺一不可。

在海洋环境中，^{228}Ra 和 ^{226}Ra 存在着微妙的差别：一方面，二者互为同位素，理论上有相同的化学行为；另一方面，二者起源不同（^{228}Ra 属铀系，而 ^{226}Ra 属钍系）、半衰期不同（^{226}Ra 的半衰期较长，为 1602 年；而 ^{228}Ra 的半衰期仅为 5.8 年），^{226}Ra 在海水中的分布基本均匀，而 ^{228}Ra 在海水中的分布表现出更为明显的比活度梯度可变性。图 3.8 展示了南海东北部水体二者的活度比值 $(^{228}Ra/^{226}Ra)_{A.R.}$ 与盐度的关系。可以看出，$(^{228}Ra/^{226}Ra)_{A.R.}$ 与盐度表现出一定的负相关关系，可能反映了中深层（近底层）水体来自底部沉积物释放 ^{228}Ra 的影响。

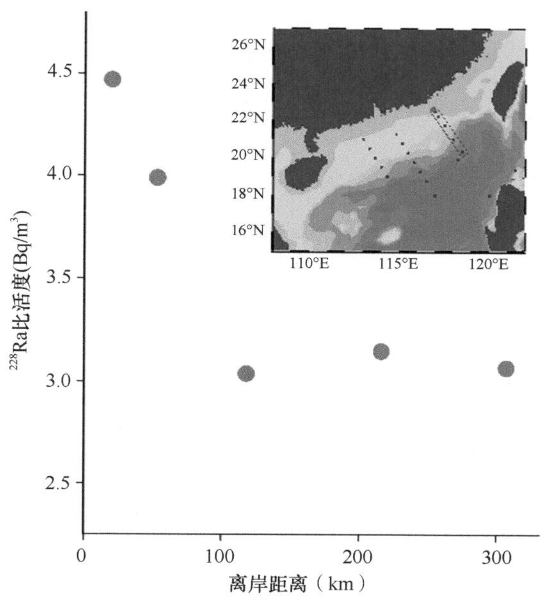

图 3.7　南海北部一断面上各测站表层水体 ^{228}Ra 比活度与离岸（中国大陆）距离的关系

1994 年航次；嵌入图中红色连线站位为所选断面

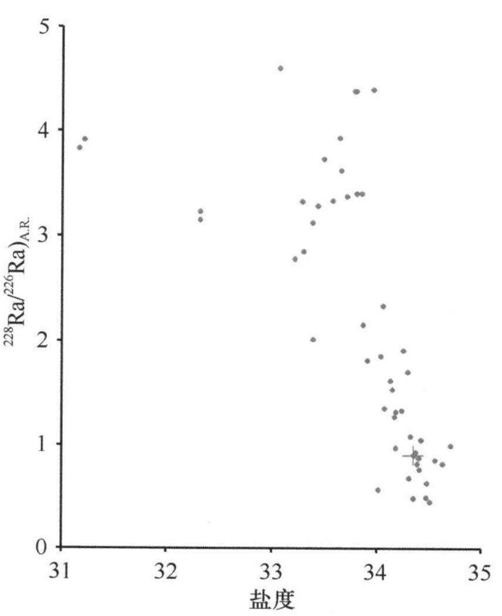

图 3.8　南海北部水体 $(^{228}Ra/^{226}Ra)_{A.R.}$ 与盐度的关系

经吕宋海峡入侵南海北部的黑潮，对当地生物地球化学循环产生了不可低估的深远影响。入侵南海的黑潮是南海热量和盐分的重要来源，通常在冬季黑潮入侵最为强烈。

Wang 等（2021）报道了 2014 年 5～7 月南海北部 ^{228}Ra 和 ^{226}Ra 的分布，发现即使在夏季，黑潮入侵水体的份额仍然不可低估，在采样时期平均为（23±11）%。他们还基于 ^{228}Ra 示踪，估算了南海北部陆坡和海盆表层水体的停留时间，为（0.22±0.59）～（9.98±0.54）a，平均为（2.92±2.20）a。

（3）水体涡动扩散的镭同位素示踪

如前所述，来源、半衰期等因素共同决定水体镭同位素（^{226}Ra，^{228}Ra）是否适宜作为水体涡动扩散的示踪剂，此处将展示具体的应用案例。在南海东北部，观测到 ^{226}Ra 比活度整体上随水深增加而升高的分布特征（图 3.9）。实际上，这一垂直分布特征在全球海域比较典型，和沉积物对 ^{226}Ra 的主要贡献这一认识一致。将 ^{226}Ra 视作溶质的一部分，根据镭同位素在水柱内的垂直分布特征，理论上可以计算水体的垂直涡动扩散系数。

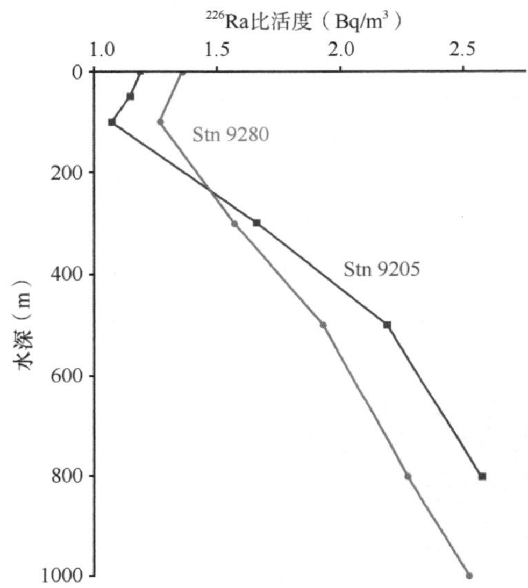

图 3.9 南海北部水体 ^{226}Ra 比活度的典型分布（Stn 9280 及 Stn 9205 表示采样站位）

运用同位素示踪估算垂直涡动扩散系数时需要满足 ^{226}Ra 的垂直分布完全受控于两个过程：其一，沉积物中的 ^{226}Ra 向上扩散；其二，水体中的 ^{226}Ra 自身不断衰变。在满足典型分布的情况下，则有

$$D_z \frac{d^2C}{dz^2} - \lambda_{226} C = 0$$

式中，D_z 为垂直涡动扩散系数（cm^2/s）；C 为水体中 ^{226}Ra 比活度（Bq/m^3）；z 为采样层位距海底（而非水面）的高度（m）；λ_{226} 为 ^{226}Ra 的衰变常数（s^{-1}）。结果表明，较大的涡动扩散系数出现在上层和下层，较小的涡动扩散系数出现在中层，这实际上反映了水柱物理分层的特点。在 1000m 以浅，涡动扩散系数计算结果为 –0.37～0.50cm^2/s（负值代表自下而上）。

^{228}Ra 与 ^{226}Ra 的应用原理类似，但是 ^{228}Ra 的半衰期决定了它是研究时间尺度为 1～30a 的海洋过程的理想示踪剂。由于 ^{228}Ra 的被动迁移主要受水体运动（涡动扩散、平流等）所控制，因此 ^{228}Ra 往往被应用于水平和垂直涡动扩散的示踪研究。在简化条件下，

基于两个过程（^{228}Ra 的涡动扩散和 ^{228}Ra 自身衰变）间达到稳态的假设，建立一维稳态平流-扩散模型，可计算涡动扩散系数。水平涡动扩散是支配 ^{228}Ra 水平分布的主要过程。

2. 南海北部 Th/U 示踪海洋颗粒动力学

基于颗粒活性化学组分研究上层水柱的颗粒动力学，对于理解海洋生物地球化学循环具有不可替代的意义，其意义体现在诸多方面。一方面，颗粒物循环对于海洋生源要素的生物地球化学循环及海洋对大气 CO_2 的埋藏至关重要。颗粒物的沉降这一“传送带”作用，将真光层的光合作用与水柱内的营养传递、物质输运串联起来，进而深刻地影响着海洋生物地球化学循环。另一方面，利用某些颗粒活性化学组分，可以获取颗粒物循环过程的关键速率（如从溶解相清除到颗粒物上）及颗粒物从上层水体迁出的量。因此，具有强颗粒活性的放射性核素在示踪上层海洋颗粒动力学方面扮演着举足轻重的角色。

在海洋颗粒动力学研究中，选取合适的核素是进行示踪研究的首要条件。作为铀天然放射系的起始核素，海水 ^{238}U 主要来自河流等的陆源输入，而 ^{234}U 则来自海洋中 ^{238}U 的放射性衰变。海洋中 U 的停留时间约为 4×10^5a，远长于大洋环流尺度，因此海水中的 U 表现出保守性地球化学行为，并存在稳定的铀盐比例关系及 $^{234}U/^{238}U$ 比值（Ku et al.，1977；Chen et al.，1986）。^{232}Th 是钍天然放射系的起始核素，主要来自河流入海、大气沉降、陆架区沉积物间隙水的扩散等；^{230}Th 则主要来自海水 ^{234}U 的 α 衰变，因为开阔大洋中 ^{234}U 均匀分布，所以 ^{230}Th 的产生速率恒定。U 为水溶性核素，而 Th 具有较高的颗粒活性，极易吸附在颗粒物上被沉降迁出至海底沉积物中，从而造成 ^{230}Th 与 ^{234}U 母子体之间的不平衡。在海洋学研究中，Th/U 同位素是颗粒物循环过程的优良示踪剂，已被广泛应用于颗粒物循环研究。作为一种天然放射性元素，钍的一个突出特点是对海洋中的颗粒物具有很强的亲和力，是典型的颗粒活性元素，通过吸附作用等与颗粒物相结合，共同从水柱中沉降迁出。目前应用于海洋学研究的钍的天然放射性同位素主要包括 ^{232}Th（$T_{1/2}$=1.41×10^{10}a）、^{230}Th（$T_{1/2}$=75 200a）、^{228}Th（$T_{1/2}$=1.91a）和 ^{234}Th（$T_{1/2}$= 24.1d），为不同时间尺度的海洋学过程研究提供了合适的天然示踪剂。需要着重指出的是，^{234}Th 特别适用于对季节尺度的颗粒物循环过程示踪，因此在海洋颗粒动力学研究中得到了非常广泛的应用。不可逆清除模型被广泛应用于海洋中颗粒活性放射性核素研究。

在 1994 年 9 月南海北部航次中，就典型分布而言，对比溶解态 Th（DTh）与 U 的活度比值（DTh/U）、颗粒态 Th（PTh）与 U 的活度比值（PTh/U）的垂直分布后发现，二者大致呈镜像对称关系。在全水柱内普遍存在一个典型分布特征，即存在溶解态、颗粒态 ^{234}Th 相对于 ^{238}U 平衡值的亏损。但是，在某些深度范围内（主要是真光层之下），也观测到总 ^{234}Th 与 ^{238}U 达到久期平衡（图 3.10）。

值得一提的是，在紧邻真光层之下的水体中观察到一个看似反常的现象，即总 ^{234}Th 略微过剩于 ^{238}U，作为颗粒活性核素，出现这一分布特征该如何解释呢？推测该现象的成因主要是颗粒物的再矿化。由于垂直方向上存在颗粒物浓度梯度等的影响，溶解态 ^{234}Th 清除过程主要发生在真光层内。如何解释真光层以下水体中出现 ^{234}Th 与 ^{238}U 达到久期平衡、而颗粒态 ^{234}Th 的比活度明显高于溶解态 ^{234}Th 呢？推测导致这一看似异常现象的主要原因是颗粒物自身物理、化学性质的差异，即粒径较大的颗粒物具有更强的解聚作用，由此所生成的较小的颗粒物沉降速率通常更小，因此当地颗粒态 ^{234}Th 的比活度较高。

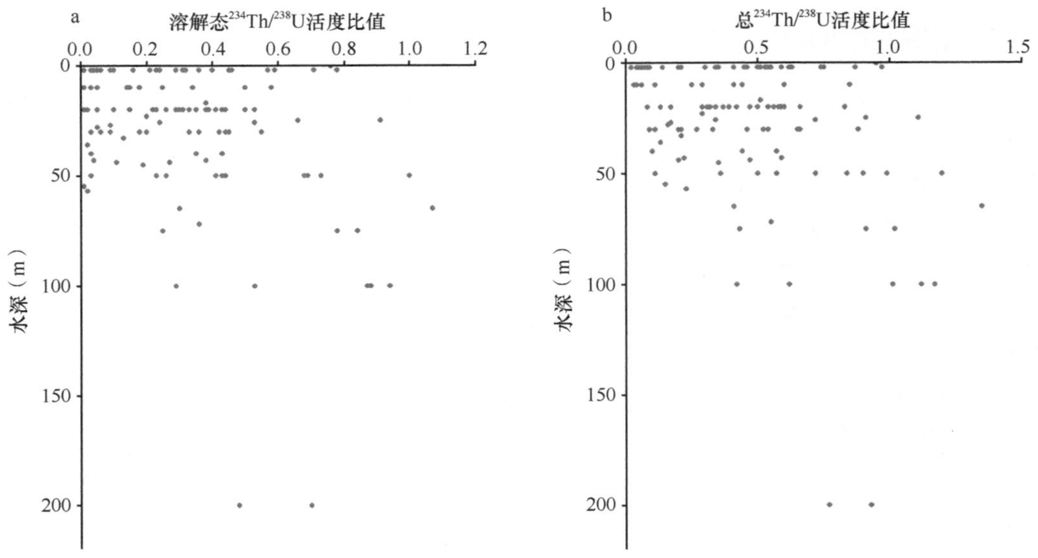

图 3.10 南海北部水体（a）溶解态 ^{234}Th/^{238}U 活度比值及（b）总 ^{234}Th/^{238}U 活度比值

基于 ^{234}Th 指示，有望获得真光层颗粒物生产-输出解耦的信息。核素清除速率、颗粒物的迁出速率可由溶解态、颗粒态 ^{234}Th 在水柱内的垂直分布特征获得，进而估算颗粒有机碳（particulate organic carbon，POC）自真光层迁出的通量。运用箱式模型，以水体垂直稳定度为分界条件，将上层水体分为混合层、下真光层及真光层以下这 3 个箱子。在稳态条件下，可以分别计算得到 ^{234}Th 从溶解相清除至颗粒相的通量、颗粒态 ^{234}Th 从各个储库中迁出的通量、^{234}Th（溶解态、颗粒态）的停留时间。

南海北部上层水体溶解态 ^{234}Th 停留时间的典型分布如图 3.11 所示。可以看到，相较下真光层，混合层内溶解态 ^{234}Th 具有更短的停留时间（约 1 ∶ 2），这在很大程度上反映了混合层内 ^{234}Th 清除更为活跃的特点。有趣的是，与溶解态 ^{234}Th 不同，混合层颗粒态 ^{234}Th 的停留时间（130d）＞下真光层的停留时间（72d），这反映了这样一个事实，即混合层作为颗粒物的产生源地，同时具有较慢的颗粒物迁出速率。计算结果表明，自真光层底部迁出的颗粒物通量主要由下真光层所贡献；而在混合层中，高的生物生产力（较高的溶解态 ^{234}Th 清除速率）与低的颗粒物迁出通量并存。这反映了什么呢？在混合层内，颗粒物经历着以微生物介导为主的快速再循环过程，由此相当一部分颗粒态 ^{234}Th 被重新释放到溶解相，进而导致颗粒物迁出通量相应较低。也就是说，在混合层中 Th 等颗粒活性核素的停留时间被拉长了，未能快速从混合层中迁出。与此不同的是，在真光层以下，颗粒活性核素的清除速率较大，因而该水层的颗粒物迁出通量较高。由此可见，基于颗粒活性的 ^{234}Th 示踪，一定程度上揭示了真光层存在颗粒物生产-输出间的非耦合关系，其对深化海洋生物泵的理解有重要意义，是否存在其他机制调控真光层颗粒活性核素的分布，值得未来研究进一步厘清。

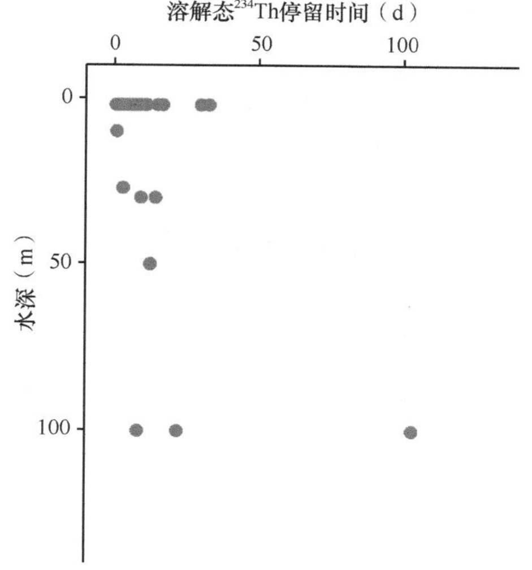

图 3.11　南海北部上层水体溶解态 ^{234}Th 停留时间的典型分布

采样时期（2010年、2011～2012 年）南海东北部部分区域上层水体 ^{234}Th 迁出通量的分布如图 3.12 所示。较高的 ^{234}Th 迁出通量主要分布于东北部的台湾海峡，这与预期相符，反映了此处具有较高的生产力、活跃的颗粒物迁移过程。应用 ^{234}Th 示踪 POC 迁出通量时，需要满足携带 ^{234}Th 的颗粒物与携带 POC 的颗粒物一致这一前提，这一点基本能够实现。但是，在上述估算中需设定 ^{234}Th 与 POC 具有相同的停留时间，这一点是否与实际情况完全相符仍然存在一定的争议。就来源而言，颗粒态钍的形成迥异于 POC 的形成，主要体现在：钍是被动地吸附至颗粒物表面上，而碳是被生物主动吸收并进入有机分子中。所以，从绝对意义上来说，钍与 POC 不存在严格的化学计量学定量关系。在简化近似条件下，将携带 ^{234}Th 的颗粒物与携带 POC 的颗粒物视作相同，则通过将清除模型与颗粒物的 POC/PTh 比值相结合，估算得到 POC 的迁出通量。由此估算，南海从真光层底部（100m 界面）迁出的颗粒有机物通量为 4.0～25.0mmol/(m^2·d)。众所周知，南海的初级生产力具有典型的时空可变性，其中季风等因素扮演着重要角色，相对应地，与颗粒物相关的再矿化及沉降迁出等过程也应具有较大的可变性，在未来调查研究中需进一步厘清。

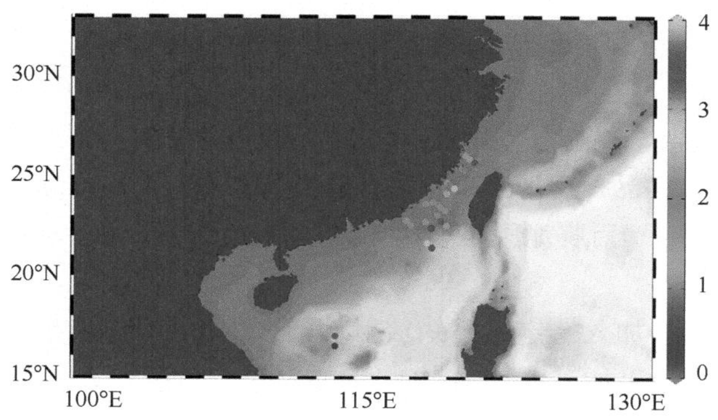

图 3.12　南海北部及邻近海域上层水体 ^{234}Th 迁出通量［mmol/(m^2·d)］的分布（2010 年、2011～2012 年）

南海北部上层水体 $(^{234}Th/^{238}U)_{A.R.}$ 的典型分布如图 3.13 所示。POC 与颗粒态 Th 的停留时间（τ_{POC}、τ_{PTh}）的关系反映了颗粒物与核素之间耦合与解耦合的复杂关系。可以用积分储量代表某元素在水柱内的总储量。将各层位 POC 含量按深度积分即各个箱子中 POC 的积分储量，并将其与已估算得到的 POC 迁出通量相结合，即可估算出各个箱子中 POC 的平均停留时间 τ_{POC} 为 14～197d。与前述发现相比，可以看到 τ_{POC} 与颗粒态 ^{234}Th 的停留时间并不一致，反映了颗粒物循环的复杂信息。如何理解这一点呢？我们认为，当 $\tau_{POC} < \tau_{PTh}$ 时，可能反映了在采样区域浮游动物进行摄食活动时会优先利用 POC，换言之，当 POC 被降解时，^{234}Th 趋向于残留在剩余的颗粒物上（分馏效应）；而当 $\tau_{POC} \approx \tau_{PTh}$ 时，可能反映了在颗粒物再循环作用中 POC 与 PTh 之间不存在分馏效应，或该分馏效应小到可被忽略。

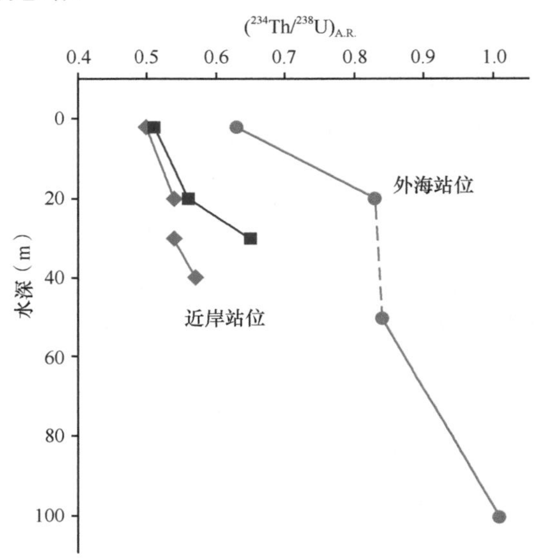

图 3.13　南海北部上层水体 $(^{234}Th/^{238}U)_{A.R.}$ 的典型分布

2013 年 4 月利用“延平 2 号”调查船开展采样，站位布设见图 3.14，表层海水样品体积为 25L，其他样品体积为 10L。表层海水样品经由蠕动泵采集，现场通过预先用 10% 的 HCl 溶液浸洗过的 0.45μm 孔径的聚碳酸酯滤芯将滤液收集于已预先用 10% 的 HCl 溶液浸泡一天，并用超纯水清洗过的 25L 聚丙烯塑料桶中。C11 站位的剖面水样通过温盐深剖面仪携带的尼斯金（Niskin）采水器采集，同表层水一样现场过滤后收集于 25L 聚乙烯塑料桶中。样品用由石英亚沸蒸馏器纯化 2～3 遍的 6mol/L HCl 溶液酸化到 pH=2.0。C11 站位的悬浮颗粒物（SPM）样品用洁净的 5L 聚丙烯塑料桶采集，分别采集不同层位的 4.5L 海水样品，现场通过预先干燥并称重的直径 47mm、孔径 0.4μm 的聚碳酸酯滤膜过滤，过滤完毕后将滤膜折叠放入滤膜盒中，冷冻保存，带回实验室进一步处理（岑蓉蓉，2017）。

将海水样品称重，加入一定量已知放射性活度的 ^{236}U 和 ^{229}Th 示踪剂，摇匀后平衡 1d。依据共沉淀实验结果加入纯化的 $NH_3 \cdot H_2O$，摇匀后静置 2d。虹吸、离心，将底部沉淀收集后溶于浓 HNO_3^- 溶液，转移至高密度聚乙烯塑料瓶，同时用浓 HNO_3^- 溶液润洗离心管三次，与已有浓 HNO_3^- 溶液合并，之后再加入适量的 $NH_3 \cdot H_2O$ 进行二次共沉淀，以减少沉淀量。将二次沉淀物溶于浓 HNO_3^- 溶液，转移至洁净的聚全氟乙丙烯烧杯（下同），再用浓 $HClO_4$ 溶液润洗离心管三次，一并转移至该烧杯，之后加入约 2ml 浓 HF 溶液，摇匀后在电热板上以 200℃加热，至近干后继续加入一定量浓 HNO_3^- 溶液和浓 $HClO_4$ 溶液，并重复两次以去除有机质。之后，加入 8ml 8mol/L 的 HNO_3^- 溶液，蒸至近干，再加入 5ml 8mol/L 的 HNO_3^- 溶液，进行 U、Th 的分离与纯化，流程如图 3.15 所示。

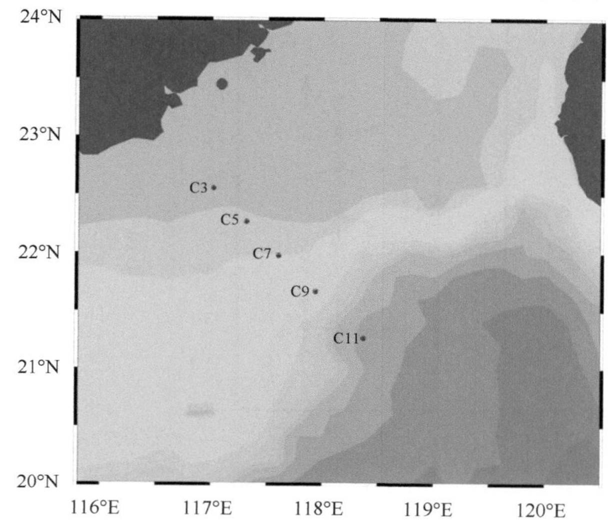

图 3.14 Th 同位素采样站位布设图（2013 年 4 月）

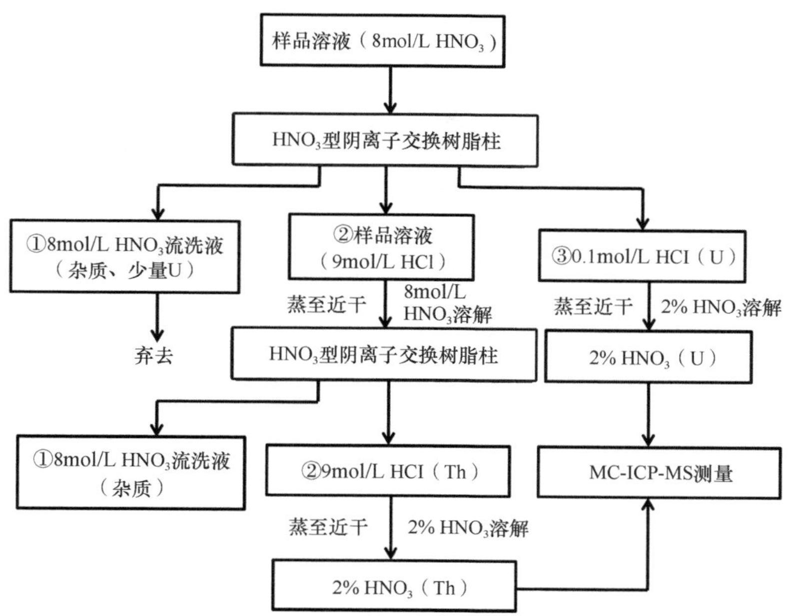

图 3.15 海水 U、Th 的分离与纯化流程示意图

C 断面表层及 C11 站位的 U 同位素含量、盐度及 $^{238}U/^{235}U$、$\delta^{234}U$ 的分布分别如图 3.16 及图 3.17 所示。C 断面的 ^{238}U 含量为 3.04～3.47μg/kg，其中表层水体的 ^{238}U 平均含量为（3.42±0.04）μg/kg；C11 站位的 ^{238}U 含量整体上随着水深稍有降低趋势，从表层的 3.47μg/kg 降至底层的 3.04μg/kg，平均含量为（3.18±0.12）μg/kg。C 断面的 ^{235}U 含量

为（2.20～2.49）×10^{-2}μg/kg，其中表层水体的^{235}U平均含量为（2.45±0.04）×10^{-2}μg/kg，C11站位的^{235}U平均含量为（2.31±0.07）×10^{-2}μg/kg。C断面的^{234}U含量为（1.95～2.17）×10^{-4}μg/kg，其中表层水体的^{234}U平均含量为（2.14±0.03）×10^{-4}μg/kg，C11站位的^{234}U平均含量为（2.03±0.06）×10^{-4}μg/kg。^{238}U/^{235}U比值的平均值为137.95±2.45，而δ^{234}U的平均值为155.37±18.01。

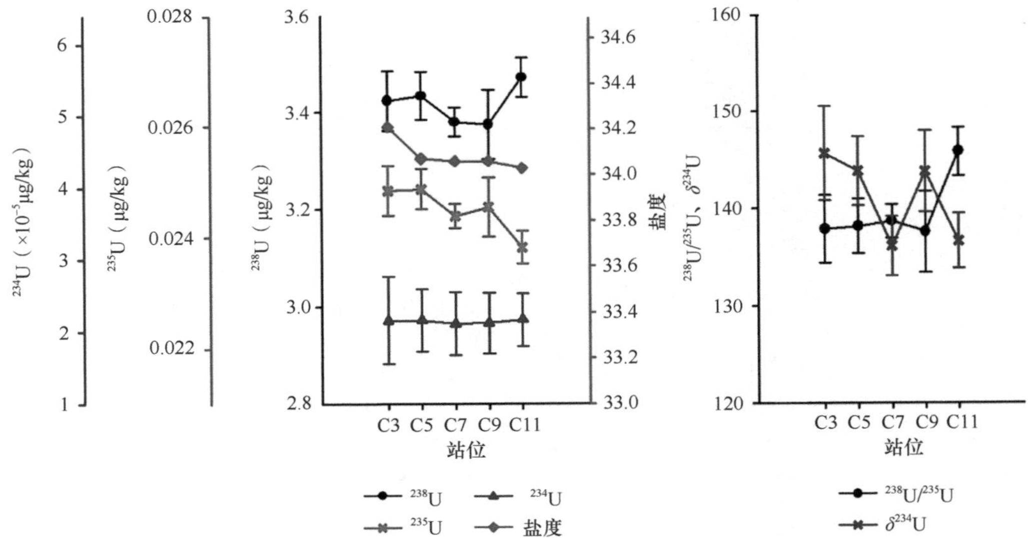

图3.16 C断面表层的U同位素含量、盐度及^{238}U/^{235}U、δ^{234}U分布图

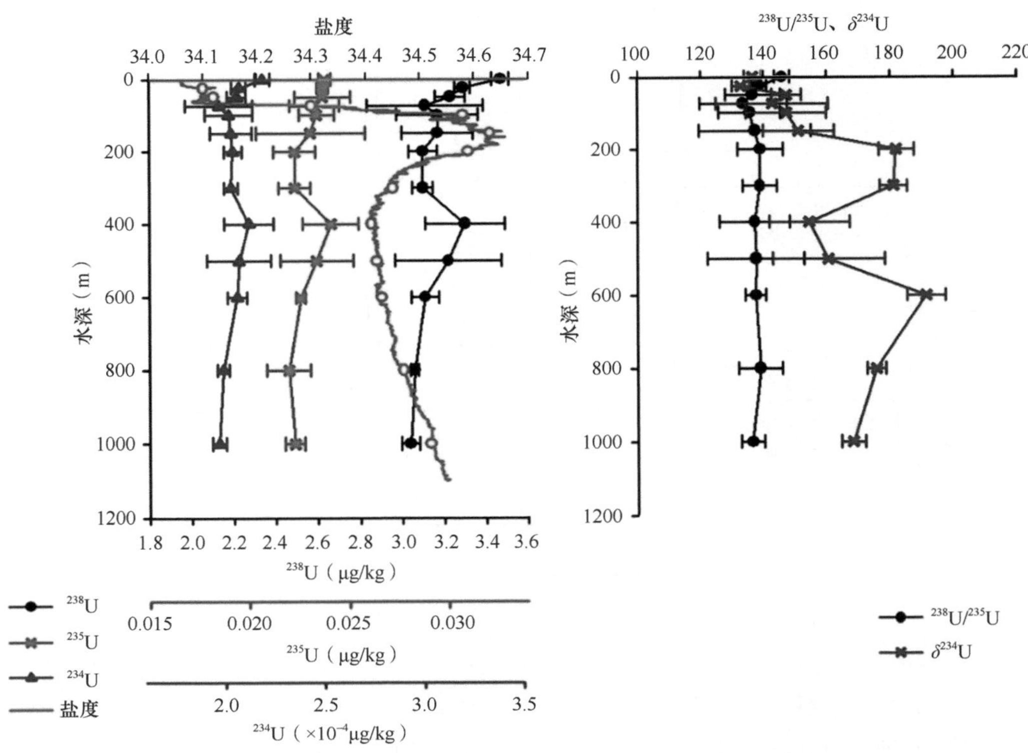

图3.17 C11站位的U同位素含量、盐度及^{238}U/^{235}U、δ^{234}U剖面分布图

本研究中 ^{238}U 含量相对稳定，这与样品的盐度变化范围相对较小（不足1）吻合。将本研究结果与研究海域附近海区的相关结果一同比较，可以看到 ^{238}U 含量与盐度具有良好的正相关关系（图3.18）。表层水体中的 ^{238}U/盐度比值平均为 0.1002±0.0012，而C11站位水体中 ^{238}U/盐度比值平均为 0.0926±0.0039。总体来看，^{238}U/盐度比值平均为 0.0943±0.0046，这表明U总体上具有相对保守的地球化学行为，也证明了本研究数据的可靠性。

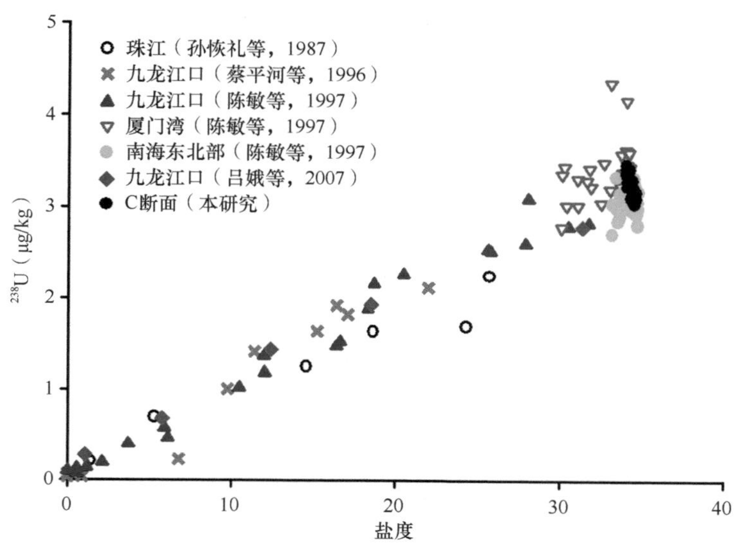

图3.18 海区铀盐比例关系归纳

鉴于海洋中的U主要来源于陆源输入，影响U分布的因素可能是河流、大气沉降、沉积物间隙水向上覆水体扩散等。C断面表层水受到闽浙沿岸流的影响，盐度较低。闽浙沿岸流含有大量来自长江、闽江、九龙江等中国东南沿海河流的淡水成分，这些河流输入可能造成台湾海峡 ^{238}U 含量偏离大洋水体的含量。大气沉降对河口区海水中U分布的影响不可忽略，下文假定U的分布中大气沉降的份额为10%。

从C3站位的温盐剖面可以看出，该站位水柱混合良好，沉积物间隙水可能进入表层水体并同时把U带入该体系。Henderson等（1999）通过测定 N_2 环境下巴哈马群岛200m以浅碳酸盐类沉积物间隙水中 ^{238}U 含量及 $^{234}U/^{238}U$ 比值发现，其变化范围均较大，分别为 0.065～8.715μg/kg 和 1.051～2.874，而本研究中海水的U含量及同位素比值恰好落在间隙水的U含量及同位素比值范围之内。考虑到台湾海峡水体一般较浅，假定台湾海峡间隙水的 ^{238}U 含量与 Henderson 等（1999）在50m以浅获得的间隙水的 ^{238}U 含量（0.93～8.75μg/kg，平均值4.62μg/kg）一致，又考虑到间隙水来源的 ^{238}U 含量应高于开阔大洋平均值，取其范围为 3.33～8.75μg/kg。对于沉积物间隙水的盐度，一般认为其与底层水的盐度相当，故选取34.0作为盐度端元值。

综上，开阔大洋、河流和沉积物间隙水的 ^{238}U 含量端元值分别为 3.33μg/kg、1.72μg/kg 和 3.33～8.75μg/kg（平均值4.62μg/kg），其实际盐度端元值分别为35.0、17.2和34.0，并分别假定其对本研究中U含量的贡献分别为 f_O、f_R 和 f_P，当大气沉降的贡献为10%时有如下关系式：

$$3.33f_O + 1.72f_R + U_P f_P = 3.40\times(1-10\%)$$
$$35.0f_O + 17.2f_R + 34.0f_P = 34.1\times(1-10\%)$$
$$f_O + f_R + f_P = 1-10\%$$

式中，U_P 为沉积物间隙水的 ^{238}U 含量，当取最大值 8.75μg/kg 时，开阔大洋、河流和沉积物间隙水对本研究中 U 的贡献分别为 82.6%、4.9% 和 2.5%；当取平均值 4.62μg/kg 时，其贡献分别为 75.2%、4.5% 和 10.3%。由此可见，该断面的 U 主要由开阔大洋贡献，而河流和沉积物间隙水的贡献均很小，且相对大小很大程度上取决于端元值的选取。

C 断面的 Th 同位素含量及其比值 $^{232}Th/^{230}Th$ 如表 3.1 和图 3.19～图 3.21 所示。表层水体中 ^{232}Th 及 ^{230}Th 的含量具有相同的空间变化，在 C5 和 C11 站位出现极大值；^{232}Th 及 ^{230}Th 的含量分别为 0.379～3.616ng/kg 和 1.141～14.051fg/kg；$^{232}Th/^{230}Th$ 比值范围为（2.292～3.319）$\times10^5$。在 C11 站位的水柱中，^{232}Th 和 ^{230}Th 的含量亦有一致的变化趋势，均在表层 1m 有极大值（3.616ng/kg 和 14.051fg/kg）；之后从 25m 开始随深度增加而增大，在 200～300m 出现含量最大值（9.890ng/kg 和 40.962fg/kg）；400m 水深处二者迅速减小，并出现极小值（0.725ng/kg 和 6.359fg/kg）；在 400～1000m，二者基本稳定，略有微小增加的趋势。$^{232}Th/^{230}Th$ 比值随深度的变化相对稳定，除了 C11 站位的 25m 水深处有高值（5.556×10^5），其波动范围为（1.141～3.319）$\times10^5$，平均值为（2.40±0.57）$\times10^5$。

表 3.1　C 断面的 Th 同位素含量及 $^{232}Th/^{230}Th$ 比值

站位	水深（m）	^{232}Th		^{230}Th		$^{232}Th/^{230}Th$	
		含量（ng/kg）	1σ（ng/kg）	含量（fg/kg）	1σ（fg/kg）	比值（$\times10^5$）	1σ（$\times10^5$）
C3	1	0.629	0.008	2.222	0.082	2.830	0.111
C5	1	1.363	0.029	5.949	0.159	2.292	0.078
C7	1	0.589	0.009	1.950	0.096	3.021	0.156
C9	1	0.379	0.004	1.141	0.062	3.319	0.184
C11	1	3.616	0.039	14.051	0.372	2.573	0.074
C11	25	0.408	0.004	0.734	0.047	5.556	0.360
C11	50	2.302	0.044	9.208	0.265	2.500	0.087
C11	75	3.540	0.063	14.306	0.334	2.475	0.072
C11	150	5.899	0.179	24.077	0.753	2.450	0.107
C11	200	9.579	0.102	40.962	1.587	2.339	0.094
C11	300	9.890	0.161	34.853	1.004	2.838	0.094
C11	400	0.725	0.038	6.359	0.389	1.141	0.092
C11	500	1.389	0.060	9.399	0.387	1.478	0.088
C11	600	1.224	0.036	—	—	—	—
C11	800	2.946	0.042	13.751	1.048	2.142	0.166
C11	1000	1.882	0.034	8.368	0.439	2.249	0.125

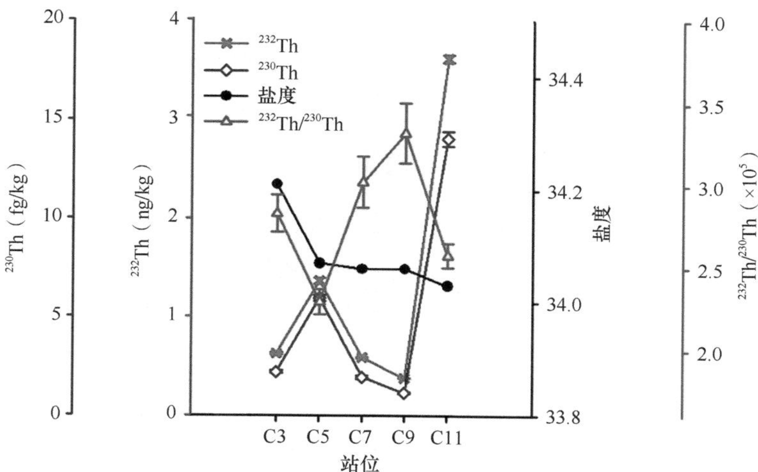

图 3.19 C 断面表层的 Th 同位素含量、盐度及 ^{232}Th/^{230}Th 分布图

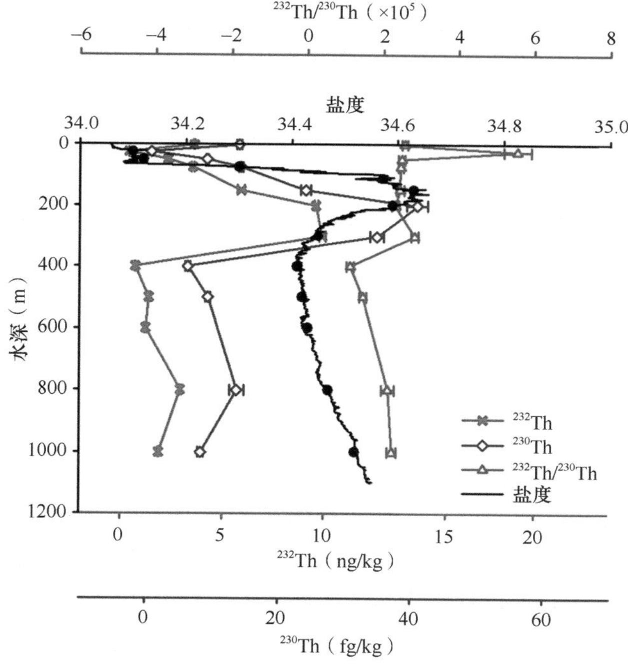

图 3.20 C11 站位的 Th 同位素含量、盐度及 ^{232}Th/^{230}Th 剖面分布图

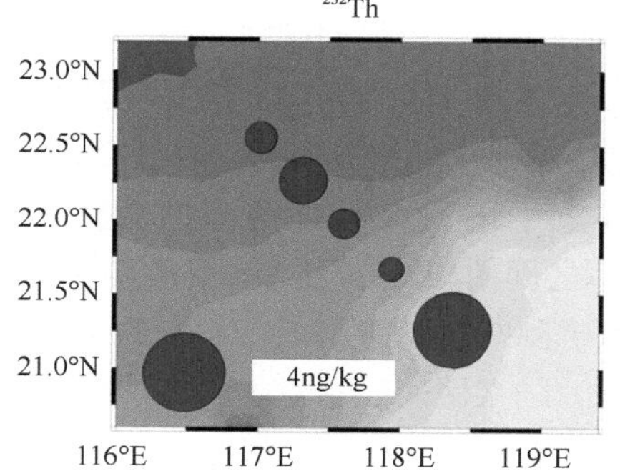

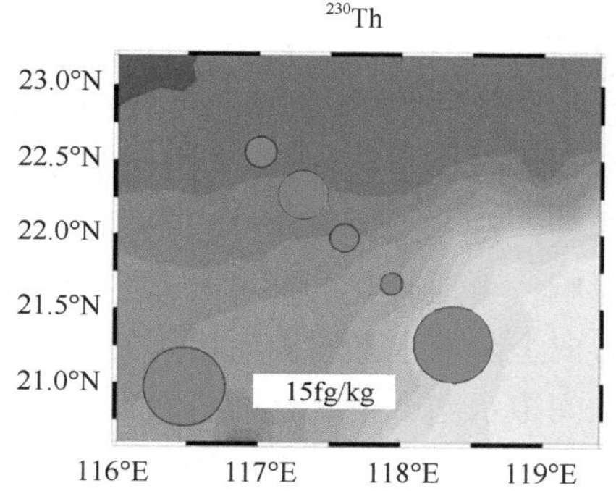

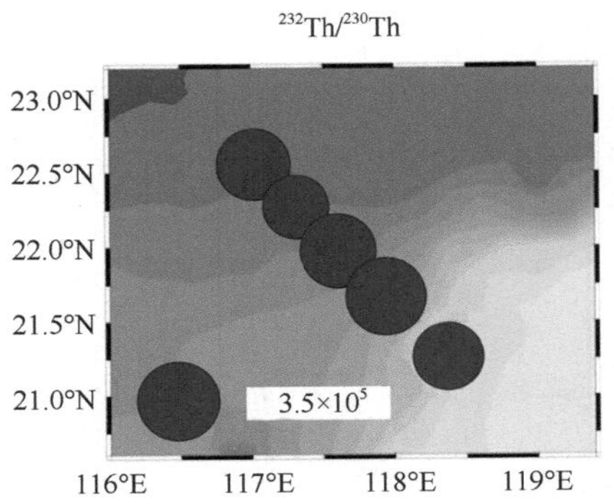

图 3.21 C 断面表层的 Th 同位素含量及其比值分布图

C11 站位位于台湾海峡的东南端、台湾岛的西南端、南海的东北部，其表层水体主要来自南海，并受南海水体和黑潮的共同影响。海水中 Th 含量的分布受控于多种因素，如陆源影响、水团组成不同等。C11 站位表层海水中 Th 含量显著剧增，而开阔大洋水体的 Th 含量往往低于近岸水体，因此 C11 站位表层高含量的 Th 另有来源。

一般而言，开阔大洋水体中 Th 含量在垂向上的理想分布规律是，^{230}Th 含量随着深度的增加而线性增大；^{232}Th 含量在表层有极大值，之后降低，在中深层随着水深的增加而增大。而 C11 站位 Th 含量的剖面分布则不同于该趋势，在 200～300m 出现高值，而 400m 处急剧降低，同样的现象在西北太平洋 40°N 附近的几个站位也有观测到（Hayes et al.，2013），形成该次表层极大值的主要原因是 Th 的表层清除及次表层的快速循环，水体的侧向迁移或涡动扩散也可能有一定影响。C11 站位的垂直剖面中，上层水体主要源于 20°～30°N 的北太平洋高盐热带水，下层水体则主要来自北太平洋中层水。无论是南海水体，还是北太平洋水体，其 Th 含量及同位素比值均远远低于本研究结果，故水体的侧向迁移对 C11 站位 Th 垂直分布的影响微乎其微。

海水中的 ^{232}Th 主要来自陆源输入，河流径流、大气沉降等将陆源碎屑带入海洋表层，陆架区沉积物间隙水向上覆水体的扩散也可将 ^{232}Th 从沉积物带入上层海水。推测南海北部表层沉积物中陆源组分再悬浮后的释放是水柱中 ^{232}Th 的一个可能来源。海水中 ^{230}Th 主要来自 ^{234}U 的 α 衰变，因为 ^{234}U 在开阔大洋均匀分布，所以其产生 ^{230}Th 的速率恒定。除此之外，^{230}Th 也有部分来自陆源输入，尤其是近岸陆架边缘海，这一点与 ^{232}Th 一致。本研究中无论是表层水体还是 C11 站位，^{230}Th 和 ^{232}Th 的含量及 ^{232}Th/^{230}Th 分布高度一致，这说明它们很可能有共同的来源，即陆源输入。假定陆源输入的 ^{230}Th 与 ^{232}Th 的活度比值为 0.61（Okubo et al.，2007），根据 C11 站位中 ^{232}Th 的含量，可计算该站位各层位中陆源贡献的 $^{230}Th_{ter}$ 及水柱中 ^{234}U 生长贡献的 $^{230}Th_{xs}$，并进而得到 ^{230}Th 的陆源贡献份额。$^{230}Th_{ter}$ 占 ^{230}Th 的份额在 300m 以浅为 80% 以上，证实了 C11 站位的 ^{230}Th 主要由陆源输入贡献，从而导致 ^{232}Th 和 ^{230}Th 垂直剖面的相似性。

此外，Th 在水体颗粒物上的吸附与解吸转化或许对海水中 Th 含量的垂直分布也有部分影响，可逆转化的速率与颗粒物的清除速率之间的相对快慢或许会改变 Th 含量在垂直方向上随着水深增加而增大的理想趋势。考虑到 C11 站位附近有相当的陆架区，则沉积物间隙水向上覆水体的扩散被纳入考虑范围。陆架区间隙水对本研究的影响尚需进一步研究。将上述几个因素都归结为陆源输入，通过计算陆源输入通量，并利用收支模型估算其影响大小。

为了计算大气沉降通量，需要确定 Th 的清除速率，也即其在水体中被颗粒物清除的停留时间。^{232}Th 为陆源性核素，用于指示陆源贡献大小，^{230}Th 为海水 ^{234}U 的衰变产物，其产生速率恒定，在稳态条件下用于指示清除速率大小，当清除速率大于水体自身的更新速率时，垂直迁移占主导，否则以水平迁移为主。尽管 ^{232}Th 与 ^{230}Th 具有不同的来源，但它们在水体中均主要以溶解态形式存在，同时具有相似的化学特征，故可用 ^{230}Th 计算得到清除停留时间（Hsieh et al.，2011），之后利用 ^{232}Th 的陆源属性计算陆源通量。利用 Hayes 等（2013）提出的公式可计算各层位水体中 ^{230}Th 的清除停留时间。可以看出，近表层（75m）水体的停留时间为 2a 左右，整个水柱（1000m）的停留时间不足 10a，这与 Hayes 等（2013）关于北太平洋混合层水体和 500m 层水体的停留时间（0.7～2.2a 和 3.3～6.4a）一致。清除停留时间反映了 Th 的清除速率，一般来说其明显快于水体自身的更新速率，故 Th 以垂直迁出为主。但是此计算方法一般存在偏差，尤其是近岸水体，Th 垂直迁出的同时，还存在底层沉积物再悬浮及水体侧向迁移的影响。

海洋中的 ^{232}Th 主要来自河流、大气等的陆源输入，故可用其估算陆源输入通量。对于开阔大洋，陆地河流等的影响可基本忽略，则陆源通量即为大气沉降通量；而对于近岸边缘海或河口区，河流等的影响不可忽略，甚至广阔陆架区沉积物间隙水向上覆水体的扩散也是陆源输入的途径之一。为进一步了解陆源沉降对台湾海峡 C11 站位表层 Th 含量的影响，本研究依据下式计算该海域的陆源沉降通量（Hayes et al.，2013）：

$$F_{\text{ter}}=\frac{\int_0^z {}^{232}\text{Th}\,\mathrm{d}z}{\tau_{\text{Th}}\times {}^{232}\text{Th}_{\text{ter}}\times S_{\text{Th}}}$$

式中，F_{ter} 为陆源通量；^{232}Th 为测得的溶解态 ^{232}Th 含量；τ_{Th} 为 ^{230}Th 在水体中的清除停留时间；$^{232}Th_{ter}$ 为陆源的 ^{232}Th 含量；S_{Th} 为溶解度。将 C11 站位的水柱以 300m 为界分为上下两层，分别计算陆源通量。依据 Hayes 等（2013）在北太平洋的假定［S_{Th} =（20±5）%］取溶解度为 20%，计算得 300m 以浅的溶解态 ^{232}Th 输入通量及陆源通量分别为 55.19dpm/(m^2 · a) 及 77.70g/(m^2 · a)，300m 以深的溶解态 ^{232}Th 输入通量及陆源通量分别为 40.52dpm/(m^2 · a) 及 38.01g/(m^2 · a)。

历时十年（1997～2007 年）的监测表明，台湾海峡年平均沙尘沉降通量约为 50g/(m^2 · a)（Tan et al.，2013），略低于本研究根据 Th 同位素得到的陆源通量。由于春季沙尘暴的集中爆发，沙尘暴期间颗粒沉降通量比其他时期可提高 10 倍，中国海域超过 1/3 的年沙尘沉降通量发生在春季（Tan et al.，2013），仅根据春季数据可能会高估年陆源输入通量。因此，本研究根据海水 Th 同位素得到的陆源输入通量与大气长尺度观测结果十分一致，证实了该方法应用于中国海域陆源输入通量估算的有效性。另外，研究海区存在大量的河流输入，其中包括闽江、九龙江及珠江等中国东南沿海大中型河流，因此，河流等陆源输入也可能造成本研究结果高于大气沉降的直接观测结果，但仍需未来进一步研究加以定量评价。

海水溶解态 ^{230}Th 的来源主要有 ^{234}U 的 α 衰变产生、陆源输入等，平流和涡动扩散等也会影响水柱中 ^{230}Th 的分布，而迁出途径是颗粒沉降和自身衰变（图 3.22）。由于 Th 的停留时间相对短暂，水体交换对 Th 收支状况的影响可忽略；鉴于 ^{230}Th 半衰期相对较长，其衰变也不予考虑；不考虑平流、涡动扩散等过程的影响，则测量的水体溶解态 ^{230}Th 主要有两个来源：陆源输入和水体 ^{234}U 的 α 衰变产生，其迁出项是颗粒沉降。

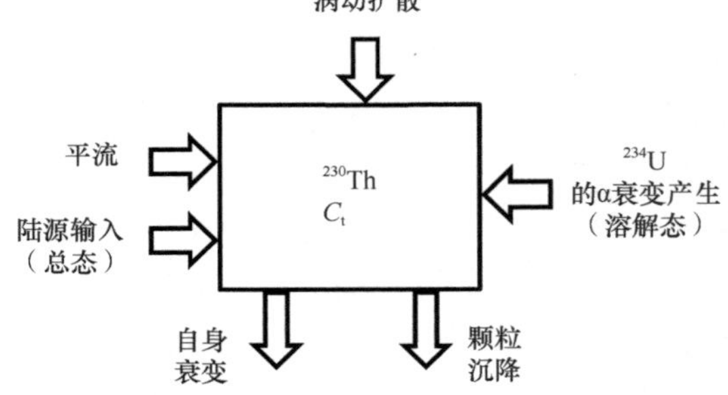

图 3.22 海洋 ^{230}Th 的收支（C_t 代表总态 ^{230}Th 含量）

稳态条件下，海水中陆源 ^{230}Th 与海源（即海水 ^{234}U 的 α 衰变产生）^{230}Th 的比值等于其各自的产生速率（Okubo et al.，2007），即：

$$C_{ter}/C_{\alpha}=P_{ter}/P_{\alpha}$$

式中，C_{ter} 和 C_{α} 分别为陆源输入海洋的 ^{230}Th 含量和由海洋 ^{234}U 经 α 衰变产生的 ^{230}Th 含量；P_{ter} 和 P_{α} 分别为陆源 ^{230}Th 向海洋输送的速率和海水 ^{234}U 的 α 衰变产生 ^{230}Th 的速率。

假定北太平洋水体中陆源的 ^{230}Th 与 ^{232}Th 的活度比值为 0.61（Okubo et al.，2007），同时依据测得的 ^{234}U 活度比值得水体 ^{230}Th 的产生速率平均值为 0.026dpm/(m^3 · a)，则可计算 ^{230}Th 的陆源份额及向海洋的输入速率（图 3.23）。很容易看出，C11 站位无论是 ^{230}Th 的陆源份额还是向海洋的输入速率，均明显以 300m 分为两层。将该站位 ^{230}Th 的收支状况以 300m 为界分别统计，300m 以浅，^{230}Th 的陆源份额及向海洋的输入速率的平均值分别为 84.81% 和 0.123dpm/(m^3 · a)；300m 以深，^{230}Th 的陆源份额及向海洋的输入速率的平均值则分别为 57.02% 和 0.038dpm/(m^3 · a)。该结果明显高于 Okubo 等（2007）在苏禄海的研究结果［分别为 19% 和 0.0060dpm/(m^3 · a)］。本研究海域明显受到东亚沙尘沉降及河流输入等的影响，陆源输入 ^{232}Th 的同时也输入了大量的 ^{230}Th，并主导了台湾海峡的 ^{230}Th 含量变化。

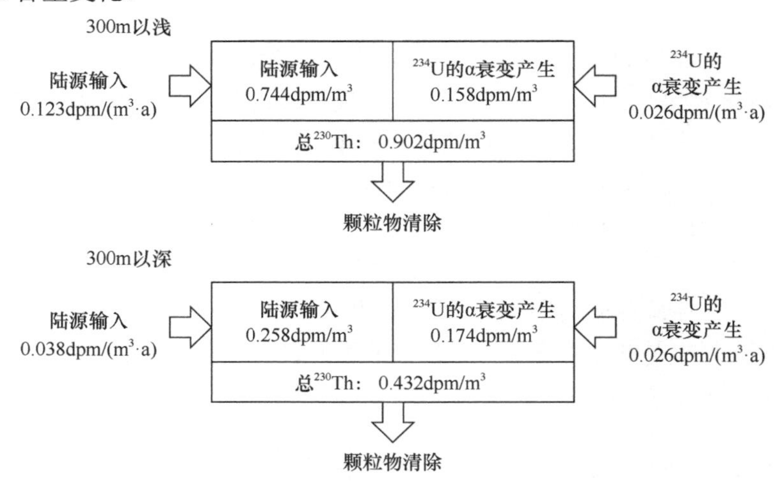

图 3.23 C11 站位 ^{230}Th 的收支状况简化图

为了进一步明确本研究中Th含量及同位素比值的影响因素，依据海洋中^{230}Th的收支平衡建立了^{230}Th可逆清除模型。由于^{230}Th在水体中的清除停留时间相对短暂，水体交换（即平流输入、涡动扩散）带来的影响可以忽略。^{230}Th的半衰期很长，其在停留时间内的衰变不足万分之一，故可以忽略。在稳态条件下，^{230}Th清除通量（$J_{\rm scav}$）模型简化为（Okubo et al.，2007）：

$$J_{\rm ter}+J_{\alpha}=J_{\rm scav}$$

由于陆源贡献（$J_{\rm ter}$）已经计算出来，若只考虑水体^{234}U的α衰变产生的^{230}Th（J_{α}），则有

$$P_{\rm d}/K=S\frac{{\rm d}C_{\rm t}}{{\rm d}z}$$

$$C_{\rm t}=\frac{P_{\rm d}}{SK}z$$

式中，$P_{\rm d}$表示水体^{234}U的α衰变产生^{230}Th的速率［0.026dpm/(m^3·a)］；K为固液分配系数；S为颗粒物的沉降速率（m/a）；z为深度（m）；$C_{\rm t}$为溶解态和颗粒态^{230}Th的总含量（dpm/m^3）。可以看出，$P_{\rm d}$为一定值，而S、K均为常数，某一站位的$C_{\rm t}$仅与水深有关，随深度的增加而线性增大。固液分配系数K一般与颗粒物含量及组成有关，当组成固定时，其与颗粒物含量正相关（Hayes et al.，2013），依据Luo等（1995）得到的吸附解吸平衡常数（$K_{\rm d}$）与悬浮颗粒物（SPM）含量之间的经验公式计算K，结果如表3.2所示。

表3.2　C11站位不同深度的SPM含量及*K*值

水深（m）	SPM（μg/L）	$K_{\rm d}$（$\times10^6$cm^3/g）	K
0	182.20	5.86	1.07
10	93.30	7.59	0.71
50	82.20	7.96	0.65
100	31.10	11.31	0.35
150	180.00	5.89	1.06
200	100.00	7.39	0.74
300	231.10	5.33	1.23
350	133.30	6.62	0.88
400	68.90	8.50	0.59
500	97.80	7.46	0.73
600	6.67	18.77	0.13
800	24.40	12.30	0.30
1000	304.40	4.77	1.45

因此，本研究分别用K的高值及低值进行拟合以得到可能的^{230}Th分布范围；为了便于比较，也采用总水柱的K平均值0.76和下层水体的K平均值0.68分别拟合。C11站位300m上下存在^{230}Th含量及陆源贡献的明显差异，因此，上层水体的K值与下层水体可能存在差异。选取S=100m/a，将测得的^{230}Th（溶解态）扣除陆源影响，对由模型计算得到的^{230}Th含量作图，见图3.24。

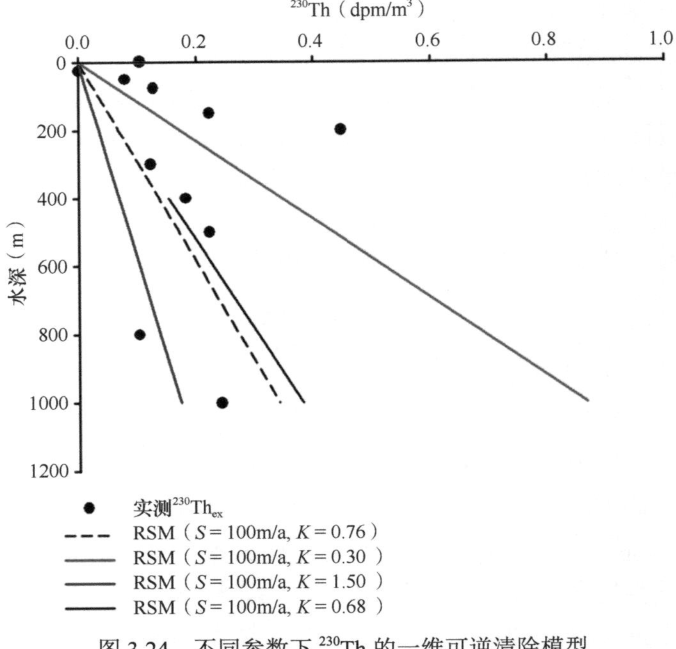

图 3.24 不同参数下 ^{230}Th 的一维可逆清除模型

当选取 S=100m/a，同时 K 在极值之间变动时，下层水体基本平衡，不过 800m 处并未呈现理想的增加趋势，而是稍微表现出亏损现象，这可能反映了底层沉积物的再悬浮作用的影响。本研究中 C11 站位水深 2373m，属中层水体的亏损现象，排除水团交换的影响，该层位水体 SPM 含量明显增加，并在 1000m 增至最大，证实了这一层位存在 SPM 的额外来源。而在上层水体，当运用和下层水体相同的参数时明显过剩，最可能的原因有两个方面。其一，参数选取不合适。由于沉降速率 S 的变化也可影响拟合曲线的斜率，而 S 与沉降颗粒的组成和来源密切相关，如岛屿风化、吕宋海峡海水的输送、东亚大陆的河流与大气输送、河流及海洋水文的季节性过程等都可能造成 S 的变化，并影响水柱中 ^{230}Th 含量的分布。其二，模型假设不成立。一方面，受到水团在垂向、水平方向的影响，或许也存在涡流扩散。可是，该海域水体主要来自南海、北太平洋，它们的 ^{230}Th 含量均未如此之高，则排除水团的影响。另一方面，上层水体的 Th 尚有其他额外来源，该海区附近有宽广的陆架，而沉积物间隙水是连接沉积相和水相的纽带，可通过浓度差向上覆水体扩散。此外，大气沉降也会影响该站位尤其是上层水体 Th 含量的分布。

2013 年 10 月及 2014 年 6 月，分别在南海东北部若干站位采集样品以分析海水 U-Th 同位素，采样站位图和采样信息分别见图 3.25 和表 3.3。鉴于两个航次采集站位数量较少、空间分布较为零散，但时间连续性较好，将这两个航次整合讨论。

海水样品通过温盐深剖面仪携带的 12L 尼斯金采水器采集，现场通过预先用 10% HCl 溶液浸洗过的 0.45μm 孔径的囊式过滤器，将滤液收集于已预先用 10% HCl 溶液浸泡 1d，并用超纯水清洗过的 10L 水袋中。样品用由石英亚沸蒸馏器纯化三遍的 6mol/L HCl 溶液酸化到 pH=2.0，带回实验室进一步处理。

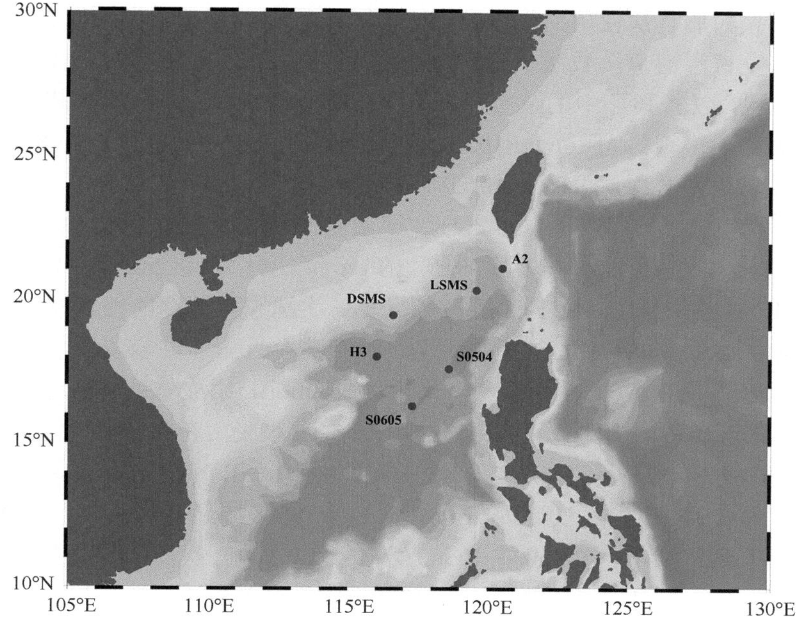

图 3.25 南海东北部采样站位图（2013 年 10 月及 2014 年 6 月）

表 3.3 采样信息表

站位	采样日期	经度（°E）	纬度（°N）	水深（m）
LSMS	2013 年 10 月 9 日	119.58	20.32	2700
DSMS	2013 年 10 月 9 日	116.60	19.45	2350
S0605	2013 年 10 月 4 日	117.30	16.30	4000
S0504	2013 年 10 月 7 日	118.60	17.60	3500
A2	2014 年 6 月 9 日	120.50	21.10	2500
H3	2014 年 6 月 27 日	116.02	18.02	3800

样品处理采用 $Mg(OH)_2$ 共沉淀法，将海水样品称重（约 10kg），加入一定量已知放射性活度的 ^{229}Th 示踪剂，摇匀后平衡 1d。加入纯化的 $NH_3 \cdot H_2O$，摇匀后静置 2d。虹吸、离心，将底部沉淀收集后溶于浓 HNO_3^- 溶液，转移至高密度聚乙烯塑料瓶，同时用浓 HNO_3^- 溶液润洗离心管三次，与已有浓 HNO_3^- 溶液合并，之后再加入适量的 $NH_3 \cdot H_2O$ 进行二次共沉淀，以减少沉淀量，以便有利于后续的树脂分离与纯化。静置 12h 后离心，加入浓 HNO_3^- 溶液溶解沉淀，转移至洁净的特氟龙烧杯，用超纯水润洗离心管三次，一并转移至该烧杯，再加入浓 HCl 溶液，摇匀后，在电热板上以 180℃加热消解，加入约 0.5ml 浓 HF 溶液，蒸至近干后继续加入 1ml 浓 HNO_3^- 溶液和 0.5ml 浓 $HClO_4$ 溶液，以去除有机质，加热赶酸。加热至近干时，将溶液调成共 15ml 的 9mol/L 盐酸体系，转移到离心管中离心，弃去离心管中的不溶物，将离心管上清液转移回特氟龙烧杯，再次消解。不溶物将阻塞树脂，影响分离效果，故需要进行上述步骤除去。最后，将特氟龙烧杯中的溶液蒸干并调成 9mol/L 盐酸体系，用于 U、Th 的树脂柱分离。

阴离子交换树脂首次使用前先以高纯去离子水浸泡，弃去上浮颗粒物，然后用 5% 硝酸和高纯水交替浸泡清洗数次。浸泡清洗之后，分别使用 0.1mol/L 盐酸和 9mol/L 盐酸交替清洗数次，洗掉树脂中的杂质和可能存在的污染，然后进行湿法装柱。使用的交换柱材料为聚乙烯，规格为 16mm×10cm，树脂体积为 2ml；装柱以后用 8mol/L 硝酸和 9mol/L 盐酸交替淋洗数次，再以 9mol/L 盐酸平衡交换柱。

将样品溶液流过已预先用 9mol/L HCl 溶液转型的树脂柱，流出液主要是 Th，用 9mol/L HCl 溶液继续流洗；树脂上吸附的 Pa 和 U 分别用 2ml 的 9mol/L HCl 溶液 +0.26mol/L HF 溶液和 0.1mol/L HCl 溶液各重复三次洗脱至洁净的特氟龙烧杯。在此含有 Th 的溶液中加入 1ml 浓 $HClO_4$ 溶液，以 180℃蒸至近干，并重复两次，再加入 1ml 8mol/L HNO_3^- 溶液，以 180℃蒸至近干，最后调成 8mol/L 硝酸体系，通过一根已预先用 8mol/L HNO_3^- 溶液转型的阴离子交换树脂柱，此时 Th 被吸附在树脂上，用 8mol/L HNO_3^- 溶液流洗杂质，再用 0.16mol/L HNO_3^- 溶液 +0.026mol/L HF 溶液洗脱 Th，收集于洁净的特氟龙烧杯。将 Th 的流出液过滤，在电热板上以 180℃加热消解，加入约 0.5ml 浓 HF 溶液，蒸至近干后继续加入 0.5ml 浓 $HClO_4$ 溶液，以去除有机质，加热赶酸，再用 4ml 的 2% HNO_3^- 溶液 +1% HF 溶液溶解，转移至洁净的高密度聚乙烯瓶待测。

本研究中同位素比值的测定所用仪器为多收集器电感耦合等离子体质谱仪（multi collector inductively coupled plasma mass spectrometer，MC-ICP-MS）。MC-ICP-MS 的电子倍增器的最终测量结果是不同核素各自的离子总计数。目标核素的电信号强度为各对应接收杯扣除本底之后的净电压（或净计数），相应的误差来自相关核素的电信号误差传递。将这些校正参数应用于同位素比值等的测量中，则误差继续向下传递。

为明确研究海域水团的主要组成及水文性质，现将 2013 年 10 月和 2014 年 6 月共 6 个站位的温盐数据综合绘于图 3.26。南海站位的表层温度为 28.4～28.9，靠近海盆中心

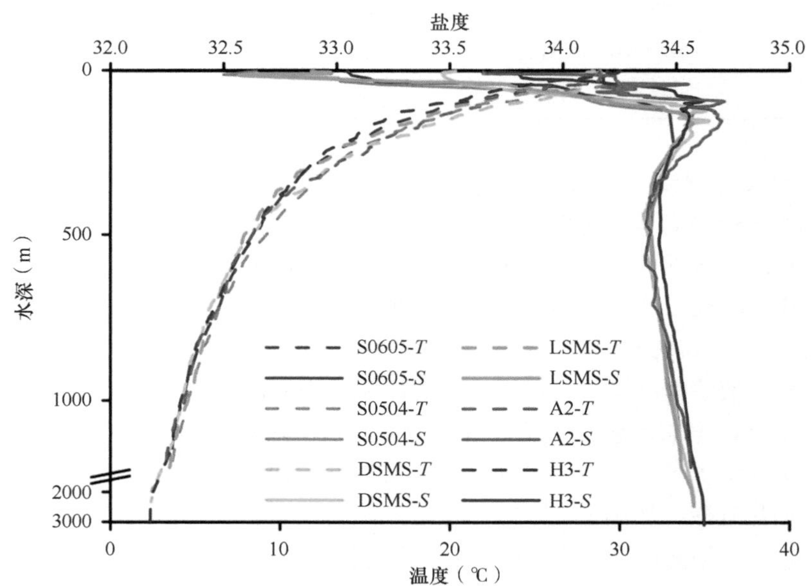

图 3.26　2013 年 10 月南海站位（LSMS、DSMS、S0605、S0504）和 2014 年 6 月南海站位（A2、H3）的温度（*T*）、盐度（*S*）剖面分布

的站位温度略微高于靠近岸边的站位。从表层到水深 1500m，温度迅速降低，在 1500m 以深，温度变化极其缓慢，从 2.8℃降低到 2.3℃。LSMS、DSMS、S0605、S0504 和 H3 站位的盐度从表层随深度增加而升高到 34.6，然后降低，这表明其水团来源于北太平洋热带海区。A2 站位的盐度从表层到水深 42m 就升高到 34.7，然后略降低，再升高到 34.7（90m），在 200m 以深先降低后缓慢升高。6 个站位的盐度在水深 410m 下降到最低值 34.38，这表明该海域水团来源于北太平洋中层水。

从图 3.27 中进行南海水团的划分。表层水位于 0～100m，为闽浙沿岸流、九龙江冲淡水与南海水、黑潮表层水的混合，根据采样站位所处的地理位置，各水团的混合比例不同，其中 A2 站位明显受相对高盐的黑潮表层水的影响较大。次表层水影响主要位于 150～350m，来源于菲律宾以东的北太平洋副热带次表层水变性，最典型的特征是高盐，在（150±50）m，盐度有极大值。位于 400～800m 间水柱的特征为低盐，但最低盐度明显比典型的黑潮中层水高。位于 1000～2500m 的水体来源于进入南海并下沉的低温高盐太平洋深层水。南海站位的表层水、次表层水和深层水都是由太平洋流入南海，而中层水全年总体上流出南海。在冬季和春季，北太平洋中层水入侵南海，较强；而在夏季和秋季，则是南海中层水流出到西菲律宾海，较弱。

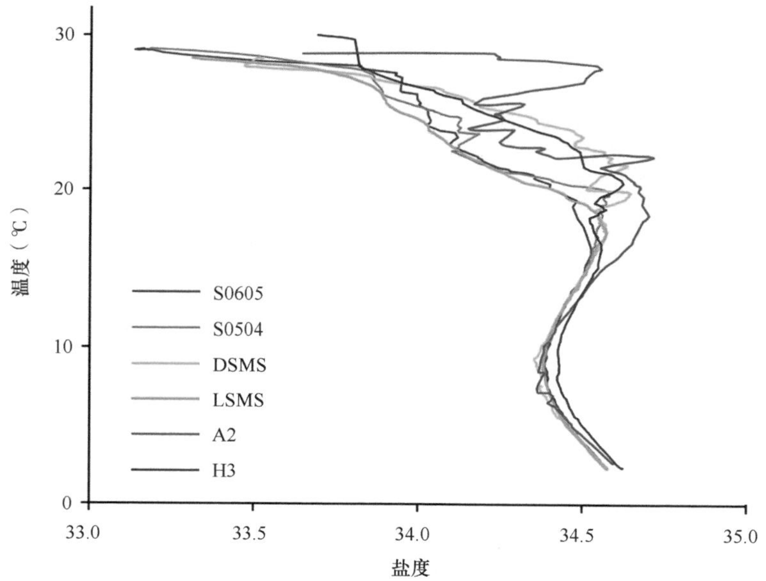

图 3.27　2013 年 10 月南海站位（LSMS、DSMS、S0605、S0504）和 2014 年 6 月南海站位（A2、H3）的盐度-温度图

海水中 ^{230}Th 大部分是母体 ^{234}U 衰变后原位生成，然而在岩源输入较高时，岩质 ^{230}Th 的贡献增大到不可忽略。基于岩源物质中的 ^{232}Th 含量及 $^{232}Th/^{230}Th$ 比值，可从测得的 ^{230}Th 中扣除岩质贡献，得到的就是过剩 ^{230}Th（$^{230}Th_{xs}$），即自生 ^{230}Th：

$$^{230}Th_{xs} = {}^{230}Th_{measured} - {}^{232}Th_{measured} \times \left(\frac{^{230}Th}{^{232}Th}\right)_{litho}$$

式中，$\left(\frac{^{230}\mathrm{Th}}{^{232}\mathrm{Th}}\right)_{\mathrm{litho}}=4.4\times10^{-6}$atom/atom，基于地壳中 ^{232}Th/^{238}U 比值计算而来。

Th 同位素之间含量高低可以相差几个数量级。如果不特别声明，下文中 ^{230}Th 含量就是指溶解态过剩 ^{230}Th。

水柱中溶解态 Th 含量的垂直分布如图 3.28 所示。一般而言，开阔大洋中 ^{232}Th 和 ^{230}Th 的含量分别在 pg/kg 和 fg/kg 水平上，并在数十倍范围内变化。本研究中南海部分站位上层水体中 ^{230}Th 的含量比开阔大洋相同水层高一个数量级，我们推测可能是南海大陆架沉积物间隙水中的 ^{230}Th 向上覆水体扩散并由水体运移到了相应站位而导致的。

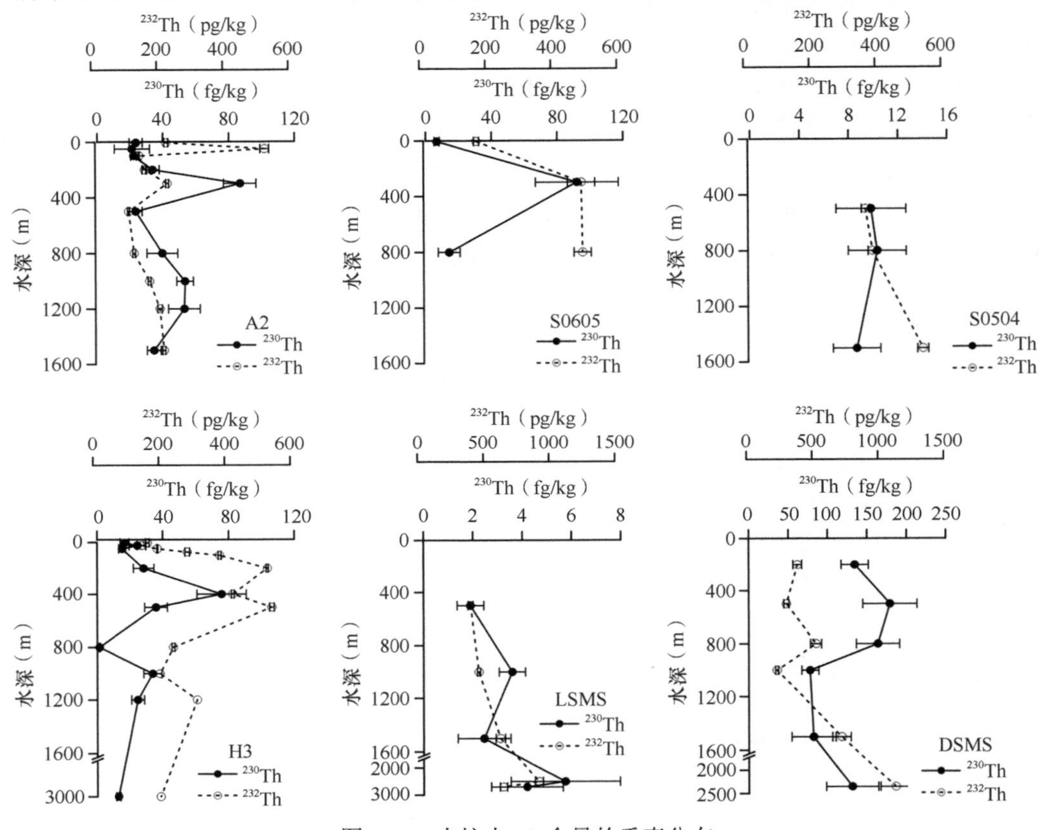

图 3.28 水柱内 Th 含量的垂直分布

S0605 站位的 ^{230}Th 含量在 0～500m 的分布与 H3、A2 站位相似，无论是含量范围还是变化趋势都极为一致，故可以一起讨论，并推测其具有相似的影响因素。S0504 站位是靠近吕宋岛的站位，^{230}Th 含量分布也不符合响应面法模型（RSM）的线性增大趋势，随着水深由 500m 到 1500m，含量略有降低，可能是受到沉积物再悬浮的影响。LSMS 站位位于吕宋海峡口附近，^{230}Th 含量比其他站位低，在水深 2000m 也出现了一定程度的亏损。

另外，南海 6 个站位中有表层 ^{232}Th 含量数据的包括 A2、H3、S0605 站位，其共同特征是，^{232}Th 含量的表层值低于次表层值，并出现中层极低值。^{232}Th 是陆源核素，海洋中 ^{232}Th 的主要来源是大气沉降。一般情况下，^{232}Th 含量在水柱中的分布特征为表层高，随深度增大而迅速下降。因此，推测有某种海盆尺度的过程增强了中层水 ^{232}Th 的清除，这一点与 ^{230}Th 相似，故可以探究它们背后共同的原因。。

采样站位 300～500m 层都存在 ^{230}Th 含量高值，并明显高于一维可逆清除模型的预测值，可能存在额外来源的贡献，其中一个可能是台湾岛南部陆架沉积物间隙水中 ^{230}Th 向上覆水体的扩散，并被下沉的经向环流携带运移到这些站位。DSMS 站位 400m 层 ^{230}Th 含量相对其他站位整体偏高（图 3.3），说明除了经向环流运移的贡献，还可能有一些当地的来源。DSMS 站位位于陆坡，水深为 2700m，邻近的南海东北部陆架沉积物间隙水可能是一个重要来源。这一猜测还有待后续研究确认。

南海中层经向环流由从南海通过吕宋海峡到太平洋的中层流出水驱动，表现为 500～1000m 出现较弱的逆时针经向环流。南海深层经向环流由通过吕宋海峡流入南海的高盐低温太平洋深层水驱动，表现为强劲的顺时针经向环流，它又可细分为南海南部深层经向环流、南海中部深层经向环流和南海北部深层经向环流（Shu et al.，2014）。采样区域主要受南海北部深层经向环流的影响。

Shu 等（2014）分别用南海 50m、1000m 和 3000m 水深的水平面流速图来反映上层、中层、深层的水平环流。南海上层水平环流由东亚季风驱动，在 11 月到次年 4 月有较强的东北向流动，其他时段为较弱的西南向流动，因此，年平均的流向为东北向，与西边界流共同形成一个气旋。黑潮的注入对上层水体影响较大。南海中层水平环流由从南海通过吕宋海峡到太平洋的中层流出水驱动，在南海海盆的西部和北部边界形成了 3 个明显的反气旋涡流。南海深层经向环流在运移过程中可能将深海沉积物再悬浮，并携带其向南运移；在上升流区，沉积物随水团上升，进入中层水（800m），使得悬浮颗粒物浓度增大。此外，深层经向环流在陆坡区抬升过程中也将陆坡沉积物再悬浮，进一步使悬浮颗粒物浓度增大。这些过程都将造成 500～1000m 颗粒物浓度增大，而颗粒物浓度的增大使得颗粒物清除作用增强，造成 Th 同位素的中层亏损现象。一般而言，Th 含量随深度增大而增大，而调查站位水柱下层 Th 含量明显低于上层，明显亏损的层位是：A2 站位的 500m、800m，H3 站位的 500m、800m，S0605 站位的 800m，DSMS 站位的 800m 和 1000m。S0504、LSMS 站位的 ^{230}Th 含量分别为 8.65～10.31fg/kg 和 1.90～5.74fg/kg，且缺乏 500m 以浅数据，无法判断是否符合线性分布、亏损或过剩。

为了进一步明确本研究中 Th 同位素含量的影响因素，根据海洋中 ^{230}Th 的收支平衡建立了 ^{230}Th 的一维可逆清除模型（图 3.29）。其中，C_p 和 C_d 分别为水体中颗粒态和溶解态的 ^{230}Th 含量，K_{-1} 和 K_1 分别为颗粒态与溶解态之间的解吸、吸附系数，有 $K=\dfrac{K_1}{K_{-1}}$，其中 K 为固液分配系数。采用 A2、H3 站位的溶解态过剩 ^{230}Th 含量在表层到 200m 的数据，进行 RSM 拟合（图 3.30），取 S=100m/a，则可计算得 A2 站位 0～200m 和 500～1000m 的 K 值分别为 0.07 和 0.11，H3 站位的 K 值为 0.06。

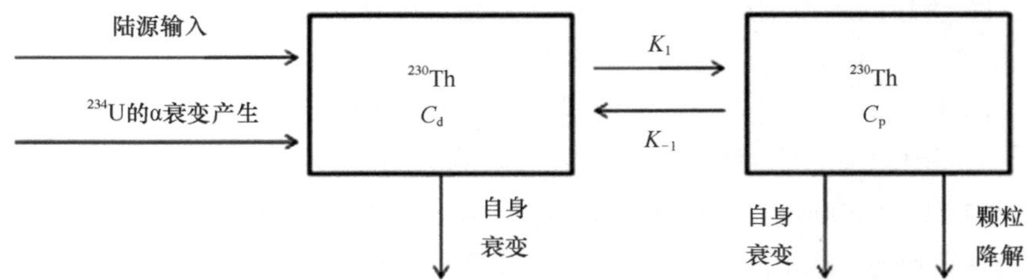

图 3.29 ^{230}Th 的一维可逆清除模型示意图

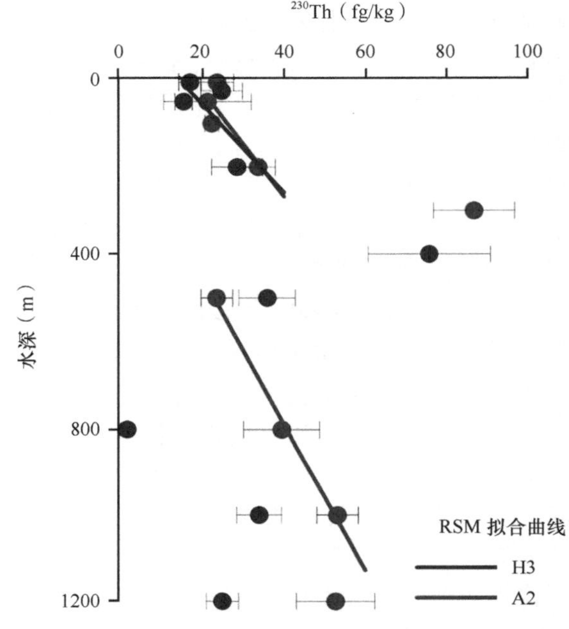

图 3.30 A2、H3 站位的 RSM 拟合曲线

K 一般与颗粒物浓度及组成有关，当组成固定时，其与颗粒物浓度正相关，有 $K_D=K/P$，其中 P 为颗粒物浓度，K_D 为吸附解吸平衡常数。南海 A2 和 H3 站位距离大陆远且受河流输送物质影响小，故水体中颗粒物大部分来自海洋表层初级生产力产生的颗粒沉降，其中硅的组成比例高。通过 RSM 拟合可知，A2 站位 300m 处实测值高于拟合值；H3 站位 400m 处实测值也高于拟合值。A2 与 H3 两个站位 300～400m 层的 ^{230}Th 含量明显高于一维可逆清除模型的预测值，证实了对于它们存在额外来源的猜测。我们尝试计算额外的输入量。对于 A2 站位，300m 处的实测值（86.72fg/kg）与一维可逆清除模型预测值（42.68fg/kg）之差为 44.04fg/kg。对于 H3 站位，400m 处的实测值（75.70fg/kg）与一维可逆清除模型预测值（54.05fg/kg）之差为 21.65fg/kg。这些数据可能代表了陆架沉积物的输入。

3.1.2 天然稳定同位素示踪

水分子由氢、氧元素构成，这一属性决定了氢、氧元素的同位素在示踪海水运动、水团混合之类基本科学问题中具有不言自明的优势。此处所探讨的南海北部水体氢、氧同位素数据主要采集于1992年航次。对水样氧同位素测定采用 H_2O-CO_2 平衡法预处理，氢稳定同位素（氘，^{2}H或D）及氧同位素（^{18}O）测定采用气体稳定同位素质谱法，其基本原理是将待测对象转化为气体，此后经离子化、磁场偏转、质量分选等多种手段，来测定稳定同位素比值。稳定同位素组成以 δ 值（‰）来表示。

1. 南海北部水体氢、氧同位素示踪

南海东北部表层水体 δD 值落在一个较大的范围内，为–0.8‰～2.4‰，平均值为0.39‰。南海东北部部分区域及邻近黑潮区水体 δD 值的垂直分布见图3.31。

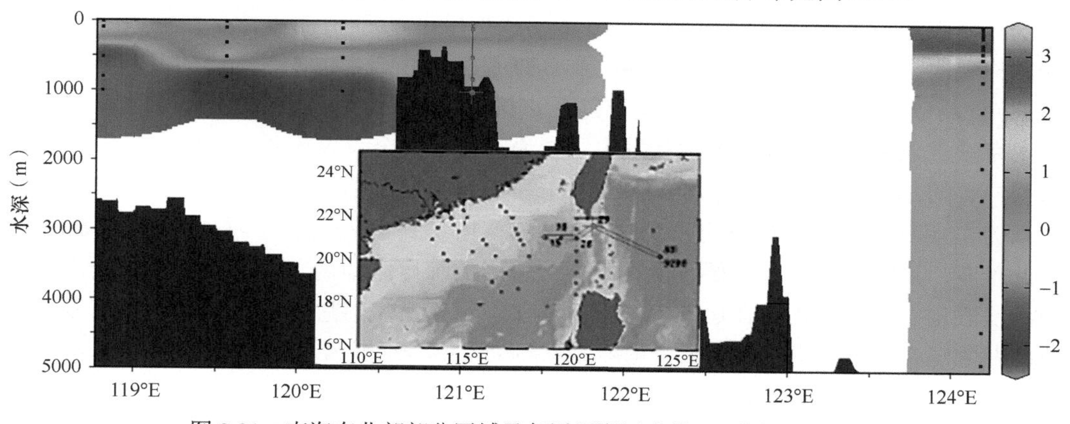

图3.31 南海东北部部分区域及邻近黑潮区水体 δD 值的垂直分布

（插入小图中红色连线为断面示意图）

表层水体 δ^{18}O 值为0.11‰～0.92‰，平均值为0.35‰。表层水体 δ^{18}O 值分布的空间差异较为明显。δ^{18}O 高值出现在调查海区东部，可能主要反映了黑潮入侵之后与南海水体混合的影响。δ^{18}O 低值出现在119°E附近。调查海区表层水体 δ^{18}O 值较大的空间可变性，暗示该海区影响 δ^{18}O 的因素相当复杂，这些因素可能主要包括降水与蒸发过程、陆地径流输入、水体垂直混合、邻近海域水体水平混合过程等。

就垂直分布而言，δ^{18}O 极大值大致出现在100m层，恰好对应于盐度最高值，在很大程度上暗示水团性质是决定水体氧同位素分布的根本原因。在300m层，水体 δ^{18}O 值较100m层小，反映了自盐度最高值层以下，盐度随水深增大而降低，δ^{18}O 值也逐渐减小。在300m层，δ^{18}O 高值中心出现在东北部21°N、120°E附近。吕宋口是黑潮进入南海的通道，在入侵路径上黑潮持续与南海水体发生物理混合而逐渐被改性，由此导致混合水体 δ^{18}O 值不断减小。假如以 δ^{18}O＞0.40‰ 作为黑潮入侵的氧同位素端元特征，那么，初步估计在500m层及以深，黑潮大致向西入侵至119°E，但其同位素特征基本止步于此。后续对黑潮入侵南海的示踪讨论，还将聚焦于氘同位素。

海水中的氢同位素丰度主要受控于哪些过程呢？一是，相变过程导致的同位素分馏；二是，来源及同位素组成各不相同的水体之间的混合和交换。由于水体端元氢同位素特征存在差异，其为水团运动路径及混合过程研究提供了一个理想的示踪剂，被用于相关物理海洋学等科学问题的研究。值得一提的是，相较于氧同位素，海水中稳定氢同位素（^{2}H或D）组成（δD）的变化范围更大（–3‰～8‰），这在很大程度上反映了核素自身

的属性差别。海水中 δD 值的变化范围在垂向上差异明显。一般来说，大洋深层水中氢同位素组成比较稳定，δD 值在 4‰ 附近波动。相较而言，大洋表层水的调控因素更为复杂，这一点不难理解。实际上，水循环中的诸多过程，如海洋表层的蒸发、水蒸气的冷凝、极地海区海冰的消生、海水与淡水的混合、海水的垂直混合、海水的涡动扩散等过程，无时无刻不对海水的氢同位素组成产生不同程度的影响，导致海水 δD 值的空间分布产生较大异质性。

可以发现，水体蒸发与降水过程、陆地径流显然不足以解释调查海域 δD 值的空间分布。δD 次高值出现在调查海域的东北部，推测应是反映了通过巴士海峡进入南海的太平洋表层水与南海表层水的混合。与表层分布相比，δD 值的垂直分布能揭示水体运移的深层次信息。在采样区域的 100m 层，δD 值呈现西高、中低、东高的分布特征，此处的 δD 高值水体源自何处呢？黑潮也具有 δD 高值的特点，由此推断，黑潮次表层水经巴士海峡进入南海，并与南海水体发生了较为充分的混合，导致此处出现 δD 高值特征。值得一提的是，次表层 δD 高值信号影响的空间范围较表层更大，且由东南向西北扩展。黑潮的 δD 高值信号在 100m 之下仍然非常明显，但是到 800m 以深其影响就相当微弱了。由此推断，黑潮入侵信号主要体现在上层数百米的深度区间内，且入侵水体组分主要是黑潮次表层水及中层水。在运动路径上，随着通过巴士海峡进入南海的黑潮与南海水体不断发生混合并被逐渐改性，来自黑潮的氢同位素信号也渐渐消弭。

综上所述，水体 δD 值的空间分布特征可以为黑潮入侵南海提供重要证据，对于指示黑潮入侵空间范围较为灵敏。总体上，黑潮入侵南海的空间范围较为有限，其西进锋大致止于 119°E 以东，影响深度达 600m 上下。必须指出，黑潮入侵南海的强弱可能在很大程度上受气候波动（如厄尔尼诺-南方涛动）的影响，因此具有一定的可变性，这一点也可能反映在水体氘同位素的空间分布差异上，未来需要予以重视。

在采样时期，观察到水体 δD 值与中尺度涡存在一定程度的空间耦合。在吕宋岛西北和东沙群岛西南的两个冷涡区，大致对应 δD 低值水涌升区，判断其涌升层位在 500m 层上下，这表明 δD 值是示踪南海水体运动的灵敏指标。物理海洋学参数如温盐结构、遥感海表面高度异常等，被广泛应用于中尺度涡研究，而开展海洋环境中同位素分布的调查研究，则可以提供有力的化学佐证（如水体稳定同位素指标 δD），对于海洋过程研究是有力的工具。对于邻近河口区，淡水可能影响水体氘同位素的分布格局，氘的调控因子更为多元而复杂，其作为水体运动及混合示踪剂的效果，需要谨慎评估，此处不多涉及。

Zhou 等（2022）报道了 2018 年春、夏季南海西北部水样的 δ^{18}O 值及 δD 值，以示踪上升流区的水动力过程。研究发现，在春季，水温较低的地区 δ^{18}O 值及 δD 值普遍较高，而在夏季则没有这种现象，暗示水动力条件的季节差异是调控同位素分布的主要因素，夏季上涌水向东平流是造成这种现象的原因之一，这一观点可以通过 δ^{18}O-S 关系图得到支持，而 δ^{18}O-S 回归线夏季斜率大于春季。与传统的水文观测相比，采用稳定同位素示踪可望量化上升流的贡献份额，是研究上升流区水动力过程的有力工具。

2. 南海北部颗粒物碳、氮同位素示踪

颗粒有机物是海洋生物地球化学循环的核心载体之一，在上层的停留时间较短，是

食物网重要的基础物质，快速参与生物地球化学过程。颗粒有机物稳定碳、氮同位素组成携带了有机物质从生产及之后转化、迁移、改造等过程的信息，因而是海洋生物地球化学循环研究的重要对象。此处以大亚湾的研究为例，2015 年夏季开展了大亚湾水体悬浮颗粒有机碳（POC）、颗粒氮（particulate nitrogen，PN）含量及其同位素组成（δ^{13}C，δ^{15}N）的研究（牟新悦等，2017），采样站位见图 3.32。

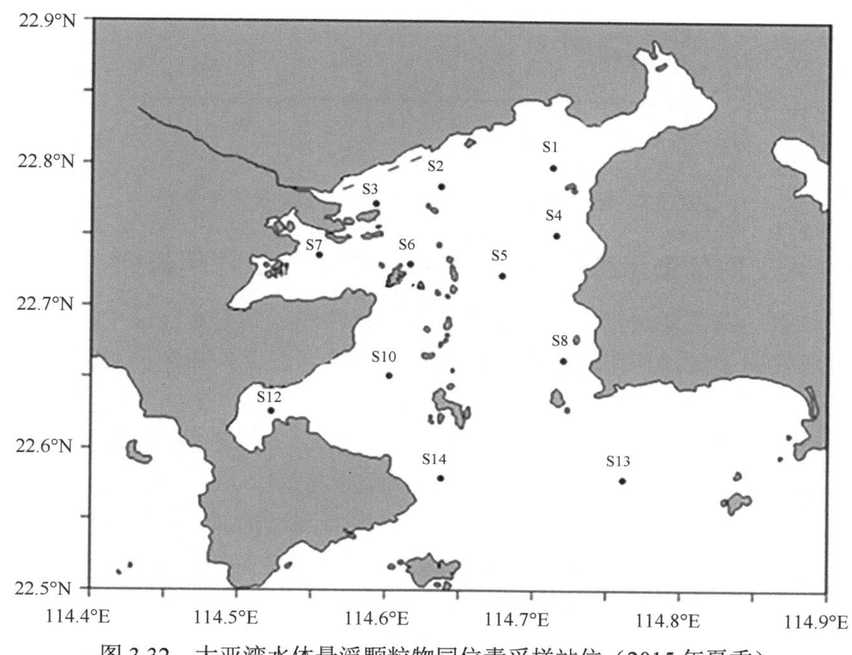

图 3.32 大亚湾水体悬浮颗粒物同位素采样站位（2015 年夏季）

在采样时期，大亚湾水体悬浮颗粒物同位素组成的变化范围分别是：$\delta^{13}C_{POC}$ 为 –25.7‰～–17.4‰（平均为 –20.2‰），$\delta^{15}N_{PN}$ 为 –6.3‰～10.4‰（平均为 8.2‰）。颗粒物稳定碳、氮同位素组成被广泛应用于有机物溯源研究。在采样区域，水体悬浮 POC、PN 的含量及其稳定同位素组成的空间异质性，在很大程度上反映了物源特点。如何理解这一论断呢？在喜洲岛附近海域，存在高 POC、高 PN、高 $\delta^{13}C_{POC}$ 和高 $\delta^{15}N_{PN}$ 的特征，对应于浮游植物水华的主导贡献；与之相对地，东北部（范和港附近）海域具有高 POC、高 PN、低 $\delta^{13}C_{POC}$ 和高 $\delta^{15}N_{PN}$ 的特征，反映了河流/河口水生有机物的影响；湾顶附近海域的 $\delta^{13}C_{POC}$ 和 $\delta^{15}N_{PN}$ 出现低值，充分反映了陆源有机质和人类污水排放的信号。

夏季大亚湾海域 POC 含量与 PN 含量的关系如图 3.33 所示。鉴于端元值组成迥异，采用 $\delta^{13}C_{POC}$ 和 $\delta^{15}N_{PN}$ 的三端元混合模型可以定量出不同端元（海洋自生、陆源输入、河流/河口水生）有机质对悬浮颗粒有机物总储库的贡献分别为 70%、13% 和 17%。显然，海洋自生（海洋现场原位生产）是夏季大亚湾悬浮颗粒有机物的最主要来源，并且这一贡献比例湾内高于湾外，在一定程度上与初级生产力的空间分布趋同。此外，河流/河口水生有机质含量在大亚湾东北部出现高值，而陆源输入有机质含量在表层、底层出现不同态势，表层陆源输入有机质含量在湾中部海域最低，而底层则呈现出自湾内向湾口增加的趋势，这在很大程度上反映了地理因素（离岸距离）及水体相关过程（珠江冲淡水、粤东沿岸上升流）的影响。

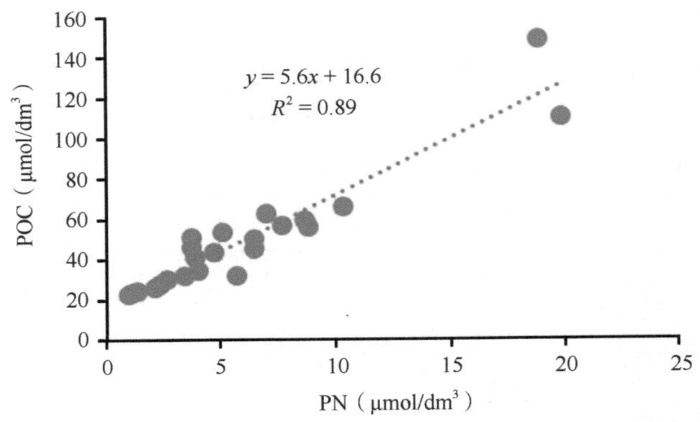

图 3.33 夏季大亚湾海域 POC 含量与 PN 含量的关系

3.1.3 人工同位素示踪：基于 ^{15}N 同位素的固氮作用研究

人工同位素示踪主要是指人为地将同位素标记物添加到海水样品中，对某些特定过程进行示踪研究的手段。在南海北部，相关研究主要通过以外加同位素标记物示踪关键生源要素（如碳、氮）循环关键过程。

氮是重要的生源要素之一，在很大程度上调控着海洋初级生产力及对大气 CO_2 的吸收。在固氮酶作用下，某些海洋微生物具有将普通生物难以利用的氮气（N_2）转化为结合态氮的能力，是为固氮作用，在很大程度上调控着海洋的新生产力结构和对大气 CO_2 的净吸收。20 世纪 60 年代，Dugdale 等（1961）在马尾藻海通过稳定 ^{15}N 同位素示踪研究首次证实了海洋生物固氮作用的存在。在此后的几十年间，对于海洋固氮作用重要性的认识日益清晰，固氮作用成为海洋生物地球化学研究的重要内容。准确定量固氮速率（NFR）对于评估海洋氮收支平衡及对大气 CO_2 的吸收，以及理解气候变化有不可替代的重要意义。

1. 大亚湾水体固氮速率

过去很长一段时间，近岸水体的固氮作用被严重忽视了，主要的可能原因包括近岸水体具有较高的无机氮营养盐含量、固氮作用限制性元素的传统观点等。但是，逐渐有线索指向近岸水体作为潜在固氮作用热点的可能性不容小觑。有鉴于此，我们选择大亚湾开展了近岸水体固氮作用的探索性研究。

大亚湾是位于南海北部的半封闭海湾，地理位置为 22.520°～22.833°N、113.045°～114.828°E，东、西、北三面分别为平海半岛、大鹏半岛和惠州经济开发区，南侧为南海开阔海域。大亚湾海域面积约为 600km^2，水深为 6～21m，平均水深约为 10m，湾内岛屿众多，地形复杂，在天文潮及岛内地形的共同影响下，大亚湾的潮流特征为不正规半日潮，运动形式以往复流为主，湾内水体交换表现为湾口强于湾顶、东部强于西部的特征。大亚湾周边河流较少，其中淡澳河径流量最大，其河口位于大亚湾西北角，年径流量约为 1.6×10^8m^3，其余河流的径流量远低于淡澳河。

在人类活动加剧的大背景下，大亚湾生态环境发生着快速变化。自 20 世纪 80 年代起，大亚湾周边人口迅速增长，工农业、养殖业快速发展，旅游业也逐渐兴旺，大亚湾水体升温，无机氮营养盐浓度逐渐降低。其中，受核电站温排水的影响，大亚湾表层水温以每年约0.07℃的速度升高。此外，农业、养殖业废水以及生活污水的排放使大量的营养物质进入大亚湾，由于总体上水动力作用较弱，营养物质较易在当地累积，因此，大亚湾水体由原先的贫营养状态逐渐转变为富营养状态。自20世纪末起，惠州地区禁用含磷洗涤剂，因此人为排放的无机磷营养盐（PO_4^{3-}）减少，但DIN的排放始终处于较高水平，导致输入大亚湾的人源营养盐N：P比值迅速增加。环境条件（温度、营养盐浓度及结构）的显著改变，深刻地影响了大亚湾生态群落的组成，主要表现为暖水种数量增多、叶绿素a（Chl a）总量逐渐增加，但网采浮游植物总量逐渐降低，这说明大亚湾的浮游植物开始出现小型化的变化趋势，且生物多样性降低（王雨等，2012）。生态环境的改变可能会影响人类社会的可持续发展，因此，有必要了解大亚湾生态系统对人类活动影响的响应与反馈。

NFR的准确测定，是评估海洋固氮作用的生物地球化学意义的基本前提。在海洋固氮研究领域，同位素标记的$^{15}N_2$示踪吸收法是现场研究的主流方法，被率先应用于马尾藻海现场研究，证实了海区固氮作用的发生，其基本原理是将同位素标记氮气（$^{15}N_2$）引入海水体系进行封闭培养，基于稳定同位素比值质谱仪测定，追踪^{15}N示踪剂被结合到颗粒相的速率，进而定量NFR。该方法较以往的乙炔还原法测定NFR（基于固氮酶对乙炔的优先还原）更为直接可靠。

李丹阳（2020）依托国家重点基础研究发展计划，应用^{15}N稳定同位素示踪吸收法，于2015～2017年研究了大亚湾水体固氮作用。大亚湾水体固氮作用采样站位布设如图3.34所示，其中S1、S2和S3站位位于大亚湾北部近岸海域，邻近惠州经济开发区及石化工厂等工业区，同时距离陆地径流入海口较近；S4、S5、S8站位及S7、S12站位分别位于大亚湾东、西沿岸，均邻近大亚湾的水产养殖区；S11站位位于大亚湾核电站与岭澳核电站附近；S13、S14站位位于湾口海域，受南海潮波的影响较大。

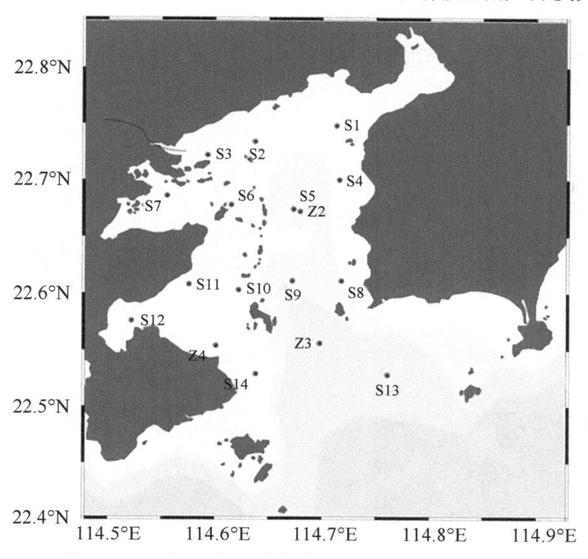

图3.34　大亚湾水体固氮作用采样站位布设图

调查期间，若不考虑水华站位，大亚湾表层Chl a浓度为1.3～63.1μg/L，春、夏季明显高于秋、冬季（图3.35）。整体而言，在大部分航次中，大亚湾湾顶区域的Chl a浓度高于湾口和湾外，仅2016年10月在湾口附近出现Chl a浓度高值。

200
150
100
50
0
Chl a（μg/L）
2015.7
2015.12
2016.3
2016.10
2017.4
2017.8
2017.11
2018.1
时间（年.月）

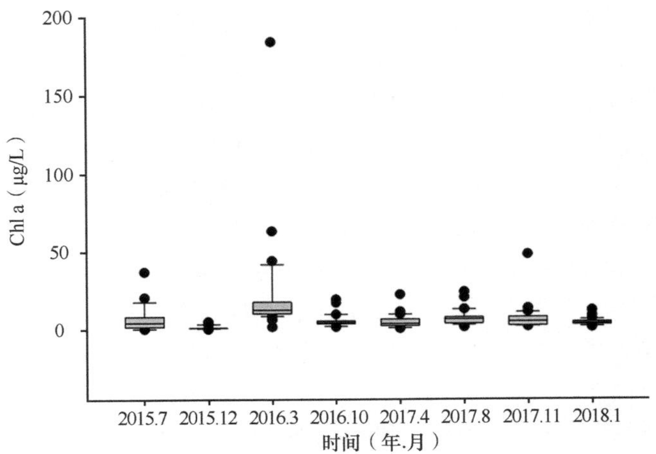

图 3.35　大亚湾 Chl a 浓度的季节变化

在采样时期，大亚湾表层 NFR 的分布如图 3.36 所示。

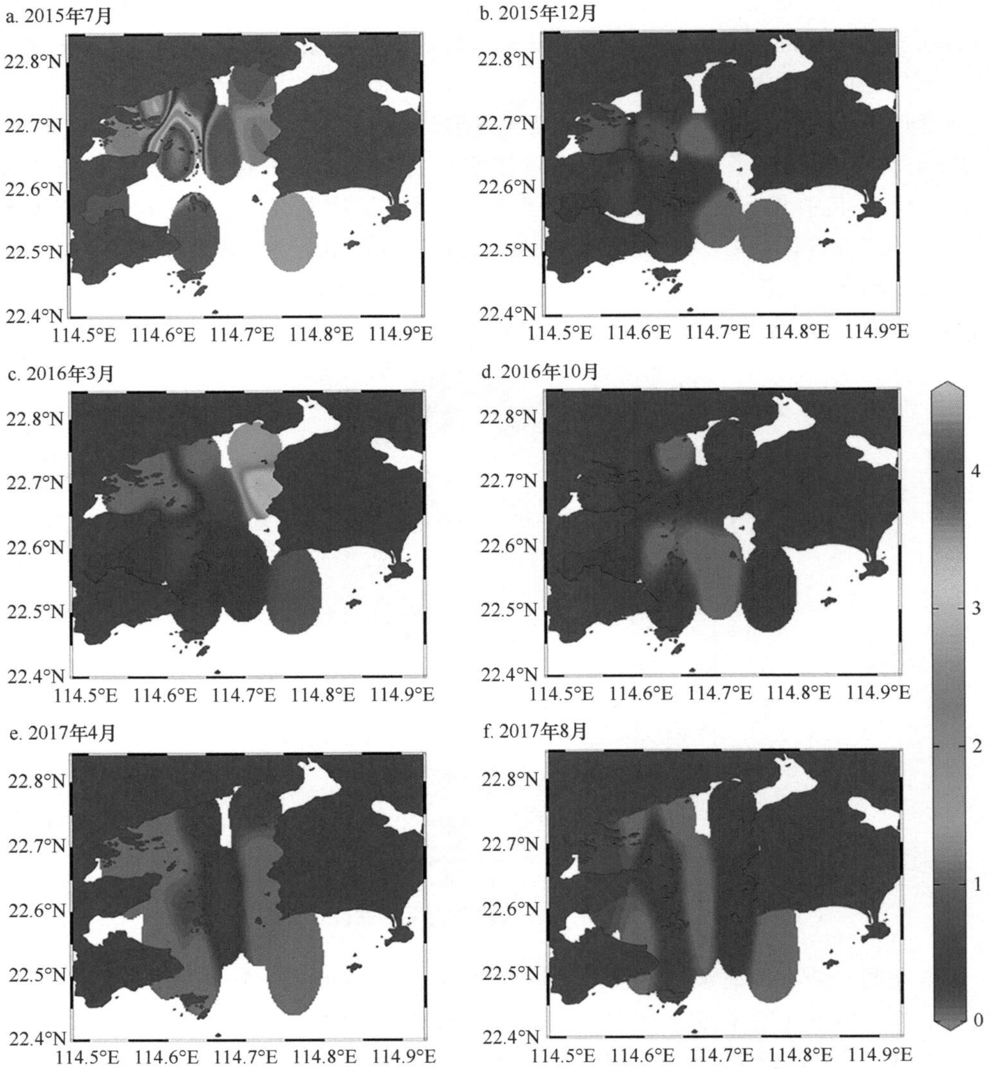

a. 2015年7月
b. 2015年12月
c. 2016年3月
d. 2016年10月
e. 2017年4月
f. 2017年8月
22.8°N
22.7°N
22.6°N
22.5°N
22.4°N
114.5°E
114.6°E
114.7°E
114.8°E
114.9°E
4
3
2
1
0

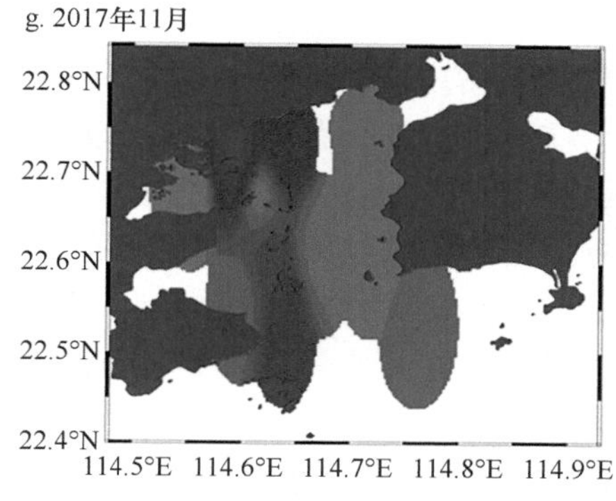

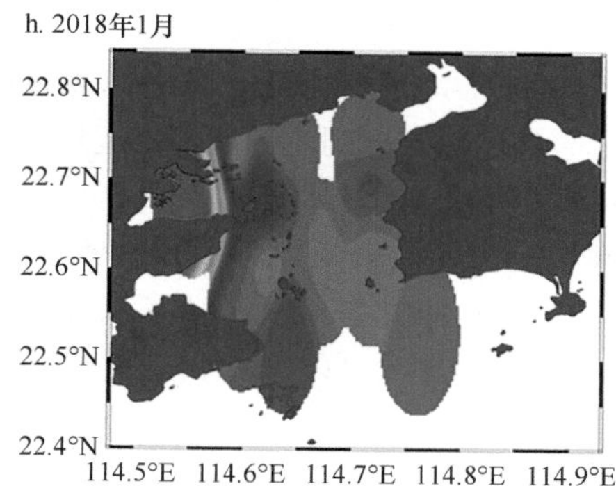

图 3.36　大亚湾表层 NFR［nmol N/(L · h)］的分布

春季，表层 NFR 的变化范围为 n.d.～3.31nmol N/(L · h)，存在一定的年际差异，即 2016 年 3 月的 NFR［(0.88±0.85) nmol N/(L · h)，*n*=15］整体高于 2017 年 4 月的 NFR［(0.29±0.19) nmol N/(L · h)，*n*=12］。就 NFR 分布而言，2016 年 3 月 NFR 的空间可变性似乎更大，表层 NFR 的最高值出现在 S4 站位［3.31nmol N/(L · h)］，总体的空间分布特征是东北角最高、西北角最低，且东侧高于西侧。2017 年 4 月，表层 NFR 的最高值出现在 S9 站位［0.57nmol N/(L · h)］，其余站位的差异较小。

夏季，表层NFR的变化范围为n.d.～4.51nmol N/(L·h)，2015年7月和2017年8月两个航次的均值分别为 (0.83±1.40) nmol N/(L · h) (*n*=10) 和 (0.32±0.19) nmol N/(L · h) (*n*=8)，两个航次的分布特征不同。2015 年 7 月，实测最高 NFR 出现在 S6 站位表层，高达 4.51nmol N/(L · h)，其余站位表层的 NFR 均较低。实际上，基本可以确定，在 S6 站位采样时期发生了藻华事件。2017 年 8 月，大部分站位表层未检出 NFR，NFR 的最高值出现在 S6 站位表层［0.67nmol N/(L · h)］，其余站位表层的 NFR 均较低。

秋季，表层 NFR 的变化范围为 n.d.～0.71nmol N/(L · h)，2016 年 10 月和 2017 年 11 月两个航次的均值分别为 (0.33±0.12) nmol N/(L · h) (*n*=15) 和 (0.23±0.24) nmol N/(L · h) (*n*=12)，NFR 的空间变化较小。

冬季，表层 NFR 的变化范围为 n.d.～4.06nmol N/(L · h)，最高值出现在 2018 年 1 月的 S7 站位表层，若不考虑该异常高值，冬季表层 NFR 的变化范围为 n.d.～1.02nmol N/(L · h)，比较而言，2015 年 12 月的调查值略高。从空间分布看，大亚湾西北角的 NFR 较高，其余站位表层的 NFR 差异较小。

在采样时期，大亚湾表层 NFR 的总体水平分布特征是湾内高于湾口及湾外。而在垂直方向上，各站位的 NFR 无统一的变化特征，大部分站位表层、底层差异较小，仅部分航次的个别站位表层、底层出现显著差异。

基于稳定氮同位素示踪，基本证实了大亚湾的固氮作用较为活跃。大亚湾部分站位的 NFR 落在南海开阔海域报道值的变化范围之内，但部分站位的 NFR 远高于南海开阔海域报道值，基本证实了科学假设，即大亚湾水体中较高含量的结合态氮并未完全抑制固氮作用。如果这一发现也适用于其他近岸水体，那么对于近岸海域氮循环的理解就有必要加以修正。传统观点认为，当 NO_3^- 和 NH_4^+ 的浓度达到一定水平时，固氮作用将会被抑制。但是，这一类观点的一个巨大的局限性在于将固氮作用视作微生物获得氮源的主要驱动力。实际上，固氮作用可能为微生物的某些关键生理活动营造了合适的微环境条件，而这一点可能才是更为重要的。本研究在大亚湾进行了 DIN 加富的培养实验（KNO_3^-：2.5μmol/L），但并未观察到对固氮作用产生明显的影响。显然，目前有关 DIN 对固氮作用的具体调控机制尚不清晰。近岸水体具有较高浓度的溶解有机磷（DOP），而对 DOP 生物可利用性的认识还很不充分。基于碱性磷酸酶，DOP 可能成为海洋细菌生长的重要磷源。因此，磷的生物可利用性可能并非大亚湾固氮作用的根本限制性因素。在大亚湾未观测到 NFR 与水体温度、盐度及无机营养盐浓度的统计学相关性，但观测到了 NFR 与初级生产力（PP）、Chl a 浓度、溶解有机碳（DOC）浓度及 POC 浓度的相关性。

分子生物学分析表明，大亚湾具有复杂的固氮生物群落结构，主要体现在兼具自养型单细胞固氮蓝藻与异养型固氮变形菌，而后者往往是大亚湾固氮酶基因丰度的主要贡献者。可以看到，大亚湾水体 NFR 的空间分布与文献报道的异养细菌丰度及细菌生产力的分布特征相近，反映了大亚湾固氮作用的主要贡献来自异养固氮生物。有机碳源的可利用性对细菌生长至关重要，那么，大亚湾水体以异养生物为主导的固氮作用是否受到溶解有机氮的调控呢？在 2016 年 3 月的航次中，大亚湾水体 NFR 与 DOC 浓度、POC 浓度之间呈现显著的正相关关系（图 3.37），显示有机碳可能促进了大亚湾的固氮作用。由此推测，有机碳对固氮作用的调控在类似的沿岸海域乃至开阔海域可能都是一个普遍存在的机制。未观测到大亚湾水体 NFR 与 DOC 浓度、POC 浓度的统计学相关性，这可能是由固氮群落组成、水文环境、浮游植物生物量及生产力的季节变化等因素共同导致的。在部分近岸站位，各航次均观测到较高的 DOC 浓度与 POC 浓度，但是并非同时观测到高 NFR，有时 NFR 甚至低于检测限，暗示有机碳对固氮作用的调控作用具有复杂性。通常来说，浮游植物光合作用产生的光合有机碳具有较高的生物可利用性。尽管此前没有看到大亚湾类似的报道，但皮尔逊（Pearson）相关性分析表明，在 2015 年 7 月至 2016 年 3 月的航次中，DOC 浓度、POC 浓度与 PP、Chl a 浓度之间存在显著的正相关关系（表 3.4）。因此，浮游植物可能是大亚湾有机碳的重要来源之一（李丹阳，2020）。

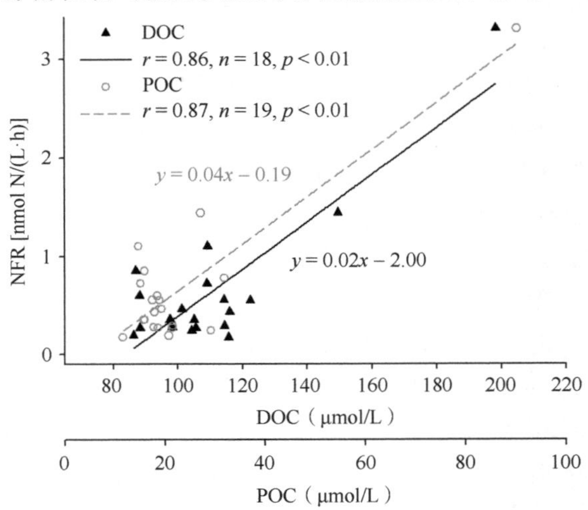

图 3.37　2016 年 3 月大亚湾水体 NFR 与 DOC 浓度和 POC 浓度的关系

表 3.4 大亚湾 DOC 浓度、POC 浓度与环境参数及初级生产力的皮尔逊相关性分析

	时间	参数	*T*	*S*	NO_2^-	NH_4^+	NO_3^-	PO_4^{3-}	SiO_3^{2-}	Chl a	PP
POC	2015 年 7 月	皮尔逊相关性	0.388	−0.048	0.266	0.217	0.248	0.072	0.153	0.620**	0.365
		显著性	0.068	0.829	0.180	0.276	0.213	0.720	0.446	0.001	0.124
		N	23	23	27	27	27	27	27	27	19
	2015 年 12 月	皮尔逊相关性	0.242	−0.256	0.549**	0.795**	−0.154	0.511**	−0.218	0.585**	0.944**
		显著性	0.234	0.206	0.004	0.000	0.452	0.008	0.286	0.002	0.000
		N	26	26	26	26	26	26	26	26	25
	2016 年 3 月	皮尔逊相关性	0.198	−0.107	0.033	−0.153	−0.087	0.175	0.204	0.771**	0.837**
		显著性	0.293	0.572	0.861	0.418	0.646	0.355	0.280	0.000	0.000
		N	30	30	30	30	30	30	30	30	28
DOC	2015 年 7 月	皮尔逊相关性	0.569**	−0.281	0.476*	0.524**	0.531**	0.419*	0.208	0.552**	0.507*
		显著性	0.005	0.194	0.012	0.005	0.004	0.029	0.297	0.003	0.027
		N	23	23	27	27	27	27	27	27	19
	2015 年 12 月	皮尔逊相关性	−0.421*	−0.514**	0.008	0.485*	−0.185	0.023	−0.136	0.593**	0.302
		显著性	0.029	0.006	0.969	0.010	0.355	0.909	0.499	0.001	0.126
		N	27	27	27	27	27	27	27	27	27
	2016 年 3 月	皮尔逊相关性	−0.031	−0.551**	0.778**	0.470*	0.541**	0.875**	0.600**	0.454*	0.419*
		显著性	0.887	0.006	0.000	0.024	0.008	0.000	0.002	0.030	0.047
		N	23	23	23	23	23	23	23	23	23

注："*"和"**"分别表示在 0.05 水平和 0.01 水平上显著相关；溶解态无机营养盐、POC、DOC 的浓度单位为 μmol/L；Chl a 浓度单位为 μg/L；PP 单位为 μmol C/(L · h)

综合全部航次的数据发现，大亚湾的 NFR 与 Chl a 浓度之间存在显著的正相关关系（相关性分析未考虑发生水华的 S6 站位），如图 3.38 所示。大亚湾浮游植物的优势种是硅藻与甲藻，固氮生物的占比非常小，因此，固氮生物量及 NFR 的变化不太可能主导 Chl a 浓度的变化。

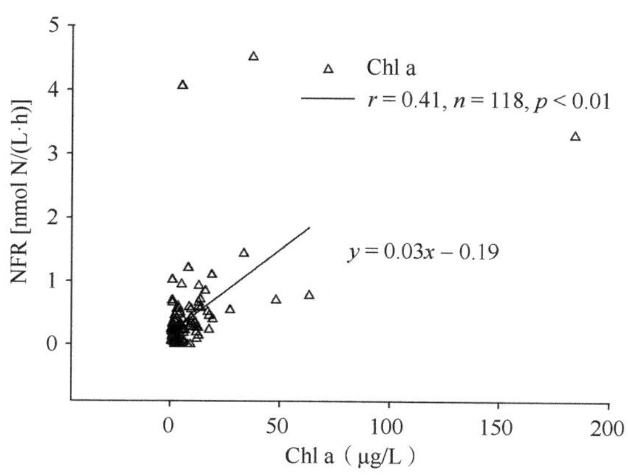

图 3.38 大亚湾水体 NFR 与 Chl a 浓度的相关性（黑色线代表拟合线）

综合春、夏季航次的数据发现，大亚湾的NFR与PP之间存在显著的正相关关系（相关性分析未考虑发生水华的S6站位），如图3.39所示，而且在水华站位可同时观测到PP和NFR的高值。根据各航次NFR的均值，大亚湾生物固氮通量估计为2.5×10^{7}mol/a，远小于河流输入、大气沉降等其他氮源的通量，固氮作用所提供的氮支持的生产力（假设C ∶ N比为106 ∶ 16）占初级生产力的比例仅为0.3%左右。因此，春、夏季观测到的NFR与PP的相关性并非生物固氮提供的氮支持了绝大部分的初级生产力所致，而是存在其他的关联机制。

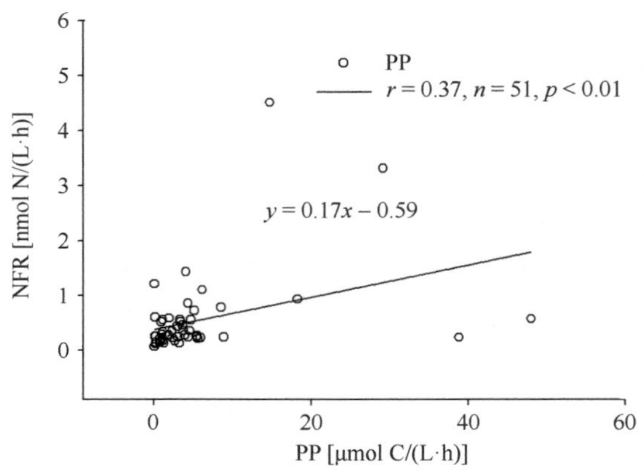

图3.39 大亚湾春、夏季NFR与PP的相关性（黑色线代表拟合线）

如前文所述，在部分航次中，DOC浓度、POC浓度与PP、Chl a浓度均存在显著的正相关关系，综合全部航次的调查也可以看出，PP与Chl a浓度的高值几乎全部对应着DOC浓度、POC浓度的高值，由此可以反映，浮游植物是大亚湾有机碳的重要来源之一。夏季，大亚湾海洋现场生产过程应该是溶解态及颗粒态有机碳的主要来源。综上，大亚湾的浮游植物可能通过光合有机碳的生产影响有机碳的可利用性，进而调控着大亚湾的固氮作用。

为了进一步研究浮游植物光合有机碳与固氮作用的关系，对大亚湾光合作用来源的有机碳（PDOC、PPOC）的浓度进行了估算。假定浮游植物产生的光合有机碳与生物量（Chl a浓度）成正比，通过分别拟合DOC浓度、POC浓度与Chl a浓度之间的线性关系，并根据线性拟合结果估算浮游植物光合有机碳的含量。DOC浓度、POC浓度与Chl a浓度在2015年7月、2015年12月、2016年3月均呈现线性正相关关系（图3.40），由此计算出的PDOC浓度为n.d.～147.5μmol/L，春、夏季明显高于冬季；PDOC占DOC的比例为0%～60.8%，最大占比出现在2016年3月S3站位的表层；PPOC浓度为n.d.～126.0μmol/L，PPOC占POC的比例为0%～94.8%，最大占比出现在2015年12月S3站位的表层。牟新悦等（2017）根据颗粒有机物（POM）的δ^{13}C和δ^{15}N估算了大亚湾POM的来源，发现海源自生POC占POC的比例在春季、夏季和冬季分别为（59±16）%、（71±20）%和（48±13）%，其中春季和夏季的估算值略高于本研究获得的数值，冬季的估算值略低于本研究的数值。

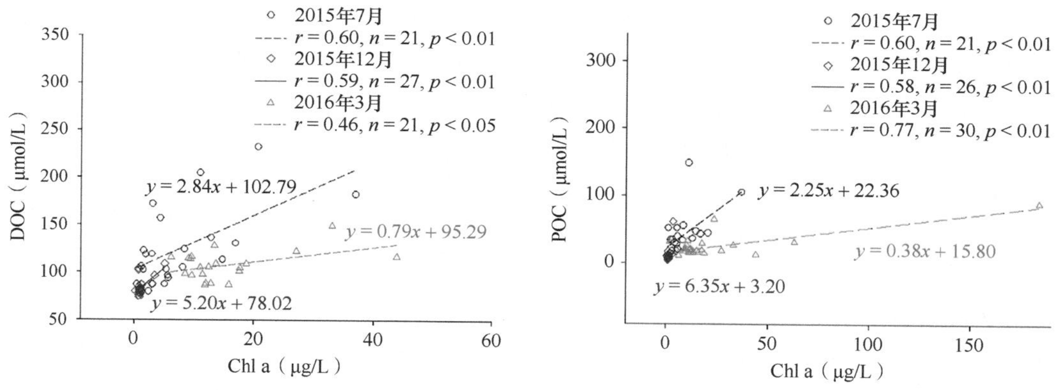

图 3.40　大亚湾 DOC 浓度、POC 浓度与 Chl a 浓度的相关性（散点表示实测值，直线代表拟合线）

综合各航次数据可以发现，NFR 与 PDOC 浓度、PPOC 浓度之间存在显著的正相关关系（图 3.41），这说明浮游植物产生的光合有机碳可以促进大亚湾的固氮作用。由于初级生产者与固氮生物间可能存在密切的联系，影响浮游植物生产力、浮游植物群落组成等的因素都可能直接或间接地影响近岸水体的固氮作用。大亚湾浮游植物光合有机碳与固氮作用的关系反映出固氮作用与初级生产过程之间的耦合关系，二者一方面存在竞争关系，另一方面也存在潜在的互惠关系。

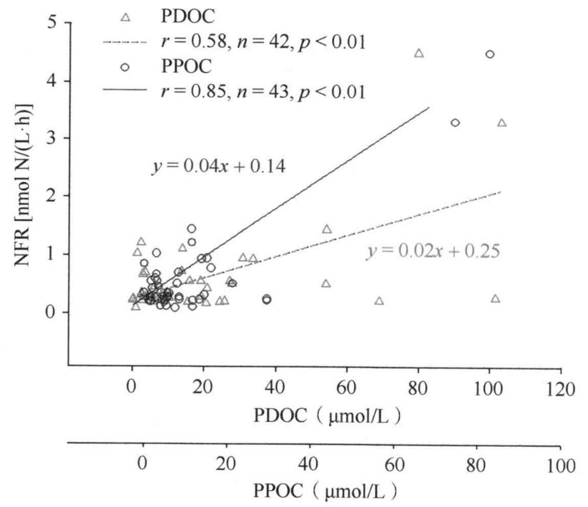

图 3.41　大亚湾水体 NFR 与 PDOC 浓度、PDOC 浓度的关系（散点表示实测值，直线代表拟合线）

受陆源输入和人类活动等的影响，大亚湾 DIN 浓度显著高于开阔大洋，即便如此，也不妨碍大亚湾存在较活跃的固氮作用。显然，高浓度 DIN 的存在不是抑制固氮作用的根本原因。就固氮作用必需的磷元素来说，由于近岸海域的 DOP 浓度较高，若细菌活跃地转化 DOP，那么供给细菌生长活动所需的磷相对而言是更有保障的，因而磷的可利用性未必是近岸水体固氮作用的主要限制性因素。从物理环境来看，大亚湾水体总体温暖（核电站温排水的影响有待长期研究加以解答），且季节波动较小，这可能是大亚湾较为适宜发生固氮作用的原因之一。尽管目前对大亚湾生物可利用铁的含量仍不是很清楚，但考虑到陆源输入的影响，铁的可利用性可能也不是大亚湾生物固氮的主要限制性因素。

目前，全球范围内有关近岸海湾生物固氮作用的研究主要集中在北太平洋的东、西沿岸和北大西洋东岸。早期的研究多关注近岸沉积物、海草床和珊瑚礁系统的固氮作用。近年来，有关近岸水体固氮作用的研究也逐渐增加，有别于传统认识，近岸海域的固氮作用非常活跃。张润（2010）测定了北部湾水体春、夏季的 NFR，发现夏季 NFR 明显高于春季，湾顶 NFR 高于湾口。尽管大亚湾的水深较浅，但积分 NFR 明显高于台湾海峡、南海上升流区域，这说明近岸海湾的固氮作用可能强于外海。需要指出的是，不同研究采用的方法不同，部分研究采用的方法可能会导致测得的 NFR 偏离真值，因此对不同研究结果之间进行对比存在困难。在未来研究中，有必要进一步规范统一 NFR 的测定方法，并对历史数据进行校正，既可以准确对比不同海域的 NFR，又有助于真实地反映海洋中氮的收支情况。

近岸水体固氮作用受有机碳调控是否具有普遍性是一个值得探究的问题。以大亚湾为例，研究发现该处水体固氮生物以异养型固氮变形菌为主（图 3.42），有机碳是海湾固氮作用的重要调控因素。由于固氮变形菌可能在沿岸海域广泛分布，因此推测有机碳对固氮作用的关键调控作用在沿岸海域广泛存在。

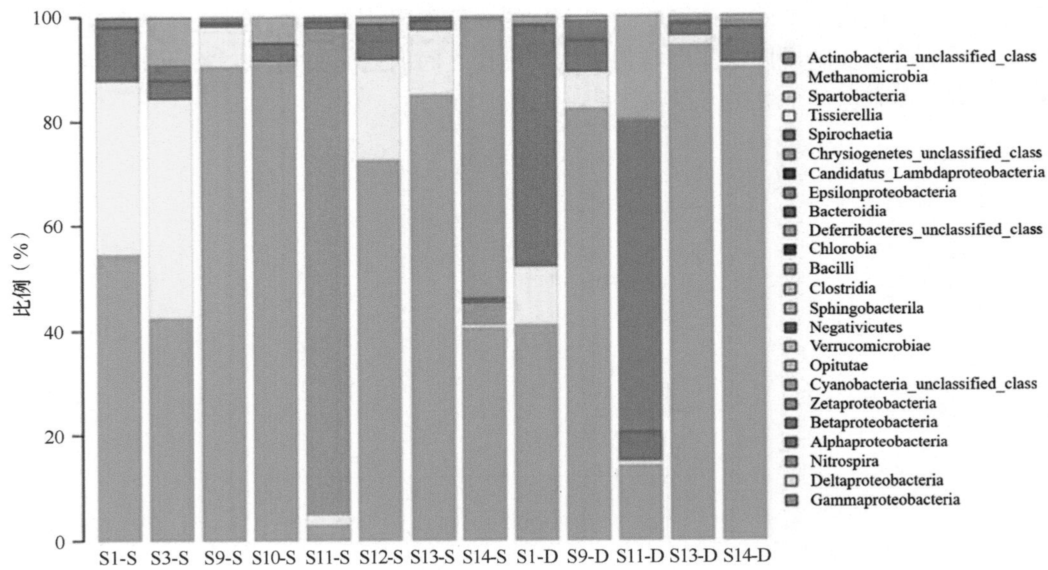

图 3.42　大亚湾水体基于固氮酶基因（*nifH*）丰度的固氮生物组成

对大亚湾浮游植物光合有机碳的估算结果表明，光合有机碳有助于促进固氮作用，说明浮游植物可能是通过改变有机碳的可利用性来间接调控大亚湾的固氮作用。我们推测，浮游植物光合作用对固氮作用的影响可能是近岸海域普遍存在的现象。在这种情况下，浮游植物的初级生产过程和固氮作用之间将存在相互促进的关系，固氮作用通过提供新氮源来支持浮游植物的初级生产过程，浮游植物则通过光合有机碳的产生来影响生物固氮作用（图 3.43）。NFR 与 PP 之间呈负相关关系，可能是海域固氮作用与初级生产过程对营养物质（如磷、铁）的竞争所致。大亚湾磷和铁很可能并不限制海域的固氮作用和初级生产力，因而对营养物质的竞争关系与地中海的情况有所不同。海洋固氮作用与初级生产过程之间的相互作用可能会随着海区营养环境的改变而发生变化，在不少沿岸海区，人类活动已经造成了富营养化、有机物累积、重金属污染等环境变化，这些变化如何影响固氮作用和初级生产过程的相互关系是未来值得深入探究的重要科学问题之一。

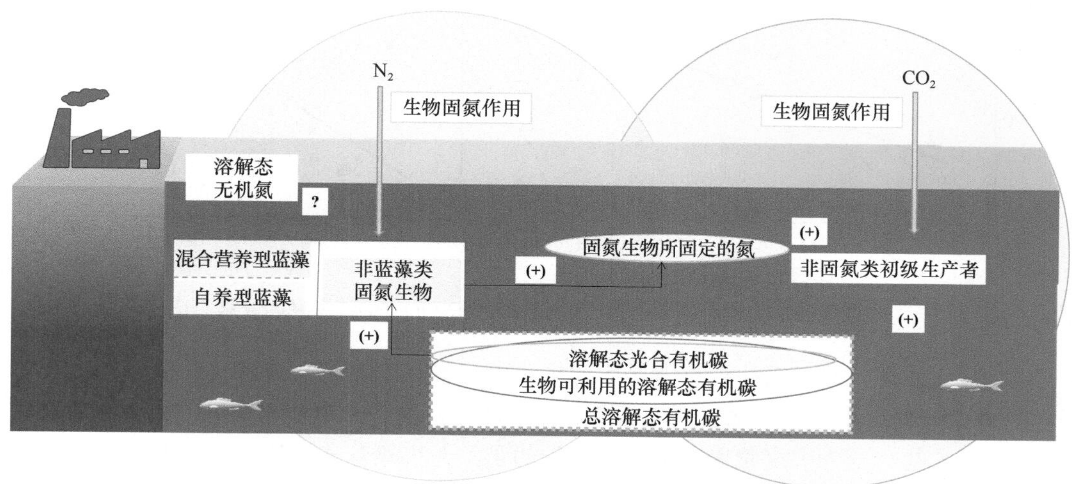

图 3.43　大亚湾生物固氮作用与初级生产力之间的耦合关系（Li et al.，2019）

一方面，研究发现大亚湾水体存在较为活跃的固氮作用，暗示近岸水体具有较高的无机氮营养盐浓度，并不必然抑制固氮作用的发生。NFR 的变化范围为 n.d.～4.5nmol N/(L · h)，春、夏季 NFR 明显高于秋、冬季（图 3.44）。整体而言，湾内 NFR 要高于湾口附近海域或邻近南海开阔水域的报道值。

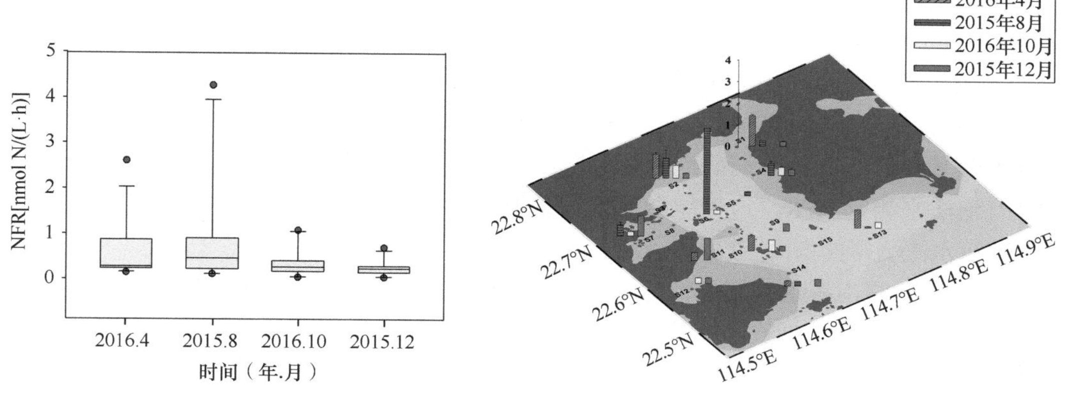

图 3.44　大亚湾水体 NFR 的时空分布

另一方面，溶解有机物可能是近岸海区固氮作用的重要调控因子。观察到 NFR 同 PP 及 DOC 浓度之间存在正相关关系（图 3.45）。推测在近岸海域，急剧改变的海区环境条件（营养盐浓度与结构、水温等）在很大程度上影响着浮游植物的初级生产过程，调控着较为新鲜的 DOC 的释放，为异养固氮生物（如变形菌等）的固氮作用提供了有利的条件。

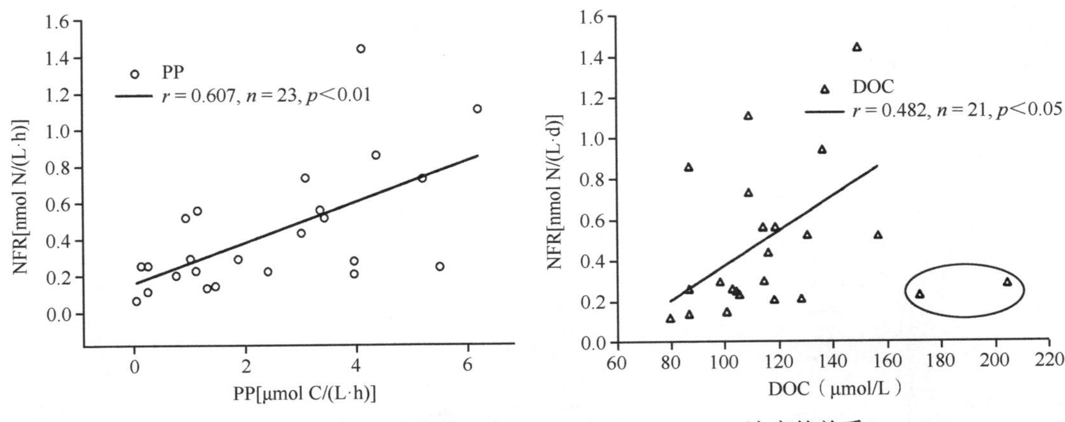

图 3.45　大亚湾水体 NFR 与（a）PP 和（b）DOC 浓度的关系

本研究发现，对于深化近岸海区生源要素循环的认识具有一定意义。需要指出，在过去 30 余年间，中国沿岸水体无机氮营养盐浓度的升高是一个普遍现象，如大亚湾海域已从寡营养盐转变为中度营养盐区域。有趣的是，无机氮营养盐浓度的提升，带来的未必是 NFR 的降低，而固氮生物组成可能经历了从自养型为主向异养型为主的演变。从通量角度而言，固氮作用并非该海区最主要的新氮源，但是异养固氮生物可能通过与颗粒物（生物/非生物）相结合，在海区生源要素的快速循环中扮演重要角色。近岸海区 NFR 的研究有待进一步深入开展，以期获得海洋氮循环关键过程的新认识。

2. 固氮速率测定的方法学探讨

南海的固氮生物群落组成较为复杂，早期的研究多关注束毛藻和单细胞蓝藻的固氮作用（Chen et al.，2008）。近年来的研究发现，异养型固氮变形菌在南海开阔海域广泛分布，其对南海固氮作用的贡献不容忽视（Chen et al.，2019）。已报道的南海固氮作用研究采用的方法各异（Chen et al.，2019；Kao et al.，2012；Voss et al.，2006），且研究区域往往较小，因此对不同研究所获数据往往很难进行比较。比较多的研究采用传统的 $^{15}N_2$ 气泡法来测定 NFR，这可能会导致 NFR 的低估（Großkopf et al.，2012）。目前采用富 ^{15}N 海水法测得的南海 NFR 极少。

为准确获得南海生物固氮的速率特征及其时空变化规律，本研究于 2017～2018 年在南海进行了大面积调查，研究区域包括南海东北部及吕宋海峡附近海域、珠江口附近海域、琼东附近海域及南海海盆区（图 3.46）。利用富 ^{15}N 海水法测定了这些海域的 NFR，结合固氮基因组成的分析，旨在准确揭示南海固氮作用的空间分布特征，同时结合历史研究结果，探讨影响南海固氮作用的环境因素。另外，对大亚湾和南海东北部海域开展了传统 $^{15}N_2$ 气泡法、富 ^{15}N 海水法和改进气泡法这三种方法实测结果的对比分析，评估早期文献报道值对 NFR 的可能低估程度，为构建南海的氮收支提供数据支撑。

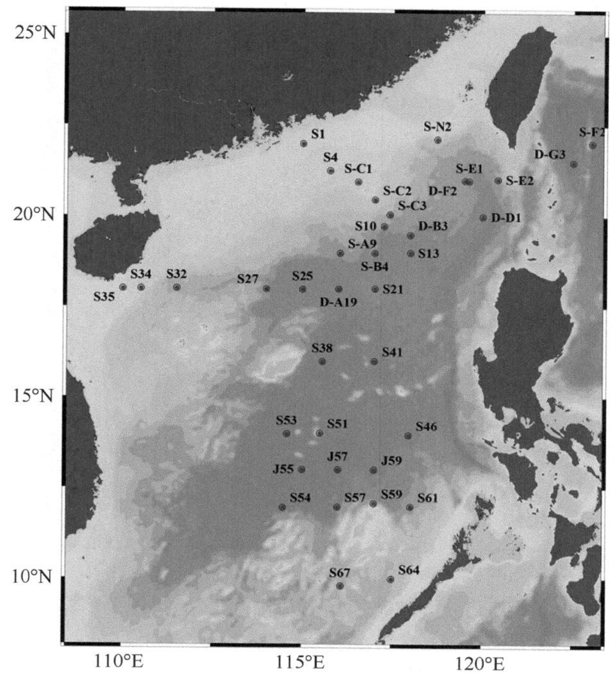

图 3.46 南海部分区域三个航次 NFR 的采样站位布设图

无前缀的站位为 2017 年 3 月航次的采样站位，带“S-”前缀的站位为 2017 年 7 月航次的采样站位，带“D-”前缀的站位为 2018 年 6 月航次的采样站位

南海三个航次 NFR 的变化范围和平均值如图 3.47 所示。三个航次的 NFR 具有 2018 年 6 月 NFR＞2017 年 7 月 NFR＞2017 年 3 月 NFR 的特征。从空间分布来看，南海东北部及吕宋海峡附近海域的 NFR 高于其他区域（图 3.48），各站位在垂直分布上不存在一致的变化规律，大部分站位的 NFR 随深度的变化较小，表层的 NFR 略高于 150m 层，台湾海峡南侧 S-N2 站位 25m 层的 NFR 明显高于其他层位。从整体上看，黑潮上游和吕宋海峡附近站位由表层至 150m 层均具有较高的 NFR，除此之外，18°N 断面 S27 站位的 NFR 也较高。

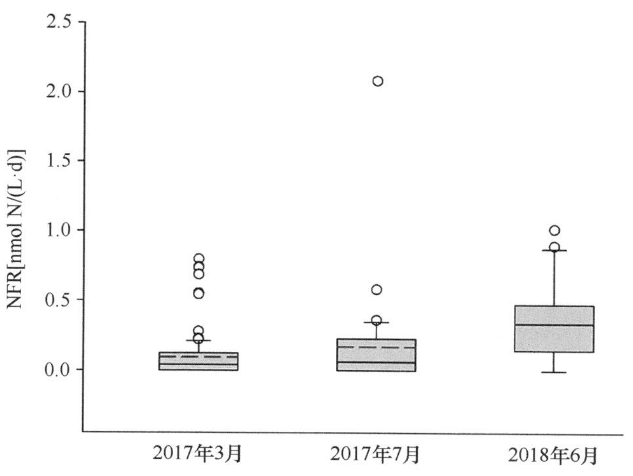

图 3.47 南海三个航次 NFR 的变化范围和平均值

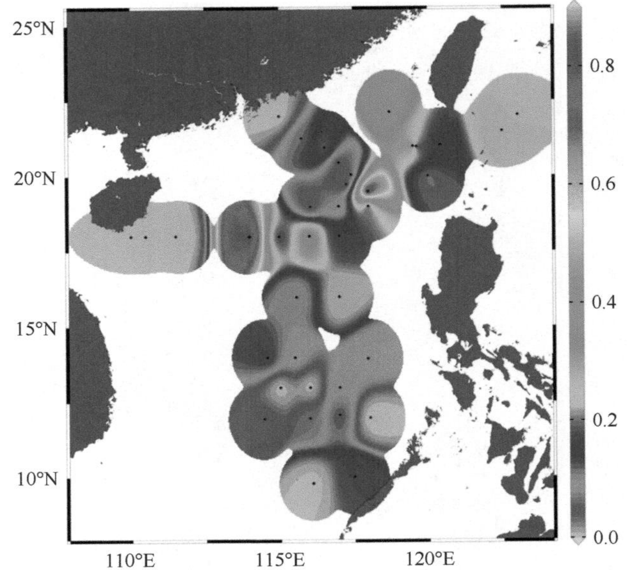

图 3.48 南海部分区域表层 NFR［nmol N/(L · d)］的空间分布

2017 年 3 月，表层 NFR 的变化范围为 n.d.～0.80nmol N/(L · d)，平均值为（0.11±0.16）nmol N/(L · d)（*n*=24），S27 站位出现最高值，其余站位的差异不明显（图 3.49）。0～200m 层 NFR 的变化范围为 n.d.～0.80nmol N/(L · d)，平均值为（0.16±0.09）nmol N/(L · d)（*n*=138）。在 S1～S13 断面，S1 站位的 15m 层和 50m 层具有较高的 NFR，分别为 0.55nmol N/(L · d) 和 0.54nmol N/(L · d)，其余站位的差异较小，其中 S4 站位仅在表层测出 NFR，S10 站位仅在 25m 层测出 NFR；在 18°N 断面，靠近海南岛的 S35、S34 站位的 NFR 低于检测限，其余站位均可测出 NFR，其中 S27 站位 0～150m 各层的 NFR 均明显高于其他站位；海盆区各站位表层的 NFR 差异较小，部分站位仅在表层测出 NFR。

2017 年 7 月，表层 NFR 的变化范围为 n.d.～0.36nmol N/(L · d)，平均值为（0.16±0.14）nmol N/(L · d)（*n*=7），S-N2 站位和 S-F2 站位较高（图 3.50）；0～100m 层 NFR 的变化范围为 n.d.～2.08nmol N/(L · d)，平均值为（0.17±0.38）nmol N/(L · d)（*n*=31）。在 S-F2、S-E2、S-E1、S-N2、S-C3、S-B4 和 S-A9 站位构成的断面上，仅 S-N2 站位测出较高的 NFR，其余站位的差异不大，位于黑潮上游的 S-F2 站位仅在表层测出 NFR。

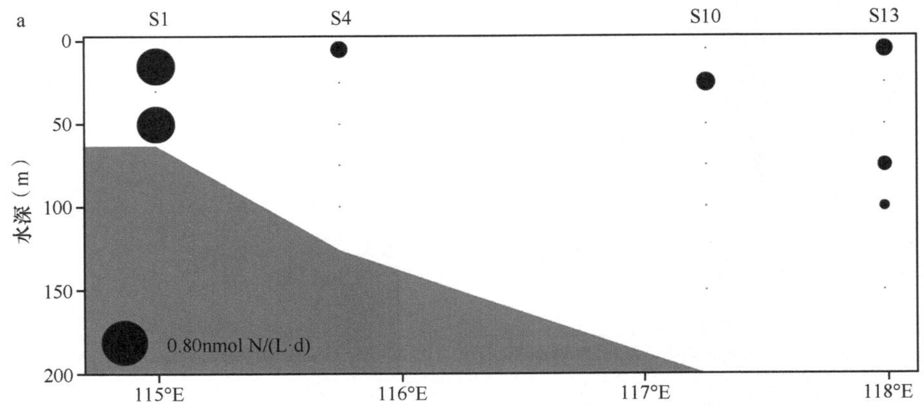

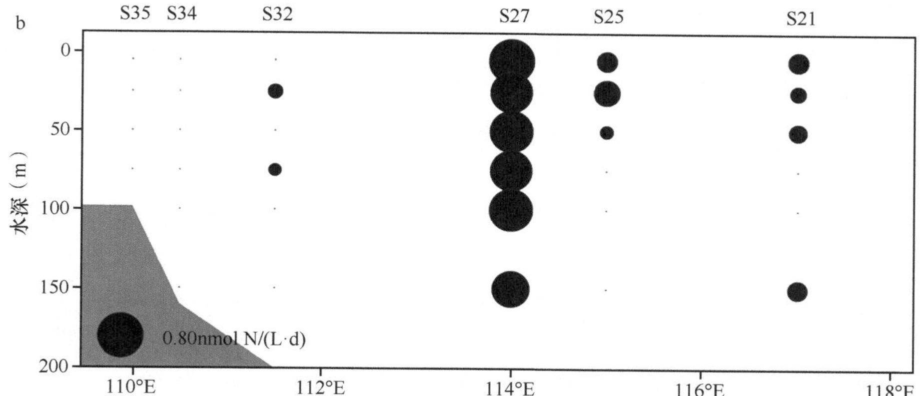

图 3.49　2017 年 3 月南海航次（a）S1～S13 断面、（b）18°N 断面 NFR 的分布

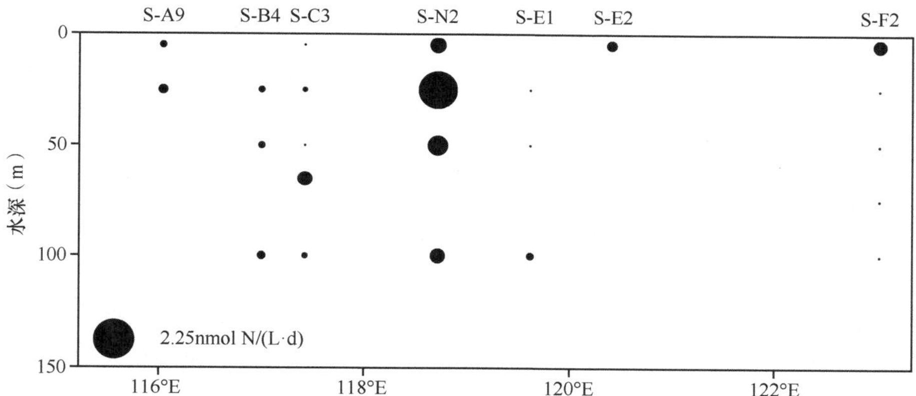

图 3.50　2017 年 7 月南海东北部 S-F2、S-E2、S-E1、S-N2、S-C3、S-B4、S-A9 站位 NFR 的分布

2018 年 6 月，表层 NFR 的变化范围为 0.11～0.90nmol N/(L · d)，平均值为（0.43±0.30）nmol N/(L · d)（n=5），最高值和最低值分别出现在 D-B3 站位和 D-D1 站位（图 3.51）；0～150m 层 NFR 的变化范围为 n.d.～1.01nmol N/(L · d)，平均值为（0.34±0.27）nmol N/(L · d)（n=29）。2018 年 6 月的各采样站位均可测出 NFR，其中黑潮上游 D-G3 站位各层位的 NFR 均较高。

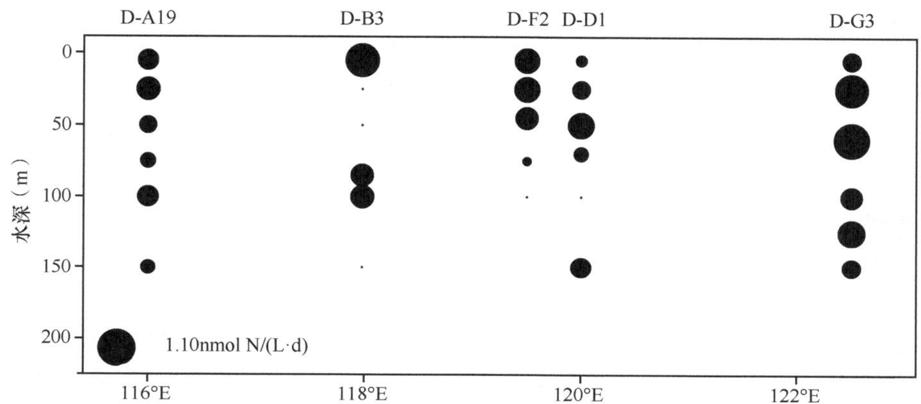

图 3.51　2018 年 6 月南海东北部 D-G3、D-D1、D-F2、D-B3 和 D-A19 站位 NFR 的分布

如果仅考虑 0～200m 层，本研究得到的深度积分 NFR 为 n.d.～160.5μmol N/(m^2 · d)，最高值出现在 S-N2 站位，S27 和 D-G3 站位也有较高的积分 NFR，分别为 140.0μmol N/(m^2 · d) 和 114.2μmol N/(m^2·d)。若以本研究得到的积分 NFR 平均值［28.1μmol N/(m^2·d)］为依据，将其外推到整个南海海域（总面积约 3.5×10^6km^2），可估算出南海通过固氮作用输入的氮通量为 3.6×10^{10}mol/a。

Kao 等（2012）根据 N^* 指数及稳定同位素质量平衡模型计算出 SEATS 站位由固氮作用引入的氮通量为（20±26）mmol N/(m^2 · a)，如果该值能够代表整个南海海盆（总面积≈ 1.8×10^6km^2）的话，则通过固氮作用输入南海海盆区的氮通量估计为 3.6×10^7mol/a。本研究在南海海盆区（S38～S64、J55～ J59 站）0～200m 层测得的积分 NFR 平均为（14.2±8.5）μmol N/(m^2 · d)（n=14），外推至整个南海海盆得到的固氮通量为 9.3×10^9mol/a，是 Kao 等（2012）估算值的 258 倍。Zhang 等（2015）利用 ^{15}N 示踪法测得了夏季琼东上升流海域的 NFR，由此估算出南海西北部陆架区固氮作用输入的氮通量为 1.4×10^9mol/a。根据本研究在琼东海域（S21、S25、S27、S32、S34、S35 站位）测得的 NFR［平均值为 30.3μmol N/(m^2 · d)］，外推得到的南海西北部陆架区（总面积约 3.3×10^5km^2，17°N 以北）固氮作用输入的氮通量为 3.6×10^9mol/a，是 Zhang 等（2015）估算值的 2.6 倍。

在有关南海 NFR 的研究中，不同研究采用的测定方法往往存在差异，即使采用的是 ^{15}N 示踪这一主流方法，示踪剂的添加方式不同也可能会对测定结果产生影响（Mohr et al.，2010）。Mohr 等（2010）认为，传统 $^{15}N_2$ 气泡法测得的 NFR 可能低于真实值，因而推荐采用富 ^{15}N 海水法进行 NFR 的测定。但迄今为止，除本研究外，报道的南海 NFR 大多是采用 $^{15}N_2$ 气泡法测得的，因而需要对气泡法和富 ^{15}N 海水法进行对比分析，以评估南海 NFR 的历史数据是否存在低估。

富 ^{15}N 海水法与传统 $^{15}N_2$ 气泡法测值之间的差异具有较大的时空变化，这种差异可能受到多种因素的影响，其中固氮群落组成可能是最重要的影响因素之一。本研究对大亚湾固氮类群 *nifH* 基因的研究结果表明，春季（2017 年 4 月）大亚湾的 *nifH* 基因主要由 Delta-变形菌贡献。Großkopf 等（2012）分析了北大西洋不同类型固氮生物主导的固氮群落对测定方法的敏感性，获得的结果与本研究存在一定差异。该研究指出，对于以束毛藻为主导的固氮群落，富 ^{15}N 海水法测得的 NFR 约为传统 $^{15}N_2$ 气泡法的 2.6 倍，对于以单细胞固氮生物、共生固氮生物和 Gamma-变形菌为优势种的固氮群落，富 ^{15}N 海水法测得的 NFR 约为传统 $^{15}N_2$ 气泡法的 6 倍（Großkopf et al.，2012）。除固氮生物组成外，水文、水化学要素的变化也可能会对两种方法的测值有一定影响。夏季（2015 年 7 月）大亚湾海面温度（SST）的变化范围为 29.3～31.1℃，明显高于春季（2016 年 3 月 SST 的变化范围为 17.1～21.9℃），温度较高时，N_2 的溶解度降低，这可能使传统 $^{15}N_2$ 气泡法的测值更低，从而导致两种方法测值的差异更大。另外，在夏季大亚湾的研究中，发现两种方法测值的比值与 DIN 浓度之间具有显著的正相关关系（r=0.76，n=7，$p < 0.05$），可能反映了无机营养盐含量变化对固氮生物群落的影响，不同固氮生物对测定方法的敏感性可能有一定差异，因而无机营养盐含量变化也会影响两种方法测值的差异。除固氮生物群落组成、水环境要素外，培养时间的变化也可能影响两种方法测值的差异。

3.2 南海中南部水体同位素分布及科学解读

3.2.1 天然成因的放射性核素示踪

1. 南海中南部镭同位素示踪

采样开展于1993～1994年，采集分析了南海中南部的^{226}Ra，采样站位布设情况如图3.52所示，均为表层水样。采用锰纤维富集与氡射气法分析^{226}Ra，其基本原理是通过测定子体核素^{222}Rn的放射性活度来确定^{226}Ra的放射性活度。测定流程简述如下：通过锰纤维富集镭同位素，装入密封扩散管，抽真空后放置5～7d，由^{226}Ra衰变不断产生子体^{222}Rn，通过载气将^{222}Rn送入预先抽真空的闪烁室，经一定时间达到平衡后，使用氡钍分析仪测量其放射性活度。

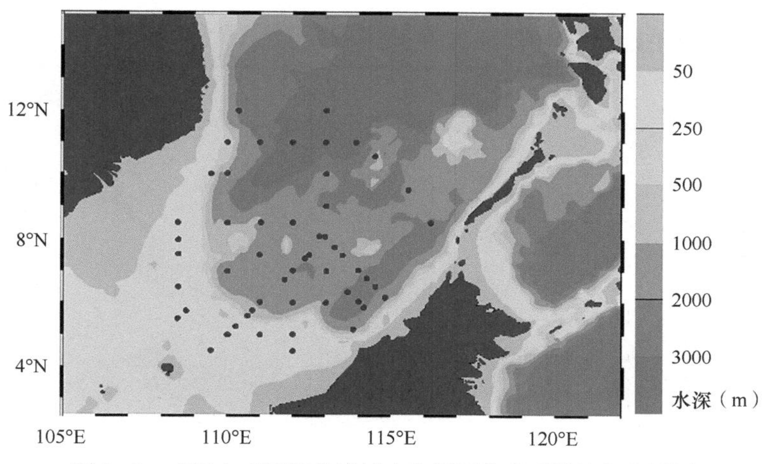

图3.52 南海中南部部分区域水体镭同位素采样站位布设图
1993年11～12月航次及1994年9～10月航次

1993年11～12月航次南海中南部部分区域表层水体^{226}Ra比活度的分布如图3.53a所示。总体上，^{226}Ra比活度变化幅度较小。整体而言，调查区域表层水体^{226}Ra比活度的空间异质性较小，这与^{226}Ra具有较长的半衰期是一致的。南海中南部与南海北部在海底地质地貌上差异巨大，南部分布有较多的浅滩等，尤其是某些站位水深较浅，密度跃层对来自底部沉积物向上扩散的^{226}Ra的阻隔作用减弱，可能使得底部沉积物的影响直达上层水体。此外，湄公河对南海中南部的影响范围甚大，在西南季风期其淡水影响范围尤为扩大，考虑到陆地径流是^{226}Ra的来源之一，由此可能影响该海域水体^{226}Ra的分布。南海中南部还有一个气候特点是降水量甚大，由于降水具有典型的贫^{226}Ra特点，因此其可能对海域^{226}Ra的空间分布产生影响。

1994年9～10月航次南海中南部部分区域表层水体^{226}Ra比活度的分布如图3.60b所示。^{226}Ra比活度的变化范围为0.90～1.41Bq/m^3，平均值为1.11Bq/m^3。可以看出，该海域^{226}Ra比活度的分布异质性较小，^{226}Ra比活度变化幅度不大，这种分布特点与^{228}Ra相比存在明显差异。即便如此，表层水体^{226}Ra的分布仍略呈东南部与西北部较低的特点，以等值线≥1.1Bq/m^3 作为分界线构成的水体呈东北-西南向，造成 ^{226}Ra 呈一定脊状分布格局。

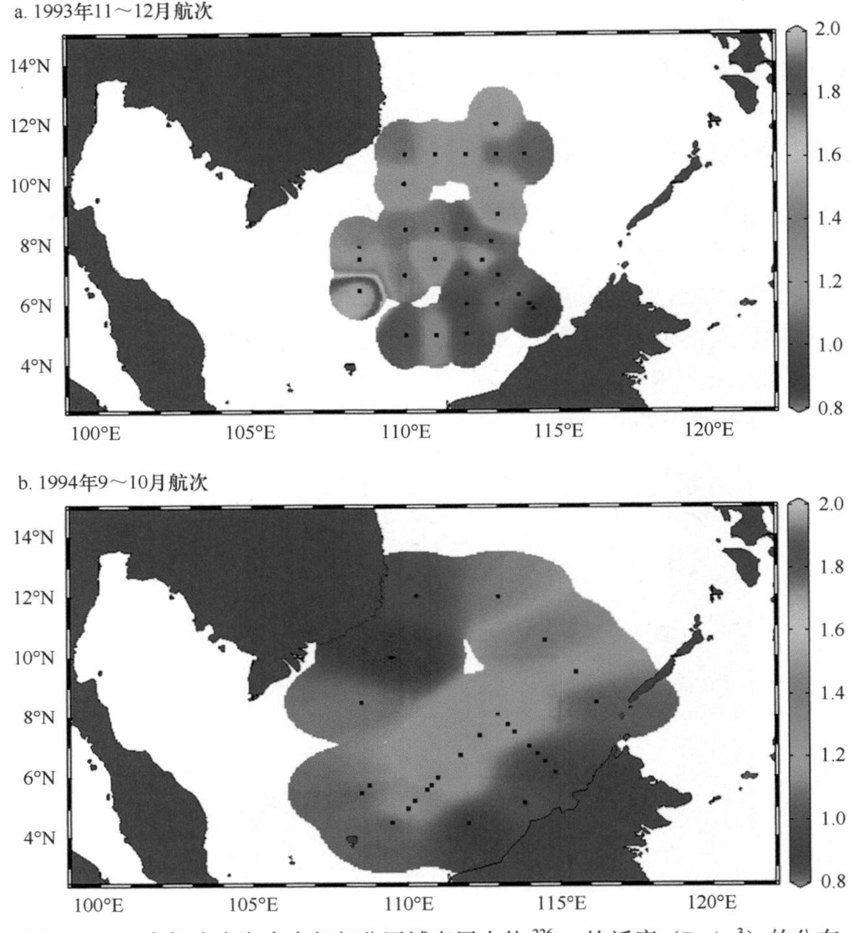

图 3.53　两个航次南海中南部部分区域表层水体 ^{226}Ra 比活度（Bq/m^3）的分布

将 1993 年 11～12 月、1994 年 9～10 月两个航次的南海中南部部分区域表层水体 ^{226}Ra 比活度分布合并于图 3.54。同样可以发现，较高的 ^{226}Ra 比活度出现在调查海域的东北-西南对角线附近海域，而在该对角线的两侧均有所降低。如何理解这一分布的成因呢？我们推测 ^{226}Ra 自身的核性质、^{226}Ra 来源、海底地貌等因素共同决定了这一分布。采样区域东北部位于南海中央海盆的西南端及其边缘，此处 ^{226}Ra 比活度大于 1.3Bq/m^3，而 ^{226}Ra 比活度大于 1.1Bq/m^3 所对应的海域除上述中央海盆外，都是水深较大的陆坡区。对远离陆地的海区而言，海底沉积物是最主要的 ^{226}Ra 来源，而从沉积物经间隙水扩散进入上覆海水是 ^{226}Ra 最主要的输运途径，水深大小对于该输运通量的影响可能是决定性的。^{226}Ra 具有长达 1602a 的半衰期，其理化性质皆决定了在海水中具有很长的停留时间，因此，由海底沉积物所贡献的 ^{226}Ra 通量很大，为上覆水柱源源不断地提供 ^{226}Ra。进一步研究 ^{226}Ra 的垂直分布精细特征，并应用于水体的垂直涡动扩散过程研究，不仅可以深化我们对南沙群岛海域 ^{226}Ra 来源的认识，还可以为示踪水体运动提供佐证。

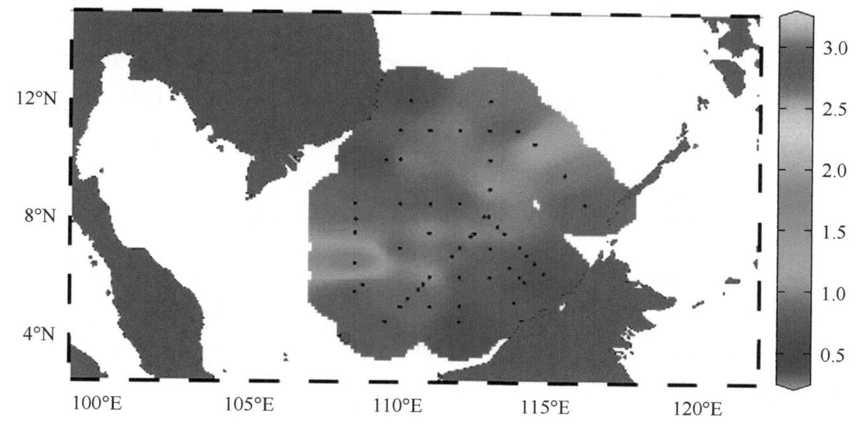

图 3.54　两个航次南海中南部部分区域表层水体 ^{226}Ra 比活度（Bq/m^3）的分布

基于 1993 年 11～12 月与 1994 年 9～10 月两个航次在南海中南部的研究结果，尝试探讨水体 ^{226}Ra 的时间可变性。我们主要关注表层水体 ^{226}Ra 比活度的分布。两个航次 ^{226}Ra 比活度的平均值都为 1.11Bq/m^3，相当一致。我们认为，总的说来，研究海域表层没有明显的年际变化，不像 ^{228}Ra 比活度的分布时间变化明显，这与核素自身性质密切相关，但不能排除个别站位由于降水等特殊原因而存在时间变化。

较为系统而深入地研究海水中 ^{226}Ra 的分布，并将其应用于大尺度的海洋环流研究，始于 20 世纪 60 年代的大型国际合作研究计划——“地球化学海洋剖面研究”(GEOSECS)。GEOSECS 的一个重要目标就是将 ^{226}Ra 作为海洋水体混合的一种示踪剂，基于跨大洋的 ^{226}Ra 含量和分布测定，首次获得了丰富的 ^{226}Ra 断面分布信息，并探讨了其特征及受控机制。进一步的研究提出了若干将水体物理运动和 ^{226}Ra 相结合的模式，促进了 ^{226}Ra 作为水体运动示踪剂的广泛应用。在南海中南部的调查表明，表层水体中 ^{226}Ra 含量分布较为均匀，^{226}Ra 比活度平均值为 1.11Bq/m^3，较近岸河口区低，但与邻近太平洋相当。来源、核性质乃至地形地貌等共同决定了海区 ^{226}Ra 的空间分布。就其分布的时间可变性，我们的了解还不够深入，我们认为 ^{226}Ra 分布的年际变化总体上应不明显。

^{228}Ra 是比 ^{226}Ra 半衰期更短的核素，因此其适用的示踪研究场景有所不同。南沙群岛海域表层海水 ^{228}Ra 样品采集于 1993 年 11～12 月航次及 1994 年 9～10 月航次，通过子体 ^{228}Ac 的 β 计数法测定 ^{228}Ra 的比活度。

测定结果表明，1993 年 11～12 月航次 ^{228}Ra 比活度落在一个较大的范围内（3.72～7.84Bq/m^3），平均值为 5.94Bq/m^3。^{228}Ra 比活度分布的空间异质性较为明显，高值出现在采样区域的东南部，次高值出现在采样区域的西北部和西南部，低值则出现在东北部，而中央大部分站位处于低值，某些站位测得的 ^{228}Ra 比活度高于周围水体，可能与邻近岛礁等因素有关。基于南海中南部表层水体 ^{228}Ra 比活度的分布，判断该区域的地形地貌及来源因素均对 ^{228}Ra 的分布产生了影响，这符合 ^{228}Ra 作为短寿命核素在海洋环境中循环的特点。

1994 年 9～10 月航次对 ^{228}Ra 的调查范围有所扩大。表层水体 ^{228}Ra 比活度为 4.54～8.72Bq/m^3，平均值为 6.43Bq/m^3，其水平分布格局与 1993 年 11～12 月航次相近。我们认为，^{228}Ra 空间分布的可变性由它的来源及属性（短半衰期核素）共同决定。调查海域西北部紧邻中南半岛，沿岸沉积物为邻近水体提供了更多的 Ra、湄公河水的输入、在河-海混合区悬浮物中 Ra 的解吸等因素对该区域较高的 ^{228}Ra 含量有一定贡献。在水体的混合作用、扩散作用及 ^{228}Ra 较短的半衰期共同影响下，在远离陆地的中央站位 ^{228}Ra 含量较低。在调查海域的东南侧，则有来自加里曼丹岛沿岸的沉积物为邻近水体提供 Ra。在调查海域西南部的纳土纳群岛周围分布着较广阔的陆架区，当地沉积物也可能是一个重要的 Ra 来源，由水体运动所携带，因此西南部表层水体成为 ^{228}Ra 含量的次高值区。而在远离陆地的南海中央海盆，水深较大，观测到较低的 ^{228}Ra 含量完全符合预期。

1994 年 9～10 月航次南海中南部表层水体的 ^{226}Ra 分布比较均匀，比活度平均值约为 10Bq/m^3，因而 $(^{228}Ra/^{226}Ra)_{A.R.}$ 主要由 ^{228}Ra 的放射性比活度所决定，不难看出，它的分布特征与 ^{228}Ra 的分布特征相似。调查海域表层水体的 $(^{228}Ra/^{226}Ra)_{A.R.}$ 远高于大洋表层水体，与长江口、黄海等的比值相近。

1994 年 9～10 月航次在南海南部陆架区连续观测站（水深 146m）开展采样，借助布放沉积物捕集器的机会，将锰纤维富集装置附于捕集器上下放到约 100m 水深处，于自然条件下浸泡 48h 以富集镭同位素，之后采用前述方法分别测定 ^{228}Ra 和 ^{226}Ra 的放射性比活度。结果显示（图 3.55），该站位 100m 水深处 $(^{228}Ra/^{226}Ra)_{A.R.}$ 显著低于表层水体。这是因为 ^{228}Ra 比活度随深度的典型变化模式一般是表层高（来自沿岸沉积物的水平扩散）、近底层高（来自底部沉积物的扩散）、中层水体低，因此判断该连续观测站的约 100m 水深处观察到的 $(^{228}Ra/^{226}Ra)_{A.R.}$ 低值反映了 ^{228}Ra 和 ^{226}Ra 这两种核素随深度变化的典型特征。

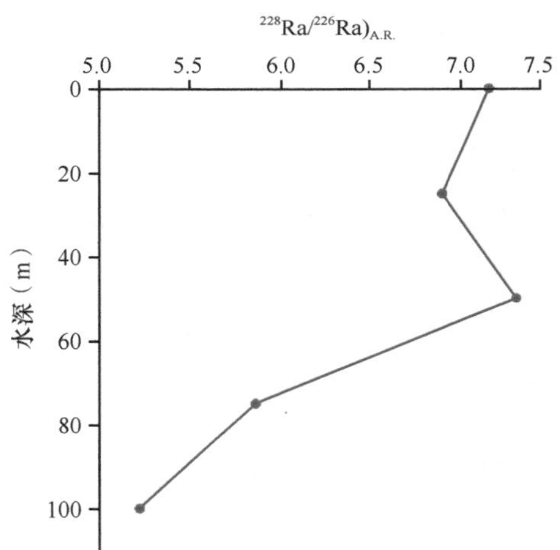

图 3.55　南海南部陆架区连续观测站（5.7°N，108.8°E）上层水体 $(^{228}Ra/^{226}Ra)_{A.R.}$ 的分布

就 ^{228}Ra 而言，由于半衰期较短，无论是由表层自上而下还是由沉积物自下而上扩散至 100m 水深处，其均有相当程度的衰变损失，尤其是低纬度海区密度分层更为显著，对于 ^{228}Ra 的“迟滞”作用更强。对于 ^{226}Ra 则有所不同，因为它主要来自海底沉积物，具有更长的半衰期，因此密度分层对它造成的影响比 ^{228}Ra 的小。图 3.56 展示了南海中南部水体 $(^{228}Ra/^{226}Ra)_{A.R.}$ 与 ^{228}Ra 比活度的关系，可以发现一个典型的特点，即二者存在较为良好的线性正相关关系，因此在很大程度上支持了上述解释。

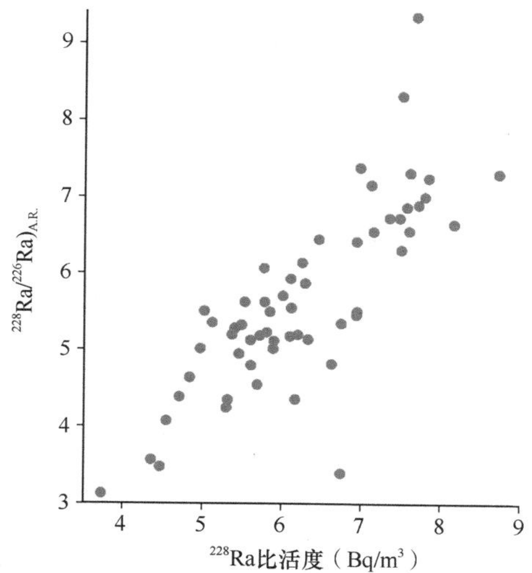

图 3.56 南海中南部水体 $(^{228}Ra/^{226}Ra)_{A.R.}$ 与 ^{228}Ra 比活度的关系

调查航次为 1993 年 11～12 月航次及 1994 年 9～10 月航次

我们发现，南海中南部表层水体 ^{226}Ra 的分布较为均匀，而 ^{228}Ra 的分布却有较大的变化。如前所述，两种镭同位素迥异的半衰期是导致二者分布差异的重要原因。在表层水体运动（平流、扩散）过程中，具有更长半衰期的 ^{226}Ra 可以实现充分的混合。而 ^{228}Ra 则不然，其半衰期较短，因此其与源地的地理距离成为调控其分布的重要因素，在邻近源地处 ^{228}Ra 比活度较高，向远端则迅速衰减，其衰减速度较 ^{226}Ra 快得多。二者的来源也不尽相同，在表层水体 ^{226}Ra 主要是受垂直扩散的调控，而 ^{228}Ra 主要受陆源输入的影响。因而，在调查海域 ^{226}Ra 基本上呈现出均匀分布的特点，而 ^{228}Ra 则高度依赖于其来源的可变性（地理环境等）。南海中南部某断面上 ^{228}Ra 比活度与断面距离的关系如图 3.57 所示。

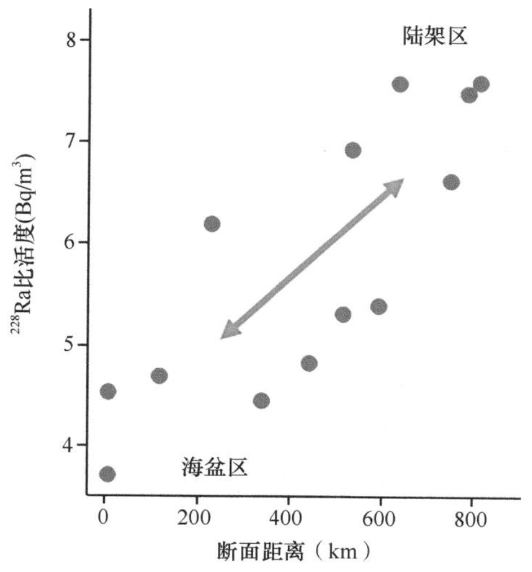

图 3.57 南海中南部某断面上 ^{228}Ra 比活度与断面距离的关系

断面起点为 12°N 海盆区站位；调查航次为 1993 年 11～12 月航次及 1994 年 9～10 月航次

2. 真光层颗粒动力学的 Th/U 同位素示踪

海洋初级生产者（主要是浮游植物）在真光层进行光合作用生产有机物，构成食物网的基础，随着摄食等过程加工改造，一部分有机物以沉降颗粒物的形式向下层水柱输出，由此将真光层的初级生产过程和碳埋藏过程联系起来。颗粒物沉降为水柱内的异养生物提供了有机碳源，也是诸多生源要素在水柱内再分配的重要途径，构成了生物地球化学循环的重要环节。在开阔海区，颗粒物的粒径谱甚广，覆盖胶体微粒（$<0.2\mu m$）至浮游动物介壳、粪粒及海雪等（毫米级）。此外，颗粒物自真光层被迁出后并非保持一成不变，而是在海洋环境中被活跃地改造着，如聚集、凝结、包裹等过程将较小的颗粒物转变为较大的颗粒物，而机械破碎作用、微生物活动的解聚作用及降解、再矿化等过程也改造着较大的颗粒物。自形成起，颗粒物（尤其是有机颗粒物）就不断地与各种颗粒活性核素发生吸附结合，因此，颗粒活性核素在此“颗粒物加工传送带”上的分布特征，对于解析颗粒物的跨粒径转化、迁出速率、迁出通量等具有独特的优势。此外，这些参数对于理解全球海洋碳吸收、碳埋藏具有极大的价值。因此，研究真光层颗粒动力学具有重要的科学意义。

海洋生物泵是指海洋生态环境中在生物活动驱动下，将碳元素从海洋表层向深层传递的过程。放射性同位素示踪法是定量生物泵的运转速率的有效方法之一。广泛应用的是放射性元素钍（Th），该元素对海洋颗粒物具有强亲和力，属于典型的颗粒活性元素。在真光层内，初级生产过程形成颗粒有机物，此时钍的各种同位素即被强烈地吸附到颗粒物上，进而从真光层中迁出、沉降。这些钍同位素主要包括 ^{232}Th（$T_{1/2}$= 1.41×10^{10}a）、^{230}Th（$T_{1/2}$= 75 200a）、^{228}Th（$T_{1/2}$= 1.91a）和 ^{234}Th（$T_{1/2}$= 24.1d），它们虽然都与颗粒物结合，但是由于核素性质（半衰期、衰变类型等）存在差异，可为不同时间尺度的海洋学颗粒物相关过程研究提供合适的天然示踪剂。值得一提的是，^{234}Th 以其相对较高的含量、半衰期与真光层颗粒动力学过程匹配的时间尺度等优势，被视作研究真光层颗粒动力学的理想示踪剂。此外，其他颗粒活性放射性核素如 ^{210}Pb 及其子体 ^{210}Po 的放射性不平衡、^{228}Ra-^{228}Th 不平衡等也被用于真光层颗粒动力学的研究。

在海水中，^{234}Th 来自 ^{238}U 不断发生的放射性（α 型）衰变。在开阔大洋，铀元素的主要存在形态是溶解态的 $UO_2(CO_3)_3^{4-}$，以颗粒态存在的 ^{238}U 可以忽略不计，导致 ^{238}U 在大洋水体中呈现保守性的分布，这就为 ^{234}Th 提供了稳定的产生速率。与之相反，在海水中钍主要以水合物离子的形式存在，非常容易被颗粒物所吸附，进而被清除、迁出。由此，就造成了所谓的 ^{234}Th-^{238}U 的放射性不平衡，该不平衡程度的大小就是颗粒被清除、迁出过程强弱的一个衡量指标，赋予其示踪真光层颗粒动力学的能力。

在南海中南部（4°～12°N，108°～114°E）的采样中，基于 ^{234}Th-^{238}U 不平衡研究了真光层颗粒动力学，并探讨了与生物泵相关的科学问题，探讨了南沙南部水体铀同位素的空间分布、^{234}Th 自上层水体的清除、真光层层化结构及与输出生产力的关系、上层水体中 ^{234}Th 固/液分配等。

（1）南海南部水体铀同位素的空间分布

在海洋环境中铀系不平衡研究和应用中，铀同位素的研究是基础，因此首先必须了解水体中的铀浓度及其同位素组成，进而准确建立海洋环境中铀的质量平衡模式。从来源角度来看，地表岩石化学风化产生铀同位素，进入氧化性的海洋水体环境中，主要存在形态是稳定的铀酰络离子 $UO_2(CO_3)_3^{4-}$，与之形成鲜明对比的是，它的子体（如 ^{234}Th、^{230}Th、^{231}Pa、^{210}Pb 和 ^{210}Po 等）往往是较强的颗粒活性核素，此地球化学行为的分异导致海洋环境不同相态或储库中存在铀与其子体间的放射性不平衡，由于半衰期存在差别，赋予了它们示踪不同时间尺度海洋学过程的价值。

南沙群岛周边部分海域表层水体 ^{238}U 浓度的分布如图 3.58 所示，平均值为（3.03±0.12）μg/L。$(^{234}U/^{238}U)_{A.R.}$ 的变化范围为 1.13～1.18，平均值为 1.13±0.03。就水体铀同位素而言，观察到铀浓度的时空可变性较小，这符合铀在海水中呈保守性分布的特点，主要体现在大洋水体中铀浓度与盐度呈正相关关系。在总体差别不大的分布特征之下，由于边缘海介于大洋与大陆之间，各种界面过程非常活跃，同时受到陆地径流、降水、沉积物类型、地质地貌等多环境因素的复合影响，因此在自沿岸向开阔海区的过渡带上，即便是铀同位素也可能表现出一定的变化趋势。盐度变化可能导致铀同位素的差异，然而，基于调查采样区域的铀盐比值，该海域铀浓度变化更可能反映了来源的复杂性，即盐度变化难以完全解释所观察的空间可变性。

^{238}U 比活度在垂直方向上变化较小（图 3.59），如前所述，海水中的铀绝大部分以溶解态的形式存在，因此，南海铀同位素的垂直分布与大洋水体中均匀分布的性质相同。

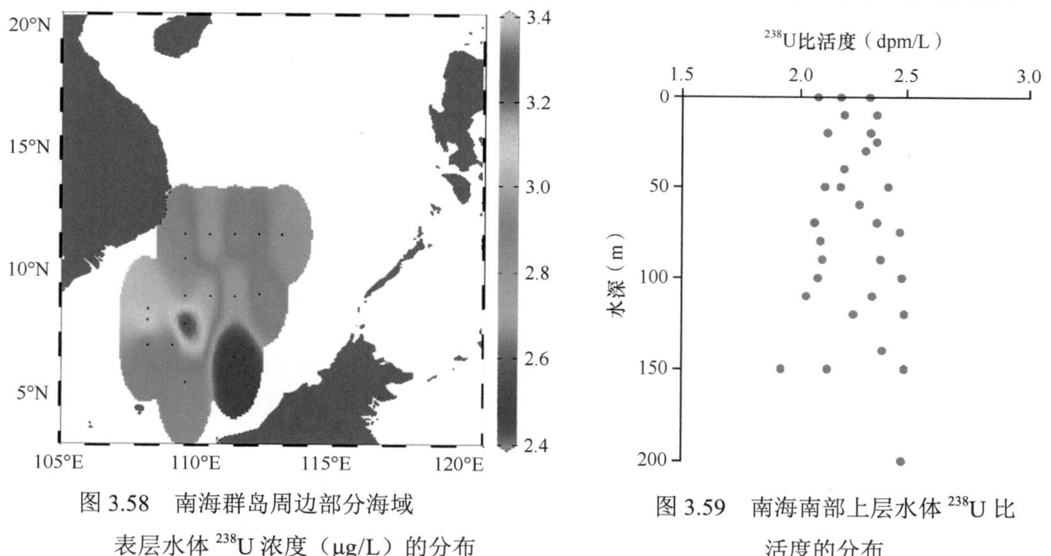

图 3.58 南海群岛周边部分海域表层水体 ^{238}U 浓度（μg/L）的分布

图 3.59 南海南部上层水体 ^{238}U 比活度的分布

（2）南沙南部海域上层水体 ^{234}Th 的清除

在海水中，^{234}Th（$T_{1/2}$=24.1d）是 ^{238}U（$T_{1/2}$=4.5×10^{9}a）α 衰变的产物，^{234}Th 的地球化学行为与 ^{238}U 相反，溶解态钍主要以水合态 $Th(OH)_n^{[4-n]+}$ 的形式存在，并极易被颗粒物所吸附，进而从溶解相中迁出，通过确定 ^{234}Th 从溶解相清除至颗粒物上的速率，可以进一步获得颗粒态 ^{234}Th 从特定深度向下迁出的速率。

通常应用不可逆清除模型来研究真光层颗粒动力学。在稳态条件下，溶解态 ^{234}Th 相对于颗粒物清除作用的平均停留时间为

$$\tau^{d} = A^{d}{}_{Th} / J_{Th}$$

而颗粒态 ^{234}Th 相对于迁出作用的平均停留时间为

$$\tau^{p} = A^{p}{}_{Th} / P_{Th}$$

式中，$A^{d}{}_{Th}$ 是溶解态 ^{234}Th 的比活度；J_{Th} 是溶解态 ^{234}Th 被清除至颗粒物上的速率；$A^{p}{}_{Th}$ 是颗粒态 ^{234}Th 的比活度；P_{Th} 是 ^{234}Th 被颗粒物携带从上层水体迁出的速率。

应用 ^{234}Th 不可逆清除模型，假定由 ^{238}U 产生的溶解态 ^{234}Th 不可逆地被吸附到颗粒物上，之后发生颗粒物加工及较大颗粒物的沉降迁出，在较短的时间尺度上，推测不太可能发生明显的解吸作用，因而所作不可逆清除假设一级近似相对来说是可靠的。很显然地，Th 的清除情况在海洋上层与深层存在巨大差别，这一点从悬浮颗粒物在深海中停留时间长得多（5～10a）来看就一目了然。在 2010 年航次中，南海南部部分区域水体溶解态 ^{234}Th 及颗粒态 ^{234}Th 停留时间的分布如图 3.60 所示。对于调查海区的上层水体，绝大多数 ^{234}Th 将伴随着大颗粒物沉降而被迁出水柱，而不是被重新释放回到水体中。

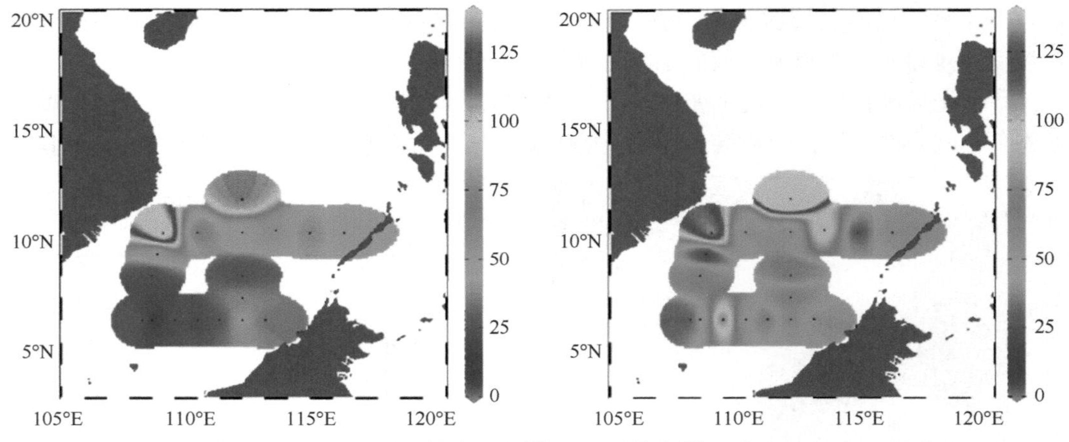

图 3.60　南海南部部分区域水体溶解态 ^{234}Th 及颗粒态 ^{234}Th 停留时间（d）的分布

要评估钍同位素在不同相态间的分配，可以通过分析（J_{Th}）来实现。在调查海域，溶解态 ^{234}Th 被清除至颗粒物上的速率的分布如图 3.61 所示。对于真光层而言，^{234}Th 亏损区 J_{Th} 积分量是反映 ^{234}Th 亏损情况的指标之一，估算产生的总溶解态 ^{234}Th 有不足一半（45%）尚未被清除到颗粒物上时，即在溶解相中经放射性衰变损失掉了，另外的超过一半（55%）则被清除到颗粒物上。进一步地，对于被清除到颗粒物上的 ^{234}Th 而言，有 47% 在颗粒物从真光层迁出以前即被衰变掉了，因此，由 ^{238}U 所生成的溶解态 ^{234}Th 仅有 29% 从真光层中迁出。这个份额对于理解真光层内钍的循环具有重要意义。另外一个亏损区位于 100～150m，类似地，从此区间迁出的溶解态 ^{234}Th 占 ^{238}U 贡献的份额为 24%。这意味着，水柱中钍同位素消失的最主要途径是原位衰变。

我们基于 ^{234}Th 分布结果，提出“营养盐捕集器”假说。真光层是海洋学研究中一个重要的区间，但它并非一个物理、化学、生物性质均一的场所。从 ^{234}Th 的视角来看，在调查海域上层水柱中存在 ^{234}Th 的两个亏损区，恰恰对应于 Chl a 浓度极大值层，进一步证实了 ^{234}Th 的清除迁出与生物活动密不可分。在生物活动活跃的区域，^{234}Th 的清除表现得较强烈。从 ^{234}Th 和 Chl a 浓度的垂直分布来看，这种双峰型分布可能是南海中南部

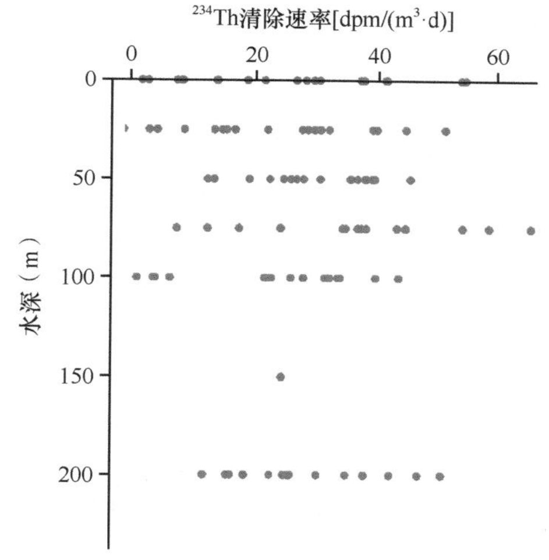

图 3.61 南海南部（>15°N）水体 ^{234}Th 被清除至颗粒物上的速率的分布

海域一个较为典型的现象。在 110m 水深处出现 Chl a 浓度的第二个极大值，此处大致对应于表层光强的 0.1%～1% 深度区间。虽然对于海洋中 Chl a 浓度的垂直分布调控机制尚存在争议，但我们推测，观察到的现象反映了在准光限制条件下，浮游植物生物量仍然非常可观且生成过程活跃；在光条件之外，此处由次表层向上提供的营养盐较真光层上部要丰富得多，因此营造了一个类似于“过滤器”的环境，大量消耗营养盐。

一个重要的科学问题是，真光层层化结构与输出生产力之间有何关系？真光层是生源颗粒物产生、再循环及迁出到深海的起点，真光层的生物生产力是支持海洋生源要素循环的原始驱动力。真光层与混合层存在一定程度的重叠，在寡营养盐的开阔大洋，真光层深度通常较混合层深度更大，真光层具有双层结构，在两层中浮游植物光合作用的限制条件不同，在上层主要受无机营养盐限制，而在下层主要受光限制。此外，有机物的生成与输出之间存在明显的解耦情况，即绝大部分初级生产力位于上层混合层，而此层输出的颗粒有机碳通量却很小；在混合层之下的真光层，初级生产力很低，但是由此处输出的颗粒有机碳通量却很大。

在 1993 年 12 月的南海中南部考察中，在 75 号站位（8.5°N，113°E）应用不可逆清除模型研究了真光层的双层结构。分层的主要依据包括水体的垂直稳定性和光衰减系数（真光层深度），将该测站的上层水柱划分为 3 个箱子：真光层上部（混合层）、真光层下部及真光层以下，选择 30m 和 70m 作为分界线。在满足 ^{234}Th 的平流及扩散相对于颗粒沉降可忽略不计，且系统符合稳态条件的前提下，建立溶解态 ^{234}Th 的质量平衡关系：

$$J_i = \lambda U_i - \lambda D_{\mathrm{Th}_i}$$

式中，U_i、D_{Th_i} 分别表示 i 箱中 ^{238}U、溶解态 ^{234}Th 的积分储量（dpm/m^2）；λ 代表 ^{234}Th 的衰变常数（0.028 76d^{-1}）；$\lambda D_{\mathrm{Th}_i}$ 表示溶解态 ^{234}Th 放射性衰变损失的速率；J_i 表示 i 箱中溶解态 ^{234}Th 转化为颗粒态的通量（清除速率）。对于颗粒态 ^{234}Th，也存在一个类似的质量平衡关系：

$$F_i = J_i - \lambda P_{\mathrm{Th}_i} + F_{i-1}$$

式中，P_{Th_i} 表示 i 箱中以颗粒态存在的 ^{234}Th 的积分储量（dpm/m^2）；λP_{Th_i} 表示颗粒态 ^{234}Th 的放射性衰变速率；F_i 表示 i 箱中颗粒态 ^{234}Th 由相关途径（沉降、浮游动物摄食活动等）所造成的损失速率；F_{i-1} 表示经上一箱输入该箱的颗粒态 ^{234}Th 通量。考察各箱的停留衰减，溶解态 ^{234}Th 相对于清除作用的停留时间、颗粒态 ^{234}Th 相对于颗粒迁出作用的停留时间分别为

$$\tau^{d}{}_{Th} = D_{Th_i} / J_i$$

$$\tau^{p}{}_{Th} = P_{Th_i} / \left(F_i - F_{i-1}\right)$$

由此，我们估算得到溶解态 ^{234}Th 在各个箱子的停留时间为：混合层中为 126d，真光层中为 85d。显然地，在真光层下部发生了强烈的 ^{234}Th 净清除作用。在混合层内，由于微生物改造等影响，部分颗粒态钍重新回到溶液中，导致混合层中钍的净清除作用较弱。与停留时间分布相符合的是，清除通量的计算结果也出现了一致的趋势，^{234}Th 的清除通量在混合层中为 $400dpm/(m^2 \cdot d)$，明显小于真光层下部的 $730dpm/(m^2 \cdot d)$。相应地，真光层下部溶解态 $(^{234}Th/^{238}U)_{A.R.}$ 降低。对于寡营养盐的开阔大洋，初级生产力主要由混合层贡献，而输出生产力则主要由真光层下部贡献。换句话说，真光层下部 ^{234}Th 的清除作用更强，表明 ^{234}Th 的净清除速率主要受控于新生产力，而非初级生产力，这对于厘清生物泵的精细结构具有重要意义。南海南部上层水体颗粒态 ^{234}Th 停留时间的垂直分布如图 3.62 所示。

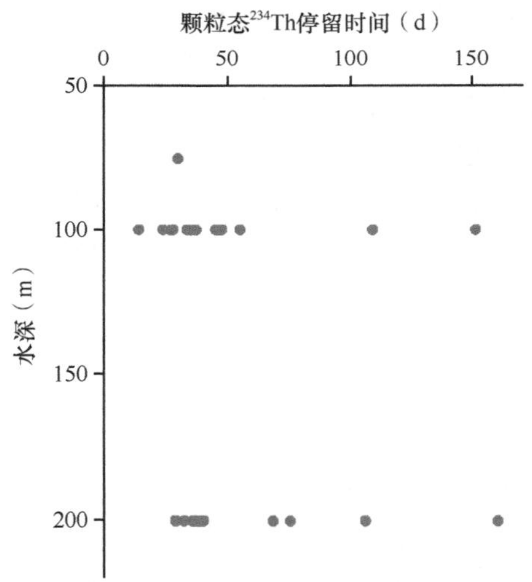

图 3.62　南海南部上层水体颗粒态 ^{234}Th 停留时间的垂直分布

颗粒物迁出通量的计算结果表明，从真光层下部迁出的颗粒物 ^{234}Th 通量大于从真光层上部迁出的颗粒物 ^{234}Th 通量，前者为后者的 4.3 倍。对处于稳态的系统而言，颗粒有机碳迁出通量在数值上等于新生产力。换句话说，海域新生产力主要由真光层下部所支持。另一个证据来自颗粒态 ^{234}Th 停留时间的支持，在真光层下部，颗粒态 ^{234}Th 的停留时间仅为 16d，这一数值远小于混合层的 96d。颗粒物迁出过程的影响因素相当复杂，浮游动物的摄食活动、种类和丰度等可能都有影响，但是，总体上可以认为钍同位素结果揭示了真光层下部浮游动物活动较混合层要活跃得多。

在混合层中，颗粒活性核素（如钍）被结合到颗粒物上并发生了快速循环，即不轻易被迁出混合层，而是倾向于以溶解态回到水体中；而在混合层之下，浮游生物活动及颗粒物相关过程，均可导致颗粒物被快速迁出。由此，从颗粒物输出的视角来看，就出现了真光层的双层结构。从稳态系统的观点来看，势必存在新营养盐输入真光层，才可以补充真光层中迁出颗粒物造成的元素损失。可以认为，水柱在垂向上的物理层结可能是调控生态系统的重要驱动力。

^{234}Th 的清除与新生产力高度相关。如前所述，多方面证据包括钍同位素（溶解态 ^{234}Th 与颗粒态 ^{234}Th）的停留时间、钍清除通量及颗粒迁出通量的垂直分异（混合层与真光层下部的对比），均指向真光层存在较为典型的双层结构，颗粒有机碳的停留时间及迁出通量进一步证实了这一论断。也就是说，存在初级生产力与输出生产力的空间解耦合。我们对浮游动物在生物泵中扮演角色的理解还不够深入，推测浮游动物的迁移特性可能在新营养盐输入途径上扮演着一定的角色。真光层下部属于 ^{234}Th 的清除强烈区，表明 ^{234}Th 的清除与新生产力直接相关，而不是和总生产力（新生产力加再生生产力）相关。

自提出之日起，新生产力就成为研究海洋生态系统的一个重要概念。自真光层之外输入真光层的营养盐所支持的生产力，即为新生产力，如新的可利用氮（NO_3^--N）相关联的初级生产力。新氮营养盐的输入途径主要包括从真光层以下水体通过垂直涡动扩散作用向上提供硝酸盐。在稳态条件下，新生产力在数值上应等于输出生产力。输出生产力是海洋环境中许多过程（尤其是微生物过程）的驱动力，因此理解输出生产力具有很高的科学价值。在估算新生产力时，可以采用 ^{15}N 稳定同位素示踪吸收法，但该方法存在一定的局限性，主要体现在培养过程的瓶壁效应、营养级作用、昼夜节律变化等，由此导致所估算的新生产力发生偏差。将沉积物捕集器法应用于输出生产力研究，面临捕集效率的不确定等问题。应用 ^{234}Th/^{238}U 放射性不平衡可以提供一个有力的手段，从另一个角度定量输出生产力，以助于理解生物泵运转。该方法适用的时间尺度为 1～100d，是海洋上层水体痕量金属清除及颗粒物迁出过程的极佳示踪方法。假定吸附 Th 的颗粒物来自生源，就可以利用 ^{234}Th 及颗粒有机碳数值进一步估算出新生产力。

假定颗粒态 ^{234}Th 与颗粒有机碳的停留时间一致，那么，在稳态条件下，新生产力的数值可以表示如下：

$$\text{N.P.} = \text{E.P.} = \text{POC积存量}/\tau^{\text{p}}{}_{\text{Th}}$$

式中，N.P. 表示新生产力；E.P. 表示输出生产力；$\tau^{\text{p}}{}_{\text{Th}}$ 是颗粒态 ^{234}Th 的停留时间。通常以碳为单位计量新生产力数值。不过，在实际海区，未必严格满足颗粒态 ^{234}Th 与 POC 的停留时间一致这一条件。为此，可以基于实测颗粒态 ^{234}Th 的剖面分布状况，应用经验方法，将 ^{234}Th 清除模型相结合来估算由真光层迁出的颗粒态 ^{234}Th 通量。

3. 真光层颗粒动力学的 ^{210}Po/^{210}Pb 同位素不平衡示踪

^{210}Po（$T_{1/2}$=138.4d）是 ^{210}Pb（$T_{1/2}$=22.3a）的衰变子体，它们均属铀衰变系，常被用于海洋中物质循环的动力学研究。通常认为，由于海洋表层水体 ^{210}Pb 过剩于其母体 ^{226}Ra，反映了表层水体的 ^{210}Pb 主要来源于大气沉降。在生物地球化学循环中，^{210}Po 往

往与生物活动、颗粒物循环相结合，且活跃程度比 ^{210}Pb 更高。^{210}Po 的半衰期短于 ^{210}Pb，往往 ^{210}Po/^{210}Pb 不平衡现象普遍存在，如在开阔大洋，表层水体的典型 ^{210}Po/^{210}Pb 比值约为 0.5。就二者的地球化学行为差异而言，^{210}Pb 通常易被无机颗粒物所吸附，而 ^{210}Po 作为一种类营养元素更容易被微生物吸收，进而进入食物网，被传递到更高营养级的海洋生物并被富集，如浮游动物中 ^{210}Po/^{210}Pb 比值可高达 12。由于两种核素与颗粒物的亲和力存在显著差异，表层海水中 ^{210}Po 和 ^{210}Pb 在清除和迁出过程中往往发生分馏。对于微生物在硫族元素生物地球化学循环中作用的研究，^{210}Po 示踪起着独特而重要的作用。由于 ^{210}Po 的寿命与海洋上层水柱颗粒动力学过程的时间尺度相匹配，因而其成为海洋颗粒物及相关生源要素循环与输出的潜在示踪剂。

南海中南部海域具有寡营养盐、初级生产力低等特征，是将 ^{210}Po/^{210}Pb 同位素不平衡用于真光层颗粒动力学示踪的理想区域。海水和颗粒物样品于 2002 年 5 月航次采集。采样集中于表层海水水样，为了减少颗粒下沉、分解和吸附在采样瓶的表面，采样后立即过滤（0.45μm 滤膜）得到颗粒相和溶解相样品，将滤膜冷冻保存带回实验室处理，滤液用浓 HCl 溶液酸化至 pH 约为 1，然后密封带回陆上实验室处理。在实验室内，进行颗粒态和溶解态 ^{210}Po、^{210}Pb 的富集、分离、纯化和测量等相关操作。测定的主要仪器是 α 能谱仪。

就溶解态 ^{210}Po 和 ^{210}Pb 的含量水平而言，南海中南部表层水体溶解态 ^{210}Po（D^{210}Po）比活度的变化范围为 0.11～1.73Bq/m^3，平均值为 0.61Bq/m^3，D^{210}Po 占总 ^{210}Po（T^{210}Po）的比例约为 60%；表层水体溶解态 ^{210}Pb（D^{210}Pb）比活度的变化范围为 0.87～2.51Bq/m^3，平均值为 1.66Bq/m^3，D^{210}Pb 占总 ^{210}Pb（T^{210}Pb）的比例约为 87%。可以看出，这一数值明显高于 D^{210}Po 所占比例。显然，南沙群岛海域表层水体中的 ^{210}Po 和 ^{210}Pb 均主要以溶解态存在，体现了开阔海区的特征。南海中南部上层水体 (D^{210}Po/D^{210}Pb)$_{A.R.}$ 的变化范围为 0.10～0.99，平均值为 0.37（图 3.63）。

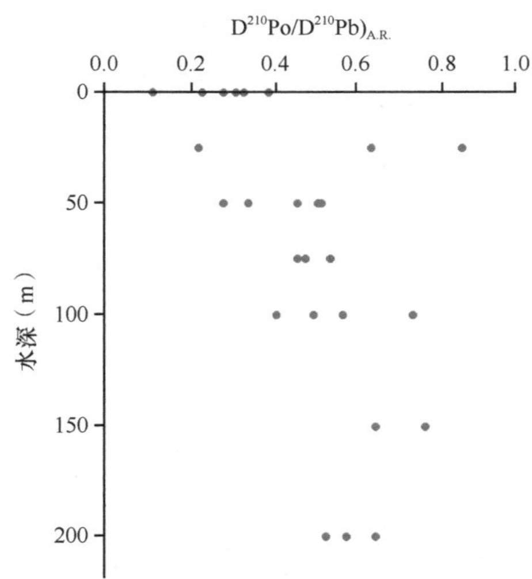

图 3.63　南海中南部上层水体 (D^{210}Po/D^{210}Pb)$_{A.R.}$ 的垂直分布

颗粒态 ^{210}Po 和 ^{210}Pb 的分布与溶解态不同。南海中南部表层水体颗粒态 ^{210}Po（P^{210}Po）比活度的变化范围为 0.19～0.75Bq/m^3，平均值为 0.43Bq/m^3。P^{210}Po 约占 T^{210}Po 的 40%，

此结果明显高于富营养海域P^{210}Po所占的比例。南海中南部表层水体颗粒态^{210}Pb（P^{210}Pb）比活度的变化范围为0.16～0.39Bq/m^3，平均值为0.23Bq/m^3。(P^{210}Po/P^{210}Pb)$_{A.R.}$的变化范围为0.86～2.99，平均值为1.90。

在调查海域，^{226}Ra比活度的变化范围为0.82～1.98Bq/m^3，平均值为1.1Bq/m^3。调查发现，^{210}Pb的平均比活度高于^{226}Ra的平均比活度，这主要反映了开阔大洋表层水体^{210}Pb较母体^{226}Ra过剩的特点。在开阔大洋，表层水体^{210}Pb的主要来源是大气沉降，其中又以湿沉降为主，来自表层水体的^{226}Ra原位衰变产生的^{210}Pb（通过^{222}Rn及其短寿命子体衰变）贡献则相对较小。在南沙群岛海域，一个典型的气候特征就是全年各季节都有高降水量，其中南部海区为甚，这就在很大程度上解释了调查海区表层水体中^{210}Pb明显过剩于^{226}Ra的特征。

对于^{210}Po来说，情况则有些不同。在表层水体，由大气沉降过程带来的^{210}Po一般可被忽略［大气沉降(^{210}Po/^{210}Pb)$_{A.R.}$约为0.1］，也就是说，表层水体的^{210}Po主要由其母体^{210}Pb的衰变产生。从汇的角度来看，表层水体^{210}Po和^{210}Pb的迁出主要依靠其自身的衰变和清除、沉降过程。由于^{210}Po相对于^{210}Pb具有更强的颗粒物结合能力，并且部分参与微生物吸收过程并被浮游动物摄食，进而向高营养级传递，因此随营养级的上升^{210}Po/^{210}Pb比值愈来愈大，而^{210}Pb则仅仅是被颗粒物和生物体表面所吸附。因此，(P^{210}Po/P^{210}Pb)$_{A.R.}$大于1（平均值为1.90），(D^{210}Po/D^{210}Pb)$_{A.R.}$小于1（图3.64），分别体现了开阔大洋和深海区的特征。

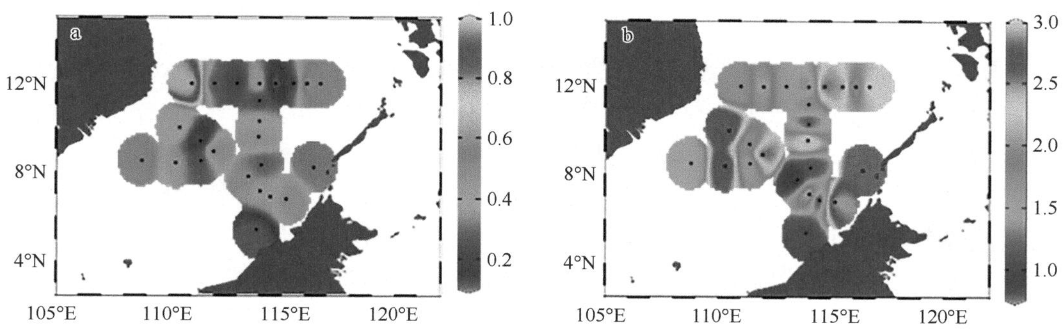

图3.64 南海中南部部分区域表层水体（a）(D^{210}Po/D^{210}Pb)$_{A.R.}$及（b）(P^{210}Po/P^{210}Pb)$_{A.R.}$的分布

接下来探讨南海中南部表层水体各相态^{210}Po和^{210}Pb的停留时间。在地球化学研究中，停留时间往往是一个重要指标，有助于理解和定量^{210}Po和^{210}Pb在各相态及各储库中的地球化学行为。根据质量平衡，可以建立表层水体中各相态^{210}Po和^{210}Pb随时间变化的关系。相关公式不再详细列出，其中主要的变量包括^{226}Ra、D^{210}Pb和D^{210}Po的比活度（Bq/m^3），D^{210}Pb和D^{210}Po被清除至颗粒相的一级速率常数（a^{-1}），以及大气沉降对混合层^{210}Pb的贡献受^{210}Pb的沉降通量和混合层厚度的影响。南海中南部部分区域表层水体D^{210}Pb、D^{210}Po、P^{210}Pb及P^{210}Po的停留时间分别见图3.65及图3.66。研究期间，南沙群岛海域处于季风转型期，表层海流流速很小，且在南沙群岛海域中部形成了补偿性中部逆流，平流和扩散的影响很小。因此，在稳态条件下，可以忽略扩散和平流过程的影响。

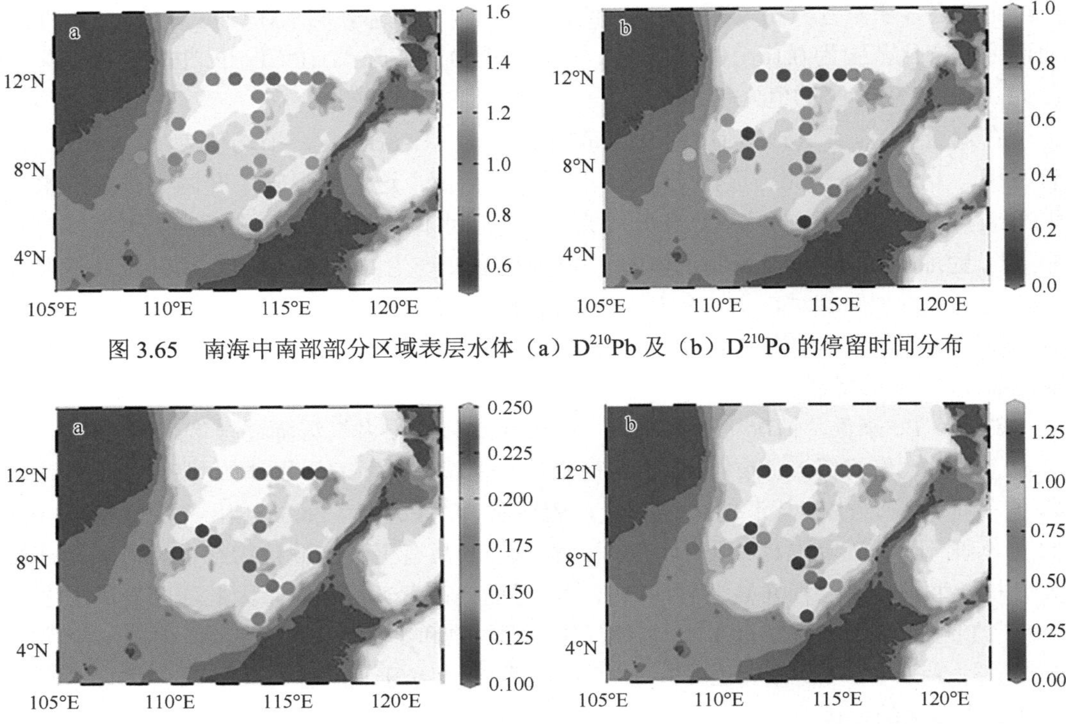

图 3.65　南海中南部部分区域表层水体（a）D^{210}Pb 及（b）D^{210}Po 的停留时间分布

图 3.66　南海中南部部分区域表层水体（a）P^{210}Pb 及（b）P^{210}Po 的停留时间分布

南海中南部表层水体 D^{210}Po 与 D^{210}Pb 的停留时间的关系如图 3.67 所示。可以发现，D^{210}Pb 停留时间明显长于 D^{210}Po 停留时间，这与 D^{210}Po 比 D^{210}Pb 更迅速地被清除至颗粒相的观点是一致的。P^{210}Pb 的平均停留时间为 0.14a（约 50d），反映了沿岸海域 ^{210}Pb 的迁出较开阔大洋迅速，这与沿岸海区具有更高颗粒物含量、颗粒物过程活跃的环境特点相一致；与溶解态恰好相反，P^{210}Po 的平均停留时间为 0.34a，明显大于 P^{210}Pb 的停留时间（图 3.68），很可能反映了 ^{210}Po 可被微生物吸收，进而被浮游动物摄食而传递至更高营养级，导致其停留较长时间，而不是如 ^{210}Pb 般主要的迁出途径是随浮游植物颗粒物直接沉降。

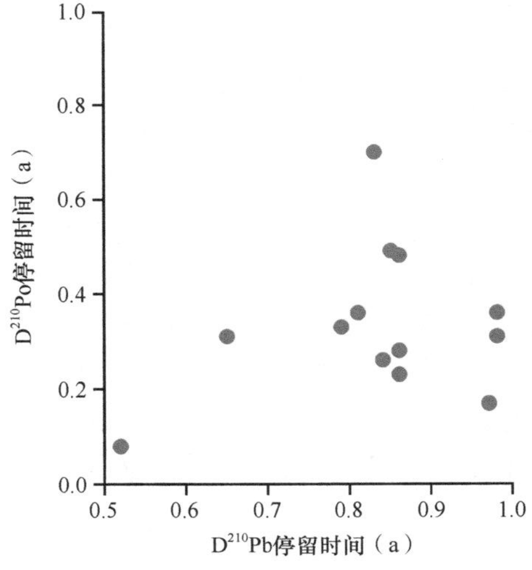

图 3.67　南海中南部表层水体 D^{210}Po 与 D^{210}Pb 的停留时间的关系

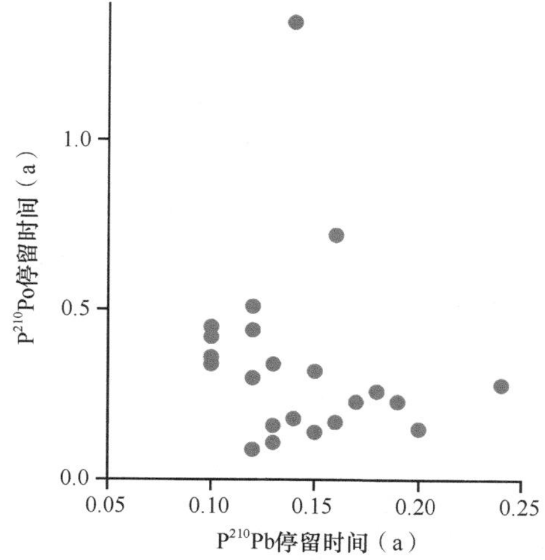

图 3.68　南海中南部表层水体 $P^{210}Po$ 与 $P^{210}Pb$ 的停留时间的关系

寡营养盐海域的 ^{210}Po-^{210}Pb 循环与富营养海域存在显著差别。在富营养海域，由于初级生产力较高，生成的生源颗粒物较多（如体现在 Chl a 浓度较高），浮游植物颗粒在 ^{210}Po 和 ^{210}Pb 的清除及迁出中扮演着重要角色，体现在核素迁出速率与 Chl a 浓度之间存在一定的正相关关系。在寡营养盐的南沙群岛海域，$P^{210}Po$ 占 $T^{210}Po$ 的份额可达 40%，可能反映了生物活动在此类寡营养盐海域的 ^{210}Po 及其他硫族元素的生物地球化学循环中所扮演的角色不可忽视。

在寡营养盐的南海中南部海域，^{210}Po-^{210}Pb 的分馏是类似于高生产力海区（由浮游植物控制），还是类似于寡营养盐海区如马尾藻海（受微生物的调控）？在调查海域，没有稳定持续的高营养盐输入，因此，应该是浮游植物颗粒之外的其他颗粒物导致清除过程中 ^{210}Po 和 ^{210}Pb 发生了明显的分馏。海水中的颗粒物是复杂的混合物，不仅包括浮游植物活体，还可能包括无机颗粒物、浮游动物、其他微生物、碎屑等。调查海域远离大陆，可以认为直接来自陆源的无机颗粒物较少，且通常认为陆源颗粒物对 ^{210}Pb 的亲和力较 ^{210}Po 更强。此外，也不能排除在采样时期正处于夏季，收集到的颗粒物中含有丰富的微生物，如细菌等。在寡营养盐海域，细菌等微生物可能吸收 ^{210}Po 而后被浮游动物摄食，进而将 ^{210}Po 传递富集至更高的营养级。虽然具体机制仍需进一步探讨，但在寡营养盐的调查海域，微生物活动可能是导致 ^{210}Po 和 ^{210}Pb 之间分馏的主因。

3.2.2　天然稳定同位素示踪

1. 水体氢同位素分布

在 1993 年 11～12 月航次采集了水样以测定重氢含量，旨在进一步研究南沙群岛海域氘的分布特征和分布规律，探讨其与海区的各方面环境条件的可能联系。采样的空间范围是 5°～12°N、108°30′～114°30′E。

南海中南部部分区域表层水体 δD 的分布如图 3.69 所示。在调查海域，δD 的变化范围为 –3.0‰～0.2‰，平均值为 –1.2‰。δD 的分布模式表现为东南部低、西北部高，沿岸海域低、外海高。南海中南部表层水体 δD 的分布，应与南海中南部海域的水文、气象条件密切相关。该海区长年高温、多雨，降水量在采样的季节非常高，而且东南部的降水量显著大于西北部。众所周知，降水的 δD 远比海水来得低，因此在降水丰富的海区出现 δD 的低值并不令人意外。调查海域的南部、东南部受到加里曼丹岛陆地径流的影响，也对沿岸海域成为 δD 低值区有一定影响，并使东南隅成为 δD 的最低值区。此外，冬季南沙群岛海域盛行东北季风，可能驱动来自南海中部的低温高盐海水沿中南半岛进入南沙群岛海域，该水源自西北太平洋经巴士海峡侵入南海，在运移及停留过程中被不断改性，但总体上保留了高盐特征，也使得调查海域西北部出现 δD 高值。但是，在调查海域南部，由于来自湄公河河口与泰国湾口的冲淡水输入、陆架的阻挡效应等，南部陆架区出现 δD 低值。

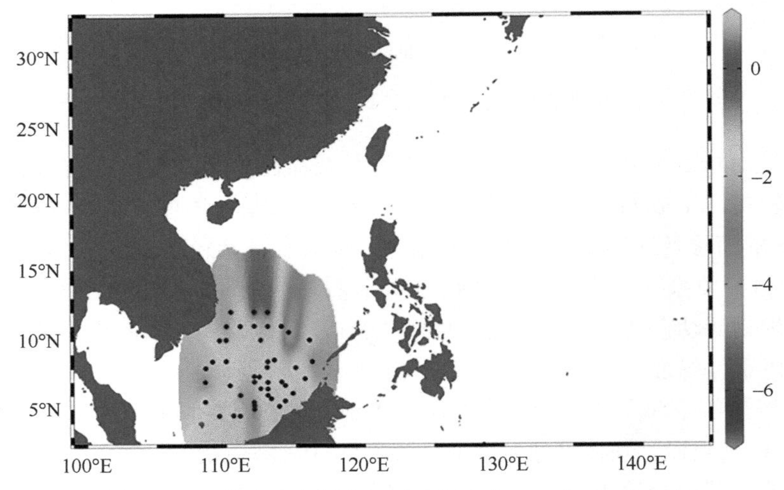

图 3.69　南海中南部部分区域表层水体 δD（‰）的分布

南海中南部 1000m 以浅水体 δD 的垂直分布如图 3.70 及图 3.71 所示，主要空间分布特征描述如下。第一，δD 的垂直分布与盐度的垂直分布相仿。第二，在较深的水柱中，δD 的变化幅度小于温度而大于盐度，换句话说，在盐度极大层以深，盐度的变化速率较温度慢，而 δD 的变化速率介于温盐之间。第三，南海中南部海域 δD 的空间分布特征与南海东北部相似，但是极值出现的深度并不统一，可能反映了水柱垂向上密度分布的差异。第四，地形、地貌可能对 δD 的分布产生影响，这一认识与南海北部的研究结果一致。

调查还发现，δD 的垂直分布可能与中尺度冷涡存在较为明显的空间耦合性。这一方面符合低 δD 上涌的解释，另一方面显示了 δD 指示中尺度涡的潜力。但是，调查区域的 δD 受到降水、陆地径流等的影响较为显著，使得 δD 示踪中尺度涡的效果打了一定折扣。相对而言，在调查区域中央海盆观察到高 δD、高盐特征。在纳土纳群岛正北、万安滩西侧的陆架区内，各站位水深均为 100m 左右，是受陆源低盐水影响最直接的断面，导致 δD 较低。

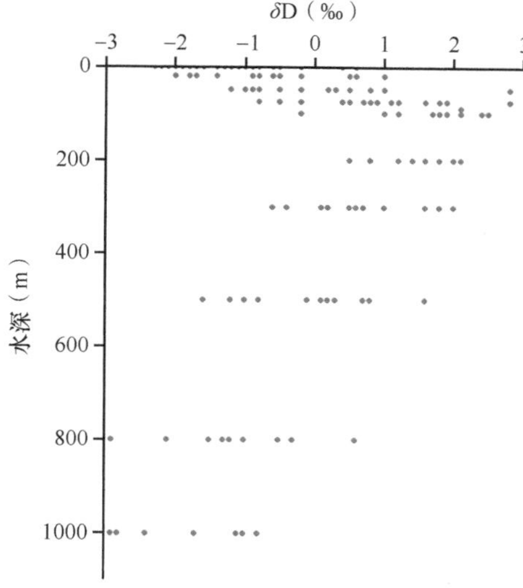

图 3.70　南海中南部 1000m 以浅水体 δD 的垂直分布

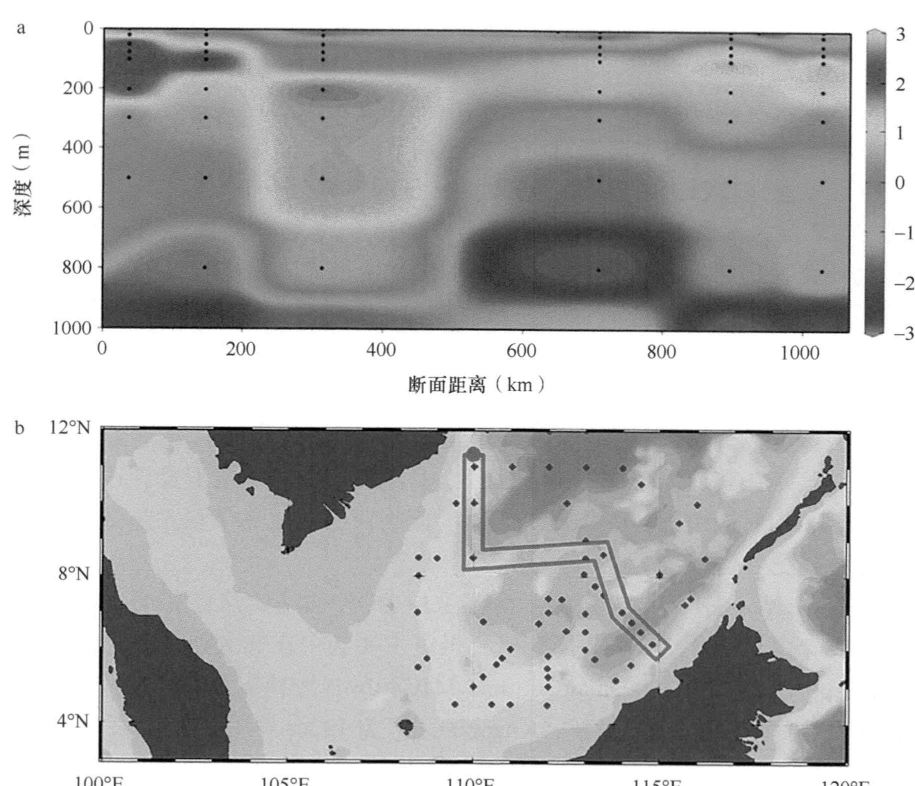

图 3.71　南海中南部部分区域（a）1000m 以浅水体 δD 值（‰）的断面分布及（b）采样断面示意图（左侧起始站位为 18#）

2. 氢同位素对水体的指示

考察水体 δD 对水团的指示作用发现，表层水体 δD 与盐度的相关关系较好，而在表

层之下水体 δD 与盐度的关系较为复杂。在整个调查采样水柱中，δD 与盐度总体上呈现线性正相关关系，但相关性并不强。有趣的是，若只对上层水体进行拟合，该拟合关系的相关性［$\delta D(\times 10^{-3})=1.682\times S-57.018(r=0.76)$］进一步变强。将南海南部与东北部水体的 δD-盐度关系进行比较，会发现较为明显的空间差异。在南海南部，δD 极大值与盐度极大值对应的水层大约是 200m，而在南海东北部，这个深度大约是 100m。在南海东北部，高盐的西太平洋水体入侵南海所携带的 δD 信号更为明显。太平洋水体入侵南海之后发生变性，但变性程度在东北部较南部小，并且在南部海域水文、气象条件才是 δD 的决定性因素。

3. 溶解有机氮同位素分布及其对氮循环的示踪

在亚热带海洋大部分真光层内，溶解有机氮（DON）是水中结合态氮的主要形态。溶解无机氮（如硝酸盐）作为浮游植物生长的关键营养物质而被耗尽。DON 是寡营养盐海区上层水体结合态氮的绝对优势储库，其浓度往往比溶解无机氮、悬浮颗粒氮高出 2 个或 3 个数量级。但是，由于传统观点限制、分析测试手段局限等，迄今对海洋 DON 循环的理解仍十分薄弱。贫营养海洋中 DON 的高浓度通常被解释为其化学反应阻碍了它被浮游生物迅速同化和利用，但是，鉴于海洋表层 DON 的浓度相对较高，即使是不甚高的反应活性也可能使其成为生物生产力所需结合态氮的重要来源，在海洋上层氮循环中起到重要作用。由于海洋溶解有机质对于调节海洋碳储库及影响大气 CO_2 浓度至关重要，极有必要加强对 DON 循环路径及动力特征的探究。

虽然 DON 是大多数热带和亚热带海洋表层结合态氮的主要形式，但对其生物可利用性和循环路径仍然知之甚少。尽管 DON 传统上被认为是不稳定的，但并非所有的 DON 都是难降解的，而是含有较为容易被生物利用的化合物和功能，其降解性也与海洋环境条件密切相关。在传统观点所关注的沉降颗粒物之外，溶解有机质可能也是生物泵的一个承载形态。作为西太平洋最大的热带、亚热带边缘海，南海上部水柱总体表现出较浅的混合层深度及贫营养特征，但是，受亚洲季风的强烈影响，南海经历着季节性的水体上涌，尤其是在其边缘形成了上升流，上升流和相关的垂直混合导致相对较浅的营养盐跃层深度和相对较快的营养物质供应，因此相对于其他热带和亚热带开阔海域，初级生产力有所提高。

氮稳定同位素组成（$\delta^{15}N$）在揭示海洋上层 DON 循环的路径和动力学特征方面具有独特的优势。此前关于 DON $\delta^{15}N$ 的研究报道主要集中在北大西洋和北太平洋的亚热带环流（Knapp et al.，2011；Yamaguchi and McCarthy，2018）及热带南太平洋东部，为 DON 的生产和消耗提供了新的见解（Knapp et al.，2018）。

此前，对于南海水体 DON 同位素组成仍知之甚少。有鉴于此，2015 年 9 月选取南海西部海盆区为采样区域，采样站位覆盖 10°～15°N、110°～115°E。基于过硫酸盐氧化-反硝化细菌还原法联用，测定上层水体总态 DON 浓度及同位素组成（$\delta^{15}N_{DON}$），并挖掘 DON 与硝酸盐、悬浮颗粒氮等关键结合氮储库的同位素联结，整合全球海洋重点时间序列站位（SEATS、BATS、HOT）及热带南太平洋东部（ETSP）历史数据，旨在揭示海洋上层 DON 循环的关键路径及其特点。

测定结果表明，表层（约 5m）水体 DON 浓度的变化范围较窄，为 4.4～4.9μmol/L，平均值为（4.6±0.1）μmol/L。在13°N和14°N之间及西南站位观测到较高的表层DON浓度。与之相比，表层水体悬浮颗粒氮的浓度范围为0.11～0.41μmol/L，平均值为0.20μmol/L，在采样区域西北部和西南部观测到较高的悬浮颗粒氮浓度。DON浓度一般在表面最高，随深度增加而降低，在50m水深处平均值为（4.3±0.2）μmol/L，在75m水深处平均值为（4.1±0.3）μmol/L。在0～75m，$\delta^{15}N_{DON}$的平均值为（4.3±0.2）‰，$\delta^{15}N_{DON}$较低值一般与DON浓度较高值相对应。在垂直方向上，$\delta^{15}N_{DON}$随深度增加而增大，在50m水深处达到（4.7±0.2）‰，至75m水深处为（4.8±0.4）‰。

研究发现，初级生产可能是DON的主要来源。我们推测，这基本上反映了海洋中DON主体的惰性特点，换言之，DON储库的绝大部分已经经历了多轮循环转化，被测到的总体上是停留时间较长的部分。从根本上来说，仍然可将浮游植物初级生产（以Chl a表征）视作DON的根本性来源。表层水体中悬浮颗粒氮停留时间更短，因此大多数表层水体悬浮颗粒氮可能是在观测区域内生成和消耗的。

人为来源的氮输入通过沉降可以影响南海水体的氮收支。但是，我们认为该途径不是造成DON浓度及$\delta^{15}N_{DON}$分布特征的主要原因。南海陆地气溶胶的两个主要来源分别是中国东部和亚洲沙漠（戈壁沙漠）的化石燃料气溶胶的北部来源，以及东南亚岛屿生物质燃烧的南部来源，分别由盛行的东北季风和西南季风输送，而采样区域（10°～15°N）恰好位于两个来源的交接处，因此，它接收到的大气沉降应比南海北部少得多。

DON主要通过一系列机制由颗粒氮产生，这些机制主要包括细胞裂解、渗出和微粒溶解等，这些过程往往不导致强同位素分馏，因为它们不涉及碳氮间化学键的断裂，因此，预计新鲜的DON的$\delta^{15}N$值应与悬浮颗粒氮相近。应用瑞利模型（即一个不可逆消耗的封闭系统，同位素分馏不变），定量DON矿化过程的同位素分馏因子ε约为（−4.9±0.4）‰。由于DON浓度在海洋表层远远高于DIN浓度，即使按一定比例降解少量DON，也有助于缓解真光层中的氮匮乏，其可能是海洋表层循环氮的重要来源。DON的降解可以释放生物可利用的氮（以简单的有机氮化合物和铵的形式），可以直接和迅速地被吸收。

此外，也有必要探讨次表层硝酸盐同位素（$\delta^{15}N$）极小值层的形成机制假说。次表层（指真光层之下—上温跃层的水柱）硝酸盐储库是真光层无机氮营养盐的“策源地”，鉴于该$\delta^{15}N$极小值特征在热带、亚热带海区兼具普遍性和特殊性的空间变化，推论这一格局是由水体垂直混合及有机氮矿化等过程共同塑造的，而DON矿化及伴随的同位素分馏可能是不可忽视的贡献者。由于次表层硝酸盐储库同时受到不同尺度的多种过程的共同影响，因此DON矿化对次表层硝酸盐储库的贡献程度很难通过诸如短时间尺度的培养实验等来准确定量。从硝酸盐和DON的氮同位素组成角度入手，则提供了解决这一问题的可行路径。由于真光层中的硝酸盐往往被浮游植物吸收利用而迅速被耗尽，因此固氮作用的较轻同位素信号不可能逆DIN浓度梯度直接反向传递至次表层水体，这也意味着次表层水体硝酸盐的贫^{15}N特征极有可能是有机氮矿化造成的。次表层水体发生着活跃的DON矿化过程，而且伴随着一定程度的氮同位素分馏。由于DON的矿化产物具有贫^{15}N特征，它们转化为硝酸盐时也会携带这个信号，从而“稀释”了次表层硝酸盐的$\delta^{15}N$值。由于DON浓度较高，即使很小比例发生矿化，它的效应也将是十分明显的。

真光层中的氮停留时间较短，大部分氮自上而下输出，停留时间多在一年之内；相对而言，大气来源的氮（固氮作用或大气沉降）在跃层中的停留时间较长，使贫 ^{15}N 同位素信号在多年内累积。理论上，沉降颗粒氮矿化过程中的分馏作用也可能对次表层硝酸盐 $\delta^{15}N$ 极小值有贡献，因为该过程可能优先释放低 $\delta^{15}N$ 值的铵。沉降颗粒物是输出生产力的主要形态，但是，综合现有南海研究来看，同位素分馏与沉降过程中氮的损失间没有明显的联系（Yang et al.，2018）。

3.2.3 人工同位素示踪

光合作用是海洋食物网的基础，海洋浮游植物通过利用光能吸收水体中的 CO_2 和营养盐合成有机物，不但为海洋食物链的运行提供物质和能量基础，而且还调节着大气 CO_2 浓度。在海洋初级生产力研究中，广泛采用放射性碳同位素（^{14}C）示踪手段加以测定。该方法的基本原理是通过向水样中添加 ^{14}C 同位素标记的无机碳添加物（$NaH^{14}CO_3$），作为光合作用的一部分底物，采用黑白瓶对照，模拟现场光强培养。在培养终点，过滤（0.45μm 滤膜）并收集样品中的悬浮颗粒物质。滤膜经浓 HCl 溶液蒸汽蒸熏后，冻存带回陆上实验室。滤膜上悬浮颗粒物质 ^{14}C 的放射性活度通过液体闪烁计数仪测定，之后将其换算为浮游植物光合速率。

在 1997 年航次中，南沙群岛海域初级生产力的变化范围为 8～127mg/(m^2 · d)，平均值为 67mg/(m^2 · d)。与中国其他近海包括渤海、黄海和东海相比，南海中南部的初级生产力显然较低，符合该海域是一个典型的寡营养盐海区的属性。南沙群岛周边部分海域基于同位素示踪吸收的初级生产力的分布如图 3.72 所示。

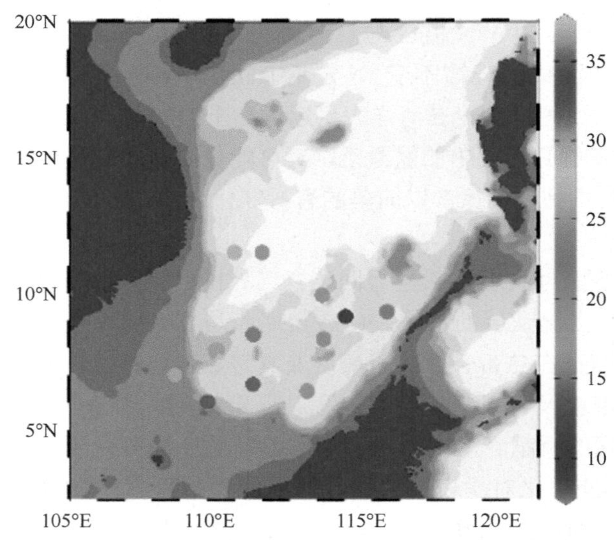

图 3.72 南沙群岛周边部分海域基于同位素示踪吸收的初级生产力［mmol C/(m^2 · d)］的分布

一般认为，海洋初级生产过程受到若干关键理化条件的控制，这些条件主要包括无机营养盐（氮、磷）、金属元素等。此外，作为海区水体物理条件的一个重要特征，垂直稳定度的作用可能不容忽视。由于密度跃层强度增大，浮游植物因水体垂直混合而造成的向下散失减少，而且浮游植物上浮并聚集于较浅的水层。南沙群岛海域属于寡营养盐海区，表层海水的营养盐水平很低，若密度跃层强度增大，水体的垂直混合速率便会有所减缓，从而阻碍深层营养盐较丰富的水体向上输运。密度跃层强度增大后产生了双重效应，其正效应可促使浮游植物更充分地吸收太阳光，促进光合作用的进行；负效应则直接导致营养盐供应的不足，阻碍光合作用的进行。海区的初级生产力在很大程度上取决于该水层内的平均光合速率，因而 PP 与真光层深度亦具有类似的关系，充分反映出寡营养盐海区水柱垂直稳定度对初级生产力的调控作用。

在许多海区，氮是浮游生物生长的限制因子，浮游植物可利用的氮有两类，一类是新结合的氮如 NO_3^--N 或 N_2，另一类是以 NH_4^+-N 或 DON 形式存在的再循环氮，这两类氮分别简称新氮和再循环氮。从组成来说，可将初级生产力视作两部分之和，其中，与新氮有关的初级生产力称为新生产力（new productivity，NP），与再循环氮相关的初级生产力称为再生生产力（regenerated productivity，RP）。颗粒有机物是浮游植物光合作用的产物，颗粒有机物自产生之后并不是立即被迁出真光层，那么，颗粒有机物在真光层内的循环情况如何？有多少份额将被输出真光层？这些信息对于解读上层海洋的生源要素循环至关重要。

新生产力在海洋碳循环研究中是一个极为重要的参数，它是度量生物泵运转效率的重要指标之一。从通量角度来看，在稳态条件下，输出生产力数值上等于新生产力，即新生产力相当于从真光层沉降的生源颗粒的通量。将新生产力与总初级生产力的比值定义为 f，而颗粒态营养元素被迁出真光层前在真光层的循环次数用 r 来表示，则有 $r=(1-f)/f$。f 是海区初级生产产物被迁出真光层的份额，这一部分有机物将在真光层以深逐渐被矿化，但仍会有一小部分被转移进入沉积物，实现对大气 CO_2 的埋藏。此外，在沉降-矿化途径中，有相当份额的碳素从颗粒有机态被转化为溶解有机态，后者实际上是一个巨量的碳储库，对于调节大气 CO_2 的长期变化、稳定全球气候具有不可低估的作用。

氮稳定同位素（^{15}N）示踪法是现场实测新生产力、再生生产力的主流方法，其基本原理是将同位素标记的硝酸盐（$^{15}NO_3^-$ 或 $^{15}NH_4^+$）添加入天然水样进行培养，作为底物的一部分，同位素示踪物也将被浮游植物同化吸收，通过测定培养前后颗粒物同位素丰度的变化，得到浮游植物吸收硝酸盐的快慢程度，也就是新生产力（主要由 NO_3^- 支持）或再生生产力（主要由 NH_4^+ 支持）。

在 1997 年 11～12 月航次中，应用 ^{15}N 示踪法测定了南沙群岛海域的新生产力水平，并探讨了其空间分布特征及调控机制，采样空间范围为 6°～11°30′N、108°50′～116°33′E。各测站进行分层采样后，向水样添加 $^{15}NO_3^-$ 或 $^{15}NH_4^+$ 同位素示踪物，模拟现场光强培养 8h。在培养终点，使用玻璃纤维滤膜（GF/F，预先灼烧）过滤水样，收集颗粒有机物，将滤膜冷冻保存，返航后带回陆上实验室，以元素分析仪-稳定同位素比值质谱仪（EA-IRMS）测定氮同位素丰度。

氮同位素测定方法的基本原理是：将滤膜样品送入元素分析仪，在高温充氧及催化剂存在的条件下，滤膜上的颗粒有机氮被氧化为氮氧化物，进而被还原为氮气，并被载气（高纯氦气）送入稳定同位素比值质谱仪，通过离子化、磁场偏转分选等手段将同位素信号甄别出来。在同位素示踪吸收实验中，由于同时测定了颗粒有机氮含量及其同位素组成，因此所获得的无机氮吸收速率是一个准确的数值。

1997 年 11～12 月南沙群岛周边部分海域基于同位素示踪吸收的新生产力的分布如图 3.73 所示。可以看出，新生产力的分布呈现由东向西逐渐增大的趋势，其最大值出现在研究海域的西南隅，即万安滩与纳土纳群岛之间，而最小值出现在北康暗沙附近。

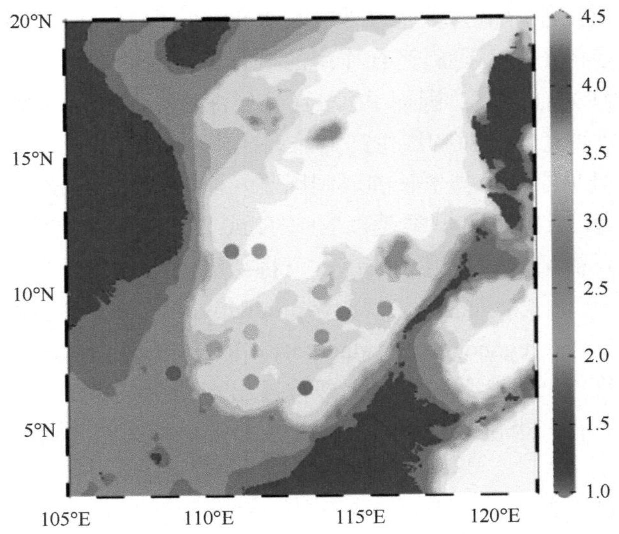

图 3.73　1997 年 11～12 月南沙群岛周边部分海域基于同位素示踪吸收的新生产力［mmol C/(m^2 · d)］的分布

1997 年 11～12 月南沙群岛周边部分海域基于示踪吸收的新生产力 与初级生产力的关系如图 3.74 所示。

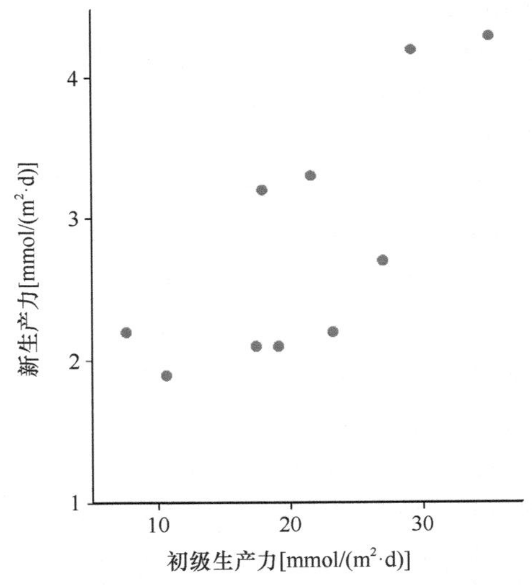

图 3.74　1997 年 11～12 月南沙群岛周边部分海域基于示踪吸收的新生产力与初级生产力的关系

什么因素控制着南沙群岛海域新生产力的分布格局呢？

水动力条件可能是调控南沙群岛海域新生产力空间分布特征的重要因素，尤其是流场，且真光层的新生 NO_3^--N 主要依赖于真光层以下水体涌升来提供，同时又证明了我们所确立的测定新生产力的 ^{228}Ra-NO_3^- 的前提假设——NO_3^--N 主要靠水体向上的垂直涡动扩散供应是能够成立的。

f 被广泛应用于描述海区生态系统的矿化强度。1997 年 11～12 月南沙群岛周边部

分海域 f 的分布如图 3.75a 所示。在采样区域，f 的变化范围为 5.5%～29%，平均值为 14%，这个数值与开阔海区的典型 f 相近。较低的 f 反映了在南海初级生产力所需氮主要由再生铵盐贡献，即有机质在上层海洋快速周转矿化，而来自真光层之外的新硝酸盐输入所占份额不高。从循环角度来看，$r = (1-0.14)/0.14 \approx 6.14$，这意味着在南沙群岛海域颗粒有机氮在真光层中经历了多次循环之后才被迁出。

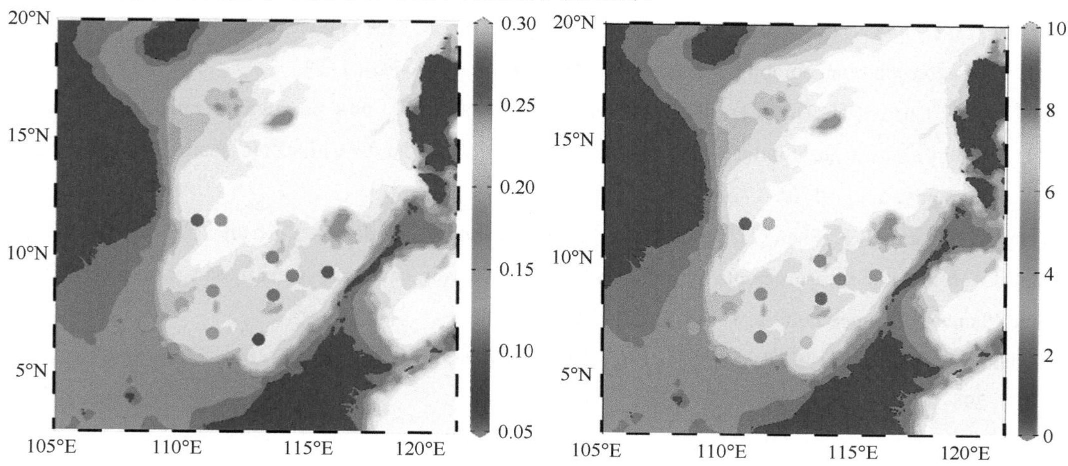

图 3.75　1997 年 11～12 月南沙群岛周边部分海域（a）f（f=NP/PP）及（b）r［$r=(1-f)/f$］的分布

综上，在 1997 年 11～12 月航次中，采用 ^{15}N 示踪法与 EA-IRMS 测量系统实测了南沙群岛海域 11 个站位的 NP，变化范围为 1.0～4.3mmol/(m^2·d)，平均值为 2.6mmol/(m^2·d)，表明寡营养盐的南沙群岛海域新生产力很低。该海域的 f 为 0.14，与开阔大洋的测值一致，即 NP 在 PP 中占的份额不高，其颗粒态营养元素经 6 次循环后才被迁出真光层，其速率是缓慢的。NP 的空间分布呈现由东向西递增的趋势，最大 NP 测值出现在上升流区——纳土纳群岛与万安滩之间的海域，而最小 NP 值出现在下降流区——北康暗沙一带。NP 和 f 的空间分布特征揭示了水动力条件尤其是流况是控制这些空间分布的主要因素，研究海域真光层的 NO_3^- 主要来自富含 NO_3^- 的中层水和深层水的涌升。

参考文献

蔡平河, 黄奕普, 邱雨生. 1996. 九龙江河口区水体中 ^{238}U、^{234}Th 地球化学行为的研究. 海洋学报, 18(5): 52-60.

岑蓉蓉. 2017. 南海和西北太平洋 Th 的地球化学行为研究. 厦门大学硕士学位论文 .

陈敏 , 黄奕普 , 邱雨生. 1997. 天然海水 ^{238}U、^{234}Th 的富集、纯化与测定. 同位素, 10(4): 199-204.

黄奕普, 陈敏, 刘广山. 2006. 同位素海洋学研究文集: 第 1 卷　南海. 北京: 海洋出版社 .

李丹阳. 2020. 典型海湾和南海的生物固氮作用. 厦门大学博士学位论文 .

刘燕娜. 2014. 海水 U、Th 长寿命核素的 MC-ICP-MS 测量方法及台湾海峡 Th 的地球化学行为研究. 厦门大学硕士学位论文 .

吕娥, 张磊, 陈敏, 等. 2007. 九龙江河口区表层水铀同位素的粒级分布. 海洋学报, 29(4): 59-68.

牟新悦, 陈敏, 张琨, 等. 2017. 夏季大亚湾悬浮颗粒有机物碳、氮同位素组成及其物源指示. 海洋学报, 39: 39-52.

孙恢礼, 刘韶, 张惠玲, 等. 1987. 珠江口水中铀的分布规律及其同位素组成初探 . 热带海洋, (4): 57-62.

王雨, 林茂, 林更铭, 等. 2012. 大亚湾生态监控区的浮游植物年际变化. 海洋科学, 36(4): 86-94.

张润. 2010. 中国边缘海生物固氮作用的研究. 厦门大学博士学位论文 .

Chen J H, Edwards R L, Wasserburg G J. 1986. ^{238}U, ^{234}U and ^{232}Th in seawater. Earth and Planetary Science Letters, 80: 241-251.

Chen M, Lu Y, Jiao N, et al. 2019. Biogeographic drivers of diazotrophs in the western Pacific Ocean: Pacific Ocean diazotroph biogeography. Limnology and Oceanography, 64(3): 1-19.

Chen Y L L, Chen H Y, Tuo S H, et al. 2008. Seasonal dynamics of new production from *Trichodesmium* N_2 fixation and nitrate uptake in the upstream Kuroshio and South China Sea basin. Limnology and Oceanography, 53(5): 1705-1721.

Cheng H, Edwards R L, Shen C C, et al. 2013. Improvements in ^{230}Th dating, ^{230}Th and ^{234}U half-life values, and U-Th isotopic measurements by multi-collector inductively coupled plasma mass spectrometry. Earth and Planetary Science Letters, 371-372: 82-91.

Dugdale R C, Menzel D W, Ryther J H. 1961. Nitrogen fixation in the Sargasso Sea. Deep-Sea Research, 7(4): 298-300.

Großkopf T, Mohr W, Baustian T, et al. 2012. Doubling of marine dinitrogen-fixation rates based on direct measurements. Nature, 488: 361-364.

Hayes C T, Anderson R F, Fleisher M Q, et al. 2013. Quantifying lithogenic inputs to the North Pacific Ocean using the long-lived thorium isotopes. Earth and Planetary Science Letters, 383: 16-25.

Henderson G M, Slowey N C, Haddad G A. 1999. Fluid flow through carbonate platforms: constraints from $^{234}U/^{238}U$ and Cl^- in Bahamas pore-waters. Earth and Planetary Science Letters, 169: 99-111.

Hsieh Y T, Henderson G M, Thomas A L. 2011. Combining seawater ^{232}Th and ^{230}Th concentrations to determine dust fluxes to the surface ocean. Earth and Planetary Science Letters, 312(3): 280-290.

Jaffey A H, Flynn K F, Glendenin L E, et al. 1971. Precision measurement of half-lives and specific activities of ^{235}U and ^{238}U. Physical Review, C4(5): 1889-1906.

Kao S J, Yang J Y T, Liu K K, et al. 2012. Isotope constraints on particulate nitrogen source and dynamics in the upper water column of the oligotrophic South China Sea. Global Biogeochemical Cycles, 26: GB2033.

Knapp A N, Casciotti K L, Prokopenko M G. 2018. Dissolved organic nitrogen production and consumption in eastern tropical South Pacific surface waters. Global Biogeochemical Cycles, 32: 769-783.

Knapp A N, Sigman D M, Lipschultz F, et al. 2011. Interbasin isotopic correspondence between upper-ocean bulk DON and subsurface nitrate and its implications for marine nitrogen cycling. Global Biogeochemical Cycles, 25: GB4004.

Ku T L, Knauss K G, Mathieu G G. 1977. Uranium in open ocean: concentration and isotopic composition. Deep-Sea Research, 24: 1005-1017.

Letscher R T, Hansell D A, Carlson C A, et al. 2013. Dissolved organic nitrogen in the global surface ocean: distribution and fate. Global Biogeochemical Cycles, 27: 141-153.

Li D, Liu J, Zhang R, et al. 2019. N_2 fixation impacted by carbon fixation via dissolved organic carbon in the changing Daya Bay, South China Sea. Science of the Total Environment, 674: 592-602.

Luo S, Ku T L, Kusakabe M, Bishop J, er al. 1995. Tracing particle cycling in the upper ocean with ^{230}Th and

^{228}Th: an investigation in the equatorial Pacific along 140°W. Deep Sea Research Part II: Topical Studies in Oceanography, 42(2-3): 805-829.

Mohr W, Grosskopf T, Wallace D W R, et al. 2010. Methodological underestimation of oceanic nitrogen fixation rates. PloS ONE, 5(9): e12583.

Okubo A, Obata H, Gamo T, et al. 2007. Scavenging of ^{230}Th in the Sulu Sea. Deep-Sea Research Ⅱ, 54: 50-59.

Shu Y, Xue H, Wang D, et al, 2014. Meridional overturning circulation in the South China Sea envisioned from the high-resolution global reanalysis data GLBa0.08. Journal of Geophysical Research: Oceans, 119(5): 3012-3028.

Tan S C, Yao X H, Gao H W, et al. 2013. Variability in the correlation between Asian dust storms and chlorophyll a concentration from the north to equatorial Pacific. PLoS ONE, 8(2): e57656.

Voss M, Bombar D, Loick N, et al. 2006. Riverine influence on nitrogen fixation in the upwelling region off Vietnam, South China Sea. Geophysical Research Letters, 33(7): 872-879.

Wang G, Sun S, Tan E, et al. 2021. A strong summer intrusion of the Kuroshio and residence time in the northern South China Sea revealed by radium isotopes. Progress in Oceanography, 197: 102619.

Yamaguchi Y T, McCarthy M D. 2018. Sources and transformation of dissolved and particulate organic nitrogen in the North Pacific Subtropical Gyre indicated by compound-specific $\delta^{15}N$ analysis of amino acids. Geochimica et Cosmochimica Acta, 220: 329-347.

Yang W, Guo L, Chuang C Y, et al. 2013. Adsorption characteristics of ^{210}Pb, ^{210}Po and ^{7}Be onto micro-particle surfaces and the effects of macromolecular organic compounds. Geochimica et Cosmochimica Acta, 107: 47-64.

Yang Z, Chen J, Chen M, et al. 2018. Sources and transformations of nitrogen in the South China Sea: insights from nitrogen isotopes. Journal of Oceanography, 74: 101-113.

Zhang R, Chen M, Yang Q, et al. 2015. Physical-biological coupling of N_2 fixation in the northwestern South China Sea coastal upwelling during summer. Limnology and Oceanography, 60(4): 1411-1425.

Zhang R, Wang X T, Ren H, et al. 2020. Dissolved organic nitrogen cycling in the South China Sea from an isotopic perspective. Global Biogeochemical Cycles, 34: e2020GB006551.

Zhou F, Wu J, Chen F, et al. 2022. Using stable isotopes ($\delta^{18}O$ and δD) to study the dynamics of upwelling and other oceanic processes in Northwestern South China Sea. Journal of Geophysical Research: Oceans, 127: e2021JC017972.

第4章 南海断面表层沉积物类型与地球化学研究

近年来，随着国际形势变化，南海问题骤然升温，南海重要的战略地位也成为全球政治的较量所在。海洋考察是获取南海基础数据和资料的重要手段，对资源开发、军事行动保证与军事对抗、外交谈判等的先导性、基础性和重要性作用不言而喻。因此，有必要开展南海海洋断面长期科学考察与观测，掌握海洋物理环境、海洋生物与生态环境、海洋地球物理和海底底质等要素的时空分布特征的基本资料，为深入开展季风气候控制下的热带海洋环境演变过程、热带海盆和珊瑚礁生物多样性与生态环境特征、边缘海地质演化过程等重要海洋科学问题的原创性探索提供可靠的科学数据。

本章整编 2009～2012 年“实验 3”号科考船执行的 4 个基础性工作专项航次在南海 18°N（断面Ⅰ）、10°N（断面Ⅲ）和 6°N（断面Ⅳ）和 113°E（断面Ⅱ）四条断面采集的样品和分析数据，完成各类样品和观测数据的采集，形成海洋物理、生物、生态环境、珊瑚礁和沉积物地质及海洋地球物理方面的观测与分析成果和相关的数据集、图集与图件、样品与标本，并通过系统整编，实现南海海洋断面长期科学考察资料的共享。其中，南海四条断面表层沉积物采样站位布设见图 4.1。南海典型断面科学考察，既是海洋学科的前沿科学探索的基础，又可促进热带海洋科学和区域海洋科学的发展，在国际上充分体现我国在南海的存在和加强我国在该海区环境事务方面的发言权，为有效地管理与保护海洋环境、合理开发利用海域各类资源、实现海洋经济可持续发展和维护我国海洋权益提供科学依据。

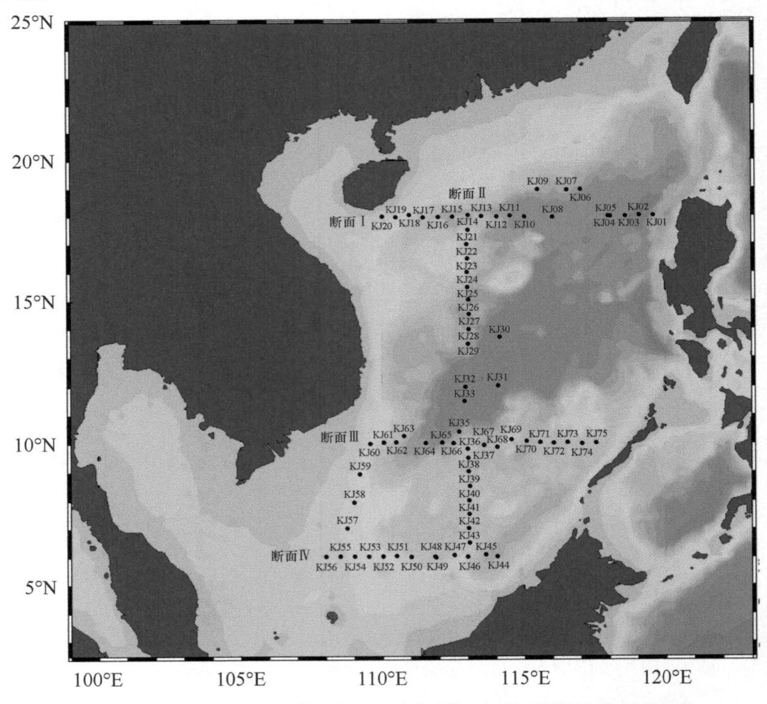

图 4.1　南海部分区域四条断面表层沉积物采样站位布设图

研究区 75 个采样站位呈断面分布，分别为断面Ⅰ、断面Ⅱ、断面Ⅲ、断面Ⅳ，其中断面Ⅰ为南海北部 18°N 东西向断面，由海南岛南侧向东延伸至吕宋岛西侧，共 20 个站位；断面Ⅱ为 113°E 南北向断面，共 25 个站位（说明：断面Ⅱ中 3 个站位与 3 个纬向断面的站位重复）；断面Ⅲ为南海中部 10°N 东西向断面，西起湄公河入海口附近，东至巴拉望岛，共 20 个站位；断面Ⅳ为南海南部 6°N 东西向断面，共 13 个站位。

4.1 断面表层沉积物类型及沉积物的粒度组成

4.1.1 沉积物类型

研究区各典型断面表层沉积物的平均粒径（Mz）与中值粒径（Md）的分布趋势基本一致，就平均粒径而言，除断面Ⅰ最西面 1 个站位、断面Ⅲ西段前两个站位和断面Ⅳ西段站位平均粒径极小外，其余站位的平均粒径大部分为 6～8Φ，粒度整体偏细，总体表现为深水陆坡和深海盆区沉积物的平均粒径大于岛礁区和陆架区（图 4.2 和图 4.3）。

研究区砾组分含量极低，除了位于断面Ⅲ西段的 KJ58 样品中砾组分含量异常高（砾组分含量高达 36.65%），其余 74 个样品中砾组分含量均为零；样品中砂组分含量较高，其变化范围最广，为 0～100%，平均值为 17.73%；粉砂、黏土组分含量的变化范围分别为 0～79.02%、0～48.66%，对应的含量平均值较高，分别为 49.87%、31.91%（图 4.4）。平均粒径代表粒径分布的总体趋势，能够用来反映沉积介质的平均动能。研究区平均粒径的变化范围为 0.20～7.92Φ，平均值为 6.54Φ。

研究区的沉积物包括黏土质粉砂、砂—粉砂—黏土、中细砂、粉砂质砂、粉砂质黏土、砾砂共 6 类沉积物类型，其中分布最广的为黏土质粉砂，约占所有样品数的 70%，其次为砂—粉砂—黏土，占 20%。结合以下粒度参数在各断面上的变化特征可以判断，沉积物类型总体表现为：在深水陆坡和深海盆区沉积物以黏土质粉砂和粉砂质黏土为主，而在岛礁区和陆架区则以砂—粉砂—黏土或含少量黏土的砂为主。

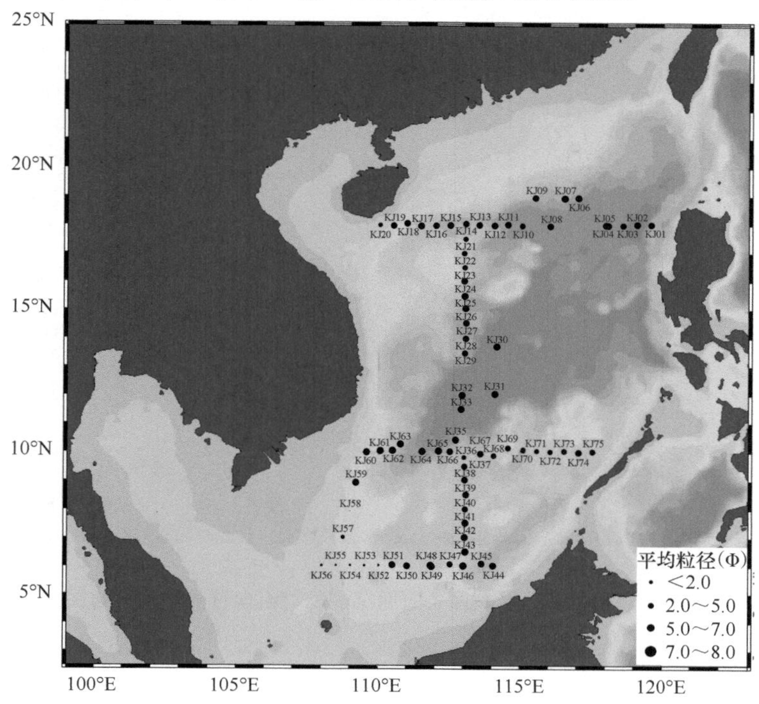

图 4.2　南海部分区域断面平均粒径的平面分布图

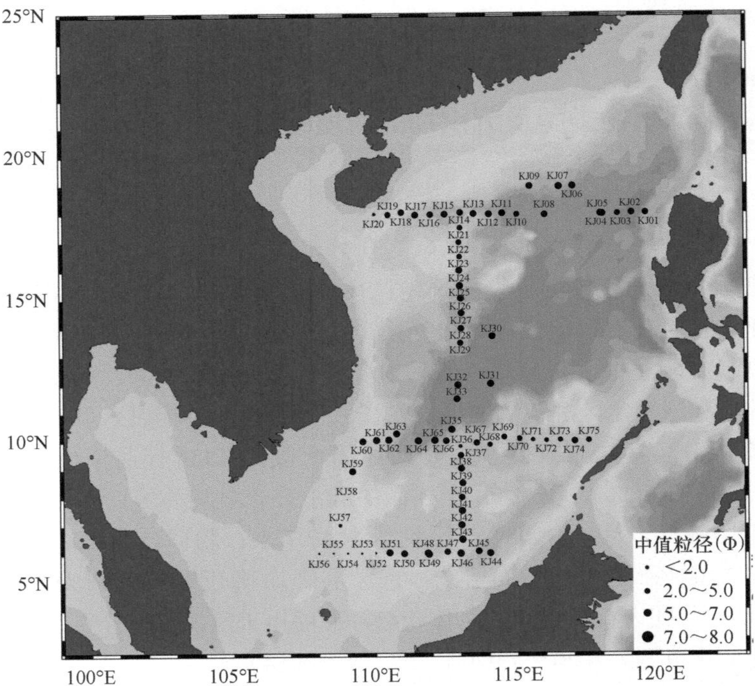

图 4.3　南海部分区域断面中值粒径的平面分布图

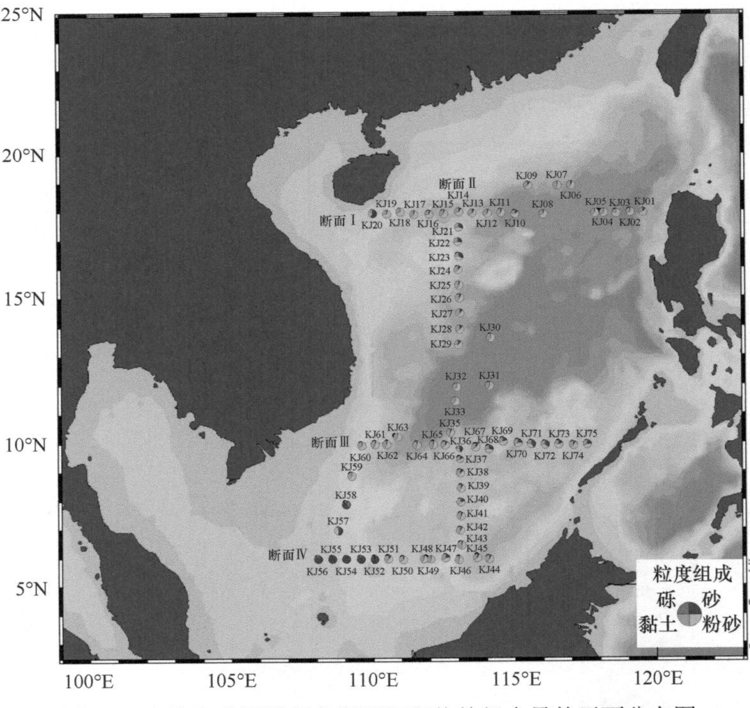

图 4.4　南海部分区域四条断面沉积物粒组含量的平面分布图

4.1.2 沉积物粒度特征参数的变化特征

四条断面沉积物中砂、粉砂、黏土组分含量和平均粒径的大小分别见表 4.1 和表 4.2，可以看到，上述各参数值在各断面上的变化均比较大。

表 4.1　断面Ⅰ和断面Ⅱ沉积物粒度参数

	断面Ⅰ				断面Ⅱ			
	砂含量（%）	粉砂含量（%）	黏土含量（%）	平均粒径（Φ）	砂含量（%）	粉砂含量（%）	黏土含量（%）	平均粒径（Φ）
最小值	0.00	26.01	15.67	4.55	0.11	32.15	21.49	4.85
最大值	58.32	79.02	45.42	7.89	46.37	64.15	48.66	7.92
平均值	7.49	60.64	31.87	7.05	12.44	50.84	36.72	6.99

表 4.2　断面Ⅲ和断面Ⅳ沉积物粒度参数

	断面Ⅲ				断面Ⅳ			
	砂含量（%）	粉砂含量（%）	黏土含量（%）	平均粒径（Φ）	砂含量（%）	粉砂含量（%）	黏土含量（%）	平均粒径（Φ）
最小值	0.64	7.15	1.06	0.20	1.63	0.00	0.00	1.69
最大值	55.15	62.17	46.61	7.89	100.00	62.91	47.57	7.92
平均值	19.39	48.08	30.70	6.27	41.51	33.65	24.84	5.34

1. 砂含量

四条断面沉积物中砂含量变化如图 4.5 所示，砂含量大部分为 0～30%，其中断面Ⅰ的砂含量大部分为 0～10%，尤以西部西沙海槽陆坡区的沉积物中砂含量最低，多低于 5%，往东进入深海盆区沉积物中砂含量有所增高，而最西边 KJ20 站位的砂含量出现明显异常，突增至近 60%；断面Ⅱ的砂含量则呈现出自北向南起伏变化，北部陆坡区

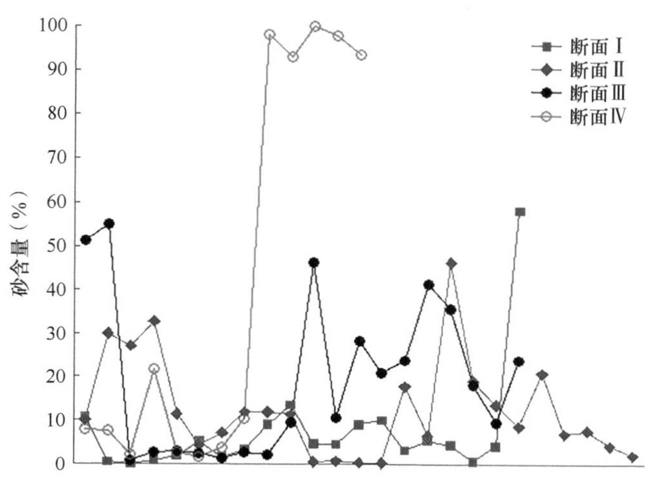

图 4.5　四条断面沉积物中砂含量变化图

和南部陆坡区含量较高，多为 10%～40%，而在中部的西南海盆区砂含量较低，多低于 10%，在断面的最南端几个站位的砂含量又表现出明显的下降趋势；断面Ⅲ的砂含量变化较大，最西部靠近湄公河入海口处的两个站位砂含量高达 50% 以上，而后进入西部陆坡区突降至 10% 以下，到东部陆坡区砂含量又有明显增高，多为 15%～40%；断面Ⅳ的砂含量变化最为显著，自西（南海南部陆架）向东（南海南部陆坡），沉积物中砂含量由 90%～100% 降低到 0%～20%。

2. 粉砂含量

四条断面沉积物中粉砂含量变化如图 4.6 所示，粉砂含量大部分为 40%～70%，与砂含量比较可清楚地看到，各断面的粉砂含量与砂含量基本呈相反的变化趋势。断面Ⅰ的粉砂含量多为 50%～70%，西部陆架区的粉砂含量略高于西部陆坡和中部、东部的海盆区，相应地，最东边 KJ20 站位的粉砂含量相对该断面上的其他站位显得异常低；断面Ⅱ的粉砂含量分布曲线呈多段式，自北向南，粉砂含量起伏往复变化，与砂含量曲线变化趋势基本相反，即砂含量越高，对应的粉砂含量就越低，最高含量接近 70%，最低含量约为 30%，总体上表现出中部海盆高于北部和南部陆坡；断面Ⅲ、断面Ⅳ的粉砂含量曲线也与砂含量曲线的变化趋势相反，其中断面Ⅳ东段（南海南部陆坡）的粉砂含量极低，均低于 5%。

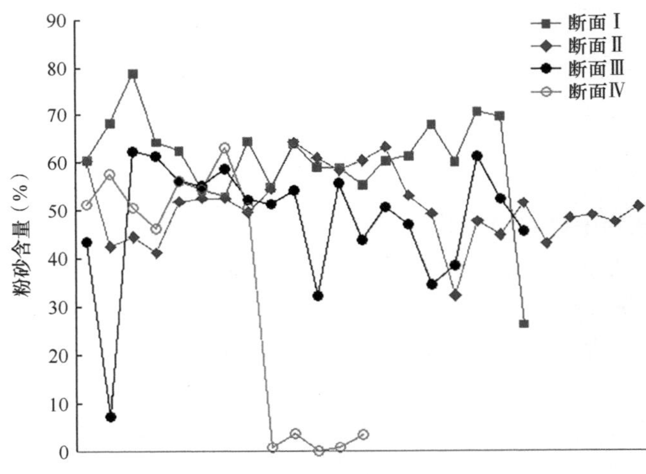

图 4.6 四条断面沉积物中粉砂含量变化图

3. 黏土含量

四条断面沉积物中黏土含量变化如图 4.7 所示，黏土含量大部分为 20%～50%。各断面沉积物中黏土含量曲线变化与粉砂含量曲线变化相似，而与砂含量曲线基本呈现相反的变化特征，即每条断面上砂含量较高的站位对应的黏土含量较低，且除断面Ⅲ西段前两个站位和断面Ⅳ东段站位黏土含量极低（低于 10%）外，四条断面黏土含量变化范围相对较小。

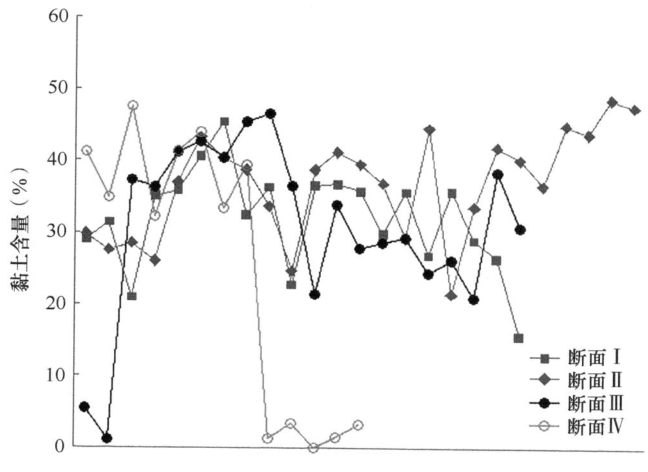

图 4.7　四条断面沉积物中黏土含量变化图

4. 平均粒径

四条断面沉积物平均粒径变化如图 4.8 所示，平均粒径大部分为 6～8Φ，粒度整体偏细，四条断面平均粒径曲线与粉砂含量和黏土含量的曲线基本一致，表明四条断面的沉积物组成总体上以细粒组分为主。从图 4.8 也可以看到，除断面Ⅲ西段前两个站位和断面Ⅳ东段站位平均粒径极小（小于 3）外，四条断面平均粒径曲线相对较为平直。

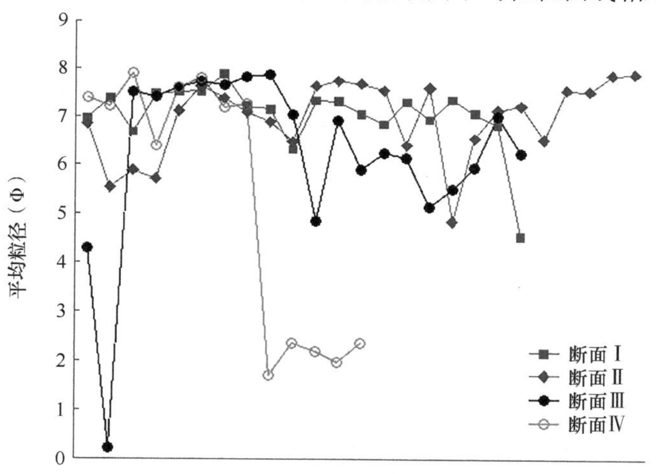

图 4.8　四条断面沉积物平均粒径变化图

4.2　断面表层沉积物中主量元素的地球化学特征

四条断面表层沉积物中主量元素（以化合物形式表示）含量见表 4.3。从 Al_2O_3、Fe_2O_3、TiO_2、MnO、CaO、MgO、K_2O、Na_2O、P_2O_5 的含量来看，研究区表层沉积物的元素组成以 Al_2O_3、CaO 和（K_2O+Na_2O）为主，其次为 Fe_2O_3 和 MgO，而 TiO_2、MnO 和 P_2O_5 含量较低，其中 Al_2O_3 和 CaO 两者之和占总化学成分的 22%～45%，说明沉积物

化学成分以铝硅酸盐和碳酸盐为主。

表 4.3 四条断面表层沉积物中主量元素含量（%）

序号	样品号	Al_2O_3	CaO	Fe_2O_3	K_2O	MgO	MnO	Na_2O	P_2O_5	TiO_2
1	KJ01	9.41	9.19	3.56	2.08	1.59	0.064	1.95	0.106	0.573
2	KJ02	16.7	0.98	6.68	3.48	2.90	0.597	4.49	0.139	0.793
3	KJ03	15.9	1.43	6.38	3.14	2.68	0.648	2.95	0.145	0.869
4	KJ04	17.1	0.694	6.99	3.27	2.78	1.67	3.34	0.157	0.841
5	KJ05	17.6	0.737	7.14	3.37	2.93	0.887	3.40	0.141	0.830
6	KJ06	15.5	2.36	6.50	2.93	2.98	1.01	4.18	0.128	0.731
7	KJ07	13.3	10.8	5.23	2.50	2.42	1.49	3.24	0.130	0.604
8	KJ08	14.9	4.08	5.81	2.86	2.61	0.228	2.89	0.120	0.728
9	KJ09	12.3	13.5	4.73	2.39	2.35	1.10	3.09	0.123	0.562
10	KJ10	13.7	8.34	5.23	2.67	2.52	0.574	2.81	0.119	0.704
11	KJ11	15.4	3.12	5.93	2.95	2.75	1.60	3.49	0.139	0.719
12	KJ12	12.2	10.6	4.74	2.41	2.28	0.744	2.87	0.123	0.614
13	KJ13	10.2	16.0	3.66	1.92	1.80	1.86	2.14	0.111	0.444
14	KJ14	10.5	18.1	3.76	1.99	1.89	1.05	2.72	0.114	0.462
15	KJ15	11.8	14.1	4.29	2.34	2.09	0.344	2.76	0.120	0.559
16	KJ16	10.3	11.1	3.72	2.07	2.27	0.307	5.55	0.107	0.495
17	KJ17	11.7	13.6	4.15	2.28	2.20	0.231	3.14	0.127	0.597
18	KJ18	11.7	12.3	4.31	2.32	2.16	0.333	2.85	0.138	0.647
19	KJ19	14.4	5.28	5.42	2.59	2.30	0.085	2.12	0.139	0.835
20	KJ20	7.07	7.04	3.60	1.85	1.55	0.067	1.09	0.079	0.600
21	KJ21	8.78	30.7	3.16	1.63	1.61	0.386	2.05	0.120	0.388
22	KJ22	6.79	32.4	2.57	1.30	1.39	0.228	2.37	0.099	0.295
23	KJ23	5.74	33.1	2.11	1.15	1.35	0.197	2.68	0.098	0.244
24	KJ24	8.58	24.8	3.14	1.65	1.70	0.887	2.98	0.113	0.361
25	KJ25	10.0	22.0	3.78	1.88	1.90	0.722	2.73	0.105	0.431
26	KJ26	15.0	3.03	5.53	2.83	2.70	2.60	3.53	0.122	0.625
27	KJ27	10.9	16.9	3.72	2.08	2.20	0.566	5.01	0.115	0.424
28	KJ28	11.7	16.9	3.95	2.05	1.90	0.804	1.74	0.120	0.462
29	KJ29	13.2	7.84	4.71	2.44	2.51	1.47	4.57	0.116	0.529
30	KJ30	17.0	1.84	6.55	3.29	3.07	0.534	3.63	0.100	0.779
31	KJ31	17.4	0.750	6.69	3.33	3.28	0.931	4.37	0.099	0.771
32	KJ32	18.0	1.80	6.86	3.42	3.10	0.407	2.94	0.101	0.794
33	KJ33	16.1	3.19	6.10	3.19	2.90	0.111	3.60	0.099	0.770
34	KJ34	5.94	29.7	2.02	1.10	1.24	1.06	2.70	0.105	0.208

续表

序号	样品号	Al_2O_3	CaO	Fe_2O_3	K_2O	MgO	MnO	Na_2O	P_2O_5	TiO_2
35	KJ35	11.0	20.8	3.96	1.94	2.01	1.26	2.81	0.119	0.427
36	KJ36	6.45	35.5	2.35	1.14	1.26	0.413	1.80	0.100	0.240
37	KJ37	8.18	24.7	2.68	1.42	1.41	0.710	2.29	0.108	0.290
38	KJ38	8.79	15.3	2.93	1.74	2.08	0.774	9.42	0.102	0.317
39	KJ39	10.7	21.3	3.70	1.92	1.95	1.54	3.19	0.126	0.400
40	KJ40	9.57	22.6	3.36	1.75	1.96	0.796	4.12	0.128	0.366
41	KJ41	11.6	16.8	4.14	2.08	2.17	1.08	3.64	0.129	0.459
42	KJ42	12.0	11.7	3.94	2.12	2.33	3.00	5.51	0.130	0.464
43	KJ43	13.7	10.6	4.83	2.42	2.41	1.96	3.52	0.148	0.560
44	KJ44	14.6	7.18	4.93	2.56	2.55	0.214	4.40	0.132	0.533
45	KJ45	15.5	6.79	5.13	2.70	2.80	0.356	3.65	0.124	0.589
46	KJ46	13.6	8.63	4.71	2.41	2.36	3.77	3.04	0.149	0.588
47	KJ47	9.58	20.9	3.65	1.73	2.04	0.116	4.01	0.133	0.457
48	KJ48	15.1	8.88	5.48	2.66	2.60	1.25	3.36	0.155	0.677
49	KJ49	14.9	8.89	5.31	2.61	2.56	1.57	3.02	0.155	0.662
50	KJ50	14.8	9.54	4.91	2.50	2.50	2.49	3.18	0.154	0.625
51	KJ51	13.0	12.2	4.86	2.34	2.46	0.819	3.83	0.141	0.561
52	KJ52	3.67	11.2	3.85	0.814	2.07	0.330	1.51	0.113	0.324
53	KJ53	5.64	9.74	3.85	1.43	1.77	0.083	2.12	0.130	0.361
54	KJ54	4.29	16.8	4.70	1.11	2.73	0.466	2.76	0.188	0.288
55	KJ55	5.52	10.3	3.21	1.41	1.55	0.064	0.807	0.094	0.308
56	KJ56	4.57	2.47	3.15	1.33	1.18	0.048	0.515	0.071	0.244
57	KJ57	16.0	2.96	7.82	1.81	3.61	0.310	3.75	0.141	0.737
58	KJ58	2.85	22.0	2.53	0.892	2.18	0.173	1.01	0.133	0.161
59	KJ59	15.6	6.31	5.95	2.81	2.69	0.085	2.75	0.131	0.750
60	KJ60	15.7	7.72	5.34	2.77	2.55	0.060	2.68	0.131	0.732
61	KJ61	12.6	8.96	4.24	2.35	2.57	1.25	7.20	0.111	0.525
62	KJ62	14.0	8.48	4.66	2.51	2.69	1.79	5.20	0.125	0.584
63	KJ63	15.0	7.82	5.74	2.77	2.67	0.100	3.55	0.131	0.706
64	KJ64	16.5	0.688	6.21	2.95	2.86	2.19	3.87	0.121	0.700
65	KJ65	14.2	8.74	5.23	2.54	2.61	2.35	4.23	0.123	0.573
66	KJ66	9.85	24.3	3.26	1.69	1.64	0.583	2.04	0.108	0.367
67	KJ67	6.28	31.3	2.28	1.18	1.42	0.360	3.87	0.095	0.229
68	KJ68	5.72	32.5	1.85	0.977	1.03	0.520	1.18	0.106	0.190
69	KJ69	2.99	36.0	0.940	0.563	0.797	0.329	1.65	0.092	0.095
70	KJ70	5.53	35.4	1.95	0.964	1.11	0.482	1.86	0.122	0.189

续表

序号	样品号	Al_2O_3	CaO	Fe_2O_3	K_2O	MgO	MnO	Na_2O	P_2O_5	TiO_2
71	KJ71	3.46	37.4	1.19	0.668	1.07	0.180	2.68	0.106	0.111
72	KJ72	3.40	29.2	1.09	0.771	1.51	1.11	8.00	0.097	0.110
73	KJ73	3.22	38.7	1.20	0.636	1.20	0.448	2.73	0.093	0.113
74	KJ74	7.38	26.7	2.78	1.47	1.82	0.405	2.74	0.091	0.295
75	KJ75	5.92	31.2	2.16	1.14	1.64	0.575	3.14	0.133	0.213

（1）断面Ⅰ

断面Ⅰ（T1）从海南岛南侧一直延伸至吕宋岛西侧，自西向东水深逐渐加深。断面Ⅰ表层沉积物中 Al_2O_3 的含量变化范围为7.07%～17.6%，平均值为13.09%；Fe_2O_3 的含量变化范围为3.56%～7.14%，平均值为5.09%；TiO_2 的含量变化范围为0.444%～0.869%，平均值为0.66%；MgO 的含量变化范围为1.55%～2.98%，平均值为2.35%。由图4.9可以看出，Al_2O_3、Fe_2O_3、TiO_2 和 MgO 这四个主量元素的含量变化较为一致，在海南岛附近海域和吕宋岛西侧海域含量较高，而在西沙群岛海域含量较低。CaO 的含量变化范围为0.694%～18.1%，平均值为8.17%，CaO 在陆架海域与前四种主量元素的含量变化趋势相同，受陆源物质影响较大，随水深加大，其变化趋势与前者具有相反的变化趋势。MnO 含量的变化范围为0.064%～1.86%，平均值为0.75%，MnO 含量较低，表现为中间高、两边低的分布趋势。

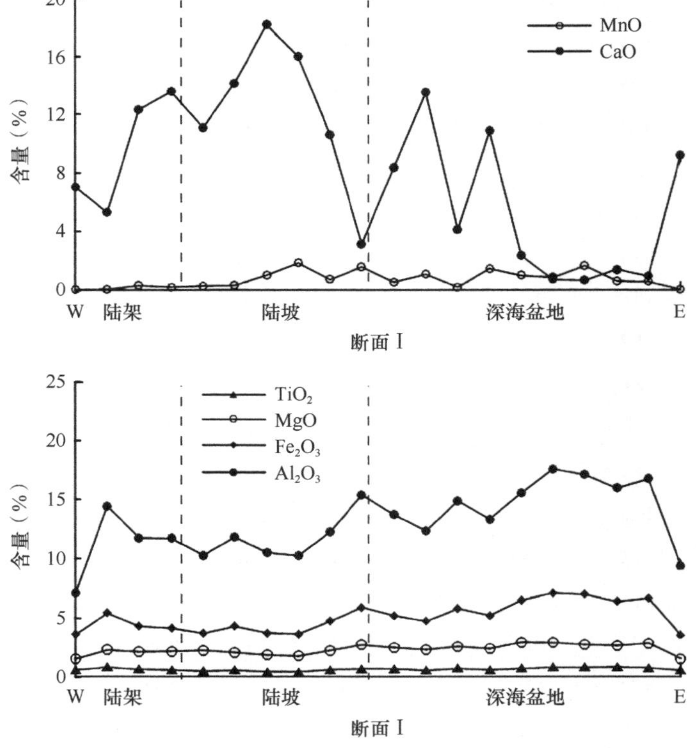

图4.9 断面Ⅰ表层沉积物中主量元素含量变化图

（2）断面Ⅱ

断面Ⅱ（T2）的北部为西沙群岛，中部为西南次海盆，南部为南沙群岛。断面Ⅱ表层沉积物中 $A1_2O_3$ 的含量变化范围为 5.74%～18.0%，平均值为 11.17%；Fe_2O_3 的含量变化范围为 2.02%～6.86%，平均值为 4.03%；TiO_2 的含量变化范围为 0.208%～0.794%，平均值为 0.46%；MgO 的含量变化范围为 1.24%～3.28%，平均值为 2.11%。由图 4.10 可以看出，$A1_2O_3$、Fe_2O_3、TiO_2 和 MgO 这四个主量元素的含量变化相当一致，反映了它们具有相同的物质来源，由西沙群岛向西南次海盆陆坡区含量逐渐降低，到达西南次海盆后含量升高，随后向南含量又逐渐降低。CaO 的含量变化范围为 0.750%～35.5%，平均值为 17.58%，CaO 在整条断面上与前四种主量元素的含量变化趋势完全相反，即由西沙群岛向西南次海盆陆坡区含量逐渐升高，到达西南次海盆后含量降低，随后向南含量又逐渐升高。MnO 的含量变化范围为 0.111%～3.00%，平均值为 0.98%，MnO 含量在西南次海盆最低，在南沙群岛海域个别站位出现高值。

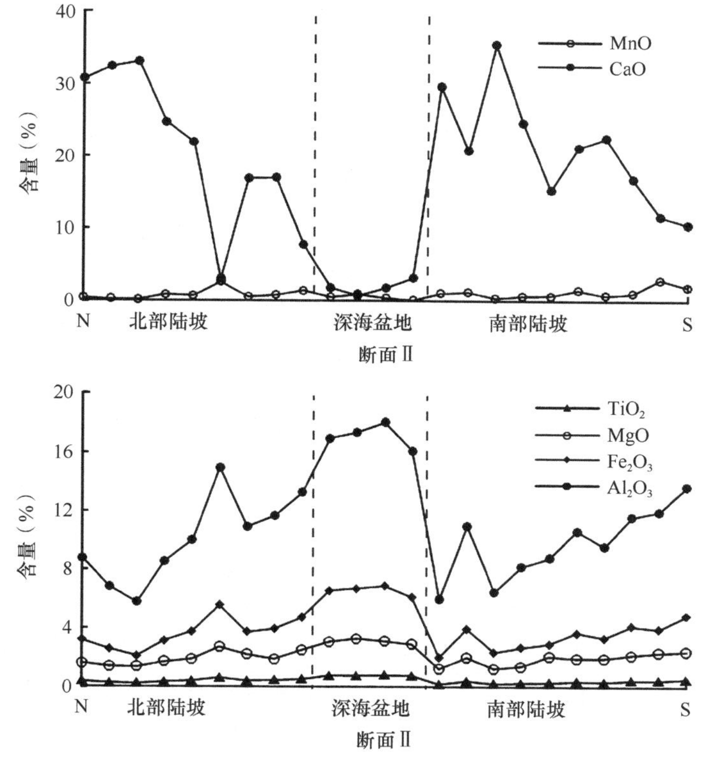

图 4.10　断面Ⅱ表层沉积物中主量元素含量变化图

（3）断面Ⅲ

断面Ⅲ（T3）从中南半岛南侧向东延至南沙群岛。断面Ⅲ表层沉积物中 $A1_2O_3$ 的含量变化范围为 2.85%～16.5%，平均值为 9.3%；Fe_2O_3 的含量变化范围为 0.940%～7.82%，平均值为 3.5%；TiO_2 的含量变化范围为 0.095%～0.750%，平均值为 0.4%；MgO 的含量变化范围为 0.797%～3.61%，平均值为 2.0%。由图 4.11 可以看出，$A1_2O_3$、Fe_2O_3、TiO_2 和 MgO 这四个主量元素的含量变化非常一致，主要是来源于湄公河搬运的物质，由西向东含量逐渐降低，在南沙群岛附近海域含量最低。CaO 的含量变化范围为 0.688%～38.7%，平均值为 20.9%，CaO 在整条断面上与前四种主量元素的含量变化趋势完全相反，即自西向东含量逐渐升高，东部海域含量明显高于西部的含量，主要是由于南沙群岛附近海域生物活动较为活跃。MnO 的含量变化范围为 0.060%～2.35%，平均值为 0.7%，MnO 含量在西部个别站位出现高值，其余的站位含量很低。

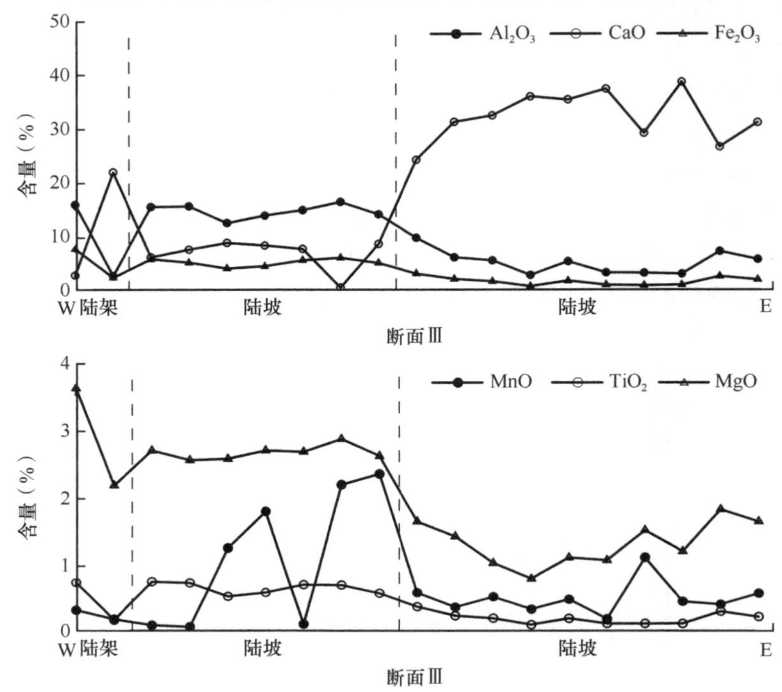

图 4.11　断面Ⅲ表层沉积物中主量元素含量变化图

（4）断面Ⅳ

断面Ⅳ（T4）位于南海南部，从巽他陆架向东延伸至南部陆坡区。断面Ⅳ表层沉积物中 Al_2O_3 的含量变化范围为 3.67%～15.5%，平均值为 10.4%；Fe_2O_3 的含量变化范围为 3.15%～5.48%，平均值为 4.4%；TiO_2 的含量变化范围为 0.244%～0.677%，平均值为 0.5%；MgO 的含量变化范围为 1.18%～2.80%，平均值为 2.2%。由图 4.12 可以看出，$A1_2O_3$、Fe_2O_3、TiO_2 和 MgO 这四个主量元素的含量变化非常一致，主要是来源于加里曼丹岛的物质，由西向东含量逐渐升高，在巽他陆架附近海域含量最低。CaO 的含量变化范围为 2.47%～20.9%，平均值为 10.3%，CaO 在整条断面上与前四种主量元素的含量变化不一，在巽他陆架海域 CaO 与前四种主量元素的含量变化略有相似，但 CaO 含量升高幅度较大，而在断面的中部 CaO 含量较低，向东海域 CaO 含量的变化趋势与 Al_2O_3 截然相反。MnO 的含量变化范围为 0.048%～3.77%，平均值为 0.9%，自西向东 MnO 含量逐渐升高，个别的站位含量很低。

如图 4.13 所示，在断面Ⅰ、断面Ⅲ、断面Ⅳ上，表层沉积物的 TiO_2/Al_2O_3 比值由陆架向陆坡区减小，这说明陆源碎屑物质含量随水深和搬运距离的增加而逐渐降低；而在断面Ⅱ上，TiO_2/Al_2O_3 比值在北部陆坡明显大于南部海域，由陆坡向西南次海盆增加，这可能是南海较强的底流搬运作用所造成的。事实上，Ti 在海底沉积物中一般以稳定的碎屑矿物金红石和钛铁矿等形式存在，在海水中以离子状态迁移的 Ti 是微不足道的，甚至 TiO_2/Al_2O_3 比值还作为反映水流搬运能力大小的一项指标。此外，CaO/Al_2O_3 比值表现出从陆架区到海盆区减小的趋势，并且在陆坡区有高异常值出现。研究表明，研究区的 CaO 主要以生物 $CaCO_3$ 的形式存在，因此生物碎屑是造成 CaO 值高的主要原因。

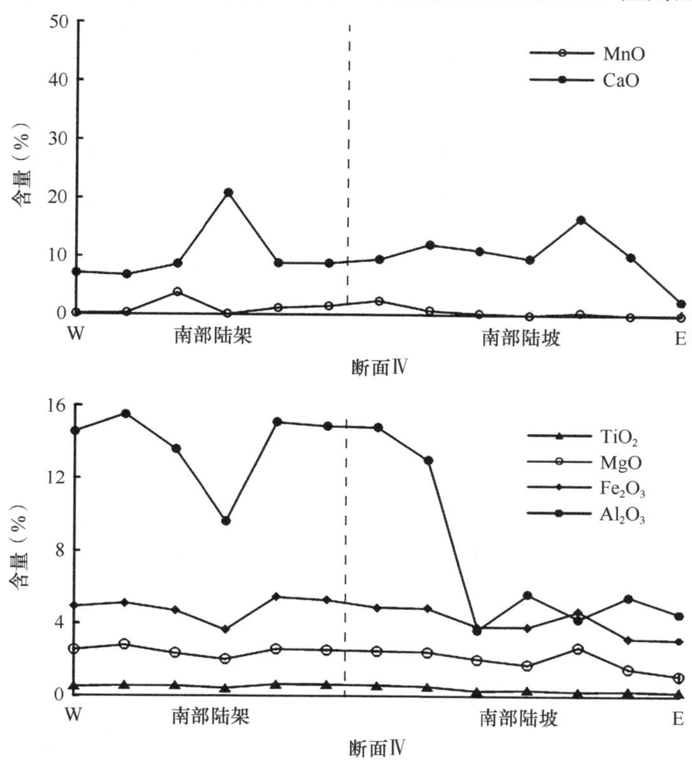

图 4.12 断面Ⅳ表层沉积物中主量元素含量变化图

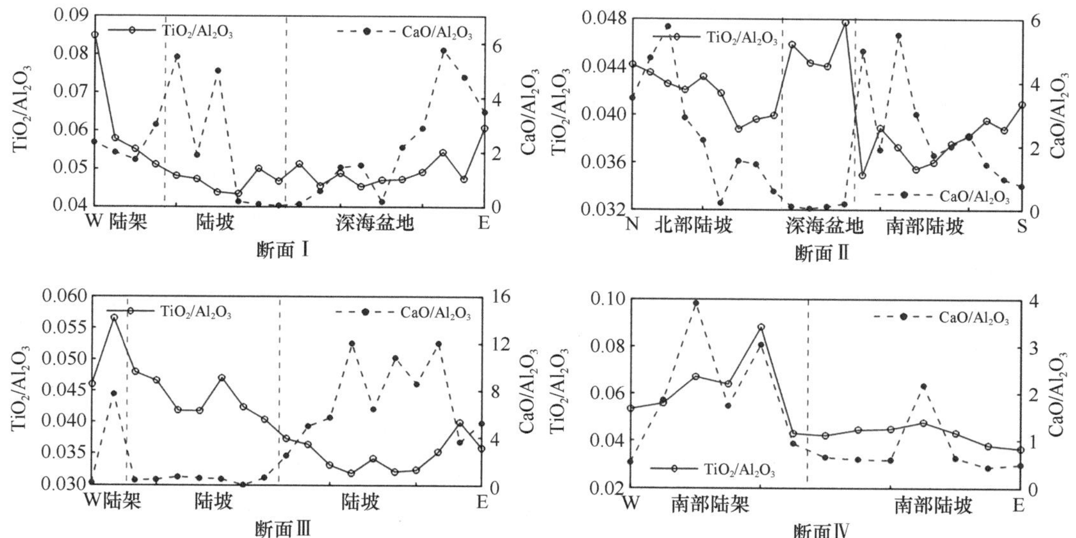

图 4.13 南海四条断面表层沉积物的 TiO_2/Al_2O_3 与 CaO/Al_2O_3 比值变化图

4.3 断面表层沉积物中微量元素的地球化学特征

四条断面表层沉积物中微量元素含量见表 4.4。从 Li、Cs、Rb、Sr、Ba、Cd、Ni、Cr、V、Cu、Ga、Nb、Ta、Hf、Zr、Th、U 的含量来看，研究区表层沉积物中各微量元素在典型剖面上的分布和变化特征具有明显的不同，如 Ba 和 Sr 等元素主要在岛礁区陆坡沉积物中富集，而 U 和 Th 则主要在深水盆地中富集等。

表 4.4 四条断面表层沉积物中微量元素含量 （单位：mg/kg）

序号	样品号	Li	Be	Sc	V	Cr	Co	Ni	Cu	Zn	Ga	Rb	Sr	Y
1	KJ01	45.2	2.34	10.8	96.0	54.6	14.5	77.5	49.1	105	14.3	87.8	589	18.8
2	KJ02	49.9	2.41	7.27	63.3	53.5	9.89	23.8	9.5	64.3	12.2	87.2	335	17.7
3	KJ03	83.2	3.67	14.2	143	98.8	16.9	43.9	37.7	168	22.9	145	134	22.2
4	KJ04	89.3	3.71	14.6	133	92.8	15.5	42.2	31.3	116	22.2	136	137	25.4
5	KJ05	101	4.05	14.7	152	89.1	22.5	82.6	69.5	143	23.8	135	129	24.6
6	KJ06	91.0	4.15	15.6	157	96.8	25.6	71.9	74.7	151	25.0	145	136	25.0
7	KJ07	83.4	3.32	14.0	141	85.1	25.7	69.3	78.4	151	21.8	125	176	23.2
8	KJ08	62.2	2.63	11.9	122	67.6	18.8	77.2	63.2	126	18.1	101	413	20.8
9	KJ09	71.6	3.14	14.4	130	83.4	19.4	55.9	68.9	142	20.6	127	221	25.0
10	KJ10	58.5	2.89	11.2	112	66.5	18.1	67.4	53.6	116	17.4	103	516	21.2
11	KJ11	76.7	3.03	12.8	120	78.9	18.1	62.2	51.7	128	19.1	122	343	23.6
12	KJ12	88.0	3.32	13.2	135	83.3	22.7	101	83.9	160	21.8	130	205	25.3
13	KJ13	62.4	2.77	9.45	97.5	67.5	16.1	59.1	44.4	111	16.6	105	401	22.0
14	KJ14	49.7	2.00	11.3	96.3	55.4	15.1	85.8	52.0	104	14.5	90.8	611	19.1
15	KJ15	53.6	2.39	9.08	89.7	62.4	14.1	40.3	38.8	93.7	15.5	99.7	522	21.1
16	KJ16	54.2	2.49	11.3	95.4	61.3	12.9	50.3	34.9	91.5	14.6	96.5	449	18.7
17	KJ17	58.5	2.44	12.2	97.3	69.2	15.5	41.7	28.9	96.5	16.0	108	528	21.7
18	KJ18	55.3	2.41	8.40	85.7	66.4	12.9	39.8	17.1	91.8	15.9	104	462	22.2
19	KJ19	71.2	2.99	9.90	99.0	77.8	12.5	33.5	15.7	101	19.4	124	233	24.6
20	KJ20	38.5	2.25	6.18	48.3	47.3	9.36	17.4	6.0	56.9	9.67	79.4	314	20.9
21	KJ21	44.0	2.04	9.40	81.4	60.2	12.9	79.9	34.3	87.3	11.7	74.3	890	18.5
22	KJ22	32.7	1.70	6.16	56.3	35.6	11.4	51.3	27.6	64.9	8.96	57.6	920	15.5
23	KJ23	26.3	1.07	6.60	46.2	31.8	10.8	45.3	22.9	64.8	7.49	49.8	1450	14.2
24	KJ24	41.6	1.84	8.56	68.9	43.7	13.7	74.5	42.7	94.2	11.2	71.9	801	18.2
25	KJ25	47.5	2.35	10.8	78.1	52.3	16.4	65.9	56.2	96.6	13.5	85.6	681	20.5
26	KJ26	74.5	3.08	12.1	125	79.6	26.6	115	105	154	21.2	128	192	23.9
27	KJ27	53.4	2.13	14.6	79.2	52.5	14.6	69.5	57.1	102	14.7	87.8	579	19.7
28	KJ28	62.9	2.85	12.7	98.3	61.6	18.0	94.7	68.2	132	16.4	102	601	22.5
29	KJ29	76.8	3.06	10.6	104	67.0	18.9	120	77.7	158	19.0	115	345	22.5

续表

序号	样品号	Li	Be	Sc	V	Cr	Co	Ni	Cu	Zn	Ga	Rb	Sr	Y
30	KJ30	91.6	4.16	12.6	127	95.2	17.6	62.1	44.1	139	23.1	153	139	24.6
31	KJ31	104	3.91	13.8	137	102	21.5	74.6	51.5	159	25.3	165	120	25.6
32	KJ32	105	4.62	14.8	143	107	19.4	62.4	45.4	158	26.2	172	144	26.4
33	KJ33	95.3	4.31	12.7	130	98.6	16.2	50.9	35.7	138	23.4	154	183	25.9
34	KJ34	28.3	1.35	5.72	46.0	28.5	11.6	69.7	51.2	80.9	8.40	46.8	1063	14.9
35	KJ35	56.1	2.34	9.41	82.6	55.4	16.4	95.3	54.1	120	15.1	92.9	660	20.4
36	KJ36	34.0	1.45	6.31	49.4	33.2	11.2	75.6	26.6	75.0	8.71	55.1	1006	15.5
37	KJ37	44.3	1.80	8.58	68.5	41.2	12.7	79.8	49.9	100	11.0	68.1	915	17.5
38	KJ38	59.0	1.86	9.67	77.2	44.6	13.3	79.7	53.6	103	11.9	74.7	571	17.2
39	KJ39	67.6	2.32	9.25	82.8	53.1	15.4	102	45.2	134	14.4	87.8	710	20.0
40	KJ40	52.7	1.86	11.8	72.7	51.5	12.7	69.5	32.0	99.7	12.7	79.8	724	17.7
41	KJ41	65.8	2.56	10.3	89.3	61.3	15.6	86.4	34.3	128	15.6	98.5	587	20.6
42	KJ42	81.5	2.38	12.2	105	63.4	15.1	84.8	32.0	120	16.5	103	497	19.8
43	KJ43	74.8	3.01	11.2	102	71.7	15.2	58.8	27.7	116	18.2	114	434	21.6
44	KJ44	79.2	2.88	15.4	117	79.9	15.3	56.4	41.6	141	19.0	125	342	22.0
45	KJ45	92.8	3.46	16.4	129	84.3	16.9	79.6	43.8	165	20.4	133	331	23.8
46	KJ46	78.2	2.82	12.7	131	80.6	16.9	72.5	36.0	126	20.5	121	425	22.7
47	KJ47	50.2	2.17	10.9	68.4	52.5	11.2	35.7	14.7	72.0	12.4	80.5	1002	17.3
48	KJ48	78.9	3.25	13.1	111	81.5	16.4	54.3	27.5	120	20.5	129	384	23.7
49	KJ49	80.0	3.68	12.2	114	79.0	15.8	60.3	27.6	124	20.3	126	385	23.4
50	KJ50	79.9	3.15	14.7	151	80.1	16.8	73.0	30.7	138	20.7	128	425	22.7
51	KJ51	67.1	2.46	9.80	92.6	69.6	18.1	66.3	25.2	121	17.6	112	437	20.2
52	KJ52	25.1	1.06	4.60	47.1	43.3	11.2	21.5	5.87	52.4	4.59	29.2	429	23.4
53	KJ53	28.2	1.55	5.34	52.4	38.7	10.9	22.4	6.42	53.5	7.04	58.1	375	18.8
54	KJ54	25.2	1.42	5.08	48.6	31.7	11.4	25.4	4.80	44.5	5.61	41.1	610	27.7
55	KJ55	27.2	1.38	4.88	47.1	34.7	9.56	19.1	6.37	46.0	6.92	58.6	509	15.0
56	KJ56	23.4	1.57	4.77	43.4	31.3	8.34	16.2	4.62	52.0	5.92	54.5	123	12.6
57	KJ57	49.6	1.59	19.3	171	70.5	23.4	49.9	78.5	126	19.4	55.1	200	20.6
58	KJ58	14.0	0.755	2.43	29.7	19.3	6.97	17.6	1.13	25.8	3.60	33.8	963	13.6
59	KJ59	90.1	3.66	11.4	111	87.3	15.3	45.0	20.9	121	22.1	145	285	24.3
60	KJ60	90.8	3.76	15.4	122	92.1	16.0	47.1	26.3	125	21.9	146	342	24.6
61	KJ61	70.4	2.69	12.6	100	70.2	16.4	69.7	33.8	124	17.7	115	399	20.0
62	KJ62	84.0	3.04	14.0	115	77.5	15.8	67.3	36.6	130	19.6	125	379	21.5
63	KJ63	86.9	3.58	11.4	110	82.3	15.0	48.3	24.5	126	21.1	138	330	23.6
64	KJ64	108	4.10	13.3	128	89.8	29.0	119	80.9	175	24.7	150	129	24.6
65	KJ65	92.0	3.46	11.5	114	76.6	19.3	96.2	65.9	159	20.9	128	379	24.0
66	KJ66	48.0	1.87	9.49	76.4	48.8	14.1	93.9	41.1	106	12.8	83.3	739	19.1

续表

序号	样品号	Li	Be	Sc	V	Cr	Co	Ni	Cu	Zn	Ga	Rb	Sr	Y
67	KJ67	36.0	1.32	7.60	50.8	33.4	11.4	64.9	31.4	70.7	8.81	54.3	907	16.5
68	KJ68	26.8	1.11	6.04	45.5	31.8	9.64	45.6	38.2	58.2	7.50	44.0	1181	15.3
69	KJ69	13.4	0.573	3.09	26.8	13.1	5.75	48.1	25.8	39.2	3.77	21.4	4690	11.3
70	KJ70	26.7	1.29	5.56	45.4	28.3	12.7	76.4	48.8	69.7	7.55	42.3	1115	19.5
71	KJ71	13.4	0.510	3.31	29.2	15.5	6.77	46.5	23.7	33.2	4.02	23.8	3169	13.5
72	KJ72	21.4	0.685	3.60	35.9	18.6	7.74	70.6	34.3	51.3	4.34	24.8	1048	13.7
73	KJ73	19.9	0.657	4.78	31.0	24.0	8.56	75.9	25.3	46.3	4.30	24.6	2391	13.5
74	KJ74	40.9	1.47	7.06	69.4	77.4	14.8	102	43.5	73.4	9.23	61.7	1294	17.6
75	KJ75	28.1	1.15	6.38	48.8	54.5	13.7	86.0	40.4	73.3	7.41	44.6	1083	17.3

序号	样品号	Zr	Nb	Mo	Cd	Cs	Ba	Hf	Ta	W	Pb	Th	U
1	KJ01	61.6	8.40	12.0	0.549	6.83	770	1.66	0.536	1.85	18.4	7.99	1.66
2	KJ02	105.8	12.0	0.291	0.182	5.30	298	3.06	0.863	1.78	18.5	10.7	2.27
3	KJ03	109.1	14.3	4.42	0.269	11.1	542	2.94	0.945	2.18	231	12.4	2.30
4	KJ04	123.4	15.9	5.16	0.292	10.1	493	3.34	1.09	2.30	27.0	13.7	2.46
5	KJ05	119.8	14.0	13.4	0.643	10.5	602	3.19	0.944	2.43	35.5	13.0	2.50
6	KJ06	124.5	14.2	5.73	0.358	11.1	698	3.38	0.961	2.50	37.3	13.4	2.58
7	KJ07	106.5	12.0	4.35	0.397	9.76	793	2.82	0.792	2.42	32.9	11.5	2.23
8	KJ08	86.6	9.62	4.26	0.444	8.06	745	2.29	0.642	1.86	25.9	9.43	1.96
9	KJ09	113.9	14.0	0.744	0.232	9.86	773	3.07	0.981	2.51	28.9	12.9	2.40
10	KJ10	78.9	10.1	5.38	0.430	8.05	778	2.10	0.696	1.90	23.7	9.81	1.87
11	KJ11	101.1	14.0	2.67	0.755	9.31	652	2.70	0.961	2.47	25.5	13.1	2.69
12	KJ12	107.3	13.4	9.01	0.801	9.96	884	2.83	0.903	2.49	30.6	13.0	2.31
13	KJ13	94.9	11.7	3.17	0.425	8.04	630	2.56	0.818	2.07	21.3	11.2	2.01
14	KJ14	61.1	8.90	9.58	0.719	7.01	748	1.69	0.586	1.78	19.4	8.46	1.54
15	KJ15	85.3	10.7	1.02	0.245	7.70	696	2.23	0.723	1.78	19.3	10.1	1.88
16	KJ16	69.7	10.5	3.59	0.545	7.14	557	1.93	0.669	1.76	18.2	9.14	1.69
17	KJ17	84.0	12.7	0.909	0.195	7.85	531	2.37	0.805	2.07	17.1	10.7	2.04
18	KJ18	100.3	13.5	1.63	0.344	7.62	432	2.72	0.929	2.21	19.5	11.8	2.26
19	KJ19	131.9	17.3	0.485	0.228	9.14	344	3.55	1.24	2.70	31.2	16.6	2.98
20	KJ20	185.3	12.6	0.277	0.249	4.06	237	5.24	1.000	1.85	22.0	14.7	2.55
21	KJ21	51.0	7.73	2.18	0.642	5.87	690	1.45	0.486	1.55	23.8	7.28	1.33
22	KJ22	46.8	5.66	1.28	0.323	4.64	624	1.19	0.357	1.10	15.0	6.14	1.13
23	KJ23	39.0	4.82	1.07	0.288	4.04	583	1.05	0.312	1.03	13.6	5.24	1.29
24	KJ24	53.2	6.99	5.59	0.527	5.80	924	1.39	0.448	1.54	18.7	7.61	1.38
25	KJ25	61.2	8.50	2.52	0.256	7.02	928	1.60	0.533	1.97	21.4	9.33	1.57
26	KJ26	92.1	12.1	10.8	0.414	10.3	1189	2.45	0.859	3.10	34.6	13.6	2.47

续表

序号	样品号	Zr	Nb	Mo	Cd	Cs	Ba	Hf	Ta	W	Pb	Th	U
27	KJ27	66.1	8.50	3.81	0.463	7.15	953	1.76	0.583	1.74	22.1	9.67	1.69
28	KJ28	66.6	10.0	7.10	0.954	8.12	1088	1.88	0.639	2.04	24.0	10.4	1.78
29	KJ29	84.6	10.8	8.68	0.845	9.11	1096	2.21	0.748	2.50	28.8	12.2	2.10
30	KJ30	121.8	15.5	3.50	0.373	12.6	628	3.23	1.08	2.83	31.1	15.9	2.64
31	KJ31	125.8	16.0	7.22	0.628	13.5	668	3.27	1.09	3.17	33.8	16.6	2.73
32	KJ32	129.0	16.7	2.39	0.479	14.0	664	3.43	1.17	2.99	32.7	17.4	2.94
33	KJ33	125.8	16.5	0.830	0.521	12.5	559	3.41	1.15	2.65	29.5	16.2	3.35
34	KJ34	38.1	4.14	4.14	0.489	3.84	1023	0.959	0.285	1.44	16.9	5.65	1.16
35	KJ35	68.3	8.61	6.99	0.608	7.54	1042	1.79	0.586	2.14	26.6	10.2	1.81
36	KJ36	41.6	4.95	2.56	0.390	4.62	685	1.08	0.339	1.27	17.1	6.41	1.13
37	KJ37	45.7	6.12	5.52	1.02	5.61	965	1.31	0.405	1.44	20.8	7.18	1.33
38	KJ38	49.2	6.62	6.77	1.19	5.99	898	1.40	0.442	1.54	22.2	7.88	1.37
39	KJ39	63.1	8.03	11.0	0.848	7.38	1026	1.65	0.555	1.90	25.7	9.68	1.70
40	KJ40	58.9	7.32	4.99	0.582	6.62	765	1.55	0.483	1.52	22.9	8.64	1.61
41	KJ41	72.9	9.13	8.03	0.658	8.19	787	1.93	0.644	1.94	26.0	10.4	1.89
42	KJ42	66.2	9.61	24.1	1.19	8.25	645	1.98	0.626	2.43	23.9	10.5	2.19
43	KJ43	88.0	11.0	7.17	0.443	9.51	650	2.41	0.755	2.40	26.7	12.0	2.55
44	KJ44	80.6	10.4	0.815	0.375	9.90	671	2.37	0.681	2.02	23.8	11.8	2.27
45	KJ45	87.1	11.6	1.71	0.592	10.7	702	2.52	0.747	2.33	30.3	12.9	2.62
46	KJ46	83.2	12.0	18.5	0.459	10.0	675	2.51	0.800	2.84	27.7	11.5	3.08
47	KJ47	74.2	8.95	0.813	0.382	6.58	233	2.03	0.601	1.52	19.8	9.25	2.17
48	KJ48	98.8	13.5	3.47	0.349	10.6	524	2.71	0.960	2.69	28.7	14.2	2.74
49	KJ49	95.7	13.6	10.5	0.775	10.4	586	2.59	0.919	2.35	30.7	13.9	2.76
50	KJ50	80.4	13.1	9.81	0.581	10.3	577	2.55	0.872	4.34	28.4	13.5	2.69
51	KJ51	81.7	11.5	4.15	0.378	9.41	492	2.17	0.766	2.78	27.7	12.1	2.30
52	KJ52	43.7	5.30	2.46	0.226	1.53	116	1.46	0.353	0.914	18.8	6.78	2.08
53	KJ53	57.6	8.11	0.409	0.073	2.83	211	1.88	0.572	1.37	14.7	10.8	1.97
54	KJ54	43.1	7.10	0.624	0.112	1.94	154	1.47	0.470	1.44	18.8	7.58	1.85
55	KJ55	50.2	7.23	0.271	0.049	2.82	219	1.62	0.472	1.12	13.0	8.06	1.68
56	KJ56	49.2	5.94	0.306	—	2.35	210	1.80	0.402	1.03	12.9	6.02	1.49
57	KJ57	77.7	4.96	1.47	0.259	3.73	357	2.15	0.299	0.830	19.1	4.13	1.02
58	KJ58	49.5	3.69	0.287	0.147	1.71	148	1.35	0.238	0.666	14.5	5.14	1.25
59	KJ59	116.6	16.2	0.408	0.407	11.2	404	3.09	1.15	2.53	28.2	15.7	3.52
60	KJ60	90.9	16.6	0.541	0.490	11.6	431	3.01	1.12	2.57	27.7	15.4	4.16
61	KJ61	66.6	11.5	4.15	0.386	8.98	661	2.20	0.770	3.11	23.3	11.8	2.16
62	KJ62	73.8	12.8	16.2	0.834	10.0	685	2.41	0.840	2.35	29.6	13.0	2.57
63	KJ63	112.1	15.1	0.494	0.437	10.8	508	3.03	1.05	2.45	27.9	14.6	2.84
64	KJ64	113.3	14.6	15.5	0.567	12.2	959	3.00	1.01	3.64	34.3	15.3	2.78

续表

序号	样品号	Zr	Nb	Mo	Cd	Cs	Ba	Hf	Ta	W	Pb	Th	U
65	KJ65	95.5	12.1	11.3	0.737	10.4	1108	2.48	0.836	2.45	32.9	13.1	2.49
66	KJ66	47.5	7.60	8.10	0.686	6.93	910	1.62	0.523	1.84	22.9	9.26	1.61
67	KJ67	41.4	4.80	2.58	0.352	4.40	882	1.02	0.319	1.18	18.5	6.27	1.06
68	KJ68	27.0	3.79	1.72	0.631	3.60	1117	0.927	0.260	1.06	16.4	5.47	1.13
69	KJ69	14.0	1.89	1.98	0.609	1.78	680	0.479	0.129	0.669	10.8	3.08	1.57
70	KJ70	36.2	3.71	2.54	0.388	3.49	1361	0.919	0.243	1.18	19.0	5.57	0.941
71	KJ71	15.8	2.00	0.936	0.538	1.97	904	0.564	0.144	0.735	12.1	3.29	1.14
72	KJ72	16.3	1.96	7.57	0.792	1.91	1032	0.548	0.134	1.30	12.0	3.09	0.703
73	KJ73	21.9	2.01	2.38	0.388	2.01	604	0.573	0.124	0.730	10.3	3.13	1.60
74	KJ74	49.3	5.01	1.56	0.413	4.93	576	1.30	0.331	1.21	15.6	6.22	3.21
75	KJ75	39.5	3.53	1.13	0.304	3.49	1225	1.02	0.219	1.20	15.8	4.78	1.05

"—"表示未检出

（1）断面 I

从图 4.14 可以看到，断面 I 表层沉积物中高场强元素（通常具有较强的抗风化和交代作用能力）如 Hf、Zr、Th、U 等元素的含量在海南岛周围海域较高，其次为吕宋岛西部海域，而在西沙群岛附近海域较低；大离子亲石元素如 Li、Rb 等元素的含量分布特征为断面东部海域明显高于西部海域，在西沙群岛附近海域出现明显的低值；过渡元素 V、Cr、Ni、Co 的含量自西向东逐渐增加，到达吕宋岛西部含量却出现降低的趋势。亲生物元素 Sr、Ba 的含量分布与高场强元素及大离子亲石元素呈相反的趋势，即在西沙群岛附近海域含量相对较高，两侧海域含量相对较低。高场强元素主要来自海南岛新生代玄武岩，大离子亲石元素主要是吕宋岛岩石风化的产物，亲生物元素则与西沙群岛海域的生物富集有关。

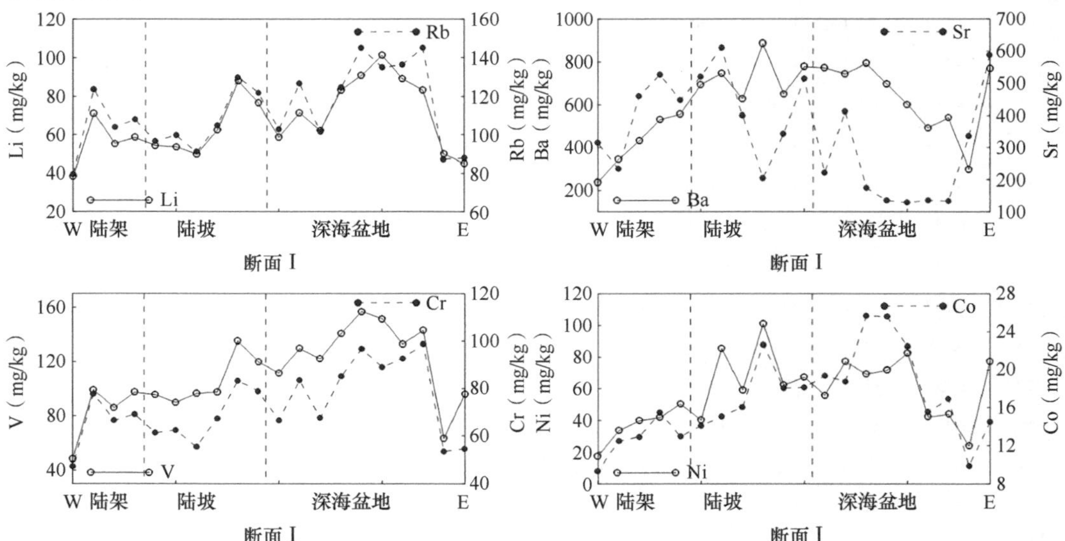

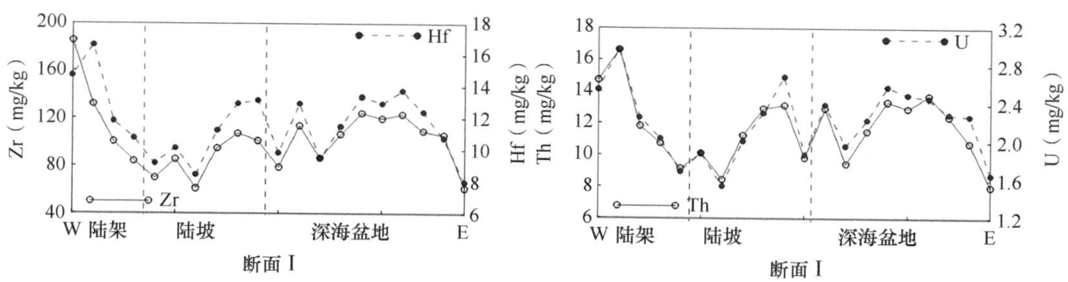

图 4.14　断面 I 表层沉积物中微量元素含量变化图

（2）断面Ⅱ

从图 4.15 可以看到，断面Ⅱ表层沉积物中高场强元素如 Hf、Zr、Th、U 及大离子亲石元素如 Li、Rb 等的含量分布规律较为一致，由北部陆坡向西南次海盆增加，即高值区位于西南次海盆，西沙群岛及南沙群岛元素含量较低；过渡元素 V 和 Cr 的含量在北部陆坡前段呈相反趋势，元素 V 的含量自西沙群岛陆坡区开始逐渐上升，至西南次海盆达到最高值，继而向南部降低，而 Ni 和 Co 的含量在北部西沙群岛陆坡区达到最高，往南至西南次海盆和南部陆坡明显降低；亲生物元素 Ba 和 Sr 的含量在北部陆坡至西南次海盆段分布趋势相反，元素 Ba 的含量逐渐上升，而元素 Sr 的含量呈现下降趋势。Ba 和 Sr 的含量在南沙群岛海域出现较高值，但在西南次海盆出现最低值。

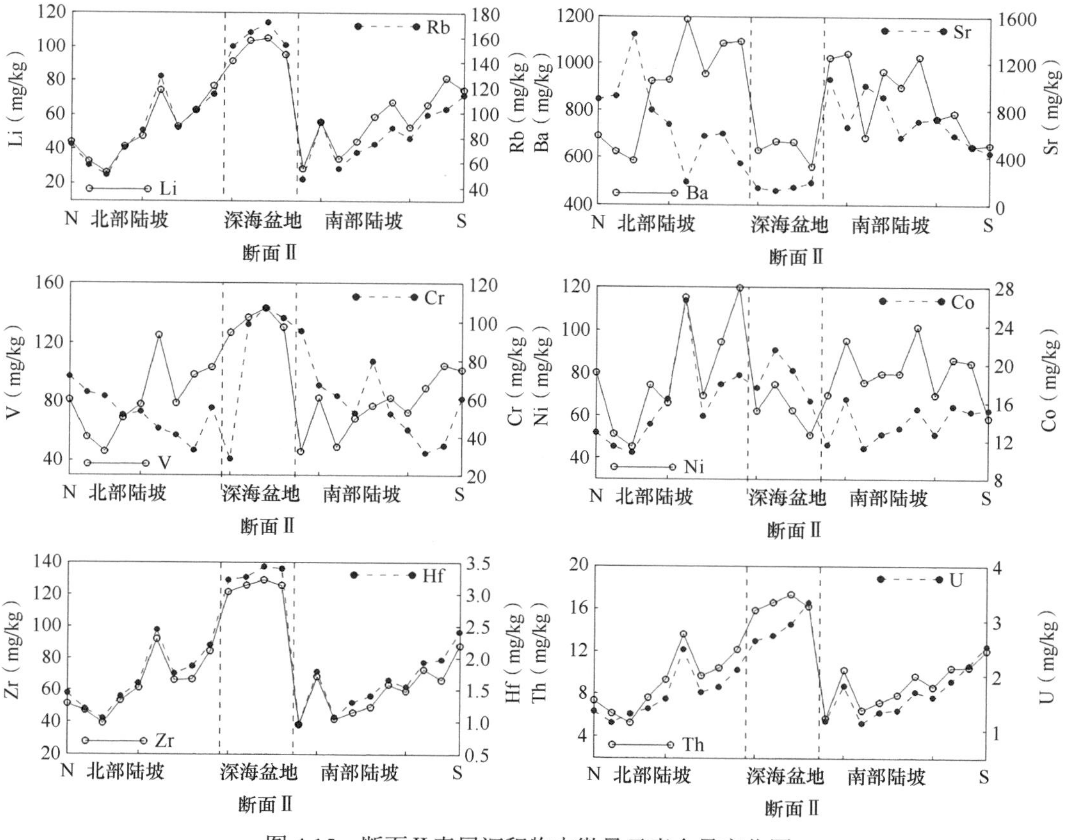

图 4.15　断面Ⅱ表层沉积物中微量元素含量变化图

（3）断面Ⅲ

从图 4.16 可以看到，断面Ⅲ表层沉积物中高场强元素如 Hf、Zr、Th、U 及大离子亲石元素如 Li、Rb 等的含量分布规律较为一致，自西向东先升高后降低，南沙群岛出现最低值；过渡元素的含量变化规律不明显，V 与 Cr 的含量大致呈相反的变化趋势，V 的含量表现出西部陆坡明显高于东部陆坡，Cr 的含量则刚好相反，而 Ni 和 Co 元素的含量分布为中间高、两边低，低值区位于南沙群岛附近海域；亲生物元素 Ba 的含量自西向东增加，高值区分布于南沙群岛，而元素 Sr 的含量在西部较低，向东部海域逐渐升高。

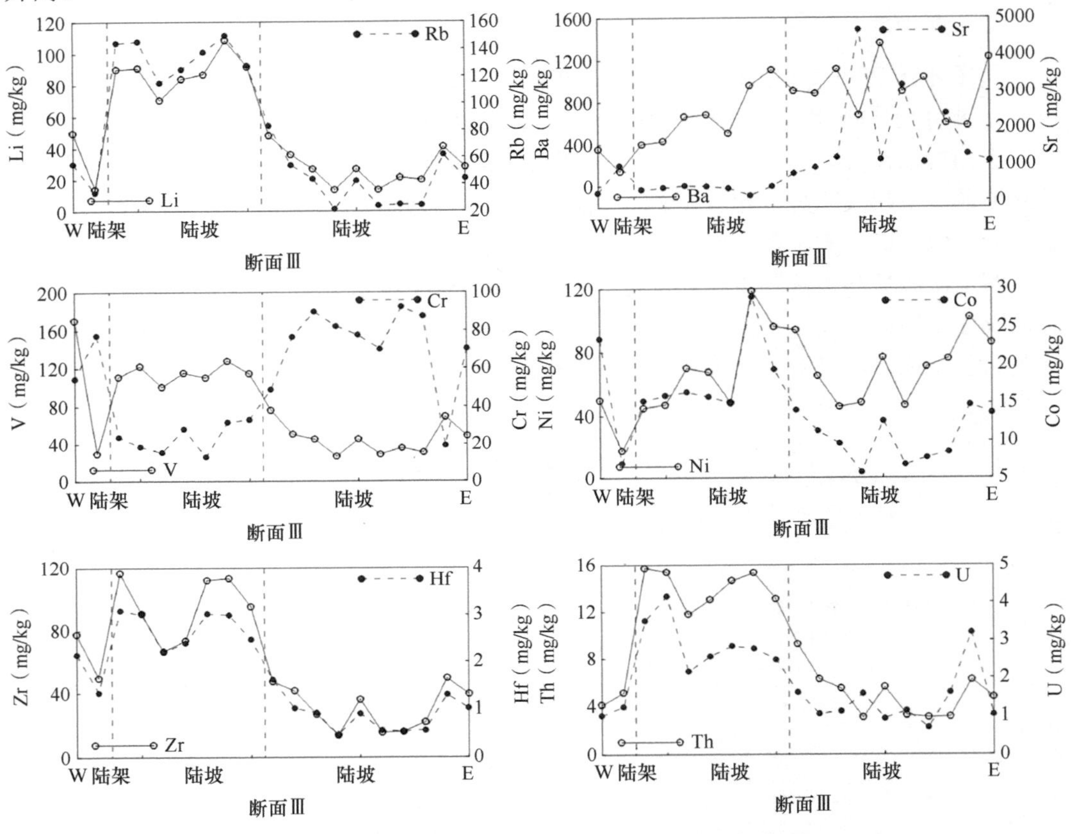

图 4.16　断面Ⅲ表层沉积物中微量元素含量变化图

（4）断面Ⅳ

从图 4.17 可以看到，Li、Rb、Ba、Hf、Zr、Th、U、V、Cr、Ni、Co 等不同地球化学性质的元素含量变化较为一致，整体上表现出自西边陆架区向东边陆坡区逐渐升高的趋势，断面东部的个别站位出现异常，Sr 元素的含量出现明显升高，而其他元素的含量都明显降低。

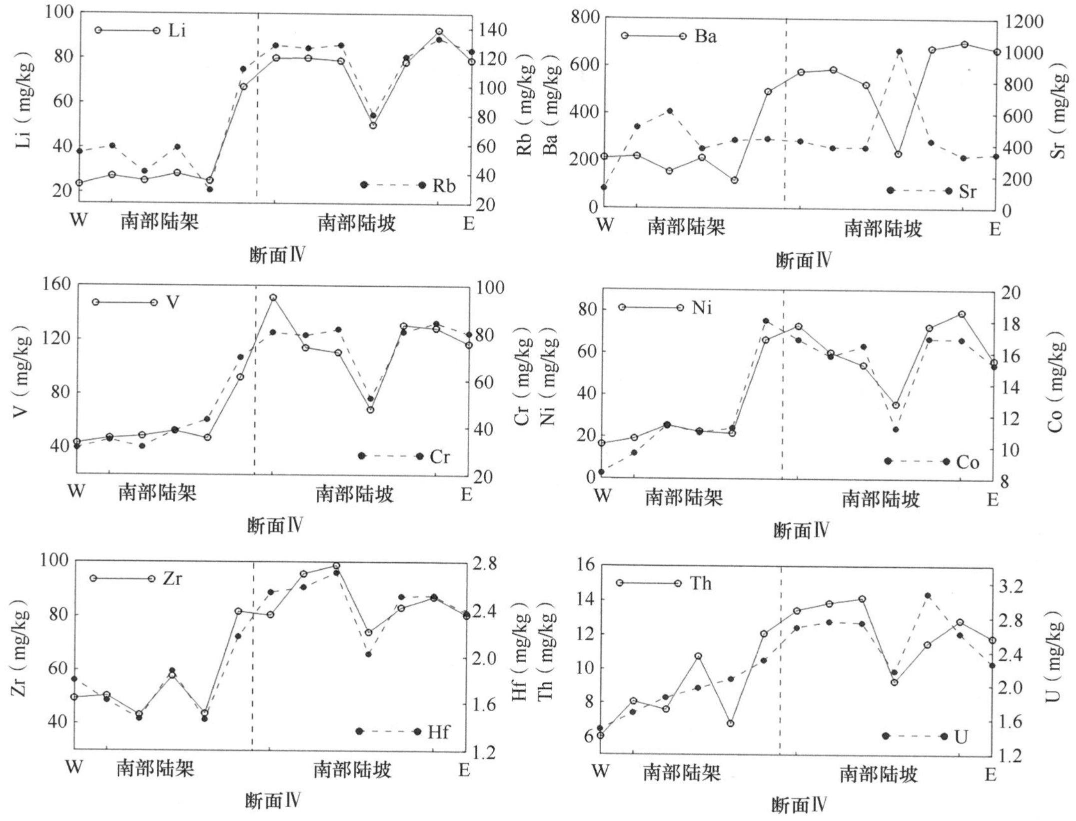

图 4.17 断面Ⅳ表层沉积物中微量元素含量变化图

4.4 断面表层沉积物中稀土元素的组成与分布特征

四条断面表层沉积物中稀土元素（REE）的含量见表 4.5。表层沉积物中稀土元素含量的变化范围为 45～195mg/kg，变化幅度非常大，平均含量为 128mg/kg，低于 Haskin L A 和 Haskin M A（1968）计算的沉积物中稀土元素的含量（150～300mg/kg）的下限，也低于古森昌（1989）计算的南海沉积物中稀土元素的含量（152mg/kg）。从分布区域来看，稀土元素含量高值区分布在深海盆，低值区通常分布在大陆坡，如西沙群岛和南沙群岛海域（图 4.18）。轻稀土元素（LREE）总量平均值为 114.61mg/kg，最小值为 39.14mg/kg，最大值为 177.44mg/kg。从其分布区域来看，基本上和总稀土的分布趋势一致，表明轻稀土占绝对优势。重稀土元素（HREE）总量平均值为 13.45mg/kg，最小值为 6.18mg/kg，最大值为 19.07mg/kg。

表 4.5 四条断面表层沉积物中稀土元素的含量 （单位：mg/kg）

样品号	La	Ce	Pr	Nd	Sm	Eu	Gd	Tb	Dy	Ho	Er	Tm	Yb	Lu
KJ01	29.5	58.1	6.64	24.6	4.49	0.921	4.23	0.628	3.27	0.682	1.83	0.298	1.77	0.275
KJ02	33.3	65.8	7.45	27.6	5.23	1.18	4.86	0.755	3.97	0.854	2.36	0.364	2.28	0.339

续表

样品号	La	Ce	Pr	Nd	Sm	Eu	Gd	Tb	Dy	Ho	Er	Tm	Yb	Lu
KJ03	37.4	74.8	8.47	31.5	5.95	1.32	5.65	0.868	4.57	0.977	2.66	0.427	2.55	0.375
KJ04	35.1	70.0	7.85	29.5	5.78	1.33	5.41	0.824	4.41	0.979	2.66	0.423	2.57	0.396
KJ05	35.7	72.0	8.10	30.3	5.80	1.34	5.47	0.839	4.51	0.983	2.69	0.435	2.66	0.403
KJ06	31.9	63.4	7.27	27.3	5.24	1.25	4.90	0.751	4.02	0.879	2.40	0.382	2.37	0.355
KJ07	27.4	51.8	6.07	23.4	4.51	1.04	4.32	0.653	3.56	0.767	2.12	0.349	2.07	0.312
KJ08	35.3	69.6	7.84	29.8	5.73	1.24	5.40	0.841	4.34	0.928	2.54	0.395	2.48	0.365
KJ09	27.8	52.0	6.13	23.2	4.50	1.01	4.34	0.654	3.53	0.766	2.15	0.334	2.05	0.308
KJ10	35.6	69.9	7.90	29.5	5.71	1.25	5.38	0.785	4.10	0.874	2.37	0.372	2.27	0.334
KJ11	35.3	69.6	8.04	30.5	5.98	1.34	5.66	0.890	4.50	0.960	2.57	0.411	2.52	0.369
KJ12	30.9	60.4	6.99	26.3	5.09	1.15	4.76	0.716	3.81	0.811	2.19	0.350	2.14	0.310
KJ13	23.9	43.8	5.16	19.6	3.86	0.848	3.72	0.565	2.96	0.634	1.69	0.265	1.60	0.248
KJ14	25.0	45.6	5.47	20.6	4.02	0.917	3.85	0.563	3.03	0.665	1.77	0.266	1.66	0.264
KJ15	28.4	53.8	6.33	23.9	4.63	1.02	4.52	0.654	3.45	0.757	2.07	0.330	1.98	0.304
KJ16	25.8	50.1	5.67	21.3	4.15	0.895	3.87	0.546	2.92	0.629	1.72	0.270	1.62	0.255
KJ17	30.9	58.9	6.82	25.2	4.85	1.06	4.54	0.695	3.51	0.732	1.96	0.304	1.85	0.291
KJ18	33.0	63.4	7.25	26.7	5.11	1.11	4.89	0.690	3.78	0.824	2.20	0.346	2.07	0.312
KJ19	41.7	83.1	9.20	33.9	6.52	1.37	5.96	0.862	4.50	0.938	2.58	0.403	2.42	0.369
KJ20	40.2	83.9	9.48	35.9	6.74	1.22	5.96	0.818	3.92	0.803	2.20	0.328	2.03	0.320
KJ21	22.6	40.3	4.88	18.1	3.58	0.779	3.51	0.505	2.75	0.592	1.61	0.253	1.53	0.237
KJ22	17.9	31.5	3.90	14.8	2.91	0.655	2.98	0.432	2.34	0.525	1.40	0.229	1.36	0.201
KJ23	15.7	27.2	3.35	12.9	2.57	0.565	2.64	0.374	2.05	0.459	1.23	0.195	1.19	0.181
KJ24	21.8	38.7	4.70	18.2	3.49	0.746	3.62	0.523	2.79	0.616	1.66	0.267	1.65	0.253
KJ25	25.2	46.2	5.51	21.3	4.21	0.943	4.30	0.623	3.26	0.699	1.92	0.302	1.84	0.273
KJ26	34.1	68.0	7.59	29.4	5.51	1.20	5.44	0.817	4.24	0.908	2.45	0.380	2.36	0.354
KJ27	25.1	47.7	5.56	21.3	4.12	0.910	4.07	0.576	3.15	0.679	1.87	0.288	1.81	0.269
KJ28	28.4	53.5	6.17	23.3	4.62	0.921	4.39	0.655	3.46	0.750	1.98	0.311	1.93	0.299
KJ29	31.1	60.4	6.88	25.7	5.15	1.14	4.93	0.702	3.79	0.827	2.15	0.342	2.15	0.320
KJ30	38.8	77.1	8.64	32.5	6.14	1.32	5.73	0.792	4.37	0.927	2.54	0.411	2.45	0.371
KJ31	39.6	80.2	8.88	32.7	6.29	1.30	5.98	0.885	4.63	0.976	2.61	0.415	2.60	0.391
KJ32	41.2	82.3	9.29	34.8	6.57	1.40	6.29	0.899	4.75	1.00	2.72	0.426	2.59	0.393
KJ33	39.8	79.0	8.92	33.5	6.39	1.34	5.95	0.880	4.68	0.985	2.63	0.426	2.52	0.390
KJ34	16.6	28.4	3.52	13.9	2.78	0.602	2.86	0.413	2.24	0.484	1.35	0.212	1.31	0.200
KJ35	26.0	49.6	5.74	21.7	4.29	0.928	4.27	0.622	3.28	0.698	1.91	0.302	1.89	0.293
KJ36	17.6	31.4	3.78	14.6	2.94	0.631	3.04	0.465	2.39	0.512	1.36	0.219	1.34	0.207
KJ37	20.8	36.7	4.44	16.7	3.32	0.684	3.22	0.498	2.63	0.560	1.52	0.240	1.46	0.228
KJ38	20.3	38.4	4.47	16.9	3.31	0.656	3.29	0.468	2.57	0.572	1.52	0.238	1.47	0.227
KJ39	25.4	47.6	5.51	20.8	4.09	0.903	4.14	0.589	3.17	0.694	1.85	0.292	1.85	0.277

续表

样品号	La	Ce	Pr	Nd	Sm	Eu	Gd	Tb	Dy	Ho	Er	Tm	Yb	Lu
KJ40	22.5	41.8	4.87	18.5	3.70	0.838	3.60	0.530	2.83	0.596	1.62	0.266	1.65	0.245
KJ41	26.9	50.8	5.86	22.2	4.34	0.973	4.31	0.599	3.24	0.720	1.96	0.305	1.90	0.286
KJ42	26.0	50.4	5.71	21.2	4.09	0.901	4.03	0.574	3.08	0.663	1.78	0.276	1.73	0.273
KJ43	30.1	58.8	6.68	25.1	4.80	1.06	4.70	0.682	3.56	0.769	2.09	0.329	2.03	0.309
KJ44	29.6	58.0	6.55	24.4	4.66	1.01	4.23	0.655	3.42	0.735	2.04	0.315	1.98	0.311
KJ45	31.9	63.6	7.06	26.0	5.03	1.12	4.68	0.698	3.72	0.798	2.15	0.340	2.08	0.324
KJ46	31.0	59.7	6.75	25.5	5.03	1.11	4.60	0.705	3.69	0.793	2.21	0.328	2.06	0.312
KJ47	23.6	45.9	5.28	20.0	3.82	0.805	3.67	0.529	2.84	0.628	1.65	0.265	1.62	0.241
KJ48	35.0	68.2	7.86	29.4	5.63	1.13	5.25	0.756	4.01	0.870	2.30	0.371	2.29	0.331
KJ49	34.9	68.6	7.79	29.0	5.48	1.13	5.34	0.780	4.04	0.856	2.33	0.361	2.16	0.335
KJ50	33.0	64.4	7.31	26.9	5.11	1.12	4.93	0.717	3.75	0.793	2.10	0.329	2.00	0.307
KJ51	30.1	59.0	6.65	24.7	4.84	1.06	4.55	0.653	3.46	0.738	2.01	0.309	1.92	0.285
KJ52	22.5	44.7	5.52	22.2	4.98	1.34	4.92	0.756	3.96	0.831	2.07	0.296	1.69	0.254
KJ53	29.1	58.0	6.53	24.6	4.79	0.984	4.65	0.644	3.23	0.676	1.76	0.260	1.55	0.232
KJ54	26.9	51.4	6.23	25.2	5.53	1.46	5.57	0.886	4.58	0.955	2.42	0.359	2.07	0.300
KJ55	22.2	44.4	4.93	18.6	3.76	0.789	3.49	0.479	2.48	0.528	1.39	0.213	1.31	0.193
KJ56	16.8	34.2	3.78	13.9	2.83	0.660	2.66	0.417	2.14	0.441	1.21	0.184	1.16	0.177
KJ57	13.8	29.2	3.53	14.6	3.44	0.961	3.48	0.605	3.47	0.784	2.09	0.348	2.18	0.342
KJ58	16.1	32.4	3.56	14.1	2.89	0.653	2.84	0.420	2.23	0.460	1.22	0.188	1.07	0.157
KJ59	39.0	77.2	8.67	32.1	6.12	1.32	5.72	0.788	4.35	0.897	2.40	0.387	2.38	0.352
KJ60	38.8	76.0	8.43	31.1	5.99	1.29	5.34	0.787	4.12	0.873	2.33	0.364	2.20	0.334
KJ61	28.5	57.6	6.35	23.1	4.50	0.944	4.25	0.579	3.18	0.675	1.85	0.290	1.78	0.274
KJ62	33.1	64.4	7.06	26.2	4.90	1.01	4.68	0.679	3.54	0.744	2.00	0.312	1.97	0.300
KJ63	36.6	73.0	8.10	29.9	5.71	1.17	5.35	0.765	4.05	0.862	2.34	0.365	2.27	0.346
KJ64	37.3	76.9	8.30	30.5	5.97	1.24	5.66	0.826	4.33	0.925	2.49	0.386	2.50	0.380
KJ65	33.4	66.1	7.29	27.6	5.36	1.17	5.24	0.713	3.94	0.864	2.29	0.347	2.23	0.353
KJ66	23.7	43.2	5.00	18.7	3.70	0.730	3.62	0.553	2.86	0.619	1.68	0.263	1.66	0.257
KJ67	17.5	30.8	3.77	14.8	3.07	0.730	2.98	0.441	2.37	0.545	1.45	0.226	1.39	0.220
KJ68	15.9	26.5	3.43	13.0	2.64	0.466	2.67	0.407	2.19	0.487	1.28	0.207	1.27	0.206
KJ69	10.9	14.9	2.28	8.76	1.89	0.377	1.89	0.296	1.58	0.348	0.928	0.142	0.854	0.141
KJ70	17.7	28.8	3.76	14.9	3.23	0.792	3.20	0.466	2.69	0.597	1.63	0.252	1.58	0.249
KJ71	11.5	16.5	2.49	9.38	2.03	0.361	2.08	0.326	1.78	0.407	1.11	0.165	1.05	0.163
KJ72	11.4	16.6	2.48	9.55	2.05	0.397	2.06	0.316	1.77	0.412	1.13	0.171	1.06	0.165
KJ73	11.4	17.9	2.45	10.1	2.23	0.531	2.23	0.337	1.79	0.403	1.07	0.160	1.02	0.154
KJ74	19.3	34.8	4.34	17.3	3.53	0.834	3.47	0.507	2.72	0.596	1.60	0.238	1.51	0.233
KJ75	15.0	25.2	3.24	12.8	2.64	0.606	2.76	0.380	2.30	0.514	1.49	0.224	1.43	0.220

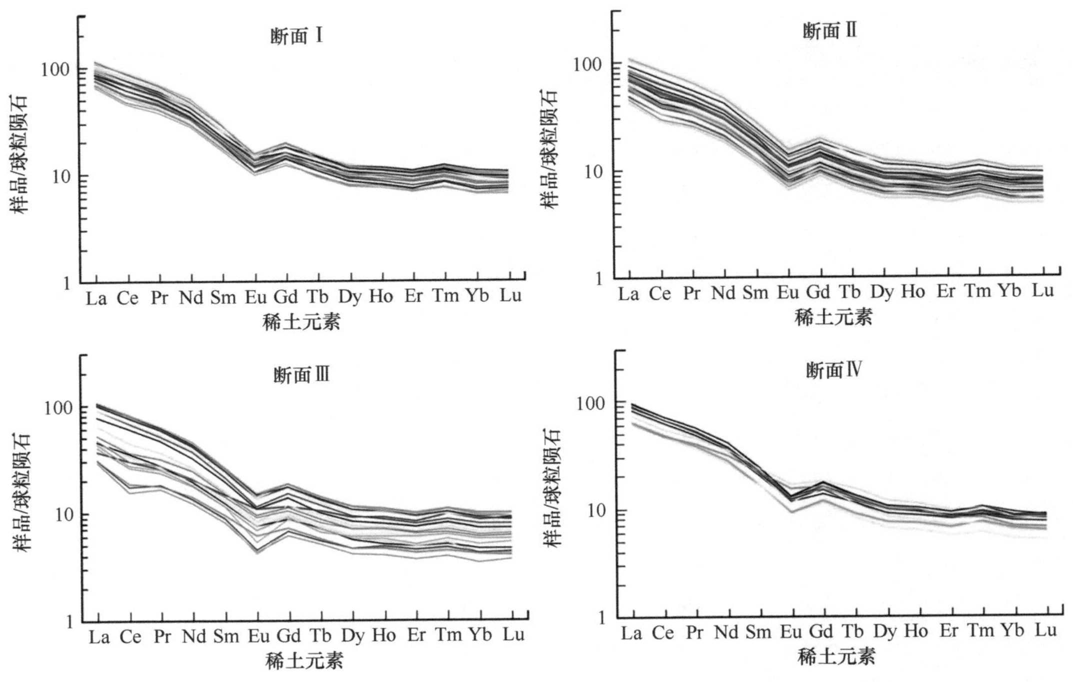

图 4.18　四条断面表层沉积物的稀土元素配分曲线

从四条断面表层沉积物的稀土元素配分曲线形态来看，均为右倾型，轻稀土元素相对富集，表现出陆壳稀土元素的典型特征。LREE/HREE 的变化范围为 4.92～10.8，平均值为 8.36，均低于上陆壳（UCC）和后太古宙页岩（PAAS）。沉积物样品具有轻微的 Ce 亏损（δCe 变化范围为 0.70～1.02，平均值为 0.94）和中度的 Eu 负异常（δEu 变化范围为 0.54～0.85，平均值为 0.68）特征。同时，沉积物呈现稀土元素分异现象，(La/Yb)n、$(La/Yb)_n$ 比值较高，平均值为 9.76，明显高于 PAAS 均值（9.2）。轻稀土元素分异现象明显，$(La/Sm)_n$ 平均值为 3.82，重稀土元素配分曲线相对平坦，$(Gd/Yb)_n$ 平均值为 1.86。

（1）断面Ⅰ

断面Ⅰ表层沉积物的稀土元素特征值变化见图 4.19，稀土高值区分布在接近海南岛的陆架区，低值区位于西沙海槽陆坡区。LREE/HREE、$(La/Yb)_n$ 和（$(Gd/Yb)_n$ 在南海北部分布趋势相似，由西部大陆架到东部深海盆逐渐减小。Eu/Eu* 则呈现相反的分布趋势，从海南岛沿岸到深海盆逐渐增大。Ce/Ce* 变化趋势不明显，变化范围为 0.91～1.01，平均值为 0.97。Ce/Ce* 低值区出现在西沙海槽，与该区域高分布的生物碳酸盐有关。

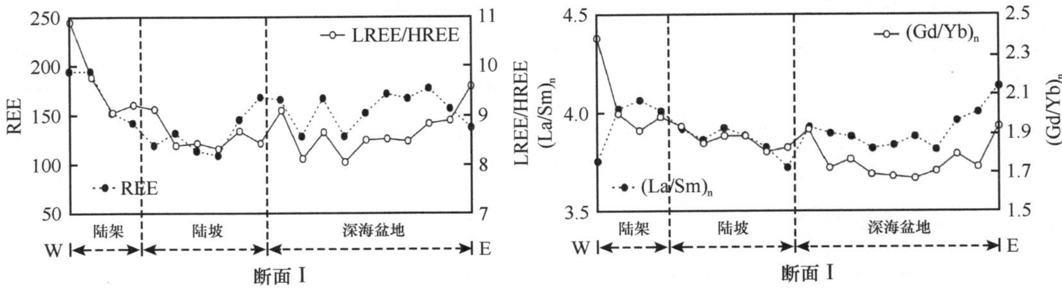

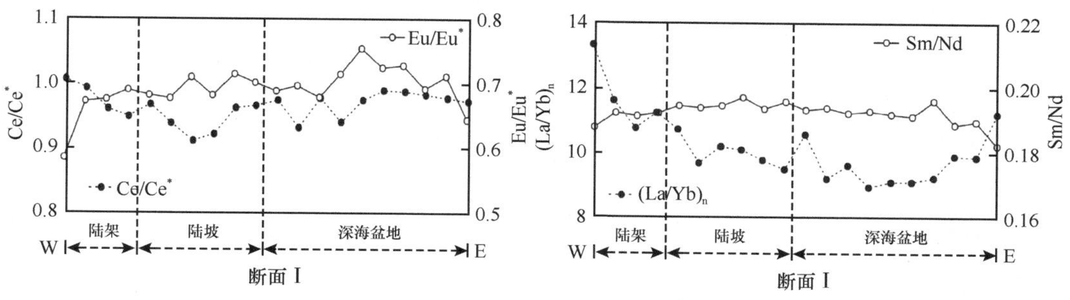

图 4.19 断面 I 表层沉积物的稀土元素特征值变化

（2）断面Ⅱ

断面Ⅱ表层沉积物的稀土元素特征值变化见图 4.20。该断面的北部和南部区域沉积物 CaO 含量较高，这对稀土元素含量有着稀释效应。西沙群岛和南沙群岛表层沉积物中稀土元素含量较低，中部西南次海盆表层沉积物中稀土元素含量较高。LREE/HREE、$(La/Yb)_n$、Ce/Ce^* 各参数值由北部陆坡从北到南逐渐升高，最高值出现在中部西南次海盆海域。Eu/Eu^*、Sm/Nd 在断面Ⅱ的变化较不明显。沉积物稀土元素地球化学特征在东部海盆和西南次海盆明显不同。在断面 I 上，东部海盆沉积物 LREE/HREE 比值较低，Eu/Eu^* 比值较高，而在断面Ⅱ的西南次海盆则相反。东部海盆沉积物 $(La/Yb)_n$ 比值（平均值 9.58）低于西南次海盆（平均值 10.6）。吕宋岛弧主要由新近纪—第四纪的拉斑质和钙碱性火山岩组成（Defant et al.，1990），这些岩石的风化产物具有低 LREE/HREE 和高 Eu/Eu^* 比值，而且主要输入南海的东部和东北部。陆源碎屑物质的扩散方式也得到了南海东北部黏土矿物特征的支持（Liu et al.，2010）。

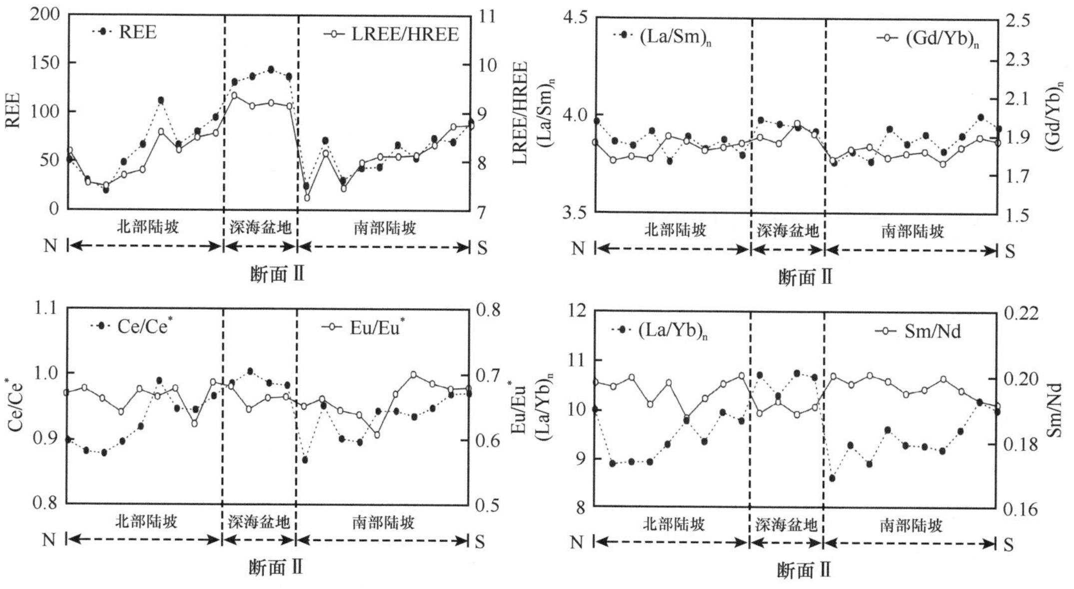

图 4.20 断面Ⅱ表层沉积物的稀土元素特征值变化

（3）断面Ⅲ

断面Ⅲ表层沉积物的稀土元素特征值变化见图 4.21，沉积物中稀土元素含量在西部陆坡区出现最高值（平均含量为157mg/kg），低值分布在东部陆坡区（平均含量为65mg/kg），这一变化特征与Al_2O_3含量的变化特征一致，与CaO含量的变化趋势相反。沉积模式明显从西向东转移，西部陆坡主要是陆源沉积，而东部陆坡的沉积物主要由钙质碎屑组成。因此，断面Ⅲ东西陆坡表层沉积物的稀土元素配分模式明显不同。西部陆坡沉积物LREE/HREE、$(La/Yb)_n$、Ce/Ce^*较高。该断面西端一个样品具有非常低的LREE/HREE、$(La/Yb)_n$、$(Gd/Yb)_n$、$(La/Sm)_n$，但是，Eu/Eu^*和Sm/Nd最高，可能受到了矿物分选作用的影响。

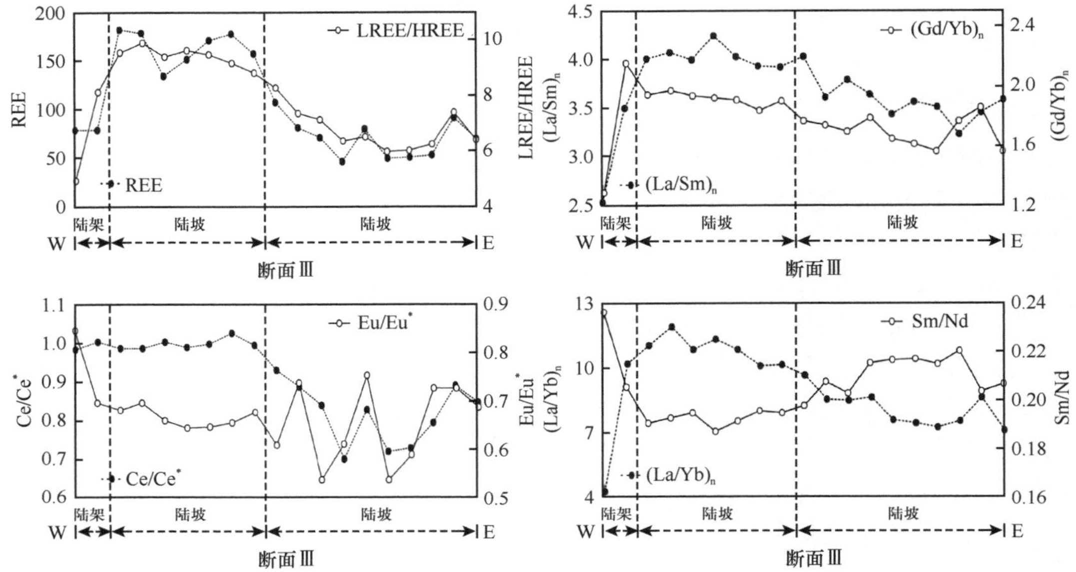

图4.21 断面Ⅲ表层沉积物的稀土元素特征值变化

（4）断面Ⅳ

断面Ⅳ表层沉积物的稀土元素特征值变化见图4.22。断面Ⅳ西部海域稀土元素含量平均值为118mg/kg，低于东部海域的平均值（146mg/kg）。西部陆架区LREE/HREE、$(La/Yb)_n$、$(La/Sm)_n$和Sm/Nd变化较为明显，主要可能受到陆架沉积物重矿物组成的影响。稀土元素各参数在东部陆坡区变化较小，在南部陆坡$(Gd/Yb)_n$和Sm/Nd较低，表明该区域有不同的稀土来源。

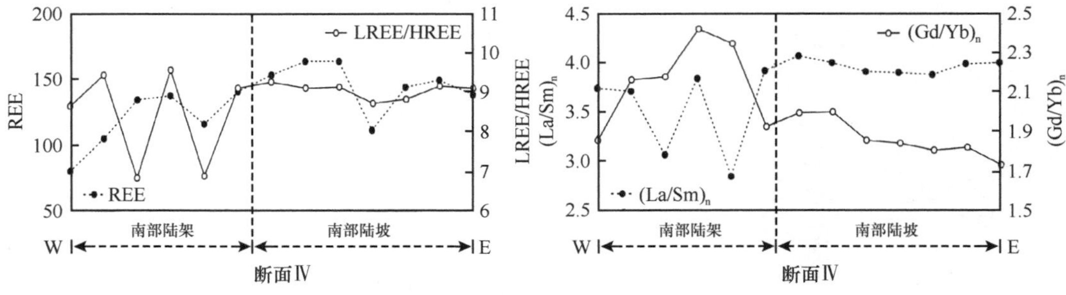

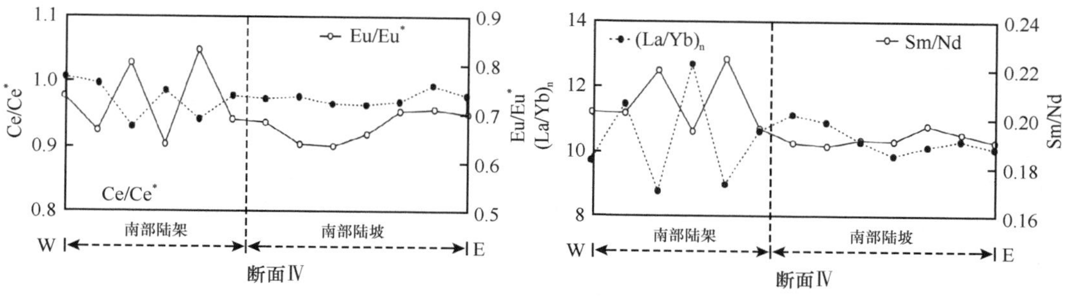

图 4.22　断面Ⅳ表层沉积物的稀土元素特征值变化

四条断面沉积物的稀土元素配分模式总体趋势相似，但是每个断面的沉积物稀土元素主要参数表现不同。断面Ⅰ西部海域的西北大陆架沉积物稀土元素含量、LREE/HREE 和 $(La/Yb)_n$ 相对于断面Ⅲ和断面Ⅳ西部海域的西南陆架区较高，沉积物物源和沉积环境是两大主控因素。西北大陆架区的沉积物主要来源于红河和珠江流域，而西南陆架区的沉积物主要来源于湄公河及南部岛屿河流。陆架区和深海盆地的稀土元素分布呈现区域性趋势，断面Ⅱ北部海域的西沙群岛沉积物 LREE/HREE 和 Ce/Ce^* 较高，平均值分别大于 9 和 0.9，而南沙群岛沉积物 LREE/HREE 和 Ce/Ce^* 偏低，平均值分别为 6.6 和 0.8。

南海断面沉积物的稀土元素含量总体上取决于沉积物中陆源碎屑和生物碳酸盐碎屑的相对含量。从图 4.23 可以看到两种明显不同的稀土元素含量变化趋势，其中，稀土元素含量与 Al_2O_3 含量呈正相关关系，而与 CaO 含量呈负相关关系。因此，海盆沉积物通常具有较高的稀土元素含量，主要取决于较高的陆源碎屑相对含量，这种细粒的碎屑物质对稀土元素具有较强的吸附作用，而碳酸盐物质在海盆则发生了溶解作用。相反，在

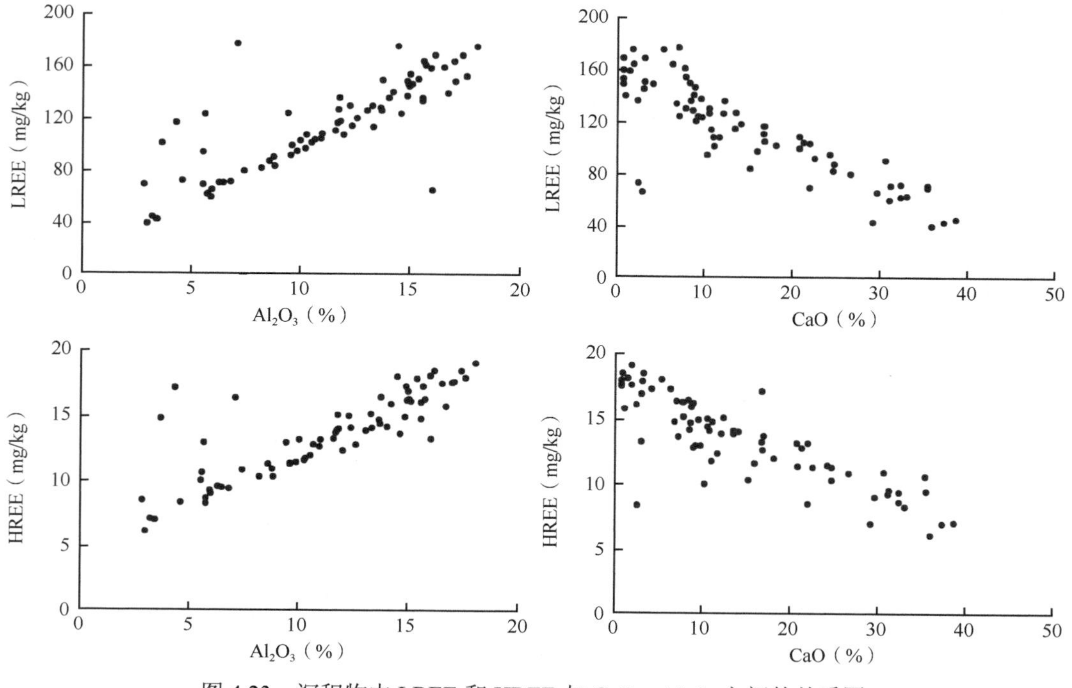

图 4.23　沉积物中 LREE 和 HREE 与 CaO、Al_2O_3 之间的关系图

陆坡区由于生物作用产生了大量的碳酸盐，而碳酸盐中稀土元素含量很低，陆坡沉积物中稀土元素含量明显受到碳酸盐的稀释作用。

研究发现，在特定的环境条件下，生物成因碳酸盐的稀土元素组成参数会发生一定的变化（Murray et al.，1991）。图 4.24 展示了研究区沉积物稀土元素的特征参数与 CaO 含量之间的关系。总体上，LREE/HREE、Ce/Ce* 和 $(La/Yb)_n$ 随 CaO 含量的增加而降低，表明碳酸盐的富集作用在一定程度上影响沉积物的稀土元素配分。大部分样品的稀土元素特征参数值较为一致，只有个别碳酸钙含量较高的样品（CaO＞30%）才表现出明显的稀土元素分馏现象。尽管如此，南海断面沉积物稀土元素的 $(La/Sm)_n$、$(Gd/Yb)_n$ 和 Eu/Eu* 没有表现出较强的差异，与 CaO 含量没有相关性。

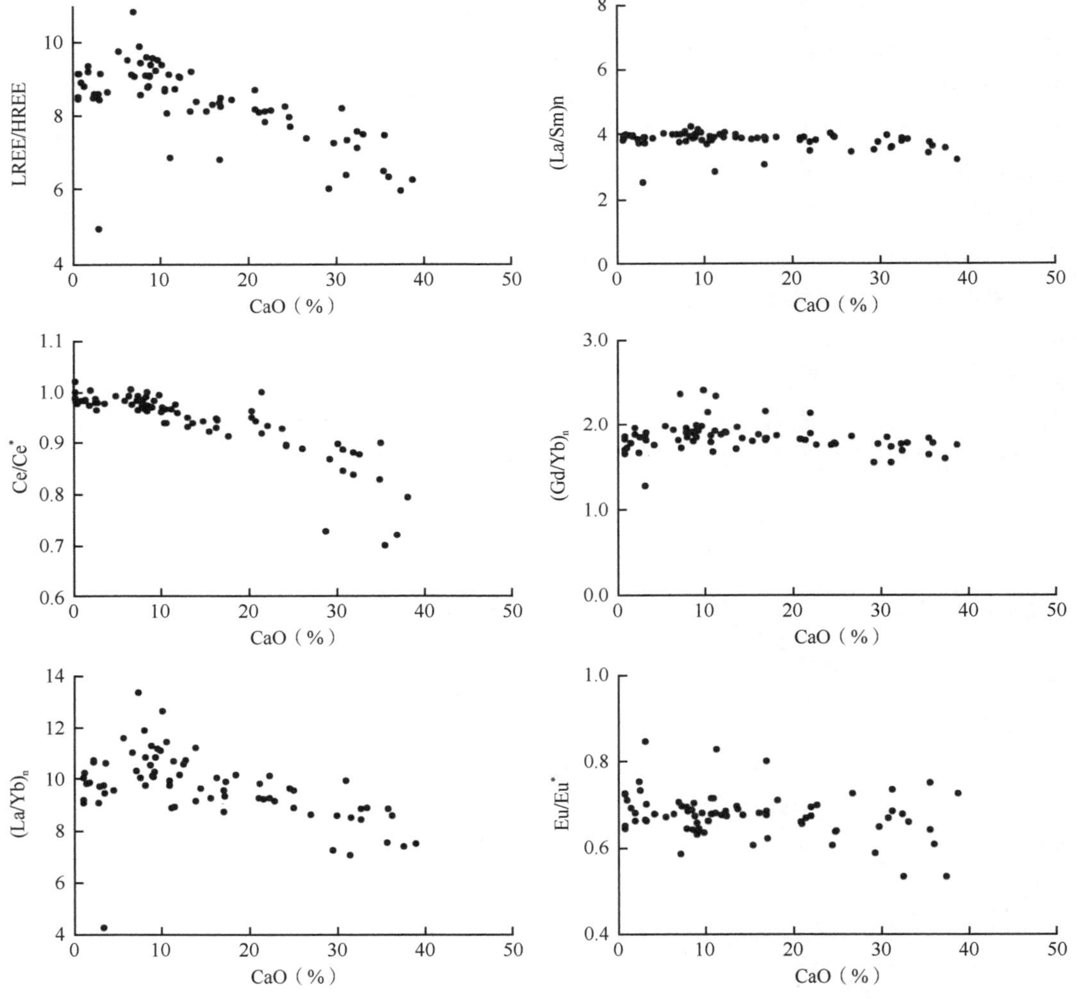

图 4.24　沉积物稀土元素的特征参数与 CaO 含量之间的关系图

此外，由于氧化作用，海水的 Ce（Ⅲ）会被氧化成 Ce（Ⅳ），使得海水中的 Ce 发生沉淀，因此深海沉积物通常会表现出 Ce 正异常，尤其是在赤道太平洋地区的沉积物（如深海红黏土、微锰结核）中，这种现象十分明显（Rankin and Glasby，1979；Elderfield et al.，1981；Toyoda et al.，1990）。铁锰氧化物对稀土元素具有很强的吸附作用，导致微锰结核表现出轻稀土元素含量高和 Ce 正异常的稀土元素特征（Hunter，1983；Sholovitz et al.，1994）。前人的研究认为，南海的局部区域也是铁锰氧化物沉淀的理想场所（张兴茂和翁焕新，2005）。本次研究的断面沉积物中 MnO 含量较低，为 0.05%～3.77%，平均值为 0.83%。在相关图解中，MnO 含量与 LREE、Ce/Ce* 没有明显的相关性（图 4.25），表明南海沉积物的铁锰氧化物总体上富集不明显，含量较低，没有对稀土元素特征产生影响。

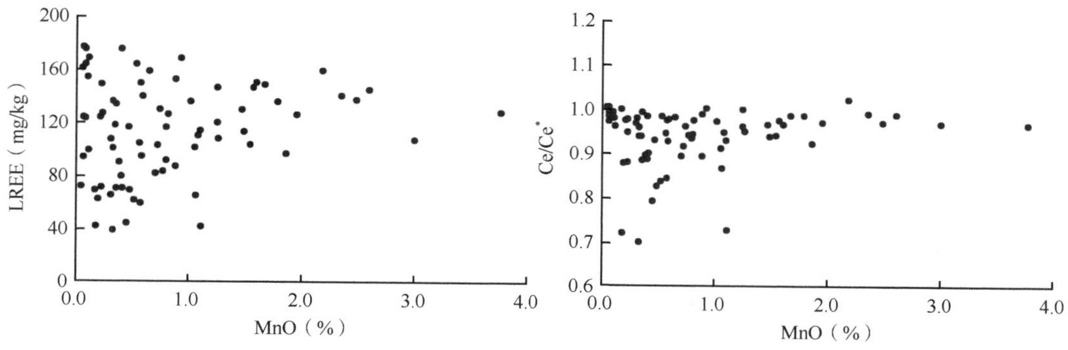

图 4.25　沉积物 LREE、Ce/Ce* 与 MnO 关系图

通过上述分析，南海沉积物中稀土元素的地球化学特征主要受陆源输入和生物碳酸盐控制。尽管在局部区域异常多的生物成因碎屑物质输入会对沉积物中稀土元素的配分产生影响，但是，总体上大部分区域的沉积物继承了陆源碎屑的稀土元素特征。南海沉积物中稀土元素的特征与日本海、苏禄海还是明显不同，在日本海和苏禄海生物碎屑物质输入对沉积物中稀土元素的地球化学特征起到明显的控制作用（Murray et al.，1991；Calvert et al.，1993）。高的陆源堆积速率、独特的地理和海洋环境决定了南海沉积物中稀土元素的地球化学特征。研究区断面的深海沉积物中，稀土元素的特征并没有发生明显的改变，可能表明该海域晚第四纪以来的火山活动明显减弱，沉积物中火山碎屑物质成分较少。在陆架区，北部陆架沉积物较西部陆架沉积物具有更低的 Eu/Eu* 和更高的 LREE/HREE，揭示了两者的原岩存在一定的差异。

通过对南海四条断面（18°N，10°N，6°N，113°E）表层沉积物开展系统的主量元素、微量元素和稀土元素分析，并结合沉积物的粒度组成数据以及区域地质、海底地形地貌特征和水动力条件等资料，探讨了各典型断面的地球化学元素组成特征，以及元素和相关参数的变化规律及其关键影响因素，综合分析和解释了特征地球化学参数的地质环境意义，研究成果对深化理解南海不同区域的沉积过程和沉积作用及其资源和环境效应具有重要的科学意义。

参考文献

古森昌，陈绍谋，吴必豪，等. 1989. 南海表层沉积物稀土元素的地球化学. 热带海洋，8(2): 93-101.

张兴茂，翁焕新. 2005. 南海东北部陆坡铁锰沉积记录对环境变化的指示意义. 海洋学报，27(1): 93-100.

Calvert S E, Pedersen T F, Thunell R C. 1993. Geochemistry of the surface sediments of the Sulu and South China Seas. Marine Geology, 114: 207-231.

Defant M J, Maury R C, Joron J L, et al. 1990. The geochemistry and tectonic setting of the northern section of the Luzon arc. Tectonophysics, 183: 187-205.

Elderfield H, Hawkesworth C J, Greaves M J, et al. 1981. Rare earth element geochemistry of oceanic ferromanganese nodules and associated sediments. Geochimica et Cosmochimica Acta, 45: 513-528.

Haskin L A, Haskin M A. 1968. Rare-earth elements in the Skaergaard intrusion. Geochimica et Cosmochimica Acta, 32: 433-447.

Hunter K A. 1983. The adsorptive properties of sinking particles in the deep ocean. Deep-Sea Research, 30: 669-675.

Liu Z F, Colin C, Li X J, et al. 2010. Clay mineral distribution in surface sediments of the northeastern South China Sea and surrounding fluvial drainage basins: source and transport. Marine Geology, 277: 48-60.

Murray R W, Brink M R B, Brumsack H J, et al. 1991. Rare earth elements in Japan Sea sediments and diagenetic behavior of Ce/Ce*: results from ODP Leg 127. Geochimica et Cosmochimica Acta, 55: 2453-2466.

Rankin P C, Glasby G P. 1979. Regional distribution of rare earth and minor elements in manganese nodules and associated sediment in the southwest Pacific and other localities//Bischoff J L, Piper D Z. Marine Geology and Oceanography of the Pacific Manganese Nodule Province. New York: Plenum Press: 681-697.

Sholovitz E S, Landing W, Lewis B L. 1994. Ocean particle chemistry: the fraction of rare earth elements between suspended particles and seawater. Geochimica et Cosmochimica Acta, 58: 1567-1579.

Toyoda K, Nakamura Y, Masuda A. 1990. Rare earth elements of Pacific pelagic sediments. Geochimica et Cosmochimica Acta, 54: 1093-1103.

第5章 南海表层沉积物元素地球化学组成与环境意义

南海沉积物物源研究是西太平洋边缘海陆海相互作用研究的重点内容之一（陈忠等，2002；朱赖民等，2007；Liu et al.，2016），元素地球化学作为示踪沉积物物源与沉积环境的重要手段，已被广泛应用于探讨沉积物的物质来源、形成条件、沉积机制和气候环境变化等（高志友，2005；赵建如，2012；赵建如等，2015）。研究南海沉积物元素丰度及其空间分布模式，不仅可以揭示南海与周边大陆、海洋之间的相互作用机制，为综合评价南海沉积环境提供重要依据，还对揭示西太平洋沟-弧-盆体系的形成和发展具有十分重要的意义（朱赖民等，2007）。

作者对南海海域表层沉积样品的主量元素、微量元素和稀土元素的含量进行了分析，包括主量元素（以化合物形式表示）SiO_2、Al_2O_3、Fe_2O_3、MgO、CaO、Na_2O、K_2O、TiO_2、P_2O_5和MnO，微量元素Ba、Cr、Cu、Hf、Li、Rb、Pb、Sr、U，以及稀土元素的地球化学分析数据，探讨了其元素含量变化、存在形式、分布规律与相互关系，进而阐述沉积物的物质来源和控制因素等。

5.1 表层沉积物主量元素地球化学

南海各区域表层沉积物中主量元素含量统计见表5.1，具体分布特征如下。

表 5.1 南海各区域表层沉积物中主量元素含量（%）统计表

统计量	南海全海域			南海陆架			南海陆坡			南海海盆		
	最大值	最小值	平均值	最大值	最小值	平均值	最大值	最小值	平均值	最大值	最小值	平均值
SiO_2	75.80	12.27	52.41	75.80	36.75	57.69	60.39	12.27	41.07	60.39	12.27	49.34
Al_2O_3	24.28	0.67	10.64	24.28	0.67	10.15	15.82	1.20	11.53	17.32	1.20	13.60
Fe_2O_3	8.55	0.41	4.67	8.55	0.74	4.58	7.74	0.41	4.57	7.74	0.41	5.46
MgO	3.74	0.10	1.64	3.54	0.10	1.49	3.74	1.03	2.17	3.74	0.80	2.35
CaO	44.10	0.10	6.10	34.12	0.10	4.63	44.10	2.33	15.52	44.10	0.79	8.71
Na_2O	3.20	0.06	1.04	3.20	0.06	1.06	1.87	0.51	0.81	2.04	0.51	1.08
K_2O	3.39	0.21	2.04	3.18	0.21	1.97	3.06	0.21	2.14	3.39	0.21	2.54
P_2O_5	1.04	0.01	0.09	1.04	0.01	0.11	0.04	0.03	0.03	0.04	0.02	0.03
TiO_2	1.32	0.02	0.54	1.32	0.02	0.59	0.47	0.04	0.31	0.58	0.04	0.36
MnO	2.17	0.02	0.18	0.23	0.02	0.07	2.17	0.04	0.63	2.17	0.04	0.67

SiO_2：南海北部陆架和南部巽他陆架为SiO_2含量高值区（图5.1），其较浅的水深以及较强的波浪与潮汐作用，使得注入南海的沉积物经过充分的水动力分选，造成陆架沉积物更易富含粗粒的石英碎屑矿物，因此其中的沉积物具有55%以上的SiO_2含量。南海中央海盆中东部为SiO_2含量中值区，水深一般大于3500m，以黏土矿物为主。而SiO_2含量低值区则主要出现在西沙群岛和南沙群岛附近海域，均值在40%以下，这与生物礁发育造成生源碳酸盐碎屑增多有关，进而会稀释生源元素。

Al_2O_3：作为陆源沉积物中的典型元素，Al_2O_3常常与铝硅酸盐矿物和硅酸盐矿物密切相关，其中最重要的为黏土矿物（层状硅酸盐矿物），南海中央海盆Al_2O_3含量高值区便与海盆富集细粒黏土矿物有关，但在南海北部陆架区，由于较强的水动力分选作用，黏土矿物相对粗粒物质并不富集，因此 Al_2O_3 含量相对偏低，尤其是在海南岛东北部海域（图 5.2）。Al_2O_3 与 SiO_2 一样均代表陆源沉积物，因此东沙群岛与南沙群岛附近海域沉积物中 Al_2O_3 含量偏低，同样与生物碳酸盐碎屑的稀释作用有关，特别是南沙群岛海域，Al_2O_3 含量在 10% 以下。同时，由于黏土矿物的原位形成和氢氧化物的保留，铝元素在风化剖面和土壤形成中行为比较保守，因此陆源风化物质中通常富含足够的铝，Al_2O_3 含量高值区即为陆源沉积物输入的主要区域。

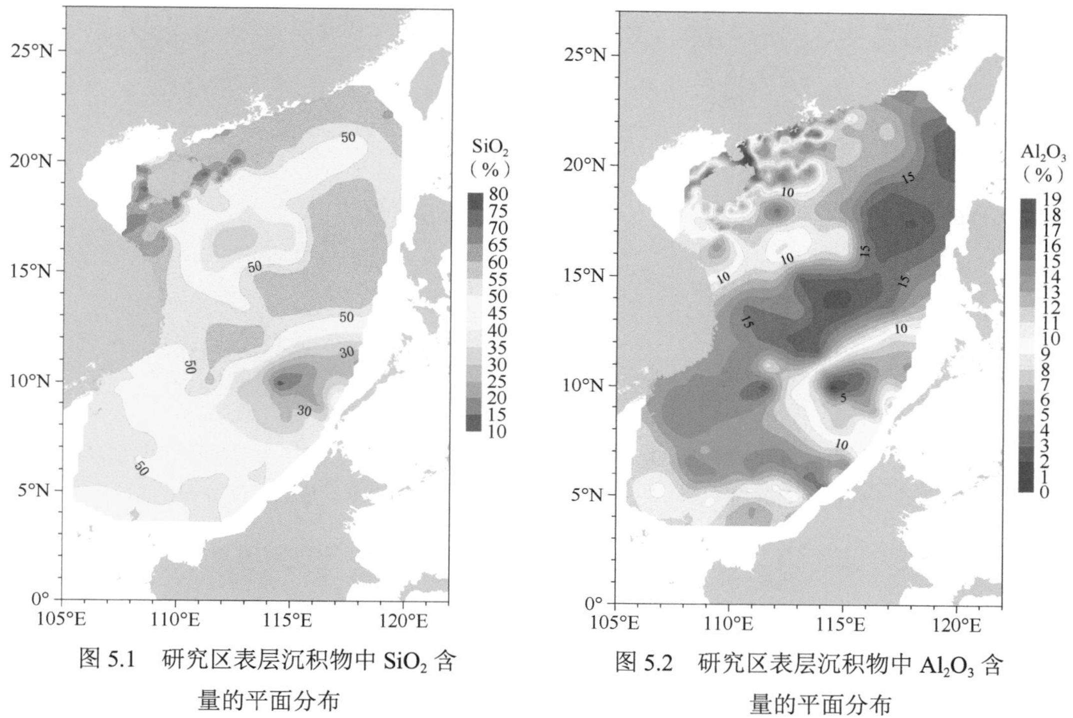

图 5.1　研究区表层沉积物中 SiO_2 含量的平面分布

图 5.2　研究区表层沉积物中 Al_2O_3 含量的平面分布

Fe_2O_3：铁元素的行为很大程度上取决于铁镁矿物和分散的铁氧化物的分布（Calvert et al.，1993）。其分布表现为深海海盆区含量高（5.5% 以上），低值区主要为南海北部陆架和南部的巽他陆架等浅水区（4% 左右），以及西沙群岛和南沙群岛附近海域（3.5% 以下）（图 5.3），整体分布与 Al_2O_3 具有很大的相似性。

MgO：镁元素主要存在于黏土矿物和长石中，与风化矿物一起被输送到海洋中（Liu et al.，2011）。其分布与 Al_2O_3 分布类似，表现为深海海盆区含量高（2.6%～3.6%），吕宋岛西北部海域含量最高（可达 3.4%～3.6%），低值区多位于北部陆架和南沙群岛附近海域（2% 以下）（图 5.4）。

K_2O、Na_2O：钾元素的地球化学很复杂，因为它在中等程度的化学风化作用下富集，但在更强烈的风化作用下又可随着钾长石的分解而减少（Nesbitt et al.，1997；Clift et al.，2014），所以 K_2O 也是陆源风化产物的主要组分。故此，南海表层沉积物中的 K_2O 分布与 Al_2O_3 分布极为相似（图 5.5）。因为安山岩和玄武岩的风化作用可提供丰富的钠元素，所以吕宋岛三大河流沉积物中的 Na_2O 含量明显高于南海海相沉积物（Liu et al.，2009），这与来自吕宋岛的钠长石破碎有关。在南海，Na_2O 含量高值区主要分布在中央海盆及西北部陆坡的部分海域（图 5.6），而低值区主要位于陆架及西沙群岛、南沙群岛岛礁发育的海域。

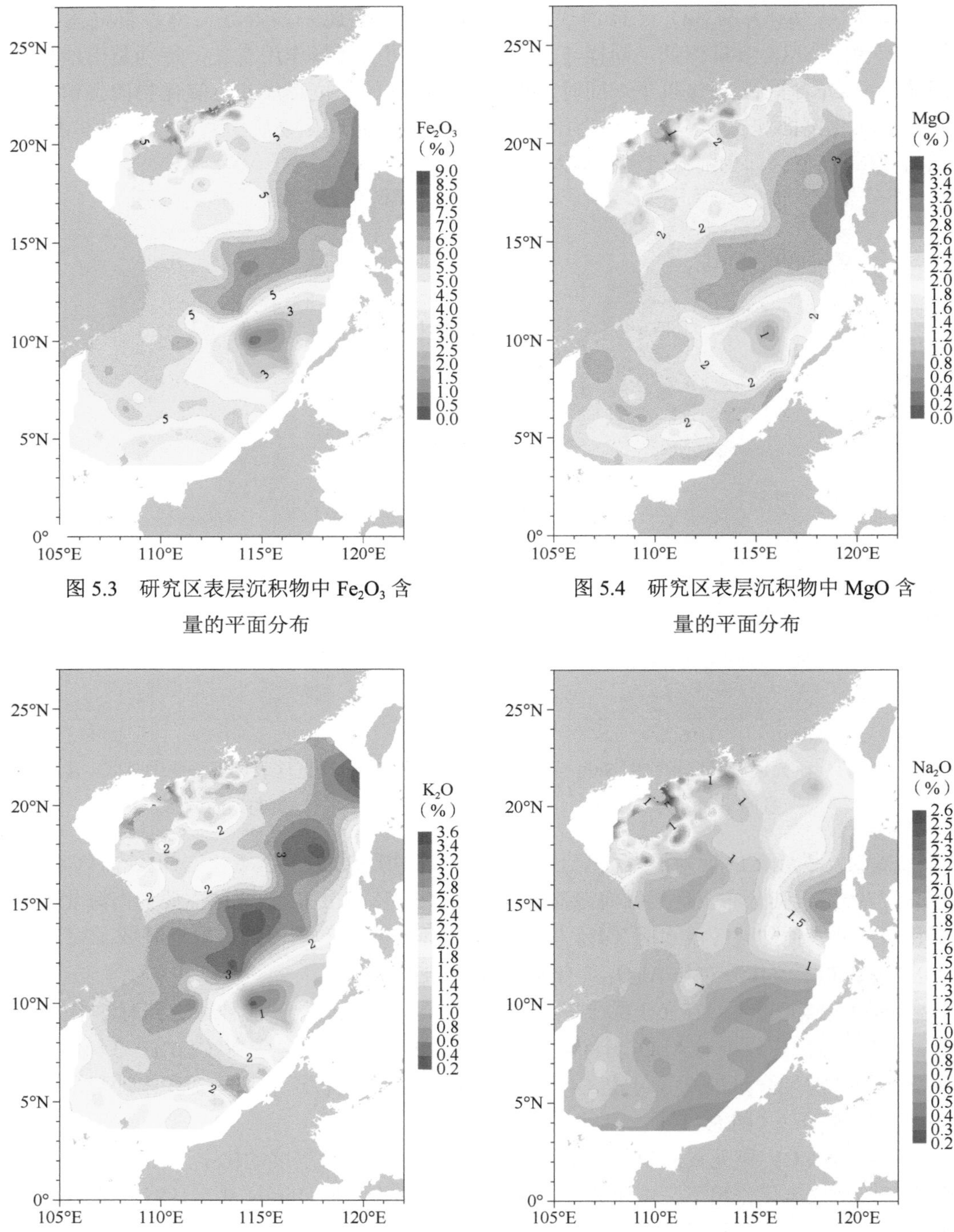

图 5.3　研究区表层沉积物中 Fe_2O_3 含量的平面分布

图 5.4　研究区表层沉积物中 MgO 含量的平面分布

图 5.5　研究区表层沉积物中 K_2O 含量的平面分布

图 5.6　研究区表层沉积物中 Na_2O 含量的平面分布

MnO：MnO 含量高值区（1.3% 以上）主要分布在南沙群岛西部的南部陆坡区（图 5.7），呈多个斑状分布，对应自生成因的铁锰结核富集区；岛礁发育区 MnO 含量低，这与大量的生物碳酸盐沉积有关。

TiO_2：通常认为 TiO_2 是陆地来源（Clift et al.，2014），Wei 等（2003）认为 Ti 是陆地输入的最佳代表，南海沉积物中的 Ti 元素几乎都来自周边陆源供应。其分布总体上与 Al_2O_3 类似，但是在北部沿岸海域含量最高（可达 1% 左右），海盆区、陆坡次之，低值区主要为外陆架浅水区，以及岛礁发育的西沙群岛和南沙群岛附近海域（图 5.8）。

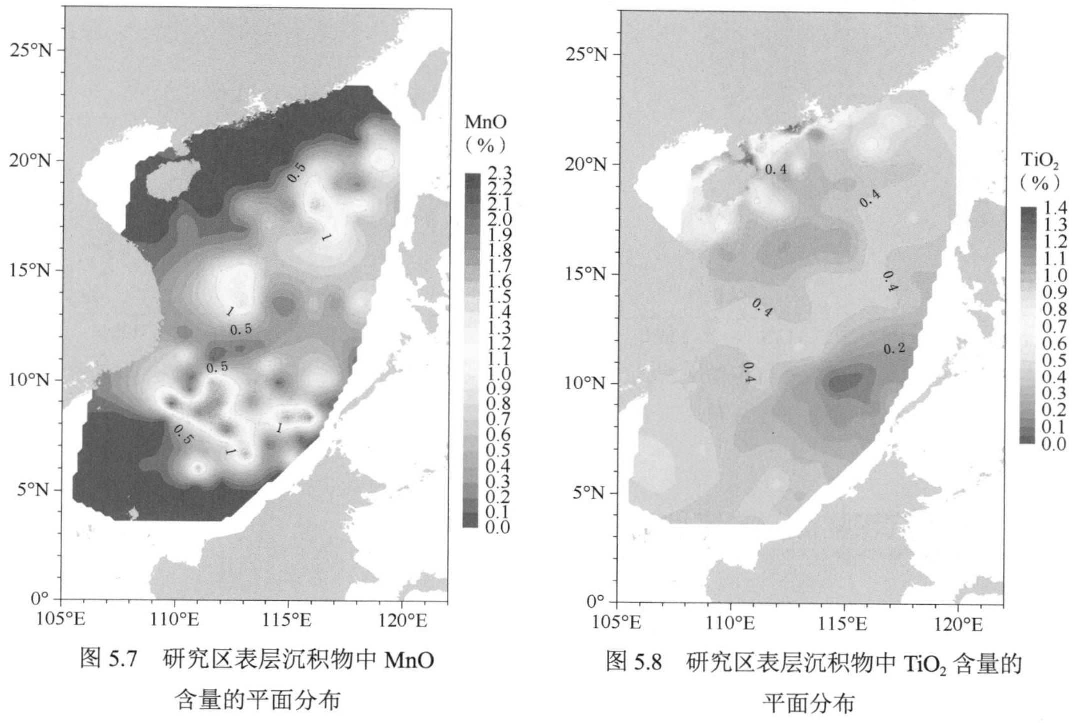

图 5.7　研究区表层沉积物中 MnO 含量的平面分布

图 5.8　研究区表层沉积物中 TiO_2 含量的平面分布

P_2O_5：南海西北部陆架 P_2O_5 含量最高，极有可能与生源沉积物再矿化作用释放（陈丽蓉，2008）有关，其次是北部陆架沿岸地区，海盆及陆坡地区都为显著的低值区（图 5.9）。

CaO：Zhang 等（2010）认为南海陆坡区碳酸钙含量高与冷泉区钙质壳生物量高、自发碳酸钙结核形成等因素有关，而西沙群岛和南沙群岛碳酸钙含量较高的原因是珊瑚礁丰富。南海 CaO 含量高值区（20% 以上）主要位于西沙群岛和南沙群岛附近海域（图 5.10），因为那里有较高的生物生产力、较少的陆源物质输入和弱的碳酸钙溶解作用；北部陆坡区可能因为冷泉碳酸盐的存在而保持较高含量；陆架沉积物由于受陆源非碳酸盐物质的稀释作用而降低，含量为 6%～10%；而深海盆因强烈的溶解作用而为显著的低值区（多在 5% 以下）。

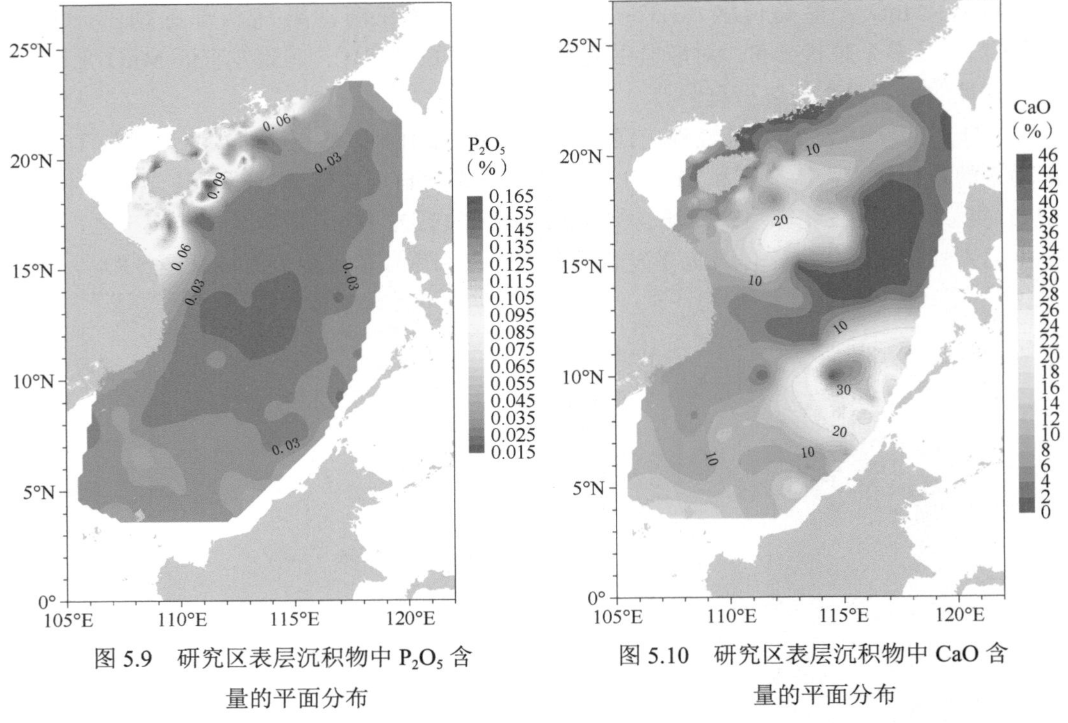

图 5.9 研究区表层沉积物中 P_2O_5 含量的平面分布

图 5.10 研究区表层沉积物中 CaO 含量的平面分布

5.2 表层沉积物微量元素地球化学

微量元素在表生地球化学环境中表现出显著的地球化学行为差异，一些微量元素如 Sc、Ti、Zr、Nb、Hf、Ta、Th、Y 等高场强元素以及一些大离子亲石元素如 Rb、Ga、Cs 等，在母岩风化、剥蚀、搬运、沉积及成岩过程中不易迁移，具有较强的稳定性，基本反映了碎屑源区的地球化学特征（高志友，2005；金秉福和林振宇，2003；刘季花等，2004；Cullers，1994；McLennan，1989；McManus et al.，1998）。因此，微量元素可以作为沉积物物源判别的有效指标。南海各区域表层沉积物中微量元素含量统计见表 5.2，具体分布特征如下。

Ba：富集区主要集中在南海东南部的礼乐海台与南海中东部海域（图 5.11），大致沿着陆坡边缘等深线分布，在碳酸盐补偿深度（CCD）以上，碳酸盐溶解作用较弱，生物沉积以钙质生物为主；在 CCD 以下，碳酸盐溶解作用较强，生物沉积以硅质生物为主（蔡观强等，2018）。

Cr：富集区主要集中于沿岸陆架区（图 5.12），Cr 在表生强氧化条件下由惰性的 Cr^{3+} 氧化成易溶的铬酸根离子 $(CrO_4)^{2-}$ 并发生迁移，遇富含有机质和还原环境，则铬酸盐被还原成 3 价铬沉淀而富集。低值区主要分布在 8°～11°N、114°～116°E（高志友，2005）。

表 5.2　南海各区域表层沉积物中微量元素含量统计表

（单位：mg/kg）

统计量	南海全海域		南海陆架		南海陆坡		南海海盆		中国浅海[①]	中国大陆沉积物[①]	上陆壳（UCC）[②]
	范围	均值	范围	均值	范围	均值	范围	均值			
Ba	129.51～1648.78	660.8	129.51～536.77	320.7	210.34～1648.78	739.85	321.39～1598.49	921.45	412	510	668
Cr	8.26～135.71	67.6	49.38～131.19	76.2	8.26～85.95	58.72	15.52～135.71	67.26	60	70	35
Cu	10.56～165.67	44.3	12.10～52.15	21.5	10.56～89.41	36.42	12.84～165.67	73.9	15	20	14.3
Hf	0.14～52.41	3.8	2.34～52.41	5.88	0.14～7.16	2.49	0.75～10.89	2.98	5.9	7	5.8
Li	4.91～117.57	71.2	40.83～100.64	70.21	4.91～98.13	66.03	18.95～119.08	76.94	38	33	22
Pb	4.67～208.61	33.1	13.07～208.61	42.44	4.67～34.69	25.31	15.66～50.70	31.2	20	25	17
Rb	8.89～173.01	106.6	62.42～142.41	105.44	8.89～156.28	99.09	27.30～173.01	114.79	96	90	110
Sr	90.37～8667.07	562	90.34～1149.69	345.21	169.33～8667.07	891.78	113.05～4908.18	469	230	200	316
U	0.95～17.18	3.07	2.43～17.18	3.93	0.95～5.10	2.62	1.39～5.98	2.65	1.9	2.6	2.5

注：①引自赵一阳和鄢明才（1993）；②引自 Wedepohl（1995）

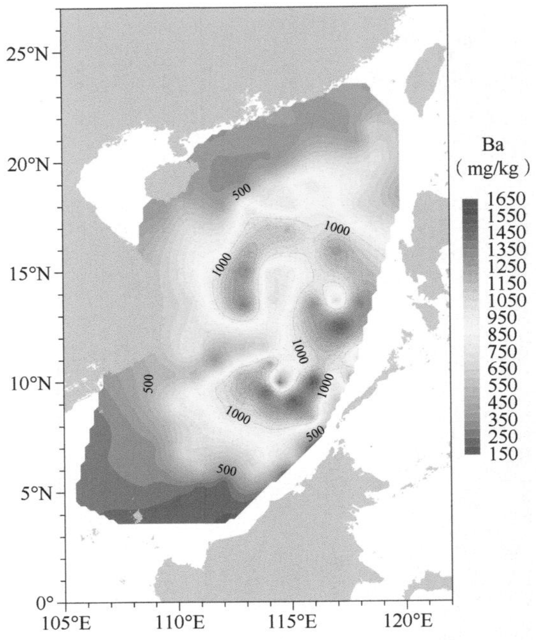

图 5.11 研究区表层沉积物中 Ba 含量的平面分布

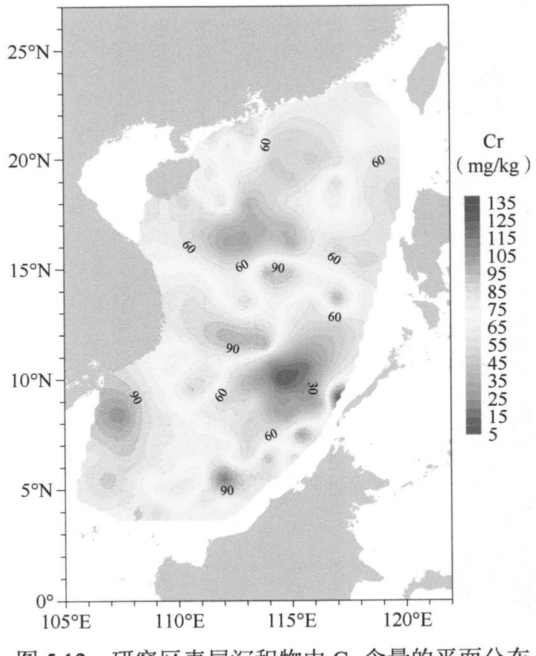

图 5.12 研究区表层沉积物中 Cr 含量的平面分布

Cu：富集区主要集中于南海中央海盆区（图 5.13），具有亲硫的性质，在沉积作用中主要以硫化物的形式出现，或为有机质、黏土、胶体等吸附，其富集也可能与现代海底热液活动有关（蔡观强等，2018）。

Hf：Hf 元素在风化过程中不活泼，往往被固体物质结合或吸附，随颗粒物一起搬运和沉积，在海水中的含量极低，存留时间短，在海底沉积物中几乎都来自陆源碎屑物质，随着水深的增加，其元素丰度逐渐降低（McManus et al.，1998）。因此，在珊瑚礁发育的南沙群岛和西沙群岛海域，其丰度均较低（图 5.14）。

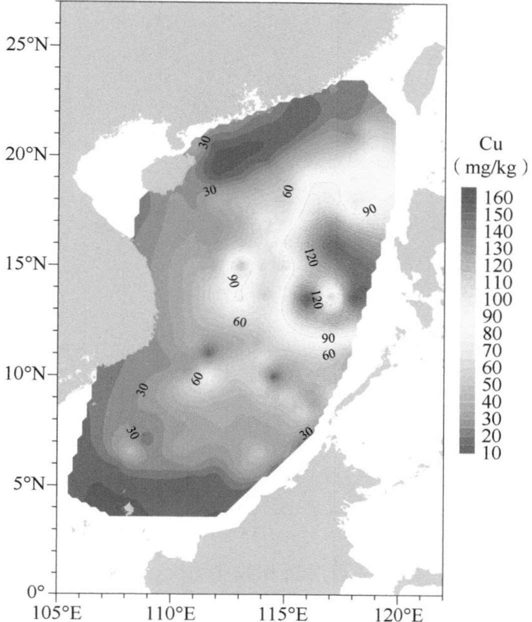

图 5.13　研究区表层沉积物中 Cu 含量的平面分布

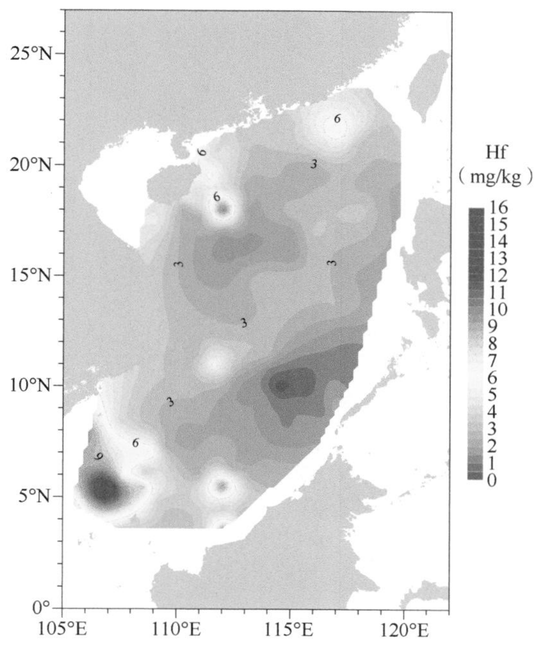

图 5.14　研究区表层沉积物中 Hf 含量的平面分布

Li: Li 是一种亲陆源碎屑类元素，富集区主要分布在南海东北部台湾浅滩以南（图 5.15）、吕宋岛以西至中央海盆，以及中南半岛中东部和加里曼丹岛西北部（高志友，2005）。

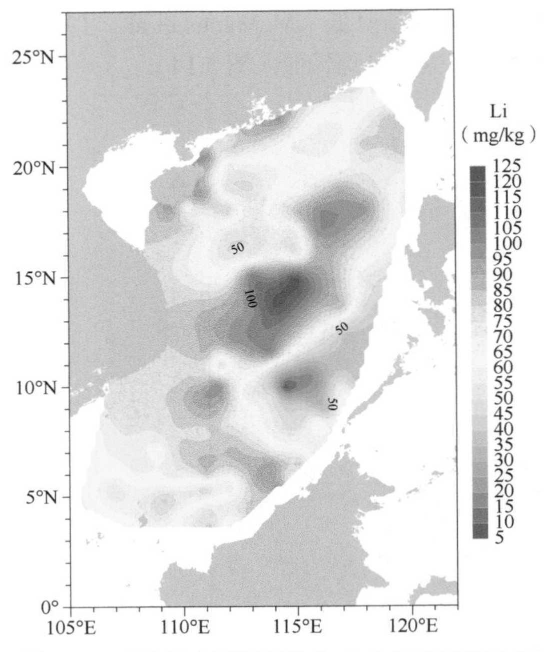

图 5.15　研究区表层沉积物中 Li 含量的平面分布

Pb：富集区主要分布在中南半岛东南部及北部陆架近岸区（图 5.16），除了来自陆源和海洋自生，可能还有人类现代工农业污染的影响（蔡观强等，2018）。

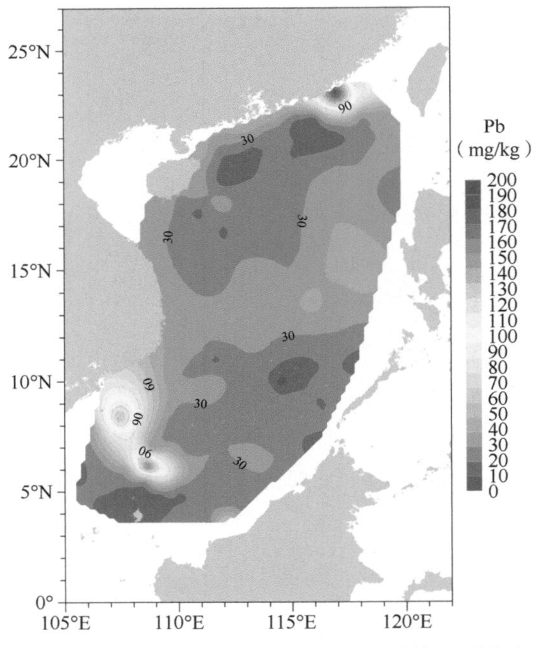

图 5.16　研究区表层沉积物中 Pb 含量的平面分布

Rb：Rb 是一种亲陆源碎屑类元素，主要吸附在黏土矿物等细粒物质上，被洋流、沿岸流等水动力搬运至南海海盆，广泛分布于南海陆架、陆坡及深海盆地等区域（图 5.17），除了 9°～11°N、114°～116°E 区域表现出相对低含量，其他区域均表现出相对高含量（蔡观强等，2010）。

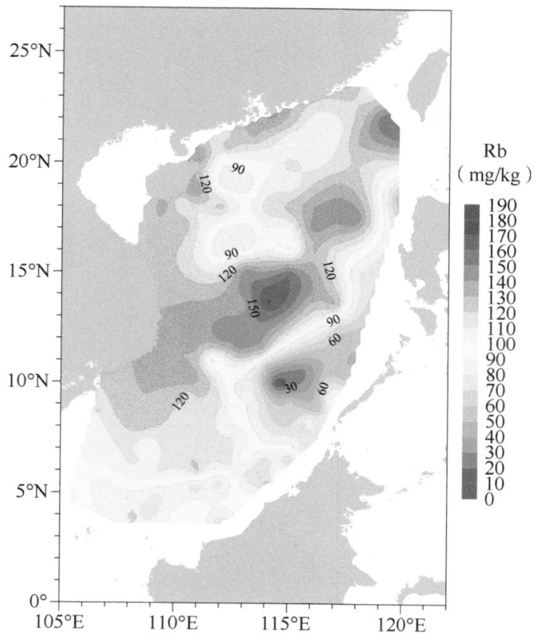

图 5.17　研究区表层沉积物中 Rb 含量的平面分布

Sr：Sr 作为一种亲生物元素，在钙质生物贝壳碎屑中富集，被视为生物沉积的标志。富集区分布于南海东南部的礼乐海台、西沙岛礁台地等与现代钙质生物沉积关系密切的区域（图 5.18），低值区主要位于陆架区和海盆区（蔡观强等，2018）。

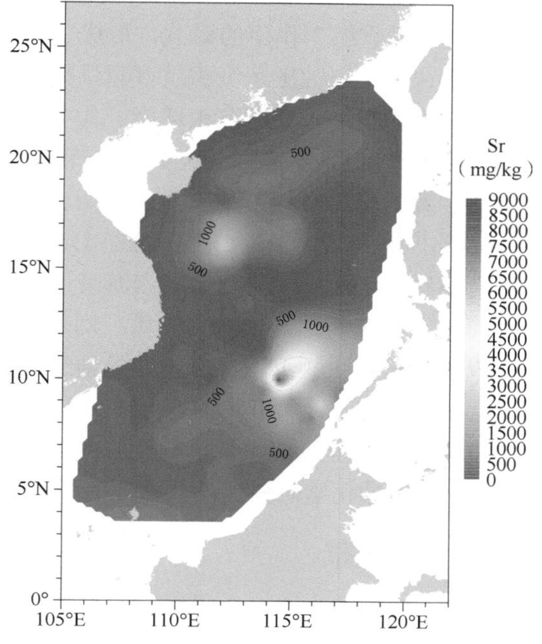

图 5.18　研究区表层沉积物中 Sr 含量的平面分布

U：U 是一种亲陆源碎屑类元素，富集区主要分布在南海北部、中南半岛陆架区、陆坡区（图 5.19），主要吸附在黏土矿物上，低值区大致位于 9°～11°N、114°～116°E。

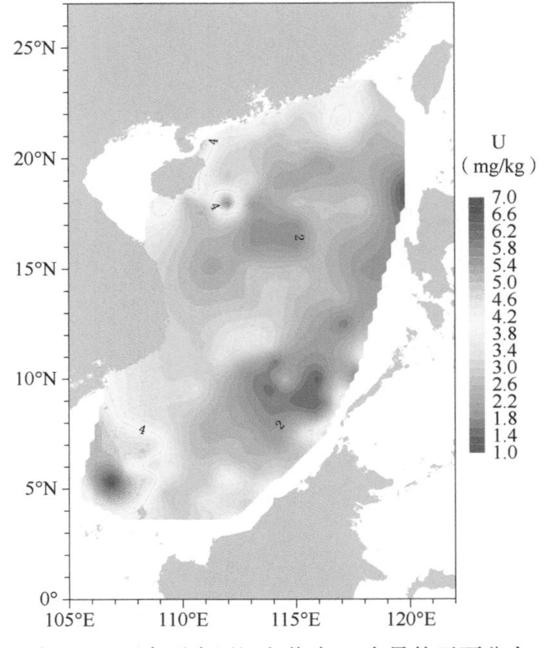

图 5.19 研究区表层沉积物中 U 含量的平面分布

5.3 表层沉积物稀土元素地球化学

稀土元素（REE）受到“镧系收缩”作用的影响，形成了独特的电子结构和相似的晶体化学特征，因此稀土元素在风化侵蚀搬运沉积过程和早期成岩作用阶段不易发生迁移，产生的元素分馏小。沉积物一旦进入海洋沉积环境，其中的稀土成分就基本无重大变化，元素配分的模式也保持不变（古森昌等，1989），海洋沉积物中稀土元素的丰度、元素配分的模式和一些特征参数的分析对判断沉积物的来源、探讨海洋沉积环境等具有重要作用（李双林，2001；杨守业等，2003；张楠等，2014）。南海作为西太平洋边缘海构造活动最为活跃的地区，地质构造作用十分复杂，南海表层陆源沉积物主要是珠江输入的华南沿岸物质以及台湾岛和吕宋岛地区输入的物质。刘建国等（2010）提出，南海表层沉积物是陆源沉积、火山沉积及生物沉积混合作用的结果，因此南海表层沉积物中稀土元素含量在空间分布上存在很大差异（王兆生等，2020）。本节对南海表层沉积物的稀土元素含量组成、分布模式进行了全海域大规模和系统性分析，探讨了稀土元素分布的控制因素，为后续该海区沉积地球化学研究提供基础数据。

5.3.1 稀土元素的含量及分布

稀土元素（REE）以 Gd 为界可以划分为轻稀土元素（LREE）和重稀土元素（HREE），根据稀土元素含量计算稀土元素总量（∑REE）和轻重稀土元素比值（∑LREE/∑HREE）。南海表层沉积物中细颗粒组分的稀土元素平均含量为165.89mg/kg，高于南海表层沉积物（全岩部分）的稀土元素平均含量134mg/kg（朱赖民等，2007），二者差异较大，可能是后者样品为全岩测试造成的，与古森昌等（1989）发表的∑REE 数据（152mg/kg）更为接近。南海表层沉积物的稀土元素含量平均值变化范围较大，最小值为 21.34mg/kg，最大值为 386.43mg/kg。为了使南海海域稀土元素丰度具有可比性，表 5.3 列出了各区域稀土元素丰度值，研究区的稀土元素丰度接近中国大陆沉积物和中国浅海沉积物的稀土元素丰度，但是大于大洋玄武岩的稀土元素丰度。

表 5.3　南海表层沉积物与其他样品稀土元素主要参数的对比

样品或样品区域	范围	ΣREE（mg/kg）	LREE（mg/kg）	HREE（mg/kg）	LREE/HREE
南海全海域	平均值	165.89	140.25	25.65	6.71
	最小值	21.34	18.33	2.42	1.49
	最大值	386.43	321.03	65.40	19.18
陆架区	平均值	165.75	144.80	20.96	8.05
	最小值	21.34	18.73	2.42	2.87
	最大值	274.82	221.46	54.56	19.18
陆坡区	平均值	162.10	125.11	36.99	3.32
	最小值	28.69	18.33	10.36	1.49
	最大值	283.05	228.80	54.25	4.23
海盆区	平均值	175.42	136.05	39.37	3.46
	最小值	87.46	60.21	21.53	2.21
	最大值	343.28	279.69	63.59	4.40
上陆壳	平均值	146.37	132.48	13.89	9.54
北美页岩	平均值	203.87	181.11	22.76	7.96
中国浅海	平均值	157.06	142.97	14.09	10.15
中国黄土	平均值	155.31	138.01	17.30	7.98
黄河	平均值	137.77	122.67	15.10	8.12
长江	平均值	167.10	149.49	17.61	8.49
珠江口	平均值	279.21	256.68	22.53	11.39
渤海	平均值	161.17	142.51	18.66	7.64
黄海	平均值	167.07	154.52	12.55	12.31
东海	平均值	149.67	136.14	13.53	10.06
南海①	平均值	116.27	103.77	12.50	8.30
大洋玄武岩	平均值	58.64	42.96	15.68	2.74
冲绳海槽	平均值	125.80	112.49	13.31	8.45
大洋沉积物	平均值	142.11	127.13	14.98	8.49
大洋火山沉积壳层	平均值	84.40	67.50	16.90	3.99
南海花岗岩	平均值	130.11	119.43	10.68	11.18
南海辉长岩	平均值	247.27	194.45	52.82	3.68
南海铁锰结壳	平均值	1483.34	1313.16	170.18	7.72

① “南海全海域”所取数值为本书调查值，“南海”所取数值为历史资料值。

续表

样品或样品区域	范围	ΣREE（mg/kg）	LREE（mg/kg）	HREE（mg/kg）	LREE/HREE
南海铁锰结核	平均值	2017.73	1838.61	179.12	10.26
陆源	平均值	179.11	160.41	18.70	8.58
火山源	平均值	93.71	72.93	20.78	3.51
生物源	平均值	11.01	9.30	1.71	5.44

注：表中数据经过四舍五入，存在舍入误差

总体上来看，陆架区、陆坡区和海盆区的表层沉积物中总稀土元素含量的平均值分别为165.75mg/kg、162.10mg/kg和175.42mg/kg，表现为海盆区含量高于陆架区含量、陆坡区含量最低。从南海区域的稀土元素含量分布特征来看，南海东北部的陆架和陆坡、西沙海槽、中南半岛中东部、西南巽他陆架、华南沿岸及中央海盆区域相对富集稀土元素，而雷州半岛东侧沿琼州海峡一直到海南岛东至东南海域、珠江口海域、西沙群岛、南沙群岛和吕宋岛西侧海域等则相对亏损稀土元素（图5.20）。轻稀土元素含量的变化范围为18.33～321.03mg/kg，平均值为140.25mg/kg。轻稀土元素的分布特征与总稀土元素的分布特征基本一致，说明南海表层沉积物以轻稀土元素为主（图5.21）。重稀土元素含量的变化范围为2.42～65.40mg/kg，平均值为25.65mg/kg。其分布区域与轻稀土元素和总稀土元素的分布区域大体一致，但是重稀土元素的分布范围明显扩大（图5.22），表层沉积物的LREE/HREE平均值在陆架区、陆坡区和海盆区分别为8.05、3.32、3.46，均表现为轻稀土元素富集的特征（图5.23）。

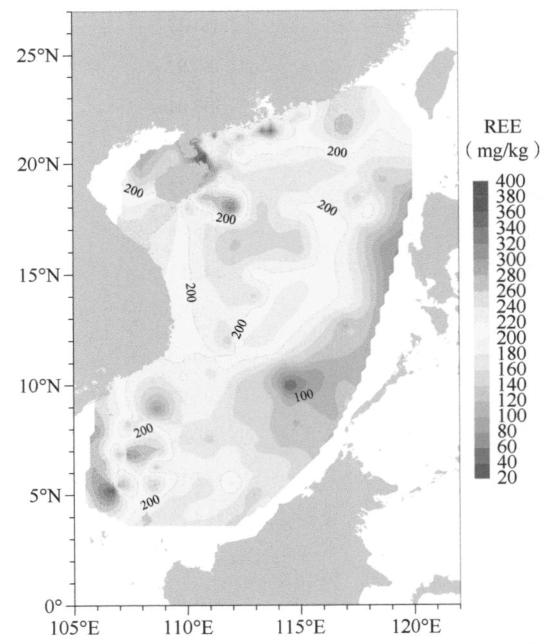

图5.20　研究区表层沉积物中总稀土元素含量的分布

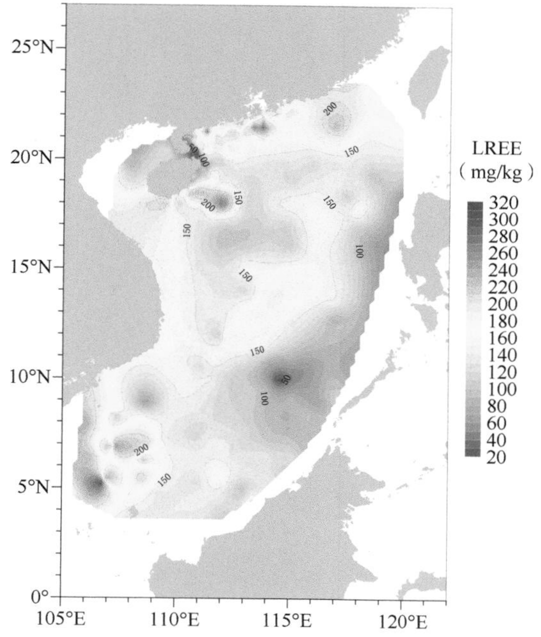

图 5.21　研究区表层沉积物中轻稀土元素含量的分布

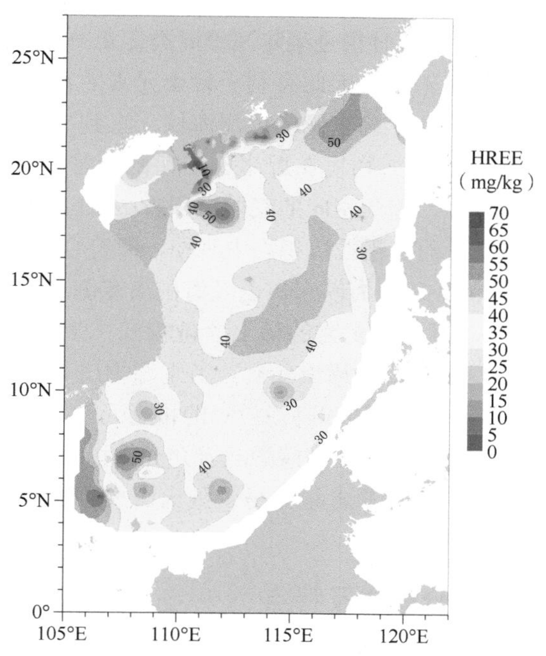

图 5.22　研究区表层沉积物中重稀土元素含量的分布

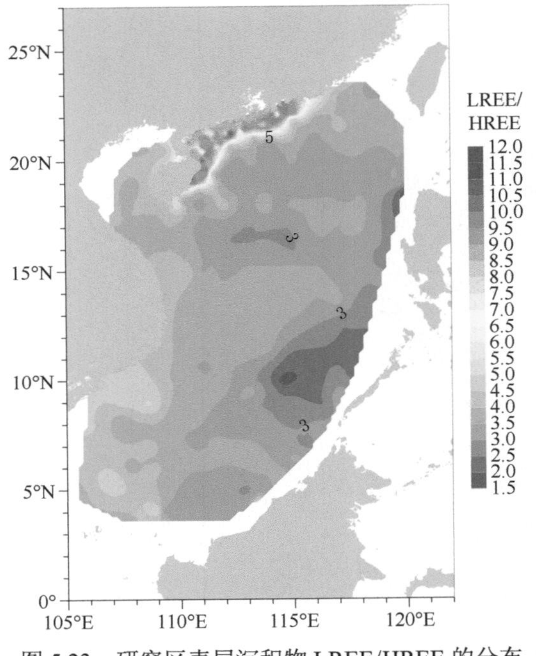

图 5.23 研究区表层沉积物 LREE/HREE 的分布

南海沿岸陆坡和陆架海域一般富集稀土元素，表层沉积物中稀土元素的富集主要受控于陆源物质含量。例如，南海东北部的陆架和陆坡、中南半岛中东部、华南沿岸、西南巽他陆架距离陆地远近适中，同时也是亲陆源碎屑类元素 Hf、Li、Rb 的主要分布范围，这些区域接收到大量陆源物质输入，因此有利于稀土元素的富集。但是，存在两个异常区域，分别是珠江口海域和雷州半岛东侧沿琼州海峡一直到海南岛东至东南海域。对于珠江口海域而言，珠江携带的碎屑物质在近岸珠江口附近堆积，随着离岸距离的增加，珠江输入的陆源物质逐渐减少，因此相应的表层沉积物中 REE 含量逐渐降低。此外，稀土元素易在细粒组分中富集，而在粗粒沉积物中亏损，即符合“元素粒度控制率”（赵一阳等，1990）。雷州半岛东侧、琼州海峡东口以及海南岛东侧海域，因受沿岸波浪及海峡喷射 流影响，形成高能区，导致沉积物的稀土含量较低（张楠等，2014）。中央海盆则是细粒级颗粒物沉积区，相应地富集稀土元素。当生源物质影响强烈时，总稀土元素显著亏损（刘建国等，2010），西沙群岛和南沙群岛的稀土元素含量低值是受到生源物质的稀释作用导致平均含量降低，与海洋生物碳酸盐岩介壳的稀土元素含量较低（古森昌等，1989）一致。吕宋岛的西侧稀土元素含量低是受到火山物质输入的影响，幔源物质稀土元素含量一般较低（杨群慧等，2002）。

5.3.2 稀土元素的配分模式及特点

海洋沉积物中稀土元素的配分模式主要受物源的影响（古森昌等，1989；李双林，2001），因此可利用稀土元素在迁移和沉积过程中的不活动性及在不同条件下表现出的分异特性来揭示沉积物的物质来源、形成条件、物源区特征和环境变化等（朱赖民等，2007）。当陆源物质影响强烈时，稀土元素含量较高，并且表层沉积物出现显著的 Eu 负异常，轻稀土元素占总稀土元素的比例增大；当受到火山物质影响强烈时，无 Eu 异常现象，重稀土元素轻微富集，此时重稀土元素相对含量增加；当生源物质影响强烈时，总稀土元素含量明显降低。

本书对于表层沉积物的稀土元素配分模式的研究通过球粒陨石标准化和北美页岩标准化，球粒陨石标准化反映样品相对于地球原始物质的分异程度，揭示沉积物源区特征，北美页岩标准化可以了解沉积过程中的混合、均化的影响和分异程度。

1. 球粒陨石标准化配分模式

在球粒陨石标准化下计算表层沉积物的稀土元素参数，δCe 值的变化范围为 0.52～3.04（平均值为 0.99），为弱负异常；δEu 值的变化范围为 0.28～0.93（平均值为 0.60），属于中等负异常。$(La/Yb)_n$ 平均值为 9.84，$(La/Sm)_n$ 平均值为 4.08，$(Gd/Yb)_n$ 平均值为 1.63，表明轻稀土元素与重稀土元素之间和轻稀土元素内部分异明显。δCe 的高值区主要分布于中南半岛中东部、吕宋岛西侧深海盆及南海西南部海域，呈斑状分布（图 5.24），低值区主要分布在南沙群岛、西沙群岛等岛礁发育的区域。δEu 的高值区主要分布于中央海盆、南沙群岛和吕宋岛的西侧海域（图 5.25）。

研究区表层沉积物稀土元素球粒陨石标准化配分模式曲线（图 5.26）中，平均值曲线显示右倾形态，轻稀土元素相对于重稀土元素富集，其球粒陨石标准化后的配分模式与中国大陆沉积物和中国浅海沉积物比较相似，表现出以陆源输入为主的特征。不同划分区域稀土元素分布特征存在差异，南海陆架的轻稀土元素比重稀土元素富集最明显，出现明显的 Eu 负异常，而海盆区则是轻稀土元素占比降低，重稀土元素占比上升，Eu 负异常减弱，并且陆坡区的配分模式位于陆架区和海盆区的下方，说明有生源物质及火山物质的混合。

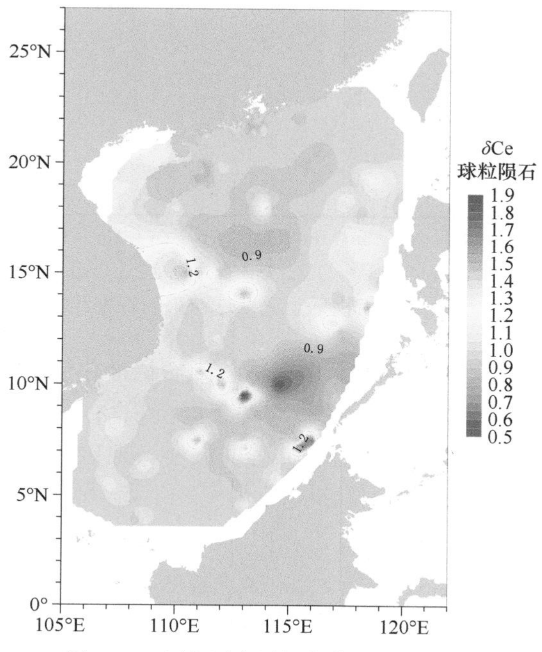

图 5.24　研究区表层沉积物的 δCe 分布

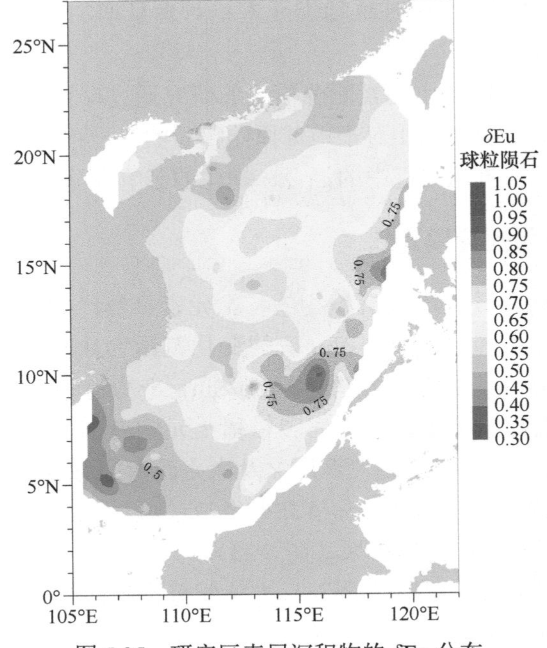

图 5.25　研究区表层沉积物的 δEu 分布

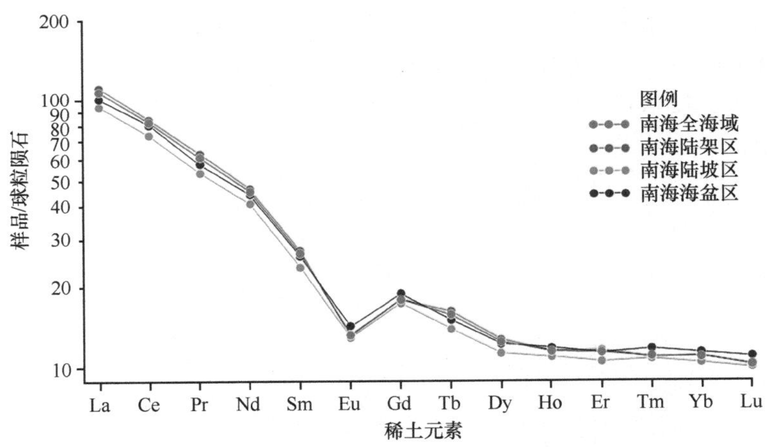

图 5.26　研究区表层沉积物稀土元素球粒陨石标准化配分模式曲线

综上所述，南海表层沉积物稀土元素在球粒陨石标准化后，配分模式表现出接近于中国大陆沉积物和中国浅海沉积物，说明南海表层沉积物主要是接收到周围陆源输入。此外，陆坡区、陆架区和海盆区的配分模式差异较小，原因主要是南海的陆架区和海盆区表层沉积物陆源输入仍然占主导。

2. 北美页岩标准化配分模式

从研究区表层沉积物稀土元素北美页岩标准化配分模式曲线（图 5.27）来看，陆架区表现为轻稀土元素富集、重稀土元素亏损，出现明显的 Eu 负异常。总体上，陆坡区和海盆区的配分模式比较接近，相比于陆架区的配分模式，前者 Eu 负异常的程度减弱且重稀土元素富集，表明南海海盆区和陆坡区的表层沉积物中有生源物质及火山物质输入。

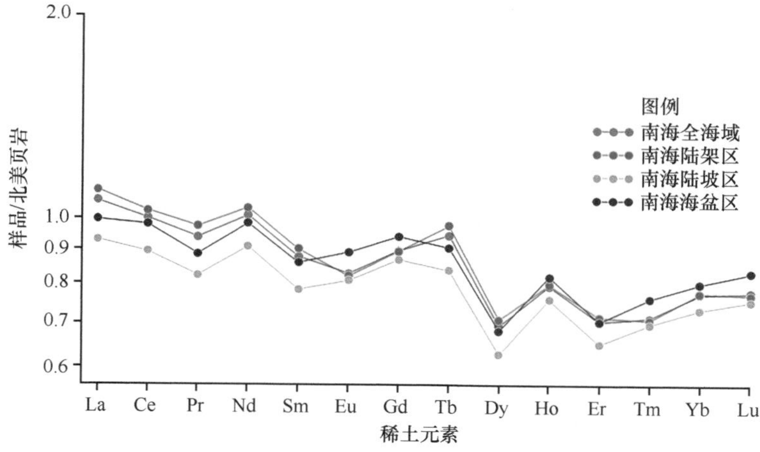

图 5.27　研究区表层沉积物稀土元素北美页岩标准化配分模式曲线

5.4 表层沉积物分布控制因素与沉积物分区

5.4.1 元素主成分分析

沉积物中不同元素通常有一定联系，这与元素的地球化学性质、物质来源、沉积环境密切相关，表现在元素含量的分布格局上。例如，西沙群岛、南沙群岛和南沙群岛北部坡地附近有很多碳酸盐沉积，这与当地的生物生产力较高密切相关。这些地区的沉积物来源主要是生物源，而在盆地内的深海盆地黏土代表了 CCD 以下的生物源和陆源物质的混合，是远洋悬浮细粒物质长期聚集的结果。在南海，陆源物质主要由周边大型河流输送，从河口向盆地输送的沉积物的化学成分具有良好的指示意义。因此，我们对南海表层沉积物中的多种元素进行了因子分析。

主成分 1（PC1）解释了总方差的 45.4%，并具有正载荷 Al_2O_3、Fe_2O_3、K_2O、SiO_2、TiO_2、MgO、Rb、Ga、Be、Sc、Li、Cs、V、Bi、Cr、REE 和负载荷 CaO 和 Sr（表 5.4），表明该因子对南海元素分布有着重要的控制作用。PC1 中大部分正负载荷元素来自陆地风化产物，主要以 Al_2O_3、Fe_2O_3、TiO_2 为代表，Al_2O_3、Fe_2O_3、MgO 和 SiO_2 的相关性较高，这些陆源输入元素与 Ca 和 Sr 都有较高的负相关性，这表明几乎全部表层沉积物主要由陆源和生源物质构成，且生源物质对陆源物质有着明显的稀释作用。对于海洋沉积物，这些元素主要来自陆源，并且赋存于陆源沉积物的细粒碎屑和黏土矿物中，而来自生物沉积和化学沉积的贡献很少。在源区风化过程中，Al_2O_3 相对来说难以迁移，常常残存在风化壳中，主要的赋存形式为黏土矿物，是表征黏土矿物输入的重要元素指标，因此注入南海的风化物质通常富含足够的 Al_2O_3。Fe_2O_3、K_2O、SiO_2、TiO_2 和 Al_2O_3 相似的分布模式表明这些元素都为南海周边陆源沉积物的主要富集元素，而其余金属元素的同样富集极有可能为黏土矿物吸附的结果。

表 5.4　南海表层沉积物中地球化学成分的旋转成分矩阵

元素	主成分 1	主成分 2	主成分 3	主成分 4	主成分 5
Cs	0.968	0.088	0.017	–0.014	–0.050
Be	0.959	0.029	0.171	–0.001	–0.008
Rb	0.957	–0.006	0.108	0.056	–0.030
Li	0.950	0.062	0.026	0.013	0.003
Ga	0.939	0.128	0.109	0.252	–0.009
Al_2O_3	0.922	–0.045	0.158	0.278	0.118
K_2O	0.922	0.031	0.139	0.220	0.005
Fe_2O_3	0.873	–0.001	0.111	0.398	0.101
CaO	–0.827	0.114	–0.277	–0.400	–0.100
Sc	0.743	0.204	0.034	0.576	–0.036
SiO_2	0.705	–0.304	0.360	0.394	0.089
TiO_2	0.670	–0.374	0.534	0.214	0.075
V	0.648	0.179	–0.014	0.618	–0.038
Bi	0.646	0.411	0.123	–0.093	0.201
Sr	–0.620	0.057	–0.229	–0.252	–0.158
REE	0.613	–0.249	0.570	–0.038	0.096
MgO	0.571	–0.184	–0.083	0.539	0.195
Cr	0.412	–0.345	0.396	0.069	0.127
Ni	–0.013	0.903	–0.236	0.173	–0.008
Ba	–0.123	0.891	–0.221	0.042	–0.105
MnO	0.064	0.755	–0.168	0.017	–0.058
Cu	0.156	0.742	–0.120	0.540	0.002
Cd	–0.160	0.714	–0.212	–0.112	–0.068
Co	0.402	0.640	–0.116	0.548	0.009
Zn	0.386	0.512	0.038	0.304	0.407
Hf	–0.110	–0.122	0.947	0.109	0.022
Th	0.231	–0.103	0.944	–0.012	0.068
U	0.022	–0.249	0.905	–0.018	0.069
Nb	0.540	–0.317	0.752	–0.004	0.010
Ta	0.565	–0.328	0.714	–0.049	0.029
Na_2O	0.163	0.204	0.103	0.869	0.019
Pb	0.236	0.000	0.066	–0.008	0.868
P_2O_5	–0.322	–0.379	0.158	0.069	0.616

注：主成分中的元素按最高绝对值从高到低排列

主成分 2（PC2）解释了总方差的 21.8%，并具有正载荷 MnO、Ni、Ba、Cu、Co、Cd、Zn（表 5.4）。PC2 的正载荷都和南海有机质的赋存存在一定的关系。表层沉积物中

MnO 的富集程度受最小溶解氧的深度控制，这取决于沉积物中的有机物通量（Rozanov et al.，2006）。Calvert 等（1993）指出，MnO 在南海中层深度以羟基氧化物的形式富集。Liu 等（2011）提出，MnO 在南海北部深海沉积物中富集，主要与有机和氧化还原条件有关，与南海形成的有机质密切相关。在海洋环境中，Ni 与有机物之间的复合物的形成导致 Ni 富集于沉积物中（Nameroff et al.，2004）。随着有机物的降解，Ni 会被释放到孔隙水中。Ni 与 MnO 较高的相关性（表 5.5）表明，Ni 通常吸附于 Mn 的硫化物和氧化物上。在弱还原环境中，由于缺乏镍离子可以附着的 Mn 的硫化物和氧化物，Ni 重新进入上覆水体中。Ba 集中于海洋生物，Ba 与生物二氧化硅之间的高度相关性表明，Ba 与海洋生产力之间存在显著的相关性（Schnetger et al.，2000）。在还原条件下，尤其是存在细菌硫酸盐还原的情况下，Cu 可以作为固溶体还原成黄铁矿或形成硫化物（Huerta-Diaz and Morse，1990；Morse and Luther，1999）。Cu 也可以被自生蒙脱石或绿泥石固定在沉积速率较慢的深海和亚深海沉积物中（Pedersen et al.，1986）。

主成分 3（PC3）解释了总方差的 6.9%，并具有正载荷 Hf、Th 和 U（表 5.4）。海洋中的 Hf 主要来源于风化材料中的重矿物锆石，其在冰期—间冰期循环中稳定且耐化学风化（Cao et al.，2019）。在海洋环境中，Th、U 主要来源于陆源物质，常常是在重矿物中富集。在韩江河口和湄公河河口，Hf 含量显著升高。因此，PC3 可能显示了从韩江和湄公河输入的重矿物组分的分布。

主成分 4（PC4）解释了总方差的 5.5%，具有正载荷 Na_2O（表 5.4）。Na_2O 高含量主要出现在吕宋岛以西海区。吕宋岛火山物质（安山岩和玄武岩）的风化作用提供了丰富的 Na，吕宋岛三大河流沉积物中的 Na_2O 浓度高于南海海相沉积物中的 Na_2O 浓度（Liu et al.，2009），Na_2O 富集可能归因于吕宋岛沉积物中钠长石的破碎，因为钠长石的稳定性较差，PC4 中的变化应与吕宋岛陆源碎屑中钠长石的分布有关，表征区域火山物质风化的作用。

主成分 5（PC5）解释了总方差的 3.9%，并具有正载荷 Pb、P_2O_5（表 5.4）。重金属 Pb 的分布与人类活动有关（Cai et al.，2012；Cao et al.，2019）。近代人类活动的增加导致进入海洋的 Pb 增加，因此人口密集的河口地区 Pb 输入量高。来自韩江的沉积物含有高含量的 Pb（122mg/kg）（Cao et al.，2019），而珠江干流和三角洲的沉积物不含 Pb 或 Pb 含量低。南海东北部陆架区的 Pb 高值区（＞100mg/kg）表明，来自汉江的沉积物被输送到汉江河口东部地区。另一个 Pb 高值区在湄公河三角洲南部地区，Pb 和 P_2O_5 的富集可能是由磷灰石造成的，磷灰石对 Pb 有选择性吸附去除作用。因此，该成分主要与人为活动的影响有关。

在主成分分析的结果中，PC1 代表陆源物质，成分中的元素可以清楚地表明陆源沉积物的分布和潜在来源。这些陆源元素的高值表明，在珠江口西部沿海地区、台湾岛西南地区、婆罗洲西北大陆架和湄公河河口南部地区，陆源输入比较显著。在台湾岛西南地区，每年都有大量的台湾岛河流沉积物输入南海（Liu et al.，2016），沉积在台湾岛西南陆坡区；与南海其他陆源输入区的沉积物相比，该地区表层沉积物的 K_2O 含量最高，这与台湾岛流入南海的山地河流中 K_2O 含量最高是一致的，由此台湾岛河流是中国西南海域大陆沉积物的来源。与其他大陆沉积物相比，湄公河河口南部地区和北婆罗

表 5.5　南海表层沉积物中元素的相关性

元素	SiO_2	Al_2O_3	Fe_2O_3	MgO	CaO	Na_2O	K_2O	P_2O_5	TiO_2	MnO	Li	Be	V	Cr	Co	Ni	Cu	Zn	Ga	Rb
SiO_2	1.000																			
Al_2O_3	0.835	1.000																		
Fe_2O_3	0.787	0.965	1.000																	
MgO	0.575	0.713	0.750	1.000																
CaO	−0.953	−0.941	−0.901	−0.659	1.000															
Na_2O	0.476	0.376	0.464	0.388	−0.509	1.000														
K_2O	0.771	0.934	0.901	0.636	−0.885	0.397	1.000													
P_2O_5	0.013	−0.145	−0.178	−0.003	0.084	−0.094	−0.250	1.000												
TiO_2	0.910	0.794	0.744	0.467	−0.865	0.279	0.692	0.074	1.000											
MnO	−0.251	0.029	0.031	−0.042	0.039	0.134	0.087	−0.231	−0.314	1.000										
Li	0.651	0.887	0.832	0.640	−0.781	0.113	0.880	−0.273	0.601	0.137	1.000									
Be	0.734	0.899	0.838	0.488	−0.838	0.225	0.921	−0.278	0.717	0.073	0.907	1.000								
V	0.561	0.773	0.852	0.684	−0.718	0.628	0.704	−0.218	0.495	0.261	0.639	0.613	1.000							
Cr	0.559	0.484	0.462	0.522	−0.513	−0.038	0.434	0.063	0.594	−0.324	0.457	0.390	0.214	1.000						
Co	0.261	0.469	0.547	0.401	−0.435	0.633	0.480	−0.334	0.093	0.483	0.433	0.380	0.665	−0.055	1.000					
Ni	−0.291	−0.047	0.024	0.007	0.109	0.256	0.015	−0.351	−0.446	0.705	0.082	−0.048	0.236	−0.264	0.712	1.000				
Cu	0.079	0.229	0.329	0.221	−0.229	0.629	0.241	−0.341	−0.105	0.483	0.188	0.145	0.517	−0.189	0.902	0.801	1.000			
Zn	0.300	0.464	0.490	0.392	−0.434	0.467	0.473	−0.133	0.160	0.354	0.405	0.397	0.459	0.065	0.608	0.460	0.531	1.000		
Ga	0.743	0.949	0.932	0.614	−0.884	0.427	0.942	−0.285	0.688	0.169	0.904	0.937	0.812	0.342	0.584	0.102	0.354	0.487	1.000	
Rb	0.718	0.893	0.846	0.557	−0.828	0.258	0.955	−0.287	0.674	0.037	0.907	0.948	0.633	0.405	0.394	−0.042	0.147	0.396	0.934	1.000
Sr	−0.702	−0.685	−0.645	−0.468	0.746	−0.303	−0.658	−0.034	−0.642	0.000	−0.587	−0.600	−0.489	−0.469	−0.292	0.044	−0.120	−0.349	−0.619	−0.610

续表

元素	SiO_2	Al_2O_3	Fe_2O_3	MgO	CaO	Na_2O	K_2O	P_2O_5	TiO_2	MnO	Li	Be	V	Cr	Co	Ni	Cu	Zn	Ga	Rb
Nb	0.761	0.626	0.541	0.245	–0.698	0.144	0.598	0.080	0.898	–0.332	0.488	0.657	0.270	0.534	–0.073	–0.494	–0.247	0.088	0.559	0.611
Cd	–0.439	–0.237	–0.208	–0.158	0.299	–0.033	–0.157	–0.248	–0.517	0.662	–0.056	–0.199	0.023	–0.306	0.247	0.713	0.372	0.231	–0.122	–0.185
Cs	0.616	0.867	0.832	0.549	–0.758	0.169	0.933	–0.353	0.578	0.129	0.940	0.941	0.629	0.391	0.442	0.061	0.200	0.405	0.927	0.969
Ba	–0.423	–0.205	–0.137	–0.283	0.265	0.202	–0.093	–0.398	–0.540	0.619	–0.106	–0.117	0.071	–0.485	0.577	0.847	0.724	0.350	–0.022	–0.128
Hf	0.305	0.097	0.071	0.014	–0.212	0.103	0.073	0.255	0.473	–0.220	–0.051	0.048	–0.011	0.424	–0.185	–0.314	–0.195	–0.021	0.014	0.012
Ta	0.752	0.639	0.549	0.251	–0.694	0.097	0.596	0.072	0.898	–0.348	0.506	0.666	0.252	0.532	–0.085	–0.501	–0.261	0.084	0.561	0.617
Pb	0.255	0.311	0.294	0.258	–0.286	0.133	0.239	0.300	0.256	–0.083	0.182	0.243	0.129	0.189	0.085	–0.060	0.048	0.373	0.227	0.226
Bi	0.366	0.611	0.605	0.177	–0.497	0.112	0.510	–0.250	0.398	0.132	0.583	0.630	0.451	0.139	0.514	0.302	0.453	0.422	0.649	0.542
Th	0.500	0.376	0.322	0.125	–0.445	0.090	0.350	0.156	0.668	–0.225	0.255	0.379	0.126	0.518	–0.092	–0.328	–0.174	0.100	0.309	0.335
U	0.360	0.188	0.141	0.123	–0.262	–0.030	0.145	0.269	0.546	–0.336	0.083	0.152	–0.019	0.553	–0.270	–0.410	–0.308	–0.069	0.084	0.124
Sc	0.652	0.840	0.901	0.678	–0.797	0.638	0.796	–0.256	0.562	0.192	0.729	0.720	0.951	0.258	0.734	0.254	0.570	0.500	0.895	0.743
REE	0.746	0.637	0.561	0.258	–0.705	0.143	0.583	0.033	0.852	–0.276	0.537	0.678	0.294	0.479	0.025	–0.386	–0.131	0.125	0.597	0.635

元素	Sr	Nb	Cd	Cs	Ba	Hf	Ta	Pb	Bi	Th	U	Sc	REE
Sr	1.000												
Nb	–0.510	1.000											
Cd	0.150	–0.490	1.000										
Cs	–0.562	0.500	–0.094	1.000									
Ba	0.100	–0.507	0.584	–0.034	1.000								
Hf	–0.180	0.674	–0.262	–0.079	–0.311	1.000							
Ta	–0.507	0.990	–0.499	0.512	–0.513	0.621	1.000						
Pb	–0.206	0.204	–0.146	0.191	–0.123	0.061	0.218	1.000					

续表

元素	Sr	Nb	Cd	Cs	Ba	Hf	Ta	Pb	Bi	Th	U	Sc	REE
Bi	–0.334	0.312	0.004	0.590	0.268	–0.071	0.350	0.322	1.000				
Th	–0.349	0.853	–0.321	0.247	–0.332	0.903	0.823	0.182	0.215	1.000			
U	–0.167	0.738	–0.315	0.041	–0.491	0.917	0.706	0.117	0.020	0.910	1.000		
Sc	–0.560	0.358	–0.041	0.732	0.107	0.001	0.344	0.151	0.556	0.185	–0.003	1.000	
REE	–0.553	0.842	–0.446	0.549	–0.413	0.428	0.848	0.282	0.434	0.691	0.531	0.393	1.000

洲大陆架的大陆沉积物的 Al_2O_3 和 Fe_2O_3 含量较低，湄公河河口南部的沉积物应是湄公河陆源物质输入的结果。婆罗洲北部陆架和陆坡的 TiO_2、Al_2O_3、K_2O 高含量和 Na_2O 低含量表明沉积物化学风化程度高，这与婆罗洲北部河流沉积物的化学风化程度高是一致的，所以北婆罗洲大陆架上的沉积物来自北婆罗洲的河流。吕宋岛西部沿岸地区和陆坡区具有相对特殊的陆源物质类型。吕宋岛西陆坡区为南海 MgO、Na_2O 含量最高的区域，而 K_2O 含量较低。这些特征与吕宋岛河流沉积物的化学成分一致（表 5.6），表明它们主要来自吕宋岛河流，吕宋岛上火山物质风化造成河流沉积物有着较为特殊的主量元素组成。

表 5.6　南部沿海地区河流细粒沉积物的平均主要元素组成（%）（Liu et al.，2016）

样品	Al_2O_3	CaO	Fe_2O_3	K_2O	MgO	MnO	Na_2O	P_2O_5	TiO_2	SiO_2	LOI
台湾岛河流	15.55	0.36	5.81	2.73	1.95	0.04	1.55	0.18	0.79	67.21	17.78
珠江	18.70	0.52	7.38	2.53	1.05	0.10	0.44	0.22	0.97	59.1	9.22
湄公河	15.78	0.38	5.96	2.29	1.27	0.04	0.72	0.16	0.87	65.21	7.64
加里曼丹岛河流	15.06	0.15	5.03	2.03	1.08	0.03	0.53	0.09	0.80	65.13	10.06
吕宋岛河流	16.63	3.20	8.36	1.05	3.33	0.16	1.70	0.17	0.71	56.92	7.76

注：LOI 代表主量元素测量样品烧失量。表中数据经过四舍五入，存在舍入误差

5.4.2　沉积物地球化学元素分区

根据 Fe_2O_3、Al_2O_3、CaO、MgO 及其他主要主量元素和微量元素的分布特征，在研究区可以划分出 7 个沉积区域（表 5.7）。

沉积区域 A 位于珠江三角洲西岸，其中 Fe_2O_3、Al_2O_3 和 TiO_2 的含量都很高，说明该地区的沉积物来自珠江。Ti/Na、Al/Na、K/Na 和 K/Al 的比值表明，该地区的沉积物受到了强烈的化学风化作用，这与珠江的黏土矿物主要是高岭石的事实相一致。珠江沉积物从入海口进入南海后，在科里奥利力的作用下向西南方向顺岸输送（Liu et al.，2009），但是由于黑潮南海支流（SCSBK）的存在，珠江沉积物难以进入深海盆地（Liu et al.，2011）。因此，由珠江携带的大量沉积物沉积在珠江三角洲西侧的狭窄海域。综上，在沉积区域 A，沉积物主要来自珠江，并受强大的 SCSBK 海流控制。

沉积区域 B 包括南海北部大陆架的珠江三角洲东部地区和台湾岛的西南部陆坡区。该区域的主要河流有韩江和台湾岛西南部的多条河流，海区的沉积物应主要来自这些河流，黏土矿物证据表明，台湾岛沿海地区的黏土矿物以伊利石和绿泥石为主，珠江三角洲以东沿海地区的蒙脱石较多，更可能来源于沿海地区（Liu et al.，2019），北部大陆架上的 Fe_2O_3、MnO、Al_2O_3 含量呈现低值，这与韩江的陆源物质供应有限有关，大陆架上的沉积物被称为残存沉积物，是以前存在于北方大陆架上的最后一次冰川期的沉积物。在中国大陆架上，大多数遗迹沉积物缺乏 Fe_2O_3、MnO、Al_2O_3（刘锡清，1987）。而在台湾岛西南地区，Fe_2O_3、Al_2O_3、MgO、K_2O 都相对富集，且含量分布等值线与地形等深线平行，说明沉积物的分布范围明显受地形控制。但该区域水动力条件复杂，特别是黑潮西侵的发生，故其分布也受此深水流的影响，且深水流也受地形的影响，从吕宋海峡

表 5.7 南海各沉积区域的地球化学元素含量平均值、最大值与最小值

（单位：主量元素为 %，微量元素为 mg/kg）

分区	样品数量	参数	MnO	P_2O_5	TiO_2	SiO_2	Al_2O_3	Fe_2O_3	MgO	CaO	Na_2O	K_2O	Li	Be	Sc	V
A	12	平均值	0.08	0.14	0.82	57.63	15.82	5.81	2.21	4.44	0.86	2.59	80.33	3.45	14.07	107.60
		最大值	0.11	0.15	1.07	61.21	17.98	6.94	2.73	11.66	1.06	2.85	100.64	4.23	17.13	131.95
		最小值	0.06	0.13	0.65	51.95	10.99	4.04	1.92	1.97	0.64	2.12	58.80	2.41	11.54	84.24
B	12	平均值	0.39	0.15	0.72	56.30	15.06	5.83	2.39	4.56	1.19	2.80	75.10	3.31	15.66	129.12
		最大值	1.78	0.19	0.80	60.39	17.66	7.32	2.69	11.05	1.58	3.39	84.29	3.96	20.30	195.74
		最小值	0.06	0.12	0.66	47.96	12.58	4.65	2.18	0.88	0.77	2.39	52.57	2.40	10.02	82.30
C	36	平均值	0.42	0.14	0.64	46.90	12.41	4.78	2.14	12.24	0.97	2.29	65.23	2.70	12.77	102.48
		最大值	1.49	0.19	1.04	58.52	16.38	6.19	2.49	24.48	1.26	2.71	94.83	3.89	18.18	149.60
		最小值	0.05	0.12	0.41	31.18	8.98	3.49	1.73	3.50	0.71	1.74	40.83	1.79	9.14	73.56
D	21	平均值	0.90	0.13	0.70	56.32	16.08	6.44	2.68	2.69	1.30	2.84	90.85	3.44	18.41	147.92
		最大值	2.07	0.16	0.76	59.35	17.61	7.74	3.74	8.96	2.04	3.31	119.08	4.64	25.80	281.79
		最小值	0.07	0.10	0.56	47.85	12.29	4.72	2.19	0.79	0.84	1.38	50.80	1.14	11.68	91.72
E	32	平均值	0.84	0.14	0.39	35.75	9.29	3.58	1.94	20.70	0.77	1.71	53.25	1.93	9.97	80.58
		最大值	2.45	0.19	0.72	58.08	16.53	6.74	2.90	44.10	1.83	3.22	101.11	4.21	17.30	138.16
		最小值	0.05	0.10	0.07	12.27	1.23	0.41	0.80	2.50	0.51	0.21	4.91	0.17	1.32	20.85
F	34	平均值	0.81	0.15	0.63	48.22	14.37	5.45	2.44	9.05	0.77	2.51	81.65	3.06	13.24	108.77
		最大值	2.80	0.22	0.77	57.56	17.29	6.46	2.81	14.37	0.95	3.08	102.64	3.72	14.97	167.07
		最小值	0.05	0.12	0.51	40.27	10.84	3.86	2.08	0.85	0.56	1.75	61.22	2.03	10.44	88.04
G	16	平均值	0.08	0.15	0.68	50.11	11.49	4.28	2.25	12.19	0.73	1.90	62.63	2.30	10.46	82.64
		最大值	0.16	0.17	0.81	55.09	13.53	5.38	2.63	16.96	1.04	2.43	81.84	3.08	12.64	100.74
		最小值	0.05	0.12	0.59	42.85	9.52	3.13	1.58	10.44	0.51	1.60	42.07	1.64	7.90	63.65

续表

分区	样品数量	参数	MnO	P_2O_5	TiO_2	SiO_2	Al_2O_3	Fe_2O_3	MgO	CaO	Na_2O	K_2O	Li	Be	Sc	V
合计	163	平均值	0.59	0.14	0.62	48.00	13.04	5.00	2.27	10.86	0.92	2.31	71.19	2.78	13.13	105.74
		最大值	2.80	0.22	1.07	61.21	17.98	7.74	3.74	44.10	2.04	3.39	119.08	4.64	25.80	281.79
		最小值	0.05	0.10	0.07	12.27	1.23	0.41	0.80	0.79	0.51	0.21	4.91	0.17	1.32	20.85

分区	样品数量	参数	Ni	Cu	Zn	Ga	Rb	Sr	Cd	Cs	Ba	Hf	Pb	Bi	Th	U
A	12	平均值	36.27	25.05	112.33	22.02	122.64	188.88	0.16	10.23	371.73	4.39	36.14	0.70	18.92	3.71
		最大值	41.35	38.13	131.02	27.42	142.41	420.30	0.36	12.43	413.07	7.13	48.93	1.15	23.36	5.19
		最小值	31.79	14.10	88.25	15.22	97.60	90.37	0.09	7.50	339.98	3.37	17.16	0.19	12.82	2.86
B	12	平均值	47.08	36.14	128.64	22.56	129.12	244.18	0.30	10.56	493.31	3.95	51.92	0.47	14.76	3.10
		最大值	74.71	83.72	155.29	28.26	162.98	459.89	0.97	14.44	749.70	5.47	208.61	0.68	21.09	4.35
		最小值	31.35	14.97	86.51	15.28	98.28	135.47	0.10	6.95	365.73	2.97	16.63	0.19	10.71	2.42
C	36	平均值	54.03	39.94	125.51	18.15	106.23	583.32	0.46	8.84	657.42	4.87	25.67	0.45	15.64	3.29
		最大值	91.85	94.76	267.85	25.71	141.66	2817.22	1.38	12.00	1210.52	52.41	41.51	0.81	81.94	17.18
		最小值	26.00	12.10	86.42	13.00	77.41	180.94	0.11	4.58	308.74	1.80	15.51	0.17	9.44	1.82
D	21	平均值	94.80	93.29	171.85	24.60	131.08	192.16	0.64	11.37	897.79	3.29	35.62	0.64	14.33	2.75
		最大值	149.53	165.67	398.71	28.41	173.01	406.62	1.36	15.73	1419.66	6.08	50.70	0.97	19.35	3.88
		最小值	35.57	20.84	126.43	17.61	41.21	124.76	0.15	2.53	322.52	1.91	20.64	0.32	2.62	0.95
E	32	平均值	88.12	49.89	117.55	13.18	75.96	1287.25	0.92	6.68	969.78	1.95	23.93	0.47	9.05	2.36
		最大值	163.42	158.66	173.43	25.08	133.71	8667.07	2.92	14.11	1648.78	6.63	37.00	0.67	16.60	5.10
		最小值	23.74	10.56	22.49	1.19	8.89	146.86	0.15	0.62	129.51	0.14	4.67	0.13	1.14	1.27
F	34	平均值	61.52	35.79	142.72	20.20	115.94	373.55	0.58	10.35	579.08	3.45	43.69	0.53	14.92	3.14
		最大值	119.79	87.82	246.69	25.05	141.92	607.68	2.14	11.93	958.21	8.60	176.09	0.70	23.71	4.98
		最小值	32.91	15.76	82.65	14.40	86.68	113.05	0.09	7.30	175.97	2.32	20.65	0.30	9.54	2.42

续表

分区	样品数量	参数	Ni	Cu	Zn	Ga	Rb	Sr	Cd	Cs	Ba	Hf	Pb	Bi	Th	U
G	16	平均值	32.36	16.88	89.10	14.90	88.07	468.66	0.19	7.47	255.57	5.98	26.12	0.36	15.38	3.76
		最大值	53.15	28.00	137.33	18.71	113.91	772.15	0.57	10.24	472.80	16.16	75.87	0.54	36.32	6.93
		最小值	24.44	14.04	64.77	10.64	62.42	327.79	0.06	5.10	151.82	2.57	17.15	0.24	9.27	2.75
合计	163	平均值	63.59	44.26	129.20	18.72	106.63	562.10	0.54	9.15	660.81	3.80	33.12	0.51	14.18	3.07
		最大值	163.42	165.67	398.71	28.41	173.01	8667.07	2.92	15.73	1648.78	52.41	208.61	1.15	81.94	17.18
		最小值	23.74	10.56	22.49	1.19	8.89	90.37	0.06	0.62	129.51	0.14	4.67	0.13	1.14	0.95

进来的黑潮分支转向东南。源自台湾岛的沉积物在黑潮入侵的影响下向西南迁移（Caruso et al.，2006；Liu et al.，2008），南海北部的伊利石和绿泥石分布以及表层沉积物的磁化率都证实了这一点（Liu et al.，2011）。

沉积区域 C 主要包括南海北部陆坡区和西沙群岛海域，西沙群岛和北坡附近海域的生物含量较高。Zhang 等（2010）认为，南海陆坡区的碳酸钙含量较高，与冷泉区的高钙质贝壳生物量和自发的碳酸钙结核等因素有关。西沙群岛的碳酸钙含量较高，是由于珊瑚礁丰富。所以，沉积区域 C 以海洋生物生产的碳酸盐物质为主。

沉积区域 D 的主要区域对应于南海深水盆地（>3500m），盆地内有一系列的海山。沉积区域 D 的边界大约与地形等高线平行。在该区域，PC1 的正负载荷元素含量高于沉积区域 C 的正负载荷元素，特别是 Fe_2O_3 和 TiO_2，因为微小分散的 Fe 氧氢化物是氧化远洋黏土中常见的成分（Krishnaswami et al.，1976）。Ti 主要存在于沉积物和沉积岩中的含 Ti 重矿物中（Spears and Kanaris-Sotiriou，1976）。这些矿物与海洋沉积物中的粉砂和黏土组分一起被输送。Goldberg 和 Arrhenius（1958）在太平洋远洋沉积物中发现了离散的锐钛矿晶体（TiO_2），他认为至少锐钛矿是在海底自生形成的。这一矿物也可能是在陆地强烈化学风化的土壤中由残留的铝硅酸盐释放的溶解 Ti 自生形成（Walker et al.，1969；Bain，1976）。另外，在海底火山和海山链地区，玄武岩中的辉石海底风化也会导致大量沉积物的 Ti 含量增加（Calvert and Pedersen，2007）。显然，Ti 在海洋沉积物中有多种来源和宿主。火山物质主要分布在深海盆地，特别是吕宋岛以西海域，水深为 2000～4000m（Chen et al.，2005）。火山碎屑在南海中部和东部很常见。在吕宋岛的西海岸，沉积物主要由吕宋岛的河流输入。而从吕宋岛流入南海的河流的主要黏土矿物成分是蒙脱石，与其他矿物相比富含 Na 元素。因此，沉积区域 D 的沉积物由吕宋岛陆源风化产物、周边源区远洋输送黏土组分和海底海山原地风化沉积物构成。

沉积区域 E 为南沙群岛，表层沉积物中 CaO 含量明显高于南海其他地区，说明生源沉积物含量较高。钙质珊瑚碎片在环礁等珊瑚礁周围地区很常见，特别是在南沙群岛。Zhang 等（2010）认为，西沙群岛和南沙群岛的碳酸钙含量较高是由于珊瑚礁丰富。正是由于生物生产力高，产生了大量的生物沉积物，与生物活动有关的 CaO、Sr、Ba 的含量升高，因此对其他陆源元素有很强的稀释作用。

沉积区域 F 分布在婆罗洲西北部狭窄的大陆架到湄公河河口，包括南海南坡，以及湄公河河口以西的海域。在婆罗洲北部海域和湄公河南部海域，由于婆罗洲北部河流和湄公河陆源物质输入，PC1 中代表陆源性输入的元素在相邻地区的含量都比较高，因此沉积区域 F 以中南半岛和婆罗洲的陆源物质输入为主。

沉积区域 G 分布在南海南部的巽他陆架上。在末次盛冰期，海平面下降。该区域和南海北部大陆架都暴露在海平面以上。因此，该区域的沉积物也以残余沉积物为主，与沉积区域 F 的沉积物相比，沉积物缺乏 Al_2O_3、Fe_2O_3、K_2O、MgO、Zn、MnO 等。

参考文献

蔡观强, 李顺, 赵利, 等. 2018. 南海海盆中部表层沉积物地区化学特征. 海洋地质与第四纪地质, 38(5): 90-101.

蔡观强, 邱燕, 彭学超, 等. 2010. 南海西南海域表层沉积物微量和稀土元素地球化学特征及其意义. 海洋地质与第四纪地质, 30(5): 53-62.

陈丽蓉. 2008. 中国海沉积矿物学. 北京: 海洋出版社.

陈忠, 古森昌, 颜文, 等. 2002. 南沙海槽南部及邻近海区表层沉积物的碎屑矿物特征. 热带海洋学报, 12(2): 84-90.

高志友. 2005. 南海表层沉积物地球化学特征及物源指示. 成都理工大学博士学位论文.

吉森昌, 陈绍谋, 吴必豪, 等. 1989. 南海表层沉积物稀土元素的地球化学. 热带海洋, 8(2): 93-101.

金秉福, 林振宇. 2003. 海洋沉积环境和物源的元素地球化学记录释读. 海洋科学进展, 21(1): 99-106.

李双林. 2001. 东海陆架 HY126EA1 孔沉积物稀土元素地球化学. 海洋学报 (中文版), 23(3): 127-132.

刘季花, 石学法, 陈丽蓉, 等. 2004. 东太平洋沉积物中粘土组分的 REEs 和 εNd: 粘土来源的证据. 中国科学 D 辑, 34(6): 552-561.

刘建国, 陈忠, 颜文, 等. 2010. 南海表层沉积物中细粒组分的稀土元素地球化学特征. 地球科学 (中国地质大学学报), 35: 563-571.

刘锡清. 1987. 中国陆架的残留沉积. 海洋地质与第四纪地质, 7(1): 1-14.

罗又郎, 冯伟文, 林怀兆. 1994. 南海表层沉积类型与沉积作用若干特征. 热带海洋, 13(1): 47-54.

王兆生, 张盈, 张振国, 等. 2020. 南海表层沉积物稀土元素分布特征及资源前景. 中国稀土学报, 38: 808-815.

杨群慧, 林振宏, 张富元, 等. 2002. 南海中东部表层沉积物矿物组合分区及其地质意义. 海洋与湖沼, 33(6): 591-599.

杨守业, 李从先, Lee C B, 等. 2003. 黄海周边河流的稀土元素地球化学及沉积物物源示踪. 科学通报, 48(11): 1233-1236.

张楠, 王淑红, 陈翰, 等. 2014. 南海北部近海陆架表层沉积物类型及其稀土元素特征. 矿物学报, 34: 503-511.

赵建如. 2012. 北部湾表层沉积物元素地球化学空间结构特征. 地球科学进展, 27: 526-527.

赵建如, 初凤友, 金路, 等. 2015. 珠江口西部海域表层沉积物重金属元素多尺度空间变化特征. 吉林大学学报 (地球科学版), 45(6): 1772-1780.

赵一阳, 王金土, 秦朝阳, 等. 1990. 中国大陆架海底沉积物中的稀土元素. 沉积学报, 8(1): 37-43.

赵一阳, 鄢明才. 1993. 中国浅海沉积物化学元素丰度. 中国科学 (B 辑), 23(10): 1084-1090.

朱赖民, 高志友, 尹观, 等. 2007. 南海表层沉积物的稀土和微量元素的丰度及其空间变化. 岩石学报, 23: 2963-2980.

Blaxland A B. 1974. Geochemistry and geochronology of chemical weathering, Butler Hill Granite, Missouri. Geochimica et Cosmochimica Acta, 38(6): 843-852.

Cai G Q, Miao L, Chen H J, et al. 2012. Grain size and geochemistry of surface sediments in northwestern continental shelf of the South China Sea. Environmental Earth Sciences, 70(1): 363-380.

Cai S, Su J, Gan Z, et al. 2002. The numerical study of the South China Sea upper circulation characteristics and its dynamic mechanism, in winter. Continent Shelf Research, 22: 2247-2264.

Calvert S E, Pedersen T F. 2007. Elemental proxies for palaeoclimatic and palaeoceanographic variability in marine sediments: interpretation and application. Developments in Marine Geology, 1(4): 567-644.

Calvert S E, Pedersen T F, Thunell R C. 1993. Geochemistry of the surface sediments of the Sulu and South China Seas. Marine Geology, 114: 207-231.

Cao L, Liu J G, Shi X F, et al. 2019. Source-to-sink processes of fluvial sediments in the northern South China Sea: constraints from river sediments in the coastal region of South China. Journal of Asian Earth Sciences, 185: 1-13.

Caruso M J, Gawarkiewicz G G, Beardsley R C. 2006. Interannual variability of the Kuroshio intrusion in the South China Sea. Journal of Oceanography, 62: 559-575.

Chen H, Zhang W Y, Xie X N, et al. 2019. Sediment dynamics driven by contour currents and mesoscale eddies along continental slope: a case study of the northern South China Sea. Marine Geology, 409: 48-66.

Chen Z, Xia B, Yan W, et al. 2005. Distribution, chemical characteristics and source area of volcanic glass in the South China Sea. Acta Oceanologica Sinica, 27: 73-81.

Cho Y G, Lee C B, Choi M S. 1999. Geochemistry of surface sediments off the southern and western coasts of Korea. Marine Geology, 159: 111-129.

Chu P C, Wang G. 2003. Seasonal variability of thermohaline front in the central South China Sea. Journal of Oceanography, 59: 65-78.

Clift P D, Wan S M, Blusztajn J. 2014. Reconstructing chemical weathering, physical erosion and monsoon intensity since 25 Ma in the northern South China Sea: a review of competing proxies. Earth-Science Reviews, 130: 86-102.

Colin C, Turpin L, Blamart D, et al. 2006. Evolution of weathering patterns in the Indo-Burman Ranges over the last 280 kyr: effects of sediment provenance on $^{87}Sr/^{86}Sr$ ratios tracer. Geochemistry, Geophysics, Geosystems, 7: Q03007.

Cullers R L. 1994. The controls on the major and trace element variation of shales, siltstones, and sandstones of Pennsylvanian-Permian age from uplifted continental blocks in Colorado to platform sediment in Kansas, USA. Geochimica et Cosmochimica Acta, 58(22): 4955-4972.

Fang G H, Fang W D, Fang Y, et al. 1998. A survey of studies on the South China Sea upper ocean circulation. Acta Oceanography Taiwanica, 37: 1-16.

Fernado A G S, Peleo-Alampay A M, Wiesner M G. 2007. Calcareous nannofossils in surface sediments of the eastern and western South China Sea. Marine Micropaleontology, 66: 1-26.

Heier K S, Adams J A S. 1963. The geochemistry of the alkali metals. Physics and Chemistry of the Earth, 5: 253-381.

Hu J Y, Kawamura H, Hong H S, et al. 2000. A review on the currents in the South China Sea: seasonal circulation, South China Sea Warm Current and Kuroshio Intrusion. Journal of Oceanography, 56: 607-624.

Huerta-Diaz M A, Morse J W. 1990. A quantitative method for determination of trace metal concentrations in sedimentary pyrite. Marine Chemistry, 29(2-3): 119-144.

Hutchison C S. 2005. Geology of North-west Borneo: Sarawak, Brunei and Sabah. Amsterdam: Elsevier Science.

Krishnaswami S, Lal D, Somayajulu B L K, et al. 1976. Large-volume in-situ filtration of deep Pacific waters: mineralogical and radioisotope studies. Earth and Planetary Science Letters, 32: 420-429.

Lange I M, Reynolds R C, Lyons J B. 1966. K/Rb ratios in coexisting K-feldspars and biotites from some New England granites and metasediments. Chemical Geology, 1: 317-322.

Liu J G, Cao L, Yan W, et al. 2019. New archive of another significant potential sediment source in the South China Sea. Marine Geology, 410: 16-21.

Liu J G, Chen Z, Chen M, et al. 2010. Magnetic susceptibility variations and provenance of surface sediments in the South China Sea. Sedimentary Geology, 230(1-2): 77-85.

Liu J G, Xiang R, Chen M H, et al. 2011. Influence of the Kuroshio Current intrusion on depositional environment in the northern South China Sea: evidence from surface sediment records. Marine Geology, 285: 59-68.

Liu J G, Xiang R, Chen Z, et al. 2013b. Sources, transport and deposition of surface sediments from the South China Sea. Deep-Sea Research Ⅰ, 71: 92-102.

Liu J T, Kao S J, Huh C A, et al. 2013a. Gravity flows associated with flood events and carbon burial: Taiwan as instructional source area. Annual Review of Marine Science, 5: 47-68.

Liu Z F, Colin C, Huang W, et al. 2007. Climatic and tectonic controls on weathering in south China and Indochina Peninsula: clay mineralogical and geochemical investigations from the Pearl, Red, and Mekong drainage basins. Geochemistry, Geophysics, Geosystems, 8: Q05005.

Liu Z F, Colin C, Trentesaux A, et al. 2004. Erosional history of the eastern Tibetan Plateau over the past 190 kyr: clay mineralogical and geochemical investigations from the southwestern South China Sea. Marine Geology, 209: 1-18.

Liu Z F, Colin C, Trentesaux A, et al. 2005. Late Quaternary climatic control on erosion and weathering in the eastern Tibetan Plateau and the Mekong basin. Quaternary Research, 63: 316-328.

Liu Z F, Tuo S T, Colin C, et al. 2008. Detrital fine-grained sediment contribution from Taiwan to the northern South China Sea and its relation to regional ocean circulation. Marine Geology, 255: 149-155.

Liu Z F, Zhao Y L, Colin C, et al. 2009. Chemical weathering in Luzon, Philippines from clay mineralogy and major-element geochemistry of river sediments. Applied Geochemistry, 24: 2195-2205.

Liu Z F, Zhao Y L, Colin C, et al. 2016. Source-to-sink transport processes of fluvial sediments in the South China Sea. Earth-Science Reviews, 153: 238-273.

Ma C, Wu D, Lin X. 2009. Variability of surface velocity in the Kuroshio Current and adjacent waters derived from Argos drifter buoys and satellite altimeter data. Chinese Journal of Oceanology and Limnology, 27: 208-217.

McLennan S M. 1989. Rare earth elements in sedimentary rocks: influence of provenance and sedimentary processes. Reviews in Mineralogy and Geochemistry, 21(1): 169-200.

McManus J, Berelson W M, Klinkhammer G P, et al. 1998. Geochemistry of barium in marine sediments: implications for its use as a paleoproxy. Geochimica et Cosmochimica Acta, 62: 3453-3473.

Milliman J D, Farnsworth K L. 2011. River Discharge to the Coastal Ocean: A Global Synthesis. Cambridge: Cambridge University Press.

Misra S, Froelich P N. 2012. Lithium isotope history of Cenozoic seawater: changes in silicate weathering and reverse weathering. Science, 335: 818-823.

Morse J W, Luther G W. 1999. Chemical influences on trace metal sulfide interactions in anoxic sediments. Geochimica et Cosmochimica Acta, 63(19-20): 3373-3378.

Nameroff T J, Calverl S E, Murray J W. 2004. Glacial-interglacial variability in the eastern tropical North Pacific oxygen minimum zone recorded by redox-sensitive trace metals. Paleoceanography, 19(1): PA1010.

Nesbitt H W, Fedo C M, Young G M. 1997. Quartz and feldspar stability, steady and non-steady-state weathering, and petrogenesis of siliciclastic sands and muds. Journal of Geology, 105(2): 173-191.

Pedersen T F, Vogel J S, Southon J R. 1986. Copper and manganese in hemipelagic sediments at 21°N, east pacific rise: diagenetic contrasts. Geochimica et Cosmochimica Acta, 50(9): 2019-2031.

Roy P D, Caballero M, Lozano R, et al. 2008. Geochemistry of late quaternary sediments from Tecocomulco lake, central Mexico: implication to chemical weathering and provenance. Chemie der Erde-Geochemistry, 68: 383-393.

Rozanov A G, Volkov I I, Kokryatskaya N M, et al. 2006. Manganese and iron in the White Sea: sedimentation and diagenesis. Lithology and Mineral Resources, 41: 483-501.

Schnetger B, Brumsack H J, Schale H, et al. 2000. Geochemical characteristics of deep-sea sediments from the Arabian Sea: a high-resolution study. Deep-Sea Research Part Ⅱ, 47: 2735-2768.

Shao L, Qiao P J, Pang X, et al. 2009. Nd isotopic variations and its implications in the recent sediments from the northern South China Sea. Chinese Science Bulletin, 54: 311-317.

Wang B, Clemens S C, Liu P. 2003. Contrasting the Indian and East Asian monsoons: implications on geological timescales. Marine Geology, 201: 5-21.

Wang P, Li Q, Li C F. 2014. Geology of the China Seas. Amsterdam: Elsevier.

Webster P J. 1994. The role of hydrological processes in ocean-atmosphere interactions. Reviews of Geophysics, 32: 427-476.

Wedepohl K H. 1995. The composition of the continental crust. Geochimica et Cosmochimica Acta, 59(7): 1217-1232.

Wei G J, Liu Y, Li X H, et al. 2003. High resolution elemental records from the South China Sea and their paleoproductivity implications. Paleoceanography, 18: 1054-1065.

Wei G J, Liu Y, Ma J L, et al. 2012. Nd, Sr isotopes and elemental geochemistry of surface sediments from the South China Sea: implications for Provenance Tracing. Marine Geology, 319-322: 21-34.

Xue H, Chai F, Pettigrew N, et al. 2004. Kuroshio intrusion and the circulation in the South China Sea. Journal of Geophysical Research-Oceans, 109: C02017.

Yan P, Deng H, Liu H L, et al. 2006. The temporal and spatial distribution of volcanism in the South China Sea region. Journal of Asian Earth Sciences, 27: 647-659.

Yang S, Yim W W S, Huang G. 2008. Geochemical composition of inner shelf Quaternary sediments in the northern South China Sea with implications for provenance discrimination and paleoenvironmental reconstruction. Global and Planetary Change, 60: 207-221.

Yuan D, Han W, Hu D. 2006. Surface Kuroshio path in the Luzon Strait area derived from satellite remote sensing data. Journal of Geophysical Research-Oceans, 111: C11007.

Zhang L, Chen M, Chen Z, et al. 2010. Distribution of calcium carbonate and its controlling factors in surface sediments of the South China Sea. Earth Science, 35: 891-898.